江苏省高等学校重点教材（编号：2021-2-247）

电磁场理论与微波技术

（第二版）

伍瑞新　冯一军　赵俊明　蒲　殷　张彩虹　编著

U0250634

扫码加入学习圈　轻松解决重难点

南京大学出版社

图书在版编目(CIP)数据

电磁场理论与微波技术 / 伍瑞新等编著. — 2 版
. —南京 ：南京大学出版社，2024. 6

ISBN 978 - 7 - 305 - 27365 - 0

Ⅰ. ①电… Ⅱ. ①伍… Ⅲ. ①电磁场一研究 ②微波技术-研究 Ⅳ. ①O441. 4②TN015

中国国家版本馆 CIP 数据核字(2023)第 208995 号

出版发行 南京大学出版社
社　　址 南京市汉口路 22 号　　　　邮　　编 210093

书　　名 **电磁场理论与微波技术**
DIANCICHANG LILUN YU WEIBO JISHU
编　　著 伍瑞新　冯一军　赵俊明　蒲　殷　张彩虹
责任编辑 吴　华　　　　编辑热线 025 - 83596997

照　　排 南京开卷文化传媒有限公司
印　　刷 江苏苏中印刷有限公司
开　　本 787 mm×1092 mm　1/16　印张 17　字数 429 千
版　　次 2024 年 6 月第 2 版　2024 年 6 月第 1 次印刷
ISBN 978 - 7 - 305 - 27365 - 0
定　　价 49. 80 元
网　　址：http://www. njupco. com
官方微博：http://weibo. com/njupco
微信公众号：njupress
销售咨询热线：(025)83594756

扫码教师可
免费申请教学资源

* 版权所有，侵权必究
* 凡购买南大版图书，如有印装质量问题，请与所购
图书销售部门联系调换

前　言

电磁场理论和微波技术是电子类理工科大学生的两门主要专业基础课。为了在有限的教学时间内讲授两门课的内容，20 年前我们编写了教材《电磁场理论与微波技术》，将电磁场理论和微波技术的有关内容有机地融合在一起。教材通过内容编排反映了电磁场理论是微波技术的理论基础，微波技术是电磁场理论的实际应用之一的事实，体现了教材既强调理论基础，又着重于实际应用的教学理念。

如今距离教材第一版的出版已有二十年了。在这期间电磁场理论、微波技术都已经有了很大的发展，特别是人工电磁材料的提出，4G、5G 通信技术的发展为电磁场理论和微波技术的发展提供了源源不断的动力。多年的教学工作经历使我们感觉到有必要对原教材做一些必要的修改以跟上相关理论和技术的发展。

本书第二版在风格上延续了第一版的结构形式，在内容上添加了一些新的内容，如电磁波在“左手”媒质中的传播，天线在通信技术中的应用，电磁仿真技术等。另外，根据教学实践经验，我们也对有关章节的内容编排做了调整。

在本次教材修订中，伍瑞新负责绪论、第一章到第三章的内容，蒲殷负责第四章，赵俊明负责第五章到第六章，冯一军负责第七章到第九章，张彩虹负责教材的多媒体建设。教材修订得到了“江苏省高等学校重点立项教材”的支持，南京大学出版社的吴华编辑在教材修订中给予了热情的帮助，在此一并表示感谢。在本书出版之际，我们将它献给本书第一版的作者沙湘玉老师，向她表示深深的敬意和怀念。

由于作者的学术水平有限，书中难免有不妥和疏漏之处，敬请各位读者批评指正。

作　者

2024 年 1 月于南京大学

第一版前言

在新的世纪中，电子科学与技术的发展对我国的国民经济建设和国家的安全将显得越来越重要，因而，培养大批既有坚实理论基础又有较强实践能力的高素质人才是当务之急。《电磁场理论与微波技术》正是在这种形势之下开出的适合于理工科大学有关专业的课程。为此，本教材力求做到：既要加强理论基础，又要着重于应用，特别是新技术的应用。

在教材内容上，大致分为三部分：基础理论部分、应用部分和新技术应用部分。通过这三方面的训练，使学生不仅具备扎实的数理基础，而且获得相当的应用方面的知识，从而有可能在未来新兴的科学技术领域内，从事开拓性的工作。

1. 基础理论部分：电磁场理论主要包含在第 1 章、第 2 章、第 3 章、第 10 章和第 9 章的前几节内。它对 Maxwell 方程组到 Einstein 狭义相对论进行了全面的论述，并对加速运动的点电荷的辐射到时变电荷、电流的推迟势进行了理论分析；而对微波技术有直接应用价值的微波传输线理论，则在第 4 章内进行了论述。通过这些基础理论的学习，可以达到对学生进行比较严格的物理和数学训练的目的。

2. 应用部分：主要包含在第 5 章、第 6 章、第 7 章、第 8 章和第 9 章，在讲述微波的产生、传输和辐射的基本内容上，增加了广泛用于航天技术的微带线的篇幅；减少了与矩形波导和矩形谐振腔的处理方法类似的圆波导和圆柱腔的份量。在应用广泛的光纤中，详细地讨论了圆柱边界的数学处理方法。在介绍微波电子管的同时，也介绍微波半导体二极管振荡器，适当分析了一些常用的天线。

3. 新技术应用部分：介绍了用于毫米波的叠片波导(Laminated Waveguide)、工作在多个频段的分形天线(Fractal-Shaped Antennas)、微波近场显微镜以及微带天线的近场应用等等，这些内容穿插在有关章节中为了解决电磁场的某些工程应用，往往需要用数值计算方法，在第 11 章中介绍了有限差分法有限元方法等常用的一些数值计算方法。

本教材中的第 1 章到第 10 章由沙湘月执笔；绪论中的“电磁波吸收材料”部分、第 3.2 节最后“负折射率材料”部分以及第 11 章由伍瑞新完成。

本教材由南京大学吴培亨教授和兰州大学许福永教授审稿，他们提出了许多宝贵的意见，使作者得益匪浅，特此表示衷心感谢。南京大学唐汉副教授和钱鉴教授也提出了不少有益的建议，责任编辑孟庆生同志在成书的过程中给予了热情的帮助，在此一并表示感谢。

鉴于作者水平有限，难免有不妥和疏漏之处，敬请读者批评指正。

编　者

2003 年 11 月于南京大学

目　录

绪　论

0.1　电磁场理论和电路理论

电磁场理论是关于在无限大空间中或在一定区域范围内所发生的电磁过程的理论，研究对象是电场 $\boldsymbol{E}$ 和磁场 $\boldsymbol{H}$ 随空间位置 $\boldsymbol{r}$ 和时间 t 的变化。与静电场和静磁场不同，电磁场中的电场和磁场是相互关联的，并以波动的方式在空间运动，所以电磁场也称为电磁波。电磁场问题通常是通过麦克斯韦场方程组并结合边界条件来求解得到。电磁场理论是微波技术的理论基础，它是分析微波问题的主要工具。对于较复杂的微波技术中的边界值问题需要借助于计算机用数值计算方法来解决。

电路理论是关于由电感、电容和电阻等集总参数的无源电路元件，二极管、三极管等有源电路元件以及电源构成的电路的理论，研究对象是电路中各节点电压、各支路电流与时间的关系。电路问题通常用以克希霍夫定律为基础的电路理论来分析求解的。

电路理论和电磁场理论构成了无线电的理论体系。虽然，电磁场理论和电路理论研究的对象不同，处理的方法手段不同，但是两者之间又有着密切的关系，在一定条件下电磁场理论可化简为电路理论。电路理论的许多概念和方法在微波技术中仍具有十分重要的意义。例如，在微波技术中所应用的等效电压、等效电流和阻抗等参数就是电路中对应参数的推广。有些微波问题可以用等效电路概念把电磁场问题转化为电路问题，从而用较为方便的电路理论进行求解。微波网络就是电路网络理论在微波条件下的推广。相反，在电路中不但电感、电容的计算需要电磁场理论，电路中的信号辐射、信号的完整性分析和相邻电路间的耦合等问题还是必须要用电磁场理论来解决。因此，电磁场理论和电路理论并不是相互独立的。电路中的某些问题需要用电磁场理论来解决，而微波技术中若干问题可以采用电路理论处理。全面地掌握电磁场理论和电路理论，并根据实际问题的需要而选用，或结合电磁场和电路的概念和方法来进行研究是处理电磁问题的正确方法。

对于运动物体的电磁场理论还需要考虑到物体的运动速度。特别是当物体处于高速运动状态，其运动速度可与光速相比拟时，电磁理论中需要考虑相对论效应，这时空间和时间的联系、电荷与电流的联系、波矢量和频率的联系、电场和磁场的联系、质量与能量的联系就显现出特殊的结果。

0.2 电磁波频谱与微波

非匀速运动的电荷将激发时变电磁场，离开激发源的自由电磁场在空间以电磁波的形式传播。形式最简单的电磁波是简谐电磁波，它具有单一的频率和平面形式的等相位面，故也称为单色平面波。任意形式的电磁波可分解为简谐电磁波的叠加。

将电磁波按其频率的高低来分类，得到了所谓的电磁频谱，如表Ⅰ所示。微波是电磁波频谱中无线电波的一个分支，通常指频率范围在 300 MHz 到 3 000 GHz 之间的无线电波。在微波工程中为了进一步细分微波波段的频率范围，通常用字母来表示微波中不同的频率范围，称之为微波波段，如表Ⅱ。

表Ⅰ　电磁波的频谱

<table>
<tr><th colspan="3">名称</th><th>波长范围</th><th>频率范围</th></tr>
<tr><td rowspan="9">无线电波</td><td colspan="2">超长波</td><td>>10 km</td><td><30 kHz</td></tr>
<tr><td colspan="2">长波</td><td>1～10 km</td><td>30～300 kHz</td></tr>
<tr><td colspan="2">中波</td><td>100～1 000 m</td><td>300～3 000 kHz</td></tr>
<tr><td colspan="2">短波</td><td>10～100 m</td><td>3～30 MHz</td></tr>
<tr><td colspan="2">超短波</td><td>1～10 m</td><td>30～300 MHz</td></tr>
<tr><td rowspan="4">微波</td><td>分米波</td><td>1～10 dm</td><td>300～3 000 MHz</td></tr>
<tr><td>厘米波</td><td>1～10 cm</td><td>3～30 GHz</td></tr>
<tr><td>毫米波</td><td>1～10 mm</td><td>30～300 GHz</td></tr>
<tr><td>亚毫米波</td><td>0.1～1 mm</td><td>300～3 000 GHz</td></tr>
<tr><td colspan="3">红外线</td><td>0.76 mm～1 mm</td><td></td></tr>
<tr><td colspan="3">可见光</td><td>4 000～7 600 Å</td><td></td></tr>
<tr><td colspan="3">紫外线</td><td>30～4 000 Å</td><td></td></tr>
<tr><td colspan="3">X 射线</td><td>0.01～30 Å</td><td></td></tr>
<tr><td colspan="3">γ 射线</td><td>0.01 Å 以下</td><td></td></tr>
</table>

表Ⅱ　微波常用波段代号

波段代号	标称波长(cm)	波长范围(cm)	频率范围(GHz)
L	22	15～30	1.0～2.0
S	10	7.5～15	2.0～4.0
C	5	3.75～7.5	4.0～8.0
X	3	2.4～3.75	8.0～12.5

续 表

波段代号	标称波长(cm)	波长范围(cm)	频率范围(GHz)
Ku	2	1.67～2.4	12.5～18.0
K	1.25	1.1～1.67	18.0～27.0
Ka	0.8	0.75～1.1	27.0～40.0

注：1 MHz=10^6 Hz，1 GHz=10^9 Hz，1 THz=10^{12} Hz

0.3 微波的特性及其应用

在电磁频谱中，微波及其相关技术有着其特殊性。首先，微波的传播具有与光波相似的特性，即直线传播。其次，微波的频率很高，这使得它适合于宽频带技术的需要。无线电设备的相对带宽 $\Delta f/f_0$ 的增大往往受到技术的限制，而载波频率 f_0 的提高就可使设备的绝对的频宽 Δf 增大，从而在微波设备上就容易实现信息容量大的宽带信号(如卫星-卫星、微波中继通信等多路电话、电视)的传送和发射。工作频率愈来愈高是近代电子技术的一个重要趋势，从中波、短波，到微波，直至激光。再次，微波器件和低频电路器件在形式上有很大的差异。在低频电路中经常出现的集中参数元件、双线传输线和 LC 谐振回路等都将不适用于微波，需要采用波导传输线、谐振腔等器件，以及由它们构成的分布参数电路元件。微波的振荡周期很短(10^{-9}～10^{-13} 秒)，已可与电子器件中电子的渡越时间(10^{-11} 秒)相比拟，产生微波振荡与放大的电子器件将必须采用与低频电子器件完全不同的工作原理，从而产生了速调管、磁控管、行波管以及微波半导体二极管等微波器件。微波的上述特性使得微波在某些应用领域有着独特的优势。

1. 雷达与导航

雷达与导航是微波技术应用最重要的领域。微波具有直线传播的特点，同时它的波长比一般物体的尺寸小或可与之相比拟，因此，特别适合于无线电定位。雷达就是在第二次世界大战中发展起来，并促使微波技术得到了迅猛发展。雷达为了正确测定目标位置就必须发射窄波束，而天线的波束宽度是正比于工作波长和天线口径之比(λ/D)。这个比值越小，发射波束就越细，测位精度就越高；雷达为了发现目标就要求有强的目标反射回波，回波的强度也将取决于工作波长与目标尺寸之比，比值越小，反射回波就越强，探测距离就越远。微波恰好能满足雷达技术的这些要求。

雷达根据发射脉冲与接收到的回波脉冲间的时间间隔 Δt 来确定目标的距离：

$$S=\frac{c\Delta t}{2}$$

式中 c 为光速。根据收到回波时雷达天线波束所指向的方位来确定目标的方位角和仰角。如果需要测定目标的速度 v，则可以从收到的回波多普勒频移 Δf_D 来确定。此外，利用微波能穿透地球高空电离层的特性，雷达能探测外层空间的目标(如导弹、卫星、宇宙飞船等）。近代雷达技术正向着远距离、高精度、高分辨率、多功能、小型化和开拓新波段等方向发展。为了扩大探测距离，一方面要提高微波管的发射功率和天线的增益，另一方面也要用更经济的方法提高接收机的灵敏度，采用低噪声接收技术和新的接收方法。

导航就是正确地引导目标安全航行，利用导航设备可确定目标位置、航向和航速等，并可显示目标周围的情况。例如，机场的空中交通管制雷达，可显示附近空域中的飞行情况、地面跑道上的车辆、行人等情况，从而能在任何恶劣条件下，全天候指挥飞机安全起飞和着落；舰船上的导航雷达可显示周围海域的情况。可使领航员即使在雾天或夜间也能引导舰船航行或入港，并能在当舰船与礁石或其他船只过分靠近时自动报警。

2. 微波的通信与广播电视应用

微波的频带很宽，它比所有低频无线电波频带的总和还要宽 10 000 倍，因此，它的信息容量大，微波设备可用于多路通信，例如，960 路、1860 路等。由于微波频率很高，它不受外界工业干扰和天电干扰的影响，又不受季节、昼夜变化的影响，从而性能稳定，通信质量高。由于微波波长短，可以用合理尺寸制作出高增益、强方向性的天线，这就提供了小功率发射机实现稳定通信的可能性。由于微波频率很高，它能穿透高空的电离层。利用这一特点可以进行卫星通信和宇航通信。只要利用太平洋、大西洋和印度洋上空三个同步卫星就能进行全球通信。当然，就不能利用电离层的反射来实现远距离通信，只能借助于微波中继通信或卫星通信来实现远距离通信。

在广播电视的应用中，可利用微波中继或卫星通信进行两地之间电视或广播信号的传送，如从直播现场向发射台的信号传送。

3. 微波遥感和微波全息照相

各种物质都会不同程度地辐射微波，因此，利用微波遥感技术通过接收和处理目标的微波辐射信号就能够确定目标的特性，如人造卫星上搭载的微波遥感设备可测定大气、海洋、土壤的成分和温度的分布等。由于微波的传播不受昼夜和天气的限制，故它优于红外和可见光遥感。

微波全息照相是利用微波能够穿透不透光的非金属介质的特性对物体进行照相的技术，保安人员可利用微波全息照相发现隐藏的枪支，利用从卫星上对地球作全天候微波全息照相可及时掌握火山及冰川的活动情况、农作物的生长和病虫害情况。美国阿波罗宇宙飞船还拍摄了月球表面浮土下的地层情况，金星探测器拍摄了由不透光大气包围着的金星表面照片。

4. 微波加热

微波加热是利用含水介质在微波场中由于高频极化产生热损耗而使介质加热的。由于微波能透入介质内部，且含水越多其损耗越大，所以微波加热具有速度快、加热均匀和选择性加热等优点，且也容易实现自动控制。微波加热已用于纸张、木材、皮革、粮食、食品和茶叶等的加热干燥，食品解冻，以及家庭中利用微波炉来烹煮食物。现在，微波炉已成寻常人家日常生活的基本配置。

为了防止对雷达和通信等产生干扰，微波加热应使用规定的波段，我国和世界大多数国家规定的工业、科学与医疗专用频率为:915 MHz、2 450 MHz、5 800 MHz 和 22 125 MHz。目前我国主要用 915 MHz 和 2 450 MHz。

5. 微波的医学和生物学应用

微波能够深入物质内部与物质产生相互作用,含水物质对微波具有较强的吸收作用。用微波照射人体患病组织,可利用其热效应、非热效应和微波组织凝固效应,从而可以治疗如:纤维织炎、急性冠周炎、前列腺炎、前列腺增生症、关节炎、神经痛、风湿症、肠梗阻和疖痈等疾病。利用较大功率的微波照射癌肿,控制适当温度,可杀死癌细胞,治疗癌症。

利用微波照射可杀灭粮食、食品、药品和木材中的细菌和蛀虫,可杀死蚊子、苍蝇的卵、蛹等,这种方法具有无污染的优点。

6. 微波物理和化学应用

利用功率管来激发加速器的加速腔体,可把微波能量转换为电子的动能,从而把电子加速到极高的能量。例如,美国斯坦福电子直线加速器中心的 3 千米长、250 京电子伏(1 京=1 千兆)的直线加速器,它用了 245 个微波大功率速调管,每个管子输出 25 兆瓦微波脉冲功率。中国也已经建成具有世界领先水平的辐射光源——上海光源。它 2009 年投入使用,为我国的多学科前沿研究和高新技术开发应用提供了先进的实验平台,为不同学科间的相互渗透和交叉融合创造了优良条件。我国科学家已经借助上海光源取得很多重要的科研成果,涵盖医学、生物学和材料科学等领域。

微波可以在化学反应中起到活化反应物的作用,加速化学反应过程。微波作用于反应物时加剧分子的运动,提高了分子的平均动能,加快了分子的碰撞频率,从而起到改变反应速率和提高反应效率的效果。微波的化学应用已成为新的学科——微波化学。它在化学合成、分析化学、新材料合成、橡胶工业、造纸皮革行业、塑料工业等化工化学领域得到了广泛的应用,在相关产业中的应用可以起到降低能源消耗、减少污染、改良产物特性等功能,有着巨大的应用前景。

7. 微波的天文学和大气科学应用

由于微波频率很高,它能穿透高空的电离层。这为天文观察增加了一个窗口,使射电天文学的研究成为可能。如采用大功率发射机、大口径天线、低噪声接收器件和信号累积技术等,就能收到从水星、火星和太阳反射的雷达回波。另外,也可直接接收来自天体的微波辐射,从而可以发现新天体,研究天体的结构和星际物质的组成,进而可研究生命的起源。利用雷达来研究天体运动已成为天文学中的专门领域——射电天文学。

雨、雪、云、雾和冰雹等会反射微波,所以利用气象雷达可以观测周围区域的天气情况,确定空域中与气象有关的各种物理参数。利用雷达来研究大气运动已成为大气科学中的专门领域——雷达气象学。

0.4 微波辐射的防护

任何辐射源向空间辐射电磁波,除接收对象外,必然对其他区域造成干扰或污染。微波辐射是一类能量较高的电磁辐射，应该注意对微波辐射的防护。在某些情况下，微波辐射对人体是有害的，这种伤害主要是由于微波对人体的热效应和非热生物效应所引起的。

微波的热效应是指微波加热引起人体组织升温而产生的生理损伤，其中以眼睛和睾丸部位最为敏感：人眼组织富含水分，所以很易吸收微波辐射导致温度升高。若辐照强度超过 80 毫瓦/厘米^2 时，就会伤害人眼晶状体。当其强度达到 100 毫瓦/厘米^2 时，可以导致"微波白内障"。职业性的低强度微波慢性作用可加速晶状体衰老，还可能引起视网膜改变。较高强度的微波辐照时，可能抑止精子的生长，从而影响到生育。

微波的非热生物效应是指除热效应外对人体的其他生理损伤，主要是对神经和心血管系统的影响，对于微波的非热生物效应的影响和机理至今还在继续研究。

为了确保人体安全，对大功率微波设备的操作人员应采用适当的防护措施，如用铜丝或铝丝等细的金属丝与柞蚕丝混合织成的防护服、围裙等可降低辐射功率密度 20 dB 以上。还有防护眼镜、防护头盔和面罩能有效地保护眼睛或整个头部。我国电子工业部和卫生部，根据对职业人员健康普查以及部分动物效应试验，于 1979 年提出一个暂行微波辐射标准：规定一天八小时辐照，其最大辐照的平均功率密度不得超过每平方厘米 0.038 毫瓦，最大功率密度不允许超过每平方厘米 5 毫瓦。当功率密度超过每平方厘米 1 毫瓦时，必须使用个人防护。

表Ⅲ　各国的微波辐射卫生标准

国家	中国	美国	苏联
最高允许功率密度(8 小时/日)	38 μW/cm^2	10 mW/cm^2	10 μW/cm^2

如表Ⅲ所示，世界各国的电磁辐射标准各不相同。以美国为代表的西方科学界，只承认微波辐射对人体有热效应，他们所制定的卫生标准，完全是以致热作用和热交换条件为依据。以苏联为代表的东欧科学界，最早意识到微波辐射对人体的影响除单纯加热作用以外，还有微波辐射的非热效应，并根据非热效应制定的微波辐射卫生标准，其值是西方国家的千分之一。

第一章　电磁场理论的数学准备

在物理上经常用“场”来表示某一物理量在三维空间各点上的分布状况。“场”有标量场和矢量场之分。对空间中每一点，标量场只需用一个数值来定义，而对矢量场则必须用数值和方向来同时描述该物理量。通常，标量用斜体字表示，矢量则用黑斜体字表示。为了便于分析和计算，矢量常用正交坐标系中的坐标来表示。习惯上采用右手笛卡尔直角坐标系，其中沿着 x,y,z 方向的单位矢量表示为 $\boldsymbol{e}_x,\boldsymbol{e}_y,\boldsymbol{e}_z$。

1.1　矢量代数

设有两个矢量 $\boldsymbol{a}$ 和 $\boldsymbol{b}$，它们在直角指标系中表示为：

$$\begin{cases}\boldsymbol{a}=a_x\boldsymbol{e}_x+a_y\boldsymbol{e}_y+a_z\boldsymbol{e}_z\\ \boldsymbol{b}=b_x\boldsymbol{e}_x+b_y\boldsymbol{e}_y+b_z\boldsymbol{e}_z\end{cases}\tag{1.1.1}$$

它们的基本运算如下：

1. 矢量的加减法

$$\boldsymbol{a}+\boldsymbol{b}=(a_x+b_x)\boldsymbol{e}_x+(a_y+b_y)\boldsymbol{e}_y+(a_z+b_z)\boldsymbol{e}_z\tag{1.1.2}$$

$$\boldsymbol{a}-\boldsymbol{b}=(a_x-b_x)\boldsymbol{e}_x+(a_y-b_y)\boldsymbol{e}_y+(a_z-b_z)\boldsymbol{e}_z\tag{1.1.3}$$

2. 矢量的乘法

$$\boldsymbol{a}\cdot\boldsymbol{b}=a_xb_x+a_yb_y+a_zb_z=ab\cos\theta=\boldsymbol{b}\cdot\boldsymbol{a}\tag{1.1.4}$$

$$\boldsymbol{a}\times\boldsymbol{b}=\begin{vmatrix}\boldsymbol{e}_x & \boldsymbol{e}_y & \boldsymbol{e}_z\\ a_x & a_y & a_z\\ b_x & b_y & b_z\end{vmatrix}=ab\sin\theta\boldsymbol{e}_c=-\boldsymbol{b}\times\boldsymbol{a}\tag{1.1.5}$$

式(1.1.4)和(1.1.5)分别称为两个矢量的标量积和矢量积，图 1.1.1 给出了相应乘法的示意图，其中矢量积的方向满足右手螺旋法则。对于直角坐标系中的单位矢量，有下式成立 $\boldsymbol{e}_x\times\boldsymbol{e}_y=\boldsymbol{e}_z,\boldsymbol{e}_z\times\boldsymbol{e}_y=-\boldsymbol{e}_x$。需要指出，矢量没有除法。

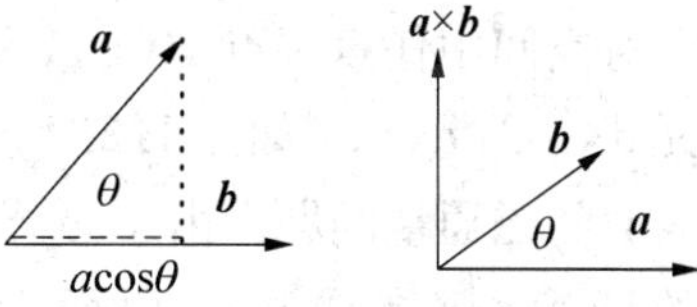

图 1.1.1　矢量乘法示意图

1.2 矢量分析

矢量代数中的研究对象是常矢量，而在矢量分析中研究对象是变化的矢量，即矢量函数。矢量分析是关于矢量函数的导数或微分运算。

1. 标量场的梯度

如果标量场 $u=u(x,y,z)$ 是连续可微的，那么跨越无穷小的距离 $\mathrm{d}\boldsymbol{l}$，u 将变化 $\mathrm{d}u$：

$$\mathrm{d}u=\frac{\partial u}{\partial x}\mathrm{d}x+\frac{\partial u}{\partial y}\mathrm{d}y+\frac{\partial u}{\partial z}\mathrm{d}z \tag{1.2.1}$$

根据矢量乘法的定义，上式可以表示为下面两个矢量的标量积：

$$\mathrm{d}u=\boldsymbol{A}\cdot\mathrm{d}\boldsymbol{l} \tag{1.2.2}$$

令 $\mathrm{d}\boldsymbol{l}=\mathrm{d}x\boldsymbol{e}_x+\mathrm{d}y\boldsymbol{e}_y+\mathrm{d}z\boldsymbol{e}_z$，则有

$$\boldsymbol{A}=\frac{\partial u}{\partial x}\boldsymbol{e}_x+\frac{\partial u}{\partial y}\boldsymbol{e}_y+\frac{\partial u}{\partial z}\boldsymbol{e}_z \tag{1.2.3}$$

上式称为 u 的梯度，它是 u 随坐标轴方向上的变化率。定义算符

$$\nabla=\boldsymbol{e}_x\frac{\partial}{\partial x}+\boldsymbol{e}_y\frac{\partial}{\partial y}+\boldsymbol{e}_z\frac{\partial}{\partial z} \tag{1.2.4}$$

读作“del”，则梯度 $\boldsymbol{A}$ 可以写成

$$\boldsymbol{A}=\frac{\partial u}{\partial x}\boldsymbol{e}_x+\frac{\partial u}{\partial y}\boldsymbol{e}_y+\frac{\partial u}{\partial z}\boldsymbol{e}_z=\nabla u \tag{1.2.5}$$

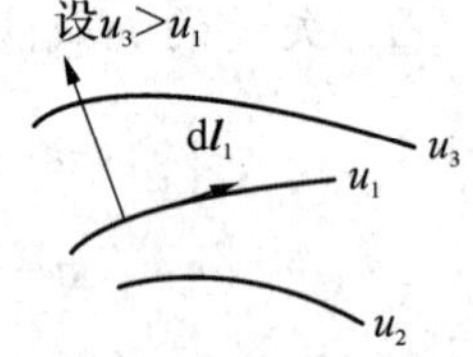

图 1.2.1 等 u 面及其上面的梯度

为了理解梯度的意义，我们在图 1.2.1 中画出三个等 u 面，如果取 $\mathrm{d}\boldsymbol{l}_1$ 在等 u 面上，则 $\mathrm{d}u=0$。另一方面，由(1.2.2)式得到

$$\mathrm{d}u_1=\mathrm{d}\boldsymbol{l}_1\cdot\nabla u=0 \tag{1.2.6}$$

所以 ∇u 与 $\mathrm{d}\boldsymbol{l}_1$ 相互垂直，即 u 梯度的方向就是标量 u 有最大变化率的方向，且指向函数值较大的方向。

2. 矢量场的散度和散度定理

对空间中任意一点 $P(x,y,z)$，环绕该点做无限小体积元 $\mathrm{d}\tau=\mathrm{d}x\,\mathrm{d}y\,\mathrm{d}z$，如图 1.2.2 所示。现考虑通过小体积元表面的磁通量问题。由于磁感应强度矢量 $\boldsymbol{B}$ 是空间坐标的函数，故在体积元顶面向外的磁通量为 $\mathrm{d}\Phi_T=B_y^{top}\mathrm{d}x\,\mathrm{d}z$。由于体积元很小，所以 B_y^{top} 可以取在顶面上的平均值。将其用体积中心处 $\boldsymbol{B}$ 矢量的分量 B_y 来表示，

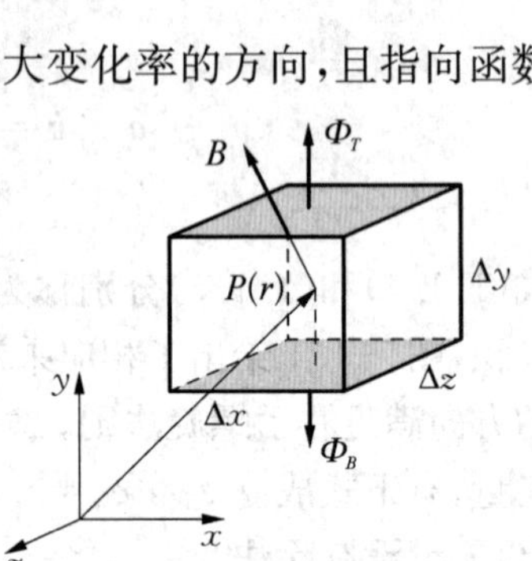

图 1.2.2 体积元及其表面上的通量

那么通过体积元顶面的磁通量为：

$$d\Phi_T = B_y^{top}\,dx\,dy = \left(B_y + \frac{\partial B_y}{\partial y}\frac{dy}{2}\right)dx\,dz \tag{1.2.7}$$

在上式中忽略了 B_y 分量的高阶导数。同理，在体积元的底面，$\boldsymbol{B}$ 矢量向外的磁通量为

$$d\Phi_B = -\left(B_y - \frac{\partial B_y}{\partial y}\frac{dy}{2}\right)dx\,dz \tag{1.2.8}$$

括号前的负号是由于 $B_y\boldsymbol{e}_y$ 的方向和面元法线方向相反。于是，通过这两个面元向外流出的通量为

$$d\Phi_T + d\Phi_B = \frac{\partial B_y}{\partial y}dx\,dy\,dz = \frac{\partial B_y}{\partial y}d\tau \tag{1.2.9}$$

用同样的方法来计算通过其他两对面的净通量，那么就可得到对体积元 $d\tau$ 总的向外的通量：

$$d\Phi_{tot} = \left(\frac{\partial B_x}{\partial x} + \frac{\partial B_y}{\partial y} + \frac{\partial B_z}{\partial z}\right)d\tau \tag{1.2.10}$$

其中 $\left(\frac{\partial B_x}{\partial x} + \frac{\partial B_y}{\partial y} + \frac{\partial B_z}{\partial z}\right)$ 表示单位体积内的流出量，它被称作矢量 $\boldsymbol{B}$ 在该点的散度。应用上节中算符 ∇ 的定义，矢量的散度可以写成

$$\nabla \cdot \boldsymbol{B} = \frac{\partial B_x}{\partial x} + \frac{\partial B_y}{\partial y} + \frac{\partial B_z}{\partial z} \tag{1.2.11}$$

由(1.2.10)式，我们得到散度的另一种定义形式

$$\nabla \cdot \boldsymbol{B} = \lim_{\Delta\tau \to 0}\frac{1}{\Delta\tau}\oint_s \boldsymbol{B} \cdot d\boldsymbol{s} \tag{1.2.12}$$

由式(1.2.11)和(1.2.12)可知矢量的散度是一个标量。

现在考虑两个邻接的无限小体积元组成的小物体，通过两个小体积元的总通量是将通过第一个体积元的边界面的通量与通过第二个体积元的边界面的通量相加。然而，在它们的公共面上通量的大小相等而符号相反，所以两体积元提供的通量之和就是通过组合体边界面的通量。推广该计算到有限大小的物体，按(1.2.10)式每个无限小体积元提供的通量和为：

$$\Phi_{tot} = \int_\tau \left(\frac{\partial B_x}{\partial x} + \frac{\partial B_y}{\partial y} + \frac{\partial B_z}{\partial z}\right)d\tau \tag{1.2.13}$$

它等同于物体表面上向外的总通量。因为 $\boldsymbol{B}$ 矢量向外的总通量又等于 $\boldsymbol{B}$ 矢量向外的垂直于表面分量的面积分，于是总通量为

$$\Phi_{tot} = \oint_s \boldsymbol{B} \cdot \mathrm{d}\boldsymbol{s} = \int_\tau \left(\frac{\partial B_x}{\partial x} + \frac{\partial B_y}{\partial y} + \frac{\partial B_z}{\partial z} \right) \mathrm{d}\tau = \int_\tau (\nabla \cdot \boldsymbol{B}) \mathrm{d}\tau \tag{1.2.14}$$

上式可用于任意连续可微的矢量场 $\boldsymbol{B}$。重新整理上式后有：

$$\oint_s \boldsymbol{B} \cdot \mathrm{d}\boldsymbol{s} = \int_\tau (\nabla \cdot \boldsymbol{B}) \mathrm{d}\tau \tag{1.2.15}$$

该式称为散度定理。注意：等式左边的积分只包含 $\boldsymbol{B}$ 矢量在表面 s 上的值，而右边则包含 $\boldsymbol{B}$ 在 τ 内各处的值。

3. 矢量场的旋度和斯托克斯定理

对空间中的任意闭合回路 $\boldsymbol{l}$，矢量 $\boldsymbol{B}$ 沿着回路的线积分表示为

$$\oint_l \boldsymbol{B} \cdot \mathrm{d}\boldsymbol{l} = \oint_l B_x \mathrm{d}x + B_y \mathrm{d}y + B_z \mathrm{d}z \tag{1.2.16}$$

对空间中任意一点 P，如图 1.2.3 所示，考虑环绕该点的闭合环路在 xy 平面上投影：无限小的矩形闭合回路，路径的走向与 xy 平面的正方向（z 轴）成右手螺旋。对(1.2.16)式右边第一项线积分有贡献的路径是：$(y-\mathrm{d}y/2)$ 和 $(y+\mathrm{d}y/2)$。将路径上的 B_x 用环路中心的 B_x 表示，则有：

$$\oint_l B_x \mathrm{d}x = \left(B_x - \frac{\partial B_x}{\partial y} \frac{\mathrm{d}y}{2} \right) \mathrm{d}x - \left(B_x + \frac{\partial B_x}{\partial y} \frac{\mathrm{d}y}{2} \right) \mathrm{d}x \tag{1.2.17}$$

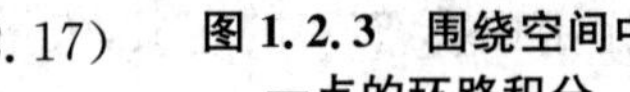

图 1.2.3　围绕空间中一点的环路积分

上式中沿着环路的矢量分量 B_x 用环路中心点值的线性近似表示。因为在 $(y+\mathrm{d}y/2)$ 处的路径元指向 x 的负方向，所以上式第二项前面的符号为负。所以，在这无限小路径上

$$\oint_l B_x \mathrm{d}x = -\frac{\partial B_x}{\partial y} \mathrm{d}x \mathrm{d}y \tag{1.2.18}$$

类似地有

$$\oint_l B_y \mathrm{d}y = \frac{\partial B_y}{\partial x} \mathrm{d}x \mathrm{d}y \tag{1.2.19}$$

从而在 xy 平面上有

$$\oint_l \boldsymbol{B} \cdot \mathrm{d}\boldsymbol{l} = \left(\frac{\partial B_y}{\partial x} - \frac{\partial B_x}{\partial y} \right) \mathrm{d}x \mathrm{d}y \tag{1.2.20}$$

类似地，可以得到在其他两个平面上的回路线积分，从而有：

$$\oint_l \boldsymbol{B} \cdot \mathrm{d}\boldsymbol{l} = \left(\frac{\partial B_y}{\partial x} - \frac{\partial B_x}{\partial y} \right) \mathrm{d}x \mathrm{d}y + \left(\frac{\partial B_x}{\partial z} - \frac{\partial B_z}{\partial x} \right) \mathrm{d}x \mathrm{d}z + \left(\frac{\partial B_z}{\partial y} - \frac{\partial B_y}{\partial z} \right) \mathrm{d}y \mathrm{d}z \tag{1.2.21}$$

定义

$$\nabla\times\boldsymbol{B}=\left(\frac{\partial B_y}{\partial x}-\frac{\partial B_x}{\partial y}\right)\boldsymbol{e}_z+\left(\frac{\partial B_x}{\partial z}-\frac{\partial B_z}{\partial x}\right)\boldsymbol{e}_y+\left(\frac{\partial B_z}{\partial y}-\frac{\partial B_y}{\partial z}\right)\boldsymbol{e}_x \tag{1.2.22}$$

上式称为矢量 $\boldsymbol{B}$ 的旋度，它也可以写成下面的矩阵形式

$$\nabla\times\boldsymbol{B}=\begin{vmatrix}\boldsymbol{e}_x & \boldsymbol{e}_y & \boldsymbol{e}_z\\ \dfrac{\partial}{\partial x} & \dfrac{\partial}{\partial y} & \dfrac{\partial}{\partial z}\\ B_x & B_y & B_z\end{vmatrix} \tag{1.2.23}$$

考虑到 $\mathrm{d}\boldsymbol{s}=\mathrm{d}x\,\mathrm{d}y\boldsymbol{e}_z+\mathrm{d}x\,\mathrm{d}z\,\boldsymbol{e}_y+\mathrm{d}y\mathrm{d}z\boldsymbol{e}_x$ (1.2.21)式可重写为

$$\oint_l \boldsymbol{B}\cdot\mathrm{d}\boldsymbol{l}=(\nabla\times\boldsymbol{B})\cdot\mathrm{d}\boldsymbol{s} \tag{1.2.24}$$

由上式得到旋度的另一种形式的定义：

$$(\nabla\times\boldsymbol{B})_i=\lim_{\Delta s_i\to 0}\frac{1}{\Delta s_i}\oint_{l_i}\boldsymbol{B}\cdot\mathrm{d}\boldsymbol{l} \tag{1.2.25}$$

即空间中一点的旋度沿着某个方向的分量是在垂直于该方向的平面上矢量 $\boldsymbol{B}$ 围绕该点的环路积分在环路面积趋于零时的极限。

现将上面在小面积元上获得的结果推广到有限大小的表面上。式(1.2.23)是对很小的回路才成立，那么 $\nabla\times\boldsymbol{B}$ 在回路所围绕的面积 $\mathrm{d}\boldsymbol{s}$ 上近似为常数。如果回路较大，$\nabla\times\boldsymbol{B}$ 将随空间位置改变。我们将积分回路所围绕的有限大的表面，分割成许多小面积元 $\mathrm{d}s_1$，$\mathrm{d}s_2$，…，$\mathrm{d}s_n$ 如图 1.2.4 所示。对于每一个小面元(1.2.24)式成立：

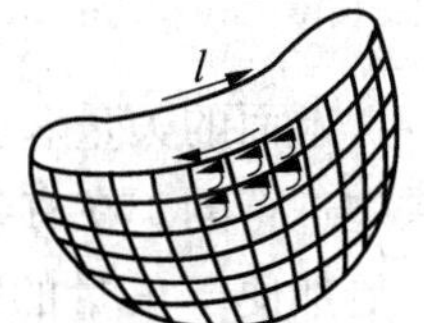

图 1.2.4　有限大小表面上的环路积分

$$\oint_{l_i}\boldsymbol{B}\cdot\mathrm{d}\boldsymbol{l}=(\nabla\times\boldsymbol{B})\cdot\mathrm{d}\boldsymbol{s}_i\quad(i=1,2,\cdots)$$

将这些方程左边相加，其和为沿最外边的线 $\boldsymbol{l}$ 的积分。对于等式右边，因为两相邻的 $\mathrm{d}\boldsymbol{s}$ 之间的公共边总有两个大小相等方向相反的线积分，其和为零。从而，右边相加之和就是 $(\nabla\times\boldsymbol{B})\cdot\mathrm{d}\boldsymbol{s}$ 在有限面积上的积分。所以

$$\oint_l \boldsymbol{B}\cdot\mathrm{d}\boldsymbol{l}=\int_s(\nabla\times\boldsymbol{B})\cdot\mathrm{d}\boldsymbol{s} \tag{1.2.26}$$

式中 $\boldsymbol{s}$ 是曲线 $\boldsymbol{l}$ 包围的任意敞开面。上式称为斯托克斯定理，它将在闭合环路上的线积分和在由此环路所包围的任意有限面上的面积分联系起来。

4. 一些矢量恒等式

利用∇算符在直角坐标系中的表达式(1.2.4)式，可以证明下面的矢量恒等式成立

$$\nabla\times(\nabla\phi)\equiv 0$$
$$\nabla\cdot(\nabla\times\boldsymbol{A})\equiv 0$$

$$\nabla^2\phi \equiv \nabla\cdot(\nabla\phi)$$

最后一个表达式中的 $\nabla^2=\dfrac{\partial^2}{\partial x^2}+\dfrac{\partial^2}{\partial y^2}+\dfrac{\partial^2}{\partial z^2}$ 称为 Laplace 算符。另外，一些经常会用到的矢量公式已在附录Ⅰ中列出。

例 1.1 已知 $\boldsymbol{E}=\boldsymbol{E}_0\mathrm{e}^{-\mathrm{j}\boldsymbol{k}\cdot\boldsymbol{r}}$，其中 $\boldsymbol{E}_0$ 和 $\boldsymbol{k}$ 是常矢量。求：$\nabla\cdot\boldsymbol{E}$ 和 $\nabla\times\boldsymbol{E}$。

解 在直角坐标系中将矢量写成坐标分量的形式

$$\boldsymbol{E}=(\boldsymbol{e}_xE_{0x}+\boldsymbol{e}_yE_{0y}+\boldsymbol{e}_zE_{0z})\mathrm{e}^{-\mathrm{j}(k_xx+k_yy+k_zz)}=\boldsymbol{e}_xE_x+\boldsymbol{e}_yE_y+\boldsymbol{e}_zE_z$$

利用直角坐标系中 ∇ 算符的表示式(1.2.4)和矢量的乘法规则，则有

$$\nabla\cdot\boldsymbol{E}=\left(\frac{\partial}{\partial x}E_x+\frac{\partial}{\partial y}E_y+\frac{\partial}{\partial z}E_z\right)=-\mathrm{j}\boldsymbol{k}\cdot\boldsymbol{E}$$

$$\nabla\times\boldsymbol{E}=\begin{vmatrix}\boldsymbol{e}_x & \boldsymbol{e}_y & \boldsymbol{e}_z\\ \dfrac{\partial}{\partial x} & \dfrac{\partial}{\partial y} & \dfrac{\partial}{\partial z}\\ E_x & E_y & E_z\end{vmatrix}=-\mathrm{j}\boldsymbol{k}\times\boldsymbol{E}$$

1.3 正交曲线坐标系中的微分和导数

上面的矢量和矢量的运算多是在直角坐标系中进行的。在有些情况下，采用正交曲线坐标系更加便于矢量的表示和计算。由于矢量本身和坐标系无关，矢量计算的结果和采用的坐标系无关。

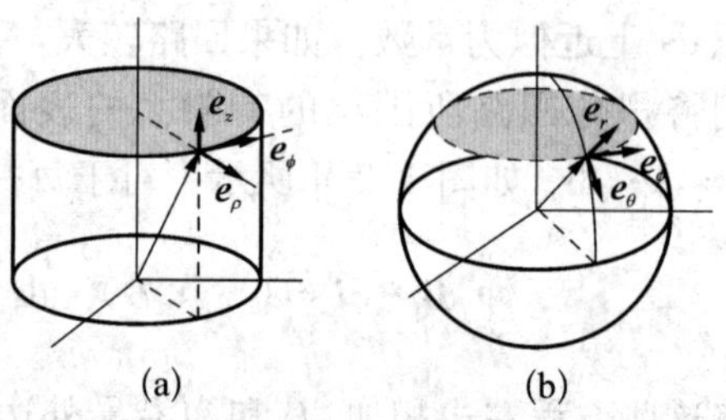

图 1.3.1 柱坐标系和球坐标系示意图

常用的正交曲线坐标系有：柱坐标系（图 1.3.1(a)）和球坐标系（图 1.3.1(b)）。与坐标系相关的一些重要结论如下（如图 1.3.2）：

1. 微分长度

柱坐标系：
$$\mathrm{d}\boldsymbol{l}=\mathrm{d}\rho\boldsymbol{e}_\rho+\rho\mathrm{d}\varphi\boldsymbol{e}_\varphi+\mathrm{d}z\boldsymbol{e}_z \tag{1.3.1}$$

球坐标系：
$$\mathrm{d}\boldsymbol{l}=\mathrm{d}r\boldsymbol{e}_r+r\mathrm{d}\theta\boldsymbol{e}_\theta+r\sin\theta\mathrm{d}\varphi\boldsymbol{e}_\varphi \tag{1.3.2}$$

式中 $\boldsymbol{e}_\rho,\boldsymbol{e}_\varphi,\boldsymbol{e}_r,\cdots$ 为单位矢量，它们分别垂直于等 ρ 面、等 φ 面和等 r 面，其方向和坐标值增加的方向相同。

2. 微分面积

柱坐标系：
$$\begin{cases}(\mathrm{d}\boldsymbol{s})_\rho=\rho\mathrm{d}\varphi\mathrm{d}z\\ (\mathrm{d}\boldsymbol{s})_\varphi=\mathrm{d}\rho\mathrm{d}z\\ (\mathrm{d}\boldsymbol{s})_z=\rho\mathrm{d}\varphi\mathrm{d}\rho\end{cases} \tag{1.3.3}$$

球坐标系：
$$\begin{cases}(\mathrm{d}\boldsymbol{s})_r = r\mathrm{d}\theta r\sin\theta\mathrm{d}\varphi \\ (\mathrm{d}\boldsymbol{s})_\theta = r\sin\theta\mathrm{d}\varphi\mathrm{d}r \\ (\mathrm{d}\boldsymbol{s})_\varphi = r\mathrm{d}\theta\mathrm{d}r\end{cases} \tag{1.3.4}$$

3. 微分体积

柱坐标系：
$$\mathrm{d}\tau = \rho\mathrm{d}\rho\mathrm{d}\varphi\mathrm{d}z \tag{1.3.5}$$

球坐标系：
$$\mathrm{d}\tau = r^2\sin\theta\mathrm{d}\varphi\mathrm{d}\theta\mathrm{d}r \tag{1.3.6}$$

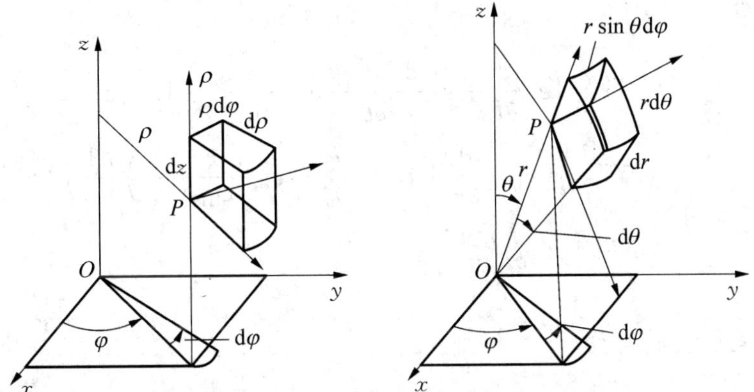

图 1.3.2　柱坐标系和球坐标系中体积元及其微分长度

4. 曲线坐标系中的梯度、散度和旋度

在正交曲线坐标系中，梯度、散度和旋度可以用统一的形式表示如下：

$$\nabla\phi = \boldsymbol{e}_1\frac{1}{h_1}\frac{\partial\phi}{\partial u_1} + \boldsymbol{e}_2\frac{1}{h_2}\frac{\partial\phi}{\partial u_2} + \boldsymbol{e}_3\frac{1}{h_3}\frac{\partial\phi}{\partial u_3} \tag{1.3.7}$$

$$\nabla\cdot\boldsymbol{A} = \frac{1}{h_1h_2h_3}\left[\frac{\partial}{\partial u_1}(h_2h_3A_1) + \frac{\partial}{\partial u_2}(h_3h_1A_2) + \frac{\partial}{\partial u_3}(h_1h_2A_3)\right] \tag{1.3.8}$$

$$\nabla\times\boldsymbol{A} = \begin{vmatrix} h_1\boldsymbol{e}_1 & h_2\boldsymbol{e}_2 & h_3\boldsymbol{e}_3 \\ \dfrac{\partial}{\partial u_1} & \dfrac{\partial}{\partial u_2} & \dfrac{\partial}{\partial u_3} \\ h_1A_1 & h_2A_2 & h_3A_3 \end{vmatrix} \tag{1.3.9}$$

另外，

$$\nabla^2\phi = \frac{1}{h_1h_2h_3}\left[\frac{\partial}{\partial u_1}\left(\frac{h_2h_3}{h_1}\frac{\partial\phi}{\partial u_1}\right) + \frac{\partial}{\partial u_2}\left(\frac{h_3h_1}{h_2}\frac{\partial\phi}{\partial u_2}\right) + \frac{\partial}{\partial u_3}\left(\frac{h_1h_2}{h_3}\frac{\partial\phi}{\partial u_3}\right)\right] \tag{1.3.10}$$

式中 h_1, h_2, h_3 称为度规系数，在不同的坐标系中取不同的值。在直角坐标系中 $h_1 = h_2 = h_3 = 1$；在柱坐标系中 $h_1 = 1, h_2 = \rho, h_3 = 1$；球坐标系中 $h_1 = 1, h_2 = r, h_3 = r\sin\theta$。各坐

标系中的梯度算符、散度算符、旋度算符和拉普拉斯算符的具体表示式已在附录Ⅰ中列出。

例 1.2 计算$\nabla r,\nabla\left(\frac{1}{r}\right),\nabla\cdot\left(\frac{\boldsymbol{r}}{r^3}\right),\nabla\times\left(\frac{\boldsymbol{r}}{r^3}\right)$和$\nabla\cdot\nabla\left(\frac{1}{r}\right)$。　$(r\neq0)$

解 该题选用球坐标系求解比较方便。在球坐标系中，∇算符的表示式为：

$$\nabla=\left(\boldsymbol{e}_r\frac{\partial}{\partial r}+\boldsymbol{e}_\theta\frac{1}{r}\frac{\partial}{\partial\theta}+\boldsymbol{e}_\phi\frac{1}{r\sin\theta}\frac{\partial}{\partial\phi}\right)$$

从而有

$$\nabla r=\left(\boldsymbol{e}_r\frac{\partial}{\partial r}+\boldsymbol{e}_\theta\frac{1}{r}\frac{\partial}{\partial\theta}+\boldsymbol{e}_\phi\frac{1}{r\sin\theta}\frac{\partial}{\partial\phi}\right)r=\boldsymbol{e}_r$$

$$\begin{aligned}\nabla\left(\frac{1}{r}\right)&=\left(\boldsymbol{e}_r\frac{\partial}{\partial r}+\boldsymbol{e}_\theta\frac{1}{r}\frac{\partial}{\partial\theta}+\boldsymbol{e}_\varphi\frac{1}{r\sin\theta}\frac{\partial}{\partial\varphi}\right)\left(\frac{1}{r}\right)\\&=\boldsymbol{e}_r\left(-\frac{1}{r^2}\right)=-\frac{\boldsymbol{r}}{r^3}\end{aligned}$$

利用矢量恒等式得到

$$\begin{aligned}\nabla\cdot\left(\frac{\boldsymbol{r}}{r^3}\right)&=\nabla\cdot\left(\frac{1}{r^3}\boldsymbol{r}\right)=\nabla\left(\frac{1}{r^3}\right)\cdot\boldsymbol{r}+\frac{1}{r^3}\nabla\cdot\boldsymbol{r}\\&=\left(-\frac{3}{r^4}\boldsymbol{e}_r\right)\cdot\boldsymbol{r}+\frac{1}{r^3}3=0\end{aligned}$$

同理，得到

$$\begin{aligned}\nabla\times\left(\frac{\boldsymbol{r}}{r^3}\right)&=\nabla\left(\frac{1}{r^3}\right)\times\boldsymbol{r}+\frac{1}{r^3}\nabla\times\boldsymbol{r}\\&=\left(-\frac{3}{r^4}\boldsymbol{e}_r\right)\times\boldsymbol{r}+\frac{1}{r^3}0=0\end{aligned}$$

用前式中散度计算的结果，得到

$$\nabla\cdot\nabla\left(\frac{1}{r}\right)=\nabla\left(-\frac{\boldsymbol{r}}{r^3}\right)=0$$

习　题

1.1　试证明两个空间矢量$\boldsymbol{r}_1(r_1,\theta_1,\varphi_1)$和$\boldsymbol{r}_2(r_2,\theta_2,\varphi_2)$之间的夹角$\theta$的余弦为

$$\cos\theta=\cos\theta_1\cos\theta_2+\sin\theta_1\sin\theta_2\cos(\varphi_1-\varphi_2)$$

1.2　证明下列矢量代数公式：

(1) $\boldsymbol{A}\cdot(\boldsymbol{B}\times\boldsymbol{C})=\boldsymbol{B}\cdot(\boldsymbol{C}\times\boldsymbol{A})-\boldsymbol{C}\cdot(\boldsymbol{A}\times\boldsymbol{B})$；

(2) $\boldsymbol{A}\times(\boldsymbol{B}\times\boldsymbol{C})=(\boldsymbol{A}\cdot\boldsymbol{C})\boldsymbol{B}-(\boldsymbol{A}\cdot\boldsymbol{B})\boldsymbol{C}$。

1.3 求下列函数的散度和旋度：

(1) $f(\boldsymbol{r})=\boldsymbol{e}_x(x^2+yz)+\boldsymbol{e}_y(y^2+zx)+\boldsymbol{e}_z(z^2+xy)$；

(2) $f(\boldsymbol{r})=\boldsymbol{e}_r(r\cos\theta)+\boldsymbol{e}_\theta(rz)+\boldsymbol{e}_z$。

1.4 设 $r=\sqrt{x^2+y^2+z^2}$，证明：$\nabla^2 f(r)=f''(r)+2f'(r)/r$。

1.5 $R=\sqrt{(x-x')^2+(y-y')^2+(z-z')^2}$，证明：$\nabla R=\dfrac{\boldsymbol{R}}{R}$，$\nabla\dfrac{1}{R}=-\dfrac{\boldsymbol{R}}{R^3}$。当用算符 ∇' 作用在 R 或 $1/R$ 上时，结果为 $\nabla=-\nabla'$。

1.6 如 a 为常数矢量，证明：$\nabla(\boldsymbol{a}\cdot\boldsymbol{r})=a$，$\nabla\cdot(\boldsymbol{a}\times\boldsymbol{r})=0$，$\nabla\times(\boldsymbol{a}\times\boldsymbol{r})=2\boldsymbol{a}$。

1.7 证明：$\nabla\times(\nabla\times\boldsymbol{v})=\nabla(\nabla\cdot\boldsymbol{v})-\nabla^2\boldsymbol{v}$。

1.8 设 $f=k\nabla(1/r)$，求证：$\int_s \boldsymbol{f}\cdot\boldsymbol{n}\mathrm{d}S=-4\pi k$，此处 S 是包围原点的闭合曲面，k 为常数。

1.9 应用散度定理或旋度定理证明下列公式：

(1) $\int_v \mathrm{d}V\nabla\times\boldsymbol{A}=\oint_s \mathrm{d}S\times\boldsymbol{A}$；

(2) $\int_S \mathrm{d}\boldsymbol{S}\times\nabla\psi=\oint_l \mathrm{d}\boldsymbol{l}\psi$。

扫码可见本章微课

第二章　时变电磁场

2.1　法拉第电磁感应定律

法拉第于 1831 年首先发现电磁感应现象。当一个导体回路中的电流变化时，在其附近的另一导体回路中将出现感应电流，或者将一个磁铁在一个闭合导体回路附近移动时，回路中也将出现感应电流。这两种情形都说明一个相同的事实，即穿过一个回路或线圈的磁通量发生变化时，在这个回路中将出现感应电动势。下面我们来导出电动势的表达式。

设 S 为一曲面，它的边缘是闭合曲线 l，规定 l 的围绕方向与 S 面上任一点的法线方向成右螺旋关系，如图 2.1.1 所示。电磁感应现象表明：当通过 S 的磁通量增加时，在线圈中的感应电动势 ε 大小与通过线圈内部的磁通量变化率成正比，电动势的方向与规定的 l 围绕方向相反。用数学公式来表示上述现象，则有下面的公式

$$\varepsilon=-\frac{\mathrm{d}}{\mathrm{d}t}\int_{s}\boldsymbol{B}\cdot\mathrm{d}s \tag{2.1.1}$$

图 2.1.1　闭合环路上的磁通量

线圈中有感应电动势就说明空间中存在着电场，感应电动势是电场强度沿闭合回路的线积分，故(2.1.1)式也可写为

$$\oint_{l}\boldsymbol{E}\cdot\mathrm{d}\boldsymbol{l}=-\frac{\mathrm{d}}{\mathrm{d}t}\int_{S}\boldsymbol{B}\cdot\mathrm{d}s \tag{2.1.2}$$

若曲面 S 的位置不随时间变化，则上式中对 t 的全微商可用偏微商代替：

$$\oint_{l}\boldsymbol{E}\cdot\mathrm{d}\boldsymbol{l}=-\int_{S}\frac{\partial\boldsymbol{B}}{\partial t}\cdot\mathrm{d}s \tag{2.1.3}$$

用斯托克斯定理，将上式化为微分形式：

$$\nabla\times\boldsymbol{E}=-\frac{\partial\boldsymbol{B}}{\partial t} \tag{2.1.4}$$

由此可见，变化的磁场会在其周围空间激发起电场。该电场与静电场不同，它是有旋度的感应电场，不能像静电场那样写为某一标量势的梯度。

法拉第电磁感应定律是电磁场的基本规律之一。由于(2.1.4)式中只出现总电场和总磁场，而与电流、电荷等源无关，所以它适用于任意介质中的宏观电磁场。

2.2　位移电流与安培环路定律

法拉第电磁感应定律说明，随时间变化的磁场会在其周围空间激发起电场。因此，人们很自然会联想到变化的电场是否会激发起磁场？

在回答之前，先考虑真空中稳恒电流情形下的安培环路定律，其微分表示式为：

$$\nabla \times \boldsymbol{B} = \mu_0 \boldsymbol{j} \tag{2.2.1}$$

其中 $\boldsymbol{j}$ 是传导电流密度。将上式等号两边取散度并利用恒等式 $\nabla \cdot (\nabla \times \boldsymbol{B}) \equiv 0$，得到 $\nabla \cdot \boldsymbol{j} = 0$。在稳恒电流情形下 $\nabla \cdot \boldsymbol{j} = 0$ 是成立的。但是，根据电荷守恒定律 $\nabla \cdot \boldsymbol{j} = -(\partial \boldsymbol{\rho} / \partial t)$，在电流是时变情形下 $(\nabla \cdot \boldsymbol{j})$ 一般情况不为零。这就出现了安培环路定律和电荷守恒定理矛盾的情形。

为了克服上述矛盾。麦克斯韦引入了一个称之为位移电流密度的物理量 $\boldsymbol{j}_D$，它和传导电流一起满足

$$\nabla \cdot (\boldsymbol{j} + \boldsymbol{j}_D) = 0 \tag{2.2.2}$$

这样，安培环路定律便修改为

$$\nabla \times \boldsymbol{B} = \mu_0 (\boldsymbol{j} + \boldsymbol{j}_D) \tag{2.2.3}$$

上式两边取散度时都等于零，从而在理论上解决了上述矛盾。下面来解释麦克斯韦引入的位移电流的物理意义。

由高斯定理的微分形式

$$\nabla \cdot \boldsymbol{E} = \frac{\rho}{\varepsilon_0} \tag{2.2.4}$$

得到 $\frac{\partial \rho}{\partial t} = \varepsilon_0 \nabla \cdot \frac{\partial \boldsymbol{E}}{\partial t}$，代入电荷守恒定律 $\nabla \cdot \boldsymbol{j} + \frac{\partial \rho}{\partial t} = 0$ 后，得到：

$$\nabla \cdot \left(\boldsymbol{j} + \varepsilon_0 \frac{\partial \boldsymbol{E}}{\partial t} \right) = 0$$

将上式与(2.2.2)式比较，可得 $\boldsymbol{j}_D$ 的一个可能的表示式

$$\boldsymbol{j}_D = \varepsilon_0 \frac{\partial \boldsymbol{E}}{\partial t} \tag{2.2.5}$$

上式表明，真空中的位移电流是代表随时间变化的电场，大量的实验事实已经证明了位移电流的合理性和正确性。

与传导电流一样，位移电流也能够激发起磁场。结合法拉第电磁感应定律和安培环路定律，可以发现引入位移电流后时变的电场和时变的磁场可以相互激发，故电磁场一旦被激发就能够独立于源而单独存在。

当有介质存在时，安培环路定律中会出现更多的电流项。为了简单起见，这里只讨论

非铁磁性介质。从经典物理的观点来看,介质是一个真空中的带电粒子系统。由于静电荷对磁场没有贡献,所以只需讨论由自由电子所形成的传导电流以及由束缚电子绕原子核转动形成的分子电流。这些电流所产生的微观磁场满足安培环路定律

$$\nabla \times \boldsymbol{b} = \mu_0 (\boldsymbol{j}_f + \boldsymbol{j}_m)$$

其中 $\boldsymbol{b}$ 为微观磁感应强度, $\boldsymbol{j}_f$ 为传导电流密度, $\boldsymbol{j}_m$ 是分子电流密度。对上式取时空平均,得到宏观磁感应强度所满足的关系:

$$\nabla \times \boldsymbol{B} = \mu_0 (\boldsymbol{j}_f + \boldsymbol{j}_M) \tag{2.2.6}$$

在实验上,自由电流密度的时空平均值 $\boldsymbol{j}_f$ 可以由实验直接测出。分子电流的时空平均值 $\boldsymbol{j}_M$ 称为磁化电流密度,一般难以在实验上直接测量。下面将找出它与宏观可测物理量的关系,然后在基本方程中用可测量取代它。

当没有外磁场时,介质中的分子电流取向是杂乱无章的,所以平均分子电流密度 $\boldsymbol{j}_M = 0$。在加上外磁场后,分子电流将出现规则取向,并对原来的磁场发生影响,这一过程被称为介质的磁化。将每个分子电流看作是磁矩为 $\boldsymbol{m}$ 的磁偶极子,则可以用磁化强度 $\boldsymbol{M}$ 来描述宏观磁化状态。定义磁化强度为:

$$\boldsymbol{M} = \frac{\sum \boldsymbol{m}_i}{\Delta\tau} \tag{2.2.7}$$

式中 $\Delta\tau$ 为体积, $\sum \boldsymbol{m}_i$ 为 $\Delta\tau$ 内的总磁偶极矩。磁化强度 $\boldsymbol{M}$ 是可以在实验上直接测量的物理量。

下面我们来求磁化电流密度 $\boldsymbol{j}_M$ 与磁化强度 $\boldsymbol{M}$ 的关系。设 S 为介质内部的一小块曲面,其边界为 l(如图 2.2.1)。为了求出 $\boldsymbol{j}_M$,可以计算从 S 背面流向前面的磁化电流 I_M。假定把分子电流看作载电流 i 的小线圈,线圈面积为 a,则与分子电流相应的磁矩是 $\boldsymbol{m} = i\boldsymbol{a}$。由图 2.2.1 可见,若分子电流环被边界线穿过它就对边界线内的 I_M 有贡献,在其他位置的分子电流从 S 背面流出来后又流进 S 面,所以它们对 I_M 无贡献,这样通过 S 的总磁化电流就等于由边界线 l 所串在一起的分子数乘以每个分子的电流 i。图 2.2.2 表示边界线 l 上的一个线元 $\mathrm{d}\boldsymbol{l}$,只要分子中心位于体积 $\boldsymbol{a} \cdot \mathrm{d}\boldsymbol{l}$ 的柱体内,该分子电流就对 I_M 有贡献。若单位体积中的分子数为 n,则被边界线 l 所串接的分子电流数目为

$$\oint_l n\boldsymbol{a} \cdot \mathrm{d}\boldsymbol{l}$$

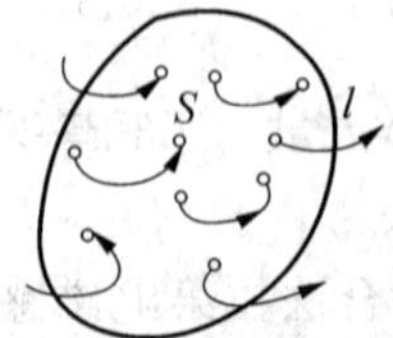

图 2.2.1 介质内部和边界上的分子电流和磁化电流

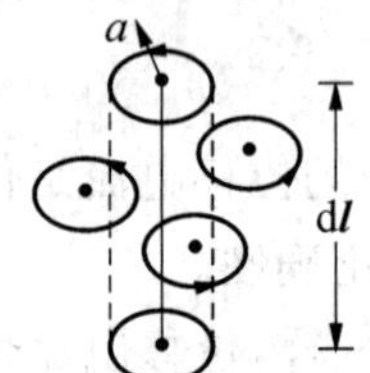

图 2.2.2 介质边界上的分子电流和磁化电流

此数目乘上每个分子的电流 i 就得到从 S 背面流向前面的总磁化电流：

$$I_M = \oint_l i n \boldsymbol{a} \cdot \mathrm{d}\boldsymbol{l} = \oint_l n \boldsymbol{m} \cdot \mathrm{d}\boldsymbol{l} = \oint_l \boldsymbol{M} \cdot \mathrm{d}\boldsymbol{l} \tag{2.2.8}$$

引入磁化电流密度 $\boldsymbol{j}_M$，则总磁化电流为 $I_M = \int_s \boldsymbol{j}_M \cdot \mathrm{d}\boldsymbol{s}$，所以有

$$\int_s \boldsymbol{j}_M \cdot \mathrm{d}\boldsymbol{s} = \oint_l \boldsymbol{M} \cdot \mathrm{d}\boldsymbol{l}$$

利用斯托克斯定理

$$\oint_l \boldsymbol{M} \cdot \mathrm{d}\boldsymbol{l} = \int_s (\nabla \times \boldsymbol{M}) \cdot \mathrm{d}\boldsymbol{s}$$

由上面两式可以得到磁化电流的表达式：

$$\boldsymbol{j}_M = \nabla \times \boldsymbol{M} \tag{2.2.9}$$

除 $\boldsymbol{j}_f$，$\boldsymbol{j}_M$ 外，由于介质极化后会出现分子电偶极矩 $\boldsymbol{p} = q\boldsymbol{l}$，且 $\boldsymbol{p}$ 随时间变化，于是也将产生极化电流密度 $\boldsymbol{j}_P$。考虑介质中的任一截面 S，单位时间穿过该截面的电量就是极化电流强度 I_P，即

$$I_P = \int_s \boldsymbol{j}_P \cdot \mathrm{d}\boldsymbol{s} = \int_s n q \boldsymbol{v} \cdot \mathrm{d}\boldsymbol{s} = \int_s n \frac{\mathrm{d}}{\mathrm{d}t}(q\boldsymbol{l}) \cdot \mathrm{d}\boldsymbol{s}$$

式中 n 为介质中单位体积的分子数。进一步简化上式可得

$$\int_s \boldsymbol{j}_P \cdot \mathrm{d}\boldsymbol{s} = \int_s \left(\frac{\partial \boldsymbol{P}}{\partial t}\right) \cdot \mathrm{d}\boldsymbol{s}$$

比较等式两侧，得到

$$\boldsymbol{j}_P = \frac{\partial \boldsymbol{P}}{\partial t} \tag{2.2.10}$$

将式(2.2.3)中的 $\boldsymbol{j}$ 看成自由电流密度 $\boldsymbol{j}_f$ 和介质内的诱导电流密度 $\boldsymbol{j}_M$，$\boldsymbol{j}_P$ 之和，便得到了介质中修正的安培环路定律

$$\nabla \times \boldsymbol{B} = \mu_0 \left(\boldsymbol{j}_f + \boldsymbol{j}_M + \boldsymbol{j}_P + \varepsilon_0 \frac{\partial \boldsymbol{E}}{\partial t}\right) \tag{2.2.11}$$

将(2.2.9)式和(2.2.10)式代入上式，整理得到

$$\nabla \times \frac{\boldsymbol{B}}{\mu_0} - \nabla \times \boldsymbol{M} = \boldsymbol{j}_f + \frac{\partial \boldsymbol{P}}{\partial t} + \varepsilon_0 \frac{\partial \boldsymbol{E}}{\partial t} \tag{2.2.12}$$

利用电磁学中的公式 $\boldsymbol{D} = \varepsilon_0 \boldsymbol{E} + \boldsymbol{P}$，可得

$$\frac{\partial \boldsymbol{D}}{\partial t} = \varepsilon_0 \frac{\partial \boldsymbol{E}}{\partial t} + \frac{\partial \boldsymbol{P}}{\partial t} \tag{2.2.13}$$

上式表示介质中的位移电流，它包含两个部分，一部分是电场随时间的变化，另一部分是由极化强度随时间变化而形成的极化电流。又因为磁场强度 $\boldsymbol{H}=\boldsymbol{B}/\mu_0-\boldsymbol{M}$，则(2.2.12)式可改写为

$$\nabla\times\boldsymbol{H}=\boldsymbol{j}_f+\frac{\partial\boldsymbol{D}}{\partial t} \tag{2.2.14}$$

或

$$\oint_l\boldsymbol{H}\cdot\mathrm{d}\boldsymbol{l}=\int_S\left(\boldsymbol{j}_f+\frac{\partial\boldsymbol{D}}{\partial t}\right)\cdot\mathrm{d}\boldsymbol{s} \tag{2.2.15}$$

(2.2.14)和(2.2.15)式称为全电流定律。位移电流也像传导电流一样产生磁场，它们都是磁场的涡旋源。通常把包括传导电流、位移电流，有时还有运流电流(真空或气体中由自由电荷运动所形成的电流)在内的电流称为全电流。在时变情形下，全电流满足连续性方程：

$$\nabla\cdot\left(\boldsymbol{j}+\frac{\partial\boldsymbol{D}}{\partial t}\right)=0 \tag{2.2.16}$$

2.3 麦克斯韦方程组

麦克斯韦方程组是综合了法拉第电磁感应定律、安培环路定律、高斯定律的一组矢量方程，它概括、总结和提高了电磁学中最基本的实验定律，是电磁场理论的基本方程。麦克斯韦方程组有两种表达形式:微分形式和积分形式。

微分形式是

$$\begin{cases}\nabla\times\boldsymbol{E}=-\dfrac{\partial\boldsymbol{B}}{\partial t}\\ \nabla\times\boldsymbol{H}=\boldsymbol{j}_f+\dfrac{\partial\boldsymbol{D}}{\partial t}\\ \nabla\cdot\boldsymbol{D}=\rho_f\\ \nabla\cdot\boldsymbol{B}=0\end{cases} \tag{2.3.1}$$

其中第一和第二两式在前两节已经讨论过，第三式在电磁学中也已论及。第四式中只出现总磁场，与电荷、电流没有直接关系，因而在介质中仍然成立。将上面的旋度方程两侧做面积分并利用旋度定理，对散度方程两侧做体积分并利用散度定理，得到麦克斯韦方程组的积分形式

$$\begin{cases}\oint_l\boldsymbol{E}\cdot\mathrm{d}\boldsymbol{l}=-\int_S\dfrac{\partial\boldsymbol{B}}{\partial t}\cdot\mathrm{d}\boldsymbol{s}\\ \oint_l\boldsymbol{H}\cdot\mathrm{d}\boldsymbol{l}=\int_S\left(\boldsymbol{j}_f+\dfrac{\partial\boldsymbol{D}}{\partial t}\right)\cdot\mathrm{d}\boldsymbol{s}\\ \oint_S\boldsymbol{D}\cdot\mathrm{d}\boldsymbol{s}=Q_f\\ \oint_S\boldsymbol{B}\cdot\mathrm{d}\boldsymbol{s}=0\end{cases} \tag{2.3.2}$$

其中 Q_f 是自由电荷的总电量。积分形式的麦克斯韦方程既适用于场和源在空间为连续函数的场合，也适用于场和源在空间为不连续的情形。

麦克斯韦方程组揭示了电磁场的内在规律：时变的电荷或电流是时变电磁场的源，一旦场已被激发，由于电磁场本身可以互相激发，因此，它就可以不依赖于电荷、电流而单独存在，在空间以电磁波的形式运动，它说明了电磁场本身是一种特殊物质。

在求解具体的问题时，除了这组基本方程外还必须引入一些关于介质电磁性质的实验关系。在均匀的各向同性的线性介质中

$$\boldsymbol{D} = \varepsilon_0 \boldsymbol{E} + \boldsymbol{P} = \varepsilon \boldsymbol{E} \tag{2.3.3}$$

$$\boldsymbol{B} = \mu_0 (\boldsymbol{H} + \boldsymbol{M}) = \mu \boldsymbol{H} \tag{2.3.4}$$

其中 ε 和 μ 分别是介质的介电常数和磁导率。在导电媒质中，还有欧姆定律：

$$\boldsymbol{j} = \sigma \boldsymbol{E} \tag{2.3.5}$$

式中 σ 为电导率。这些关系称为介质的电磁物态方程，它们反映了介质的宏观电磁性质。通常，介质的介电常数、磁导率和电导率统称为介质的电磁参数。如果介质是不均匀的，那么电磁参数将是空间位置的函数。除此之外，介质还可以是各向异性的和非线性的。各向异性介质的介电常数或(和)磁导率具有张量形式；在非线性介质中的 ε 或 μ 还与 $\boldsymbol{E}$ 或 $\boldsymbol{H}$ 的大小有关，例如铁磁物质磁导率与 $\boldsymbol{H}$ 的关系就是非线性的，且不是单值函数。

2.4　洛仑兹力

由上节的内容，我们知道运动的电荷和时变电流可以激发电磁场，而电磁场反过来又会对电荷与电流施加作用力。在静电场情况下，库仑定律 $\boldsymbol{F} = q\boldsymbol{E}$ 描述静止电荷 q 受到静电场的作用力。在稳恒电流情形，安培定律给出了电流元 $\boldsymbol{j}\,\mathrm{d}\tau$ 受到磁场的作用力为 $\mathrm{d}\boldsymbol{F} = \boldsymbol{j} \times \boldsymbol{B}\,\mathrm{d}\tau$。洛仑兹推广了这些结果，给出了在一般情况下场对电荷系统作用力的表达式。若电荷连续分布，其密度为 ρ，则电荷系统单位体积所受的力密度 $\boldsymbol{f}$ 为

$$\boldsymbol{f} = \rho \boldsymbol{E} + \boldsymbol{j} \times \boldsymbol{B} \tag{2.4.1}$$

上式称为洛仑兹力密度公式。

对于带电粒子系统来说，若粒子带电量为 q、速度为 $\boldsymbol{v}$，则 $\boldsymbol{j}$ 等于单位体积内电荷的 $q\boldsymbol{v}$ 之和。如带电粒子做加速运动，则会激发起电磁场。把电磁作用力公式应用到其中的单个粒子上，得到一个带电粒子受电磁场的作用力：

$$\boldsymbol{F} = q\boldsymbol{E} + q\boldsymbol{v} \times \boldsymbol{B} \tag{2.4.2}$$

即洛仑兹力公式。洛仑兹认为此公式适用于任意运动的带电粒子。近代物理学实践证实了洛仑兹力公式对任意运动速度的带电粒子都是适用的。

麦克斯韦方程组和洛仑兹力公式总结了宏观电磁场运动的基本规律及电磁场与带电系统相互作用的基本规律，它们构成了宏观电动力学的理论基础。现代带电粒子加速器和各种电子光学设备等都是以它们为理论基础而设计的。

2.5 电磁场的边值关系

在实际问题中经常会遇到两种介质交界面的问题。为了求解时变电磁场的边界问题,必须知道场矢量 $\boldsymbol{E}$,$\boldsymbol{D}$,$\boldsymbol{B}$ 和 $\boldsymbol{H}$ 在两种介质分界面上所满足的边界条件。下面我们从麦克斯韦方程组的积分形式(2.3.2)出发来导出边界条件。

首先,我们考虑高斯定理的积分形式,

$$\oint_S \boldsymbol{D} \cdot \mathrm{d}\boldsymbol{s} = Q_f$$

在两种介质的交界面上做一个无限薄的横跨界面的闭合小曲面,如图 2.5.1 所示。盒子的侧面积是上下底面面积的高阶小量。对此闭合小曲面积分,并忽略侧面高阶小量

$$(\boldsymbol{D}_2 - \boldsymbol{D}_1) \cdot \boldsymbol{e}_n \Delta s = Q_f$$

其中 $\boldsymbol{e}_n$ 是界面的法矢。定义表面电荷密度 $\sigma_n = Q_f / \Delta s$,则上式化为;

$$(\boldsymbol{D}_2 - \boldsymbol{D}_1) \cdot \boldsymbol{e}_n = \sigma_n \tag{2.5.1}$$

同理,我们可以由磁感应强度的积分公式得到

$$(\boldsymbol{B}_2 - \boldsymbol{B}_1) \cdot \boldsymbol{e}_n = 0 \tag{2.5.2}$$

可以看出,$\boldsymbol{B}$ 与 $\boldsymbol{D}$ 的法向分量在两种介质分界面上的行为与电磁学中静态场的边值关系是完全一样的。

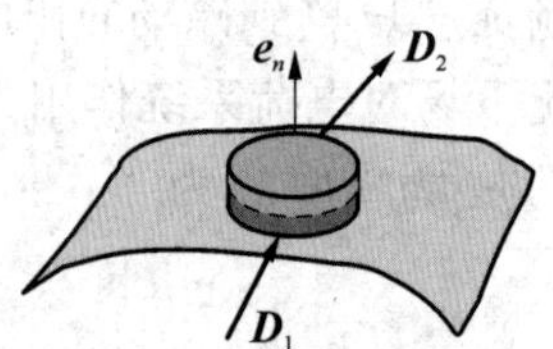

图 2.5.1 介质交界面上的闭合曲面

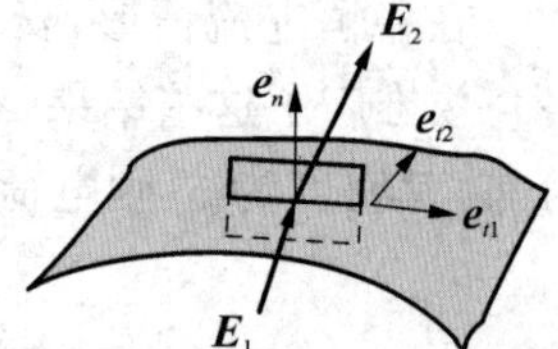

图 2.5.2 介质交界面上的闭合环路

下面讨论与法拉第电磁感应定律相应的边值关系。现在取如图 2.5.2 所示的狭长矩形闭合回路,其与分界面平行的两边 Δl 为一级无限小,另外两边 $\Delta l'$ 为二级无限小,$\boldsymbol{e}_{t1}$ 是沿分界面切线方向的单位矢量,$\boldsymbol{e}_n$ 为分界面法向单位矢量,它由介质Ⅰ指向介质Ⅱ,$\boldsymbol{e}_{t2} = \boldsymbol{e}_n \times \boldsymbol{e}_{t1}$ 表示闭合回路平面的法向单位矢量。对于很小的 Δl,由法拉第电磁感应定律

$$\oint_l \boldsymbol{E} \cdot \mathrm{d}\boldsymbol{l} = -\int_S \frac{\partial \boldsymbol{B}}{\partial t} \cdot \mathrm{d}\boldsymbol{s}$$

得到

$$(\boldsymbol{E}_2-\boldsymbol{E}_1)\cdot\boldsymbol{e}_{t1}\Delta l=-\left(\frac{\partial\boldsymbol{B}}{\partial t}\right)\cdot\boldsymbol{e}_{t2}\Delta l\Delta l'$$

再利用 $\boldsymbol{e}_{t1},\boldsymbol{e}_{t2},\boldsymbol{e}_n$ 三者之间的相互关系，得到

$$\boldsymbol{e}_n\times(\boldsymbol{E}_2-\boldsymbol{E}_1)=-\left(\frac{\partial\boldsymbol{B}}{\partial t}\right)\Delta l'$$

由于 $(\partial\boldsymbol{B}/\partial t)$ 为有限值且 $\Delta l'$ 为高阶小量，因此，上式等号右方趋向于零。于是，上式变为

$$\boldsymbol{e}_n\times(\boldsymbol{E}_2-\boldsymbol{E}_1)=0 \tag{2.5.3}$$

同理，将安培环路定律

$$\oint_l\boldsymbol{H}\cdot\mathrm{d}\boldsymbol{l}=\int_S\left(\boldsymbol{j}_f+\frac{\partial\boldsymbol{D}}{\partial t}\right)\cdot\mathrm{d}\boldsymbol{s}$$

用于如图 2.5.2 中的矩形闭合回路，可给出

$$(\boldsymbol{H}_2-\boldsymbol{H}_1)\cdot\boldsymbol{e}_{t1}\Delta l=\left(\boldsymbol{j}_f+\frac{\partial\boldsymbol{D}}{\partial t}\right)\cdot\boldsymbol{e}_{t2}\Delta l\Delta l'$$

由于 $(\partial\boldsymbol{D}/\partial t)$ 为有限值，上式等号右方括号内第二项趋向于零，于是可以得到：

$$\boldsymbol{e}_n\times(\boldsymbol{H}_2-\boldsymbol{H}_1)=\boldsymbol{j}_f\Delta l'$$

在稳恒情况或在时变场条件下，都可能出现自由电流面密度 $\boldsymbol{J}_s=\boldsymbol{j}_f\Delta l'$，在 $\Delta l'\to 0$ 时，$\boldsymbol{J}_s$ 为有限值，即

$$\boldsymbol{e}_n\times(\boldsymbol{H}_2-\boldsymbol{H}_1)=\boldsymbol{J}_s \tag{2.5.4}$$

综上所述，在两种不同介质的分界面上，时变电磁场的边界条件为

$$\begin{cases}\boldsymbol{e}_n\times(\boldsymbol{E}_2-\boldsymbol{E}_1)=0\\ \boldsymbol{e}_n\times(\boldsymbol{H}_2-\boldsymbol{H}_1)=\boldsymbol{J}_s\\ \boldsymbol{e}_n\cdot(\boldsymbol{D}_2-\boldsymbol{D}_1)=\sigma_f\\ \boldsymbol{e}_n\cdot(\boldsymbol{B}_2-\boldsymbol{B}_1)=0\end{cases} \tag{2.5.5}$$

也就是说，电磁场在两种介质的分界面上，电场强度 $\boldsymbol{E}$ 的切向分量连续，磁感应强度 $\boldsymbol{B}$ 的法向分量连续；磁场强度 $\boldsymbol{H}$ 的切向分量不连续，其突变量等于自由电流面密度 $\boldsymbol{J}_s$，电位移矢量 $\boldsymbol{D}$ 的法向分量不连续，其突变量等于自由电荷面密度 σ_f。

例 2.1　导出理想导体和介质交界面上的电磁场边界条件。

解　由于理想导体内部 $E_1=D_1=0,B_1=H_1=0$，代入(2.5.5)式得到在分界面上的边界条件为

$$\begin{cases}\boldsymbol{e}_n\times\boldsymbol{E}_2=0\\ \boldsymbol{e}_n\times\boldsymbol{H}_2=\boldsymbol{J}_s\\ \boldsymbol{e}_n\cdot\boldsymbol{D}_2=\sigma_f\\ \boldsymbol{e}_n\cdot\boldsymbol{B}_2=0\end{cases}$$

由上式可知，在理想导体的表面上，$\boldsymbol{E}$ 总是垂直导体表面，$\boldsymbol{B}$ 总是平行于导体表面。

例 2.2 一无限长的细直导线(取作 z 轴)其中通有电流 I，沿 z 轴的正方向流动，在 $z<0$ 空间充满磁导率为 μ 的均匀介质，在 $z>0$ 区域为真空。求磁感应强度分布以及磁化电流分布。讨论介质是顺磁性或抗磁性时，对磁化电流有什么影响。

解 设在 $z<0$ 区为 1 区；在 $z>0$ 区为 2 区。考虑到问题的轴对称性而取柱坐标系运算。取试探解

$$\boldsymbol{H}_1=\boldsymbol{H}_2=\frac{I}{2\pi\rho}\boldsymbol{e}_\varphi$$

$$\boldsymbol{B}_1=\mu\boldsymbol{H}_1=\frac{\mu I}{2\pi\rho}\boldsymbol{e}_\varphi \quad (z<0)$$

$$\boldsymbol{B}_2=\mu_0\boldsymbol{H}_2=\frac{\mu_0 I}{2\pi\rho}\boldsymbol{e}_\varphi \quad (z>0)$$

在 $z=0$ 的分界面上，因不存在自由电流面密度，上述解满足边界条件：

$$H_{1t}=H_{2t}$$
$$B_{1n}=B_{2n}=0$$

并满足 $\oint\boldsymbol{H}\cdot\mathrm{d}\boldsymbol{l}=I$，所以这个试探解是唯一正确的。这里用到了麦克斯韦方程解的唯一性原理。该原理指出：一个区域内的电磁场是由该区域中的源和边界上的电场和磁场的切向分量唯一决定。

为了求得磁化电流分布，先求磁化强度

$$\boldsymbol{M}=\frac{\boldsymbol{B}}{\mu_0}-\boldsymbol{H}=\begin{cases}0 & z>0\\ \left(\dfrac{\mu}{\mu_0}-1\right)\boldsymbol{H} & z<0\end{cases}$$

$$\boldsymbol{j}_M=\nabla\times\boldsymbol{M}=\left(\frac{\mu}{\mu_0}-1\right)\nabla\times\boldsymbol{H}=\left(\frac{\mu}{\mu_0}-1\right)I\delta(\rho)\boldsymbol{e}_z \quad 当\ z<0$$

由 $\oint\boldsymbol{M}\cdot\mathrm{d}\boldsymbol{l}=I_M$，可得到相应的界面上的边界条件

$$\boldsymbol{k}_M=\boldsymbol{e}_z\times(\boldsymbol{M}_2-\boldsymbol{M}_1)=-\boldsymbol{e}_z\times\left(\frac{\mu}{\mu_0}-1\right)\boldsymbol{H}=\left(\frac{\mu}{\mu_0}-1\right)\frac{I}{2\pi\rho}\boldsymbol{e}_\rho$$

所以，在下半空间中，在直导线处出现磁化电流 $\boldsymbol{j}_M$，界面上有面磁化电流 $\boldsymbol{k}_M$(在 $\boldsymbol{e}_\rho$ 方向)分布，如果下半空间介质是顺磁性的($\mu>\mu_0$)，$\boldsymbol{j}_M$ 与 I 同方向，$\boldsymbol{j}_M$ 流到界面 $z=0$ 处就变为 $\boldsymbol{k}_M$，并沿 $\boldsymbol{e}_\rho$ 方向流到无穷远。反之，如果下半空间介质是抗磁性的($\mu<\mu_0$)，则磁化电流 $\boldsymbol{j}_M$ 与 I 反方向，界面上的面磁化电流 $\boldsymbol{k}_M$ 沿 $-\boldsymbol{e}_\rho$ 方向从无穷远流向 $\rho=0$ 处汇合成 $\boldsymbol{j}_M$。

2.6　坡印亭定理与电磁场能量守恒

电磁场是一种特殊的物质。与一般物质一样，它也具有能量，可以与其他物质进行能量交换并满足能量守恒定律。正是在电磁场与带电物体之间相互作用的过程中，电磁场的能量与带电物体运动的机械能量之间相互转换，使我们认识到电磁场能量的存在。下面，我们从麦克斯韦方程组出发来导出电磁场的能量形式和电磁能量的传播规律。

利用矢量恒等式

$$\nabla\cdot(\boldsymbol{E}\times\boldsymbol{H})=\boldsymbol{H}\cdot(\nabla\times\boldsymbol{E})-\boldsymbol{E}\cdot(\nabla\times\boldsymbol{H})$$

将麦克斯韦方程组(2.3.2)的第一式和第二式代入上式得

$$\nabla\cdot(\boldsymbol{E}\times\boldsymbol{H})=\boldsymbol{H}\cdot\left(-\frac{\partial\boldsymbol{B}}{\partial t}\right)-\boldsymbol{E}\cdot\boldsymbol{j}-\boldsymbol{E}\cdot\frac{\partial\boldsymbol{D}}{\partial t}\tag{2.6.1}$$

当介质为线性介质时 ε,μ 为常量，于是

$$\boldsymbol{H}\cdot\frac{\partial\boldsymbol{B}}{\partial t}=\mu\boldsymbol{H}\cdot\frac{\partial\boldsymbol{H}}{\partial t}=\frac{\partial}{\partial t}\left(\frac{1}{2}\mu H^2\right)=\frac{\partial}{\partial t}\left(\frac{\boldsymbol{B}\cdot\boldsymbol{H}}{2}\right)$$

$$\boldsymbol{E}\cdot\frac{\partial\boldsymbol{D}}{\partial t}=\varepsilon\boldsymbol{E}\cdot\frac{\partial\boldsymbol{E}}{\partial t}=\frac{\partial}{\partial t}\left(\frac{1}{2}\varepsilon E^2\right)=\frac{\partial}{\partial t}\left(\frac{\boldsymbol{D}\cdot\boldsymbol{E}}{2}\right)$$

代入(2.6.1)式，我们有

$$\nabla\cdot(\boldsymbol{E}\times\boldsymbol{H})=\frac{\partial}{\partial t}\left(\frac{\boldsymbol{B}\cdot\boldsymbol{H}+\boldsymbol{D}\cdot\boldsymbol{E}}{2}\right)-\boldsymbol{E}\cdot\boldsymbol{j}$$

将上式移项，做体积积分并利用散度定理，可得

$$-\frac{\partial}{\partial t}\int\frac{\boldsymbol{B}\cdot\boldsymbol{H}+\boldsymbol{D}\cdot\boldsymbol{E}}{2}\mathrm{d}\tau=\int\boldsymbol{E}\cdot\boldsymbol{j}\,\mathrm{d}\tau+\oint(\boldsymbol{E}\times\boldsymbol{H})\cdot\mathrm{d}\boldsymbol{s}\tag{2.6.2}$$

式(2.6.2)称为坡印亭定理。

为了说明这个定理的物理意义，我们先讨论式中各项的物理意义。设想空间有一密度为 ρ 的电荷分布，它在电磁场 $\boldsymbol{E}$ 和 $\boldsymbol{B}$ 的作用下以速度 $\boldsymbol{v}$ 运动，则 $\mathrm{d}\tau$ 体积内的电荷所受的洛仑兹力为 $\boldsymbol{f}\mathrm{d}\tau=\rho\mathrm{d}\tau(\boldsymbol{E}+\boldsymbol{v}\times\boldsymbol{B})$。它们在单位时间内的位移为 $\boldsymbol{v}$，则电磁场做的功率为：

$$\begin{aligned}\mathrm{d}p&=\boldsymbol{v}\cdot\boldsymbol{f}\mathrm{d}\tau=\rho\mathrm{d}\tau[\boldsymbol{v}\cdot\boldsymbol{E}+\boldsymbol{v}\cdot(\boldsymbol{v}\times\boldsymbol{B})]\\&=\rho\boldsymbol{v}\cdot\boldsymbol{E}\mathrm{d}\tau=\boldsymbol{j}\cdot\boldsymbol{E}\mathrm{d}\tau\end{aligned}$$

那么电磁场对 τ 内电荷所做的总功率 P 为

$$P=\int\boldsymbol{j}\cdot\boldsymbol{E}\mathrm{d}\tau\tag{2.6.3}$$

所以(2.6.2)式右边第一项代表单位时间内电磁场对体积 τ 内的电荷、电流所做的功。为了对其余两项做物理解释,我们先将积分区间扩展到无限空间。在一般情况下空间中的电磁场满足 $E \propto 1/r^2, H \propto 1/r^2, \mathrm{d}s \propto r^2$,故在无限远处电磁场的大小为零。这时,(2.6.2)式等号右边第二项显然为零,于是有

$$-\frac{\partial}{\partial t}\int \frac{\boldsymbol{B} \cdot \boldsymbol{H} + \boldsymbol{D} \cdot \boldsymbol{E}}{2} \mathrm{d}\tau = \int \boldsymbol{E} \cdot \boldsymbol{j} \, \mathrm{d}\tau$$

定义 $u = (\boldsymbol{B} \cdot \boldsymbol{H} + \boldsymbol{D} \cdot \boldsymbol{E})/2$,它代表单位体积内的电磁场能量,即能量密度。那么上式的物理含义是:单位时间内场能的减少等于电场对电荷做的功,即表示电磁能量的守恒原理。需要注意的是,此式仅适用于线性介质。

再回到(2.6.2)式,把积分区间限制在有限空间,根据能量守恒原理等号右方第二项只能代表单位时间内从包围积分区域的闭合面上流出去的能量。定义

$$\boldsymbol{g} = \boldsymbol{E} \times \boldsymbol{H} \tag{2.6.4}$$

代表单位时间流过单位横截面的能量,它被称为能流密度或坡印亭矢量。于是(2.6.2)式告诉我们:在某一区域中单位时间内电磁场能量的减少就等于电磁场对该区域的电荷、电流所做的功率与包围此区域的闭合面上流出去的能流之和。坡印亭定理是一个电磁场的能量守恒定理。由(2.6.4)式知道,只要某处同时存在时变场 $\boldsymbol{E}$ 和 $\boldsymbol{H}$,则 $\boldsymbol{g}$ 就不为零,就会有能量流动。但是,当观察由某一闭合面所包围的区域时,$\oint \boldsymbol{g} \cdot \mathrm{d}\boldsymbol{s}$ 可能为零,或者在某段时间内为正而在另一段时间为负。能流密度是判断电磁场性质的一个重要依据。

2.7 电磁场的动量

上节中,我们介绍了电磁场的能量和能量守恒原理。除了能量外,电磁场也具有动量。由于电磁场的动量比较小,在日常生活中它们不易被观测到。下面我们从麦克斯韦方程来推导电磁场动量的表示式。

假定空间存在电荷,它的密度是 ρ 并以速度 $\boldsymbol{v}$ 运动。运动电荷在空间中激发出电磁场 $\boldsymbol{E}$ 和 $\boldsymbol{B}$,那么每个电荷都会受到其他电荷产生的电磁场的作用。于是,单位体积中的电荷所受的洛仑兹力是

$$\boldsymbol{f} = \rho(\boldsymbol{E} + \boldsymbol{v} \times \boldsymbol{B}) \tag{2.7.1}$$

把(2.7.1)式等号右边的电荷、电流用场量表示出来,由真空中麦克斯韦方程,得到

$$\rho = \varepsilon_0 \nabla \cdot \boldsymbol{E}$$

$$\boldsymbol{j} = \frac{1}{\mu_0} \nabla \times \boldsymbol{B} - \varepsilon_0 \frac{\partial \boldsymbol{E}}{\partial t}$$

将上式代入(2.7.1)式,得到

$$\boldsymbol{f}=\varepsilon_0(\nabla\cdot\boldsymbol{E})\boldsymbol{E}+\frac{1}{\mu_0}(\nabla\times\boldsymbol{B})\times\boldsymbol{B}-\varepsilon_0\frac{\partial\boldsymbol{E}}{\partial t}\times\boldsymbol{B}\tag{2.7.2}$$

用 $1/\mu_0$ 和 ε_0 分别和另外两个麦克斯韦方程相乘：

$$\frac{1}{\mu_0}\nabla\cdot\boldsymbol{B}=0,\quad \varepsilon_0\nabla\times\boldsymbol{E}=-\frac{\partial\boldsymbol{B}}{\partial t}\varepsilon_0$$

再将上两式分别从右面乘以 $\boldsymbol{B}$ 和从右面叉乘以 $\boldsymbol{E}$，相加得到：

$$\frac{1}{\mu_0}(\nabla\cdot\boldsymbol{B})\boldsymbol{B}+\varepsilon_0\left(\nabla\times\boldsymbol{E}+\frac{\partial\boldsymbol{B}}{\partial t}\right)\times\boldsymbol{E}=0\tag{2.7.3}$$

合并(2.7.2)式和(2.7.3)式，得到

$$\boldsymbol{f}=\left[\varepsilon_0(\nabla\cdot\boldsymbol{E})\boldsymbol{E}+\frac{1}{\mu_0}(\nabla\cdot\boldsymbol{B})\boldsymbol{B}+\frac{1}{\mu_0}(\nabla\times\boldsymbol{B})\times\boldsymbol{B}+\varepsilon_0(\nabla\times\boldsymbol{E})\times\boldsymbol{E}\right]-\varepsilon_0\frac{\partial}{\partial t}(\boldsymbol{E}\times\boldsymbol{B})\tag{2.7.4}$$

再由矢量分析公式

$$\nabla(\boldsymbol{b}\cdot\boldsymbol{a})=(\boldsymbol{a}\cdot\nabla)\boldsymbol{b}+(\boldsymbol{b}\cdot\nabla)\boldsymbol{a}+\boldsymbol{a}\times(\nabla\times\boldsymbol{b})+\boldsymbol{b}\times(\nabla\times\boldsymbol{a})$$

得到当 $\boldsymbol{a}=\boldsymbol{b}=\boldsymbol{E}$ 时，

$$(\nabla\times\boldsymbol{E})\times\boldsymbol{E}=(\boldsymbol{E}\cdot\nabla)\boldsymbol{E}-\frac{1}{2}\nabla E^2$$

将上式两边加上 $(\nabla\cdot\boldsymbol{E})\boldsymbol{E}$，得到

$$(\nabla\cdot\boldsymbol{E})\boldsymbol{E}+(\nabla\times\boldsymbol{E})\times\boldsymbol{E}=(\nabla\cdot\boldsymbol{E})\boldsymbol{E}+(\boldsymbol{E}\cdot\nabla)\boldsymbol{E}-\frac{1}{2}\nabla E^2$$

利用 $\nabla\cdot(\boldsymbol{fg})=(\nabla\cdot\boldsymbol{f})\boldsymbol{g}+(\boldsymbol{f}\cdot\nabla)\boldsymbol{g}$ 和单位张量 $\overleftrightarrow{I}=\boldsymbol{e}_x\boldsymbol{e}_x+\boldsymbol{e}_y\boldsymbol{e}_y+\boldsymbol{e}_z\boldsymbol{e}_z$ 进一步化简等式右侧，得到：

$$(\nabla\cdot\boldsymbol{E})\boldsymbol{E}+(\nabla\times\boldsymbol{E})\times\boldsymbol{E}=\nabla\cdot\left(\boldsymbol{EE}-\frac{1}{2}\overleftrightarrow{I}E^2\right)$$

同理，对于磁场 $\boldsymbol{B}$

$$(\nabla\cdot\boldsymbol{B})\boldsymbol{B}+(\nabla\times\boldsymbol{B})\times\boldsymbol{B}=\nabla\cdot\left(\boldsymbol{BB}-\frac{1}{2}\overleftrightarrow{I}B^2\right)$$

代入(2.7.4)式后，得到

$$\boldsymbol{f}=\nabla\cdot\left[\varepsilon_0\boldsymbol{EE}+\frac{1}{\mu_0}\boldsymbol{BB}-\frac{1}{2}\left(\varepsilon_0E^2+\frac{1}{\mu_0}B^2\right)\overleftrightarrow{I}\right]-\frac{\partial}{\partial t}(\varepsilon_0\boldsymbol{E}\times\boldsymbol{B})\tag{2.7.5}$$

令

$$\overleftrightarrow{\Phi}=\varepsilon_0\boldsymbol{EE}+\frac{1}{\mu_0}\boldsymbol{BB}-\frac{1}{2}\left(\varepsilon_0E^2+\frac{1}{\mu_0}B^2\right)\overleftrightarrow{I} \tag{2.7.6}$$

$$\boldsymbol{G}=\varepsilon_0\boldsymbol{E}\times\boldsymbol{B} \tag{2.7.7}$$

则(2.7.5)式简化为

$$\frac{\partial\boldsymbol{G}}{\partial t}=\nabla\cdot\overleftrightarrow{\Phi}+(-\boldsymbol{f}) \tag{2.7.8}$$

将上式对空间任意区域积分,得到

$$\frac{\partial}{\partial t}\int\boldsymbol{G}\mathrm{d}\tau=\int(-\boldsymbol{f})\mathrm{d}\tau+\oint\mathrm{d}\boldsymbol{s}\cdot\overleftrightarrow{\Phi} \tag{2.7.9}$$

下面讨论(2.7.9)式中各项的物理意义。用与上节相似的方法,把上式的积分区域扩展到无限空间,并考虑到在无限远处的电磁场处处为零,于是(2.7.9)式给出

$$\frac{\partial}{\partial t}\int\boldsymbol{G}\mathrm{d}\tau=\int(-\boldsymbol{f})\mathrm{d}\tau$$

因为 $\boldsymbol{f}$ 是洛仑兹力密度,$\int\boldsymbol{f}\mathrm{d}\tau$ 是电磁场对 τ 内电荷的作用力,所以 $\int(-\boldsymbol{f})\mathrm{d}\tau$ 表示 τ 内电荷对电磁场的作用力,它显然应该等于场动量的变化率。因此,$\boldsymbol{G}$ 代表单位体积中的场动量,即场动量密度。回到(2.7.9)式,将积分区域限制在有限空间,并注意到等号左边,既然是场动量的变化率,那么,其右边必然代表 τ 内场所受的力,已经说明(2.7.9)式等号右边第一项是电荷对电磁场的作用力。自然地,$\oint\mathrm{d}\boldsymbol{s}\cdot\overleftrightarrow{\Phi}$ 只能是 τ 外场对 τ 内场的作用力,因而 $\boldsymbol{e}_n\cdot\overleftrightarrow{\Phi}$ 代表分界面上单位面积的 τ 外场对 τ 内场所施加的应力,$\overleftrightarrow{\Phi}$ 通常被称为麦克斯韦应力张量。$\boldsymbol{e}_n$ 为沿分界面外法线方向的单位矢量。在具体问题的计算中要注意:在求某一部分物质通过界面受到另一部分物质应力时,法线的方向应朝着施力部分。

对介质中的电磁场,用类似的运算方法也可以得到:

$$\frac{\partial}{\partial t}\int\boldsymbol{G}\mathrm{d}\tau=\int(-\boldsymbol{f})\mathrm{d}\tau+\oint\mathrm{d}\boldsymbol{s}\cdot\overleftrightarrow{\Phi}$$

但是式中 $\overleftrightarrow{\Phi}=\boldsymbol{DE}+\boldsymbol{HB}-\frac{1}{2}(\boldsymbol{D}\cdot\boldsymbol{E}+\boldsymbol{H}\cdot\boldsymbol{B})\overleftrightarrow{I}$,$\boldsymbol{G}=\boldsymbol{D}\times\boldsymbol{B}$ 分别代表介质中的麦克斯韦应力张量和场动量密度。

由于电磁波具有动量,它入射到物体上时会对物体施加一定的压力,这种压力称为辐射压力。在观察彗星时,我们发现彗尾总是分布在彗核的远离太阳的一边,这是因为构成彗尾的稀薄气体分子受到太阳的辐射压力的缘故,同彗星受到太阳的万有引力相比,辐射压力远小于万有引力,因此,彗星按引力轨道运行,形成上述彗尾的景色。

例 2.3 一半径为 a 的导体球,置于均匀静电场 $\boldsymbol{E}_0$ 之中 ($\boldsymbol{E}_0$ 方向取作 z 轴),则此球

将受到张力，该张力有使导体球沿电场方向分为两半之势。求此张力的大小。

解 由电磁学公式知，半径为 a 的导体球置于均匀静电场 $\boldsymbol{E}_0$ 后，空间的电场分布将会产生改变以满足在导体边界上的边界条件，如图 2.7.1 所示。

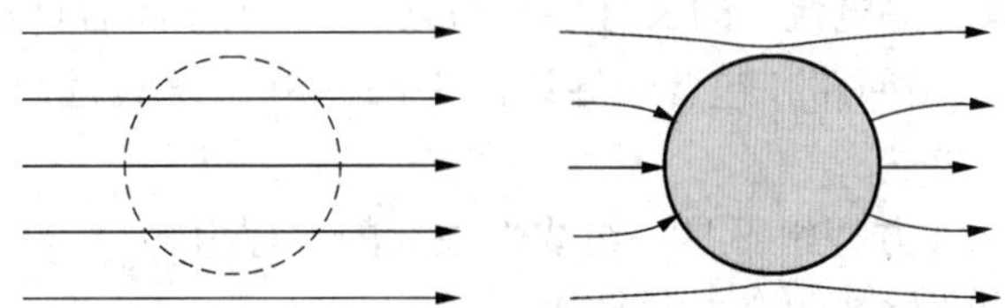

图 2.7.1 导体球放入均匀静电场前后电力线的变化示意图

此时，电场强度的空间分布为：

$$\boldsymbol{E}=E_0\left(1+\frac{2a^3}{r^3}\right)\cos\theta\,\boldsymbol{e}_r-E_0\left(1-\frac{a^3}{r^3}\right)\sin\theta\,\boldsymbol{e}_\theta$$

所以在球面上（$r=a$ 处）的电场强度是

$$\boldsymbol{E}=3E_0\cos\theta\boldsymbol{e}_r$$

由于不存在磁场，在球面上单位面积所受的力为

$$\boldsymbol{f}=\boldsymbol{e}_r\cdot\overleftrightarrow{\boldsymbol{\Phi}}=\boldsymbol{e}_r\cdot\left\{\varepsilon_0\boldsymbol{E}\boldsymbol{E}-\frac{1}{2}\varepsilon_0E^2(\boldsymbol{e}_r\boldsymbol{e}_r+\boldsymbol{e}_\theta\boldsymbol{e}_\theta+\boldsymbol{e}_\varphi\boldsymbol{e}_\varphi)\right\}$$

$$=\boldsymbol{e}_r\cdot\left\{\varepsilon_0(3E_0\cos\theta)^2\boldsymbol{e}_r\boldsymbol{e}_r-\frac{1}{2}\varepsilon_0(3E_0\cos\theta)^2\boldsymbol{e}_r\boldsymbol{e}_r\right\}=\frac{9}{2}\varepsilon_0E_0^2\cos^2\theta\boldsymbol{e}_r$$

因为力的方向沿 $\boldsymbol{e}_r$，所以是张力。在 $\theta=0$ 处最大，随 θ 增大逐渐减小，直到 $\theta=\pi/2$ 处最小 $\boldsymbol{f}=0$；再增大 θ 时，力又逐渐增大，到 $\theta=\pi$ 时最大。两个半球的受力情况，以 $\theta=\pi/2$ 的平面为界面而对称分布，所以有使导体球分为两半之势。作用在 $z>0$ 半球面上的总力为：

$$\boldsymbol{F}=\int\boldsymbol{f}\,\mathrm{d}s=\int_0^{2\pi}\mathrm{d}\varphi\int_0^{\frac{\pi}{2}}\mathrm{d}\theta\left(\frac{9}{2}\varepsilon_0E_0^2\cos^2\theta\right)a^2\sin\theta\boldsymbol{e}_r$$

$$=\frac{9}{2}\varepsilon_0E_0^2a^2\int_0^{2\pi}\mathrm{d}\varphi\int_0^{\frac{\pi}{2}}\mathrm{d}\theta\cos^2\theta\sin\theta(\sin\theta\cos\varphi\boldsymbol{e}_x+\sin\theta\sin\varphi\boldsymbol{e}_y+\cos\theta\boldsymbol{e}_z)$$

$$=9\varepsilon_0E_0^2a^2\pi\int_0^{\frac{\pi}{2}}\cos^3\theta\sin\theta\,\mathrm{d}\theta\boldsymbol{e}_z=\frac{9}{4}\varepsilon_0E_0^2a^2\pi\boldsymbol{e}_z$$

同理可得 $z<0$ 的半球面上的总力为：

$$\boldsymbol{F}'=-\frac{9}{4}\varepsilon_0E_0^2a^2\pi\boldsymbol{e}_z$$

习　题

2.1　设在一载有稳恒电流 i 的长直导线附近，有一矩形闭合回路，边长为 a 和 b，其中 b 边平行于长导线。当回路在包含长导线的平面内以匀速 v 远离长导线而运动时，求回路中的感应电动势。

2.2　证明 Maxwell 方程组不是一组线性独立的方程组。

2.3　有一各向异性材料的介电常数如下，

$$\varepsilon=\varepsilon_0\begin{pmatrix}3 & -2\mathrm{j} & 0\\ 2\mathrm{j} & 3 & 0\\ 0 & 0 & 4\end{pmatrix}$$

这种材料被称为旋磁材料。假设该材料中的电场是 $\boldsymbol{E}=3\boldsymbol{e}_x$，求对应的电位移矢量 $\boldsymbol{D}$。和介电常数为 $\varepsilon_r=3$ 的线性材料中电位移矢量对比，说明旋磁材料的特点。

2.4　随时间变化的电磁场称为电磁波。下列空气中的时变电场中哪些是电磁波？（提示：电磁波应满足 Maxwell 方程或波动方程）

(1) $E_1=\boldsymbol{e}_x\cos(\omega t-kz)$；

(2) $E_2=\boldsymbol{e}_z\cos(\omega t-kz)$；

(3) $E_3=(\boldsymbol{e}_x+\boldsymbol{e}_y)\cos(\omega t-ky)$。

2.5　证明各向同性非均匀介质中，$\boldsymbol{E}$ 和 $\boldsymbol{B}$ 所满足的方程为（设 $\mu=\mu_0$）

$$\nabla\times\nabla\times\boldsymbol{E}+\frac{\varepsilon_r}{c^2}\frac{\partial^2\boldsymbol{E}}{\partial t^2}=0$$

$$\nabla\times\nabla\times\boldsymbol{B}+\frac{\varepsilon_r}{c^2}\frac{\partial^2\boldsymbol{B}}{\partial t^2}=\varepsilon_r(\nabla\times\boldsymbol{B})\times\nabla\left(\frac{1}{\varepsilon_r}\right)$$

2.6　两无限大相互平行的理想导体平板，间距为 a，其间存在一随时间变化的电场。当取其中一块板为 $z=0$ 平面时，电场强度为

$$\boldsymbol{E}=A\sin\frac{\pi z}{a}\cos\frac{\pi ct}{a}\boldsymbol{e}_x$$

式中 c 是光速。试求：

(1) 磁感应强度 $\boldsymbol{B}$。

(2) 导电板上的面电荷密度。

(3) 导电板上的面电流密度。

2.7　令 $z=0$ 是两个介质的交界面，界面两侧的均匀介质的介电常数分别是 ε_1 和 ε_2，界面上有时变表面电流 $\boldsymbol{J}_s=J_0\boldsymbol{e}_x$ A/m，求界面两侧介质中的电磁场。

2.8　试利用坡印亭矢量分析稳恒载流直导线中的能量传输问题，并证明由此导线周围流入导线的功率恒等于该导线单位时间内的焦耳损耗。

2.9　太阳在正午入射地球表面，与入射方向垂直的单位面积上所具有的能量为

1.53×10^{6} 耳格/秒·厘米^{2}，称为太阳常数(1 焦耳＝10^{7} 尔格)。试求在地球表面上太阳光的电磁场强度。设太阳半径 R_s 等于 7×10^{10} 厘米，太阳中心与地面间的距离 R_{s-e} 是 1.5×10^{13} 厘米。求太阳表面的电磁场强度。

2.10　一平面电磁波 $\begin{cases}\boldsymbol{E}=E_0\cos\omega(t-r/c)\boldsymbol{e}_x\\ \boldsymbol{B}=B_0\cos\omega(t-r/c)\boldsymbol{e}_y\end{cases}$ 垂直入射于 $z=0$ 平面。求作用在此平面上的压力(所谓辐射压力)。设：(a) 此平面为完全吸收体；(b) 此平面为理想导体。

2.11　对于静电场和稳恒电流磁场同时并存的情形，尽管没有能量流动，人们仍然可以按照定义写出坡印亭矢量。试证明："对于场中的任意闭合曲面，坡印亭矢量的面积分均为零"，并对这一结果做出物理解释。

第三章　电磁波的传播

3.1　电磁波在介质中的传播

在上一章中我们介绍了时变电磁场中场的特点，在本章中将介绍时变电磁场的波动特点。我们知道时变电磁场一旦被激发就可以脱离源单独存在，并在空间中传播形成电磁波。为了解电磁波的波动性质，我们先研究在不存在电荷与电流源的线性均匀媒质中电磁场的运动形式。

设在空间中 $\rho=0$，$\boldsymbol{j}=\boldsymbol{0}$，从而介质中的麦克斯韦方程组变为：

$$\begin{cases}\nabla\times\boldsymbol{E}=-\dfrac{\partial\boldsymbol{B}}{\partial t}\\ \nabla\times\boldsymbol{H}=\dfrac{\partial\boldsymbol{D}}{\partial t}\\ \nabla\cdot\boldsymbol{E}=0\\ \nabla\cdot\boldsymbol{B}=0\end{cases}\tag{3.1.1}$$

对(3.1.1)式中的第一式两边取旋度，得到

$$\nabla\times(\nabla\times\boldsymbol{E})=-\frac{\partial}{\partial t}(\nabla\times\boldsymbol{B})$$

对等式左侧做矢量展开后，得到

$$\nabla(\nabla\cdot\boldsymbol{E})-\nabla^2\boldsymbol{E}=-\frac{\partial}{\partial t}(\nabla\times\boldsymbol{B})$$

将(3.1.1)式的第二、第三两式代入上式，可得 $\boldsymbol{E}$ 所满足的方程

$$\nabla^2\boldsymbol{E}-\varepsilon\mu\frac{\partial^2\boldsymbol{E}}{\partial t^2}=0$$

令 $v=1/\sqrt{\mu\varepsilon}=c/\sqrt{\mu_r\varepsilon_r}$，其中 c 为光在真空中的传播速度，则上式化为

$$\nabla^2\boldsymbol{E}-\frac{1}{v^2}\frac{\partial^2\boldsymbol{E}}{\partial t^2}=0\tag{3.1.2}$$

类似地，我们也可得到 $\boldsymbol{B}$ 所满足的方程

$$\nabla^2\boldsymbol{B}-\frac{1}{v^2}\frac{\partial^2\boldsymbol{B}}{\partial t^2}=0 \tag{3.1.3}$$

(3.1.2)和(3.1.3)式是标准的齐次波动方程，它说明电磁场在无源的均匀媒质中是以波动的形式运动的，从而电磁场又称为电磁波。电磁波的传播速度在介质中为 v，在真空中($\mu_r=\varepsilon_r=1$) 为光速 c，它是最基本的物理常数之一。通常所说的光波只是一种特定频段上的电磁波。

波动方程的一般解是空间和时间的函数。根据傅立叶分析原理一般解可展开成一系列单色平面波的叠加，故我们先研究波动方程的单色平面波解。假定波动方程(3.1.2)式的单色平面波解为

$$\boldsymbol{E}=\boldsymbol{E}_0\exp[\mathrm{j}(\omega t-\boldsymbol{k}\cdot\boldsymbol{r})] \tag{3.1.4}$$

式中 $\boldsymbol{E}_0$ 为振幅，指数项中，ω 为圆频率，$\boldsymbol{k}$ 为波矢量(其方向即电磁波的传播方向)。将(3.1.4)式代入波动方程，得到平面波解需要满足的条件，

$$k=\frac{\omega}{v}=\frac{2\pi}{\lambda} \tag{3.1.5}$$

其中 k 是波矢量的大小，称为波数，λ 是电磁波的波长。上式给出了波数和圆频率之间的关系，它被称为色散关系，是表征电磁波在媒质中传播特性的重要关系式。需要注意的是，上式中的色散关系是在线性均匀媒质条件下得到的。对于其它性质的媒质，色散关系的形式可不同于(3.1.5)式。另外，由相位 $\phi=\omega t-\boldsymbol{k}\cdot\boldsymbol{r}$ 为常数确定的平面称为等相位面，在任一时刻等相位面均与 $\boldsymbol{k}$ 垂直。

因为波动方程(3.1.2)和(3.1.3)式是由(3.1.1)式导出的，故单色平面波解(3.1.4)式也必须满足(3.1.1)式。将(3.1.4)式代入(3.1.1)式的第一式，得到

$$\boldsymbol{B}=\frac{\boldsymbol{k}\times\boldsymbol{E}_0}{\omega}\exp[\mathrm{j}(\omega t-\boldsymbol{k}\cdot\boldsymbol{r})]=\boldsymbol{B}_0\exp[\mathrm{j}(\omega t-\boldsymbol{k}\cdot\boldsymbol{r})] \tag{3.1.6}$$

和(3.1.4)式比较可以看到电磁波的电场和磁感应强度具有相同的相位。由于(3.1.4)和(3.1.6)式中幅度和位置、时间无关，故这种电磁波又称为均匀单色平面电磁波。

将(3.1.4)和(3.1.6)代入(3.1.1)式后，得到：

$$\begin{cases}\boldsymbol{k}\times\boldsymbol{E}_0=\omega\boldsymbol{B}_0\\ \boldsymbol{k}\times\boldsymbol{B}_0=-\dfrac{1}{v^2}\omega\boldsymbol{E}_0\\ \boldsymbol{k}\cdot\boldsymbol{E}_0=0\\ \boldsymbol{k}\cdot\boldsymbol{B}_0=0\end{cases} \tag{3.1.7}$$

由(3.1.7)式的第三、第四两式看到：电场、磁场都与传播方向垂直，故介质中传播的电磁波是横波。由第一、第二两式可知：$\boldsymbol{E}_0$,$\boldsymbol{B}_0$ 与 $\boldsymbol{k}$ 三者相互垂直且满足右手螺旋关系。图

3.1.1展示了沿着 z 方向传播的电磁波的 $\boldsymbol{E}_0$,$\boldsymbol{B}_0$ 和 $\boldsymbol{k}$ 的相互关系图。

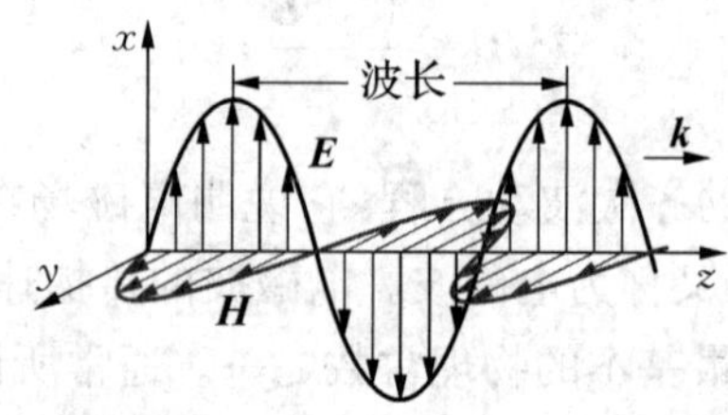

图 3.1.1　电磁波的电场、磁场和波的传播方向的相互关系示意图

(3.1.6)式反映出电场和磁感应强度的大小满足 $|\boldsymbol{E}_0/\boldsymbol{B}_0|=v=1/\sqrt{\mu\varepsilon}$。在工程上,人们习惯于用 $|\boldsymbol{E}/\boldsymbol{H}|$ 来表示电磁场的幅度关系,$|\boldsymbol{E}/\boldsymbol{H}|=\sqrt{\mu/\varepsilon}=\eta$ 称为介质的固有波阻抗。在真空中,平面电磁波的波阻抗为 $\eta_0=|\boldsymbol{E}/\boldsymbol{H}|=\sqrt{\mu_0/\varepsilon_0}=120\pi(\Omega)$。由此,我们得出下面的结论:介质对电磁波的影响是它改变了电磁波的传播速度和波阻抗,但它不改变电磁波的基本性质。

从上面的讨论可以看出,不论在真空中还是在介质中电磁波的电场矢量与磁场矢量总是与传播方向垂直,并且具有确定的相对大小。我们将电场矢量的方向称为电磁波的极化方向或偏振方向。在电磁波的传播过程中,电场矢量的方向会随时间的改变而改变,从而导致不同类型的偏振或极化。在直角坐标系中,取 z 轴和波矢量 $\boldsymbol{k}$ 一致,则在和 z 轴垂直的任一平面内任意极化的平面电磁波可以表示为:

$$\boldsymbol{E}=(\boldsymbol{e}_xE_{0x}+\boldsymbol{e}_yE_{0y})\mathrm{e}^{-\mathrm{j}(k_0z-\omega t)} \tag{3.1.8}$$

根据以上两个电场分量之间的相位和大小关系,电磁波的极化可分为三种类型:

1. 线极化波

如果 E_{0x} 和 E_{0y} 为实数,则 $\boldsymbol{E}$ 随时间只改变大小而不改变方向,场矢量端点的轨迹为一直线,它可表示为

$$\boldsymbol{E}=\boldsymbol{e}_aE_0\mathrm{e}^{-\mathrm{j}(k_0z-\omega t)}$$

式中 $E_0=\sqrt{E_{0x}^2+E_{0y}^2}$,$\boldsymbol{e}_a$ 为单位偏振矢量代表波的偏振方向,它与 x 轴的夹角为 $\phi=\arctan(E_{0y}/E_{0x})$。

2. 圆极化波

如果 $E_{0x}=\pm\mathrm{j}E_{0y}=E_0$,此时,

$$\boldsymbol{E}=(\boldsymbol{e}_x\pm\mathrm{j}\boldsymbol{e}_v)E_0\mathrm{e}^{-\mathrm{j}(k_0z-\omega t)}$$

矢量 $\boldsymbol{E}$ 随时间仅改变方向而不改变大小,场矢量端点的轨迹为一圆,这种偏振波称为圆偏振波。取 $z=0$ 并在上式中取“+”时,时域的表示式为

$$E(0,t)=\boldsymbol{e}_xE_0\cos(\omega t)-\boldsymbol{e}_yE_0\sin(\omega t)$$

取“-”时

$$E(0,t)=\boldsymbol{e}_x E_0\cos(\omega t)+\boldsymbol{e}_y E_0\sin(\omega t)$$

上两式表明极化方向将随时间做旋转。由于两场矢量的两个分量大小相同，矢量端点将在一个圆上。如果取拇指的方向为波矢 k 的方向，那么上面两式中电场矢量 $\boldsymbol{E}$ 的旋转分别满足左手法则和右手法则，故分别称之为左旋圆极化(LCP)和右旋圆极化(RCP)电磁波，如图 3.1.2 所示。

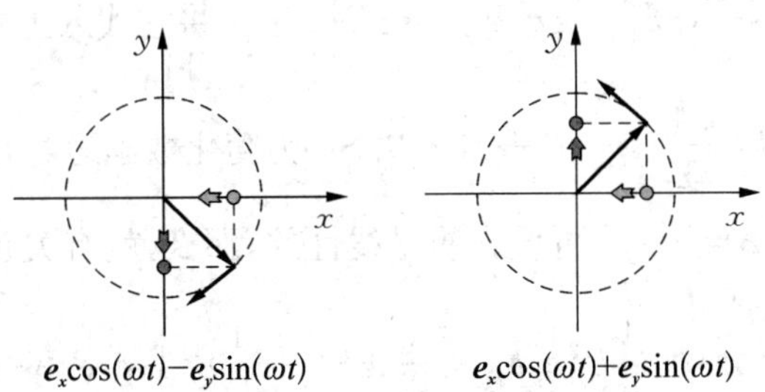

图 3.1.2　左旋圆极化和右旋圆极化示意图

3. 椭圆极化波

如果在上面的 $E_{0x}\neq E_{0y}$，则 $\boldsymbol{E}$ 随时间既改变方向又改变大小，它可表示为

$$\boldsymbol{E}=\boldsymbol{e}_x A\cos(\omega t-k_0 z)\pm\boldsymbol{e}_y B\sin(\omega t-k_0 z)$$

端点的轨迹满足椭圆方程 $\dfrac{E_1^2}{A^2}+\dfrac{E_2^2}{B^2}=1$，所以这种极化叫作椭圆极化。与圆极化相似，椭圆极也有左旋和右旋之分。

例 3.1　两个频率和振幅均相等的单色平面电磁波沿着 z 轴传播，一个沿 x 方向偏振，另一个沿 y 方向偏振，但其相位比前者超前 $\pi/2$。求合成波的偏振。

解　这两个波可分别表示为

$$\boldsymbol{E}_1=\boldsymbol{e}_x E_0\mathrm{e}^{-\mathrm{j}(kz-\omega t)}$$
$$\boldsymbol{E}_2=\boldsymbol{e}_y E_0\mathrm{e}^{-\mathrm{j}(kz-\omega t+\pi/2)}$$

因此合成波为

$$\boldsymbol{E}=\boldsymbol{E}_1+\boldsymbol{E}_2=(\boldsymbol{e}_x+\mathrm{j}\boldsymbol{e}_y)E_0\mathrm{e}^{-\mathrm{j}(kz-\omega t)}$$

其实部为

$$\boldsymbol{E}=E_0[\cos(\omega t-kz)\boldsymbol{e}_x-\sin(\omega t-kz)\boldsymbol{e}_y]$$

矢量在 xy 平面内做左旋转动，是左旋圆极化波。

例 3.2　对平面电磁波，试证明存在如下关系：

(1) 能量密度 u 与能流密度 $\boldsymbol{g}$ 之间满足：$\boldsymbol{g}=uv\dfrac{\boldsymbol{k}}{k}$。式中 $v=\dfrac{1}{\sqrt{\mu\varepsilon}}$，$\boldsymbol{k}$ 为波矢量。

(2) 麦克斯韦应力张量 $\overleftrightarrow{\boldsymbol{\Phi}}$ 与场动量密度 $\boldsymbol{G}$ 之间满足：$\overleftrightarrow{\boldsymbol{\Phi}}=-\boldsymbol{G}v\dfrac{\boldsymbol{k}}{k}$。

解 (1) $\boldsymbol{g}=\boldsymbol{E}\times\boldsymbol{H}$，对于平面电磁波，$\boldsymbol{B}=\sqrt{\mu\varepsilon}\,\dfrac{\boldsymbol{k}}{k}\times\boldsymbol{E}=\mu\boldsymbol{H}$，代入展开，得到

$$\boldsymbol{g}=\frac{\sqrt{\mu\varepsilon}}{\mu}E^2\,\frac{\boldsymbol{k}}{k}=\sqrt{\frac{\varepsilon}{\mu}}E^2\,\frac{\boldsymbol{k}}{k}=\varepsilon vE^2\,\frac{\boldsymbol{k}}{k}$$

而 $u=\dfrac{1}{2}\left(\varepsilon E^2+\dfrac{B^2}{\mu}\right)=\dfrac{1}{2}(\varepsilon E^2+\varepsilon v^2B^2)=\varepsilon E^2$，于是将它代入上式就可得证。

(2) $\overleftrightarrow{\boldsymbol{\Phi}}=\boldsymbol{DE}+\boldsymbol{HB}-\dfrac{1}{2}(\boldsymbol{D}\cdot\boldsymbol{E}+\boldsymbol{H}\cdot\boldsymbol{B})\overleftrightarrow{S}$，为简化数学运算，且不失其一般性，可以这样取坐标：$\boldsymbol{E}=E\boldsymbol{e}_x,\boldsymbol{B}=B\boldsymbol{e}_y$，再设介质是线性的，那么，就有关系

$$\begin{aligned}\overleftrightarrow{\boldsymbol{\Phi}}&=\varepsilon E^2\boldsymbol{e}_x\boldsymbol{e}_x+\frac{1}{\mu}B^2\boldsymbol{e}_y\boldsymbol{e}_y-\frac{1}{2}(\varepsilon E^2+\frac{1}{\mu}B^2)(\boldsymbol{e}_x\boldsymbol{e}_x+\boldsymbol{e}_y\boldsymbol{e}_y+\boldsymbol{e}_z\boldsymbol{e}_z)\\&=-\varepsilon E^2\boldsymbol{e}_z\boldsymbol{e}_z=-\left(\varepsilon E^2\,\frac{1}{v}\,\frac{\boldsymbol{k}}{k}\right)\frac{\boldsymbol{k}}{k}v\end{aligned}$$

而 $\boldsymbol{G}=\boldsymbol{D}\times\boldsymbol{B}=\varepsilon\mu\boldsymbol{E}\times\boldsymbol{H}=\dfrac{1}{v^2}\boldsymbol{g}=\dfrac{1}{v}\varepsilon E^2\,\dfrac{\boldsymbol{k}}{k}$，将它代入上式，就可证明。

3.2 电磁波在介质分界面上的反射和折射

电磁波从一种介质入射到另一种介质时，一部分能量将在介质的分界面上被反射，另一部分折射进入另一种介质。研究反射和折射所遵循的规律就要找出入射角、反射角和折射角之间的关系，以及入射波的振幅和相位与反射波、折射波的相应量之间的关系。

在两种不同介质的界面上，物理量之间的关系称为是该物理量的边值问题，对于电磁波而言就是关于 $\boldsymbol{E}$ 和 $\boldsymbol{B}$ 的边值关系。考虑有两个线性均匀介质形成的分界面，如图 3.2.1 所示。入射波先在介质Ⅰ中传播，当到达和介质Ⅱ的分界面($z=0$)时产生了反射和折射。我们将分界面取作 xy 面，将入射面取作 xz 面，x 轴为入射面与分界面的交线。由于介质Ⅰ和Ⅱ都是线性均匀媒质，它们满足麦克斯韦方程

$$\begin{cases}\nabla\times\boldsymbol{E}=-\mathrm{j}\omega\mu\boldsymbol{H}\\\nabla\times\boldsymbol{H}=\mathrm{j}\omega\varepsilon\boldsymbol{E}\\\nabla\cdot\boldsymbol{E}=0\\\nabla\cdot\boldsymbol{H}=0\end{cases}$$

当频率 $\omega\neq0$ 时，方程组中的四个式子并不独立。将第一式中的旋度方程两边取散度，利用 $\nabla\cdot(\nabla\times\boldsymbol{E})\equiv0$ 得到 $\nabla\cdot\boldsymbol{H}=0$。同样，由第二式的旋度方程得到 $\nabla\cdot\boldsymbol{E}=0$。因此，只有第一和第二式中的旋度方程是独立的。相应地，四个边值关系也只需考虑其中的两个(注意：在没有人为外加电荷时在介质面上 $\sigma_f=0,\boldsymbol{J}_s=0$)，

$$\begin{cases}\boldsymbol{e}_n\times(\boldsymbol{E}_2-\boldsymbol{E}_1)=0\\ \boldsymbol{e}_n\times(\boldsymbol{H}_2-\boldsymbol{H}_1)=0\end{cases}$$

上面两式等价于电场与磁场在界面上的切向分量均连续，即

$$\begin{cases}\boldsymbol{E}_{1t}=\boldsymbol{E}_{2t}\\ \boldsymbol{H}_{1t}=\boldsymbol{H}_{2t}\end{cases}\tag{3.2.1}$$

考虑入射电磁波为均匀单色平面波，

$$\boldsymbol{E}^i=\boldsymbol{E}_0^i\exp[\mathrm{j}(\omega_i t-\boldsymbol{k}_i\cdot\boldsymbol{r})]\tag{3.2.2}$$

设反射波也是均匀单色平面波，

$$\boldsymbol{E}^r=\boldsymbol{E}_0^r\exp[\mathrm{j}(\omega_r t-\boldsymbol{k}_r\cdot\boldsymbol{r})]\tag{3.2.3}$$

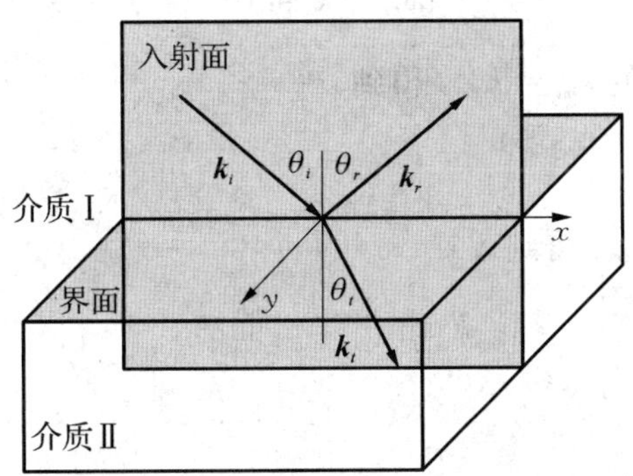

图 3.2.1　介质交界面上的反射和折射示意图

由(3.1.6)式知道磁感应强度等于

$$\boldsymbol{B}^r=\left(\sqrt{\mu_1\varepsilon_1}\,\frac{\boldsymbol{k}_r}{k_r}\times\boldsymbol{E}_0^r\right)\exp[\mathrm{j}(\omega_r t-\boldsymbol{k}_r\cdot\boldsymbol{r})]\tag{3.2.4}$$

同理，折射波的电磁场可写为

$$\begin{cases}\boldsymbol{E}^t=\boldsymbol{E}_0^t\exp[\mathrm{j}(\omega_t t-\boldsymbol{k}_t\cdot\boldsymbol{r})]\\ \boldsymbol{B}_t=\left(\sqrt{\mu_2\varepsilon_2}\,\dfrac{\boldsymbol{k}_t}{k_t}\times\boldsymbol{E}_0^t\right)\exp[\mathrm{j}(\omega_t t-\boldsymbol{k}_t\cdot\boldsymbol{r})]\end{cases}\tag{3.2.5}$$

式中 $\boldsymbol{E}_{r0}$、$\boldsymbol{E}_{t0}$、$\boldsymbol{k}_r$、$\boldsymbol{k}_t$、ω_r 和 ω_t 都是待定的。要使边值关系式(3.2.1)在 $z=0$ 的分界面上的任何一点 $\boldsymbol{r}$ 对任意时刻 t 都得到满足，必须要求(3.2.2)—(3.2.5)式的各个指数因子都相等，这就要求

$$\begin{cases}\omega=\omega_r=\omega_t\\ k_{iy}=k_{ry}=k_{ty}\\ k_{ix}=k_{rx}=k_{tx}\end{cases}\tag{3.2.6}$$

由于入射波矢量在入射面 xz 平面内，故 $k_{iy}=0$。从而，由(3.2.6)式得到 $k_{ry}=k_{ty}=0$。

于是，反射波矢量和折射波矢量都在入射面内。另外，(3.2.6)式中的第三式要求波矢量 $\boldsymbol{k}_i$，$\boldsymbol{k}_r$ 和 $\boldsymbol{k}_t$ 的沿着分界面的切向分量连续。

设 v_1 和 v_2 为电磁波在两种介质中的相速，由相速和波矢量的关系 $v=\omega/k=1/\sqrt{\mu\varepsilon}$

得到
$$k_i=\frac{\omega}{v_1}=k_r,\quad k_t=\frac{\omega}{v_2}$$

现在令介质Ⅰ和Ⅱ中的波数为 k_1 和 k_2，电磁波的入射角、反射角和折射角分别是 θ_i、θ_r 和 θ_t，则切向分量可写为：

$$\begin{cases} k_{ix}=k_1\sin\theta_i \\ k_{rx}=k_1\sin\theta_r \\ k_{tx}=k_2\sin\theta_t \end{cases}$$

将上式代入(3.2.6)式中的 $k_{ix}=k_{rx}$，得到

$$\theta_i=\theta_r \tag{3.2.7}$$

由(3.2.6)式中的 $k_{ix}=k_{tx}$，得到

$$k_1\sin\theta_i=k_2\sin\theta_t$$

或

$$\frac{\sin\theta_i}{\sin\theta_t}=\frac{k_2}{k_1}=\frac{v_1}{v_2}=\frac{\sqrt{\mu_2\varepsilon_2}}{\sqrt{\mu_1\varepsilon_1}}=\frac{n_2}{n_1}$$

或

$$n_1\sin\theta_i=n_2\sin\theta_t \tag{3.2.8}$$

式中 n_1、n_2 分别为介质Ⅰ和介质Ⅱ的折射率。(3.2.7)和(3.2.8)式就是大家熟知的反射定律和折射定律。除铁磁物质外，一般介质的 μ 都近似为 μ_0，所以两种介质的相对折射率 $n_{21}=n_2/n_1=\sqrt{\varepsilon_2/\varepsilon_1}$。

下面来计算入射波、反射波和折射波的振幅关系。边值关系(3.2.1)式要求

$$\begin{cases} (\boldsymbol{E}_0^i)_t+(\boldsymbol{E}_0^r)_t=(\boldsymbol{E}_0^t)_t \\ \sqrt{\dfrac{\varepsilon_1}{\mu_1}}\left(\dfrac{\boldsymbol{k}_i}{k_i}\times\boldsymbol{E}_0^i\right)_t+\sqrt{\dfrac{\varepsilon_1}{\mu_1}}\left(\dfrac{\boldsymbol{k}_r}{k_r}\times\boldsymbol{E}_0^r\right)_t=\sqrt{\dfrac{\varepsilon_2}{\mu_2}}\left(\dfrac{\boldsymbol{k}_t}{k_t}\times\boldsymbol{E}_0^t\right)_t \end{cases} \tag{3.2.9}$$

为了求解上式需要对 $\boldsymbol{E}$ 垂直于入射面和 $\boldsymbol{E}$ 平行于入射面两种情况分别进行讨论。

(1) $\boldsymbol{E}$ 垂直于入射面。

这时 $E_{0x}=E_{0z}=0$，$E_{0y}=E_0$，由(3.2.9)式得到

$$E_0^i+E_0^r=E_0^t \tag{3.2.10}$$

$$\sqrt{\frac{\varepsilon_1}{\mu_1}}(E_0^i\cos\theta_i - E_0^r\cos\theta_r) = \sqrt{\frac{\varepsilon_2}{\mu_2}}E_0^t\cos\theta_t \tag{3.2.11}$$

取 $\mu_1 \approx \mu_0 = \mu_2$，则上式可改写为：

$$\sqrt{\varepsilon_1}(E_0^i - E_0^r)\cos\theta_i = \sqrt{\varepsilon_2}E_0^t\cos\theta_t \tag{3.2.12}$$

联立(3.2.10)和(3.2.12)式，利用折射定律(3.2.9)式，就可以求出波的振幅关系：

$$\begin{cases} r = \dfrac{E_0^r}{E_0^i} = \dfrac{\sqrt{\varepsilon_1}\cos\theta_i - \sqrt{\varepsilon_2}\cos\theta_t}{\sqrt{\varepsilon_1}\cos\theta_i + \sqrt{\varepsilon_2}\cos\theta_t} = -\dfrac{\sin(\theta_i - \theta_t)}{\sin(\theta_i + \theta_t)} \\ t = \dfrac{E_0^t}{E_0^i} = \dfrac{2\sqrt{\varepsilon_1}\cos\theta_i}{\sqrt{\varepsilon_1}\cos\theta_i + \sqrt{\varepsilon_2}\cos\theta_t} = \dfrac{2\cos\theta_i\sin\theta_t}{\sin(\theta_i + \theta_t)} \end{cases} \tag{3.2.13}$$

(2) $\boldsymbol{E}$ 平行于入射面。

这时 $E_{0y} = 0$，由(3.2.9)式得到

$$E_0^i\cos\theta_i - E_0^r\cos\theta_r = E_0^t\cos\theta_t \tag{3.2.14}$$

$$\sqrt{\varepsilon_1}(E_0^i + E_0^r) = \sqrt{\varepsilon_2}E_0^t \tag{3.2.15}$$

联立上述两式，得到

$$\begin{cases} r = \dfrac{E_0^r}{E_0^i} = \dfrac{\sqrt{\varepsilon_2}\cos\theta_i - \sqrt{\varepsilon_1}\cos\theta_t}{\sqrt{\varepsilon_2}\cos\theta_i + \sqrt{\varepsilon_1}\cos\theta_t} = \dfrac{\sin\theta_i\cos\theta_i - \sin\theta_t\cos\theta_t}{\sin\theta_i\cos\theta_i + \sin\theta_t\cos\theta_t} = \dfrac{\tan(\theta_i - \theta_t)}{\tan(\theta_i + \theta_t)} \\ t = \dfrac{E_0^t}{E_0^i} = \dfrac{2\cos\theta_i\sin\theta_t}{\sin\theta_i\cos\theta_i + \sin\theta_t\cos\theta_t} = \dfrac{2\cos\theta_i\sin\theta_t}{\sin(\theta_i + \theta_t)\cos(\theta_i - \theta_t)} \end{cases} \tag{3.2.16}$$

(3.2.13)和(3.2.16)式统称为菲涅耳公式，它给出了反射波、折射波与入射波之间场强的振幅与相位关系。由这些公式可以看到，电场垂直于入射面偏振的波与电场平行于入射面偏振的波的反射和折射各自遵循完全不同的规律。因此，对于任意方向偏振的电磁波，必须将它分解为垂直与平行于入射面的分量来分别讨论。

下面利用菲涅耳公式来讨论一些特殊情形下的反射与折射现象。

(1) 布儒斯特角。

考虑菲涅耳公式(3.2.16)，当 $\theta_i + \theta_t = \pi/2$ 时，第一式得分母变为无穷大，反射系数变为零，即电场平行于入射面的分量将没有反射波。所以，对任意偏振的入射电磁波，反射波只有垂直于入射面的完全偏振波。这就是光学中的布儒斯特定律，这时的入射角称为布儒斯特角。

(2) 半波损失。

由菲涅耳公式(3.2.13)的第一式可知，如果 $\theta_i > \theta_t$($\varepsilon_2 > \varepsilon_1$ 就能满足)，反射系数 r 就为负数，即反射波电场与入射波电场反相，这种现象称为反射过程中的半波损失。

(3) 全内反射。

在$\varepsilon_1 > \varepsilon_2$的条件下，必然有$n_{21} < 1$。由(3.2.8)式知道，当电磁波从介质Ⅰ入射时，折射角θ_t就大于入射角θ_i。当增大入射角到$\theta_c = \arcsin n_{21}$时，$\theta_t$将变成$\pi/2$，这时折射波沿界面掠过；如果再增大入射角到$\sin\theta_t = \sin\theta_i / n_{21} > 1$，能够满足该条件的$\theta_t$就不再存在，这时“全反射”现象出现了，$\theta_c$称为临界角。

全内反射现象是一种不同于一般反射的物理现象。在全反射情形下电磁波会怎样传播？假定在入射角θ_i大于临界角θ_c时电场的表示形式不变，边值关系也仍然成立，也就是说关系$k_{tx} = k_{ix} = k_i \sin\theta_i$以及$k_t = k_i v_1 / v_2 = k_i n_{21}$仍然成立。在$\sin\theta_i > n_{21}$情形下，有$k_{tx} > k_t$，因而

$$k_{tz} = \sqrt{k_t^2 - k_{tx}^2} = \mathrm{j} k_i \sqrt{\sin^2\theta_i - n_{21}^2} \tag{3.2.17}$$

变为虚数。令$\mathrm{j} k_{tz} = \alpha + \mathrm{j}\beta$，当$k_{tz}$为纯虚数时$k_{tz} = -\mathrm{j}\alpha$，

$$\alpha = -k_i \sqrt{\sin^2\theta_i - n_{21}^2} \tag{3.2.18}$$

因而折射波电场表示式变成

$$\boldsymbol{E}^t = \boldsymbol{E}_0^t \mathrm{e}^{-\alpha z} \mathrm{e}^{\mathrm{j}(\omega t - k_{tx} x)} \tag{3.2.19}$$

(3.2.19)式仍然是波动方程的解，代表在介质Ⅱ中传播的一种可能波型。由于折射波仅存在于$z > 0$的半空间中，所以(3.2.19)式表示沿x轴方向传播的电磁波。它的场强沿z轴方向按指数式衰减，电磁场只能在界面附近一薄层内存在，而在深度$1/\alpha$处，它将衰减为表面的$1/\mathrm{e}$。

$$\frac{1}{\alpha} = \frac{1}{k_i \sqrt{\sin^2\theta_i - n_{21}^2}} = \frac{\lambda_i}{2\pi \sqrt{\sin^2\theta_i - n_{21}^2}} \tag{3.2.20}$$

式中λ_i为电磁波在介质Ⅰ中的波长。一般来说，透入介质Ⅱ中的薄层厚度与介质Ⅰ中的波长有相同的数量级。

在全反射条件下，折射波的磁场强度可由(3.2.5)式求得。如果只考虑$\boldsymbol{E}^t$垂直于入射面的情形$(\boldsymbol{E}^t = E_y^t \boldsymbol{e}_y)$，则有

$$\begin{cases} H_z^t = \sqrt{\dfrac{\varepsilon_2}{\mu_2}} \dfrac{k_{tx}}{k_t} E_y^t = \sqrt{\dfrac{\varepsilon_2}{\mu_2}} \dfrac{\sin\theta_i}{n_{21}} E_y^t \\ H_x^t = -\sqrt{\dfrac{\varepsilon_2}{\mu_2}} \dfrac{k_{tz}}{k_t} E_y^t = -\mathrm{j} \sqrt{\dfrac{\varepsilon_2}{\mu_2}} \sqrt{\dfrac{\sin^2\theta_i}{n_{21}^2} - 1}\, E_y^t \end{cases} \tag{3.2.21}$$

从上式可知，H_z^t与E^t同相位，而H_x^t与E^t有$\pi/2$相位差。由折射波的平均能流密度表示式

$$\bar{\boldsymbol{g}} = \frac{1}{2} \mathrm{Re}(\boldsymbol{E} \times \boldsymbol{H}^*)$$

可以求出在x和z两个方向上的折射波的平均能流密度：

$$
\begin{cases}
\bar{g}_x^t=\dfrac{1}{2}\mathrm{Re}(E_y^t H_z^{t^*})=\dfrac{1}{2}\sqrt{\dfrac{\varepsilon_2}{\mu_2}}\mid E_0^t\mid^2 \mathrm{e}^{-2\alpha z}\dfrac{\sin\theta_i}{n_{21}} \\
\bar{g}_z^t=-\dfrac{1}{2}\mathrm{Re}(E_y^t H_x^{t^*})=0
\end{cases}
\tag{3.2.22}
$$

上式表明，进入介质Ⅱ的折射波平均能流密度只有 x 分量，而 z 分量为零。

菲涅耳公式在 $\sin\theta_i > n_{21}$ 情形下形式上仍然成立，只要注意到下式

$$
\begin{cases}
\sin\theta_t \to \dfrac{\sin\theta_i}{n_{21}} > 1 \\
\cos\theta_t \to \mathrm{j}\sqrt{\dfrac{\sin^2\theta_i}{n_{21}^2}-1}
\end{cases}
\tag{3.2.23}
$$

就可以利用菲涅耳公式求出反射波和折射波的振幅和相位。

例 3.3　试证明线偏振波在介质分界面上全反射后，在一般情况下变为椭圆偏振波，并求出变为圆偏振波时所需要满足的条件。

解　将线偏振波的电场强度矢量分解为垂直于入射面和平行于入射面的两个分量，分别计算它们在全反射后的情况。

(1) 入射波电场强度垂直于入射面的分量，由(3.2.13)式，再用近似关系式 $n_{21}=\sqrt{\varepsilon_2/\varepsilon_1}$ 得到：

$$
r_\perp=\frac{\cos\theta_i - n_{21}\cos\theta_t}{\cos\theta_i + n_{21}\cos\theta_t}
$$

当发生全反射时，$\theta_i > \theta_c$，

$$
\cos\theta_t=\mathrm{j}\sqrt{\frac{\sin^2\theta_i}{n_{21}^2}-1}
$$

因而

$$
r_\perp=\frac{\cos\theta_i-\mathrm{j}\sqrt{\sin^2\theta_i-n_{21}^2}}{\cos\theta_i+\mathrm{j}\sqrt{\sin^2\theta_i-n_{21}^2}}=\mathrm{e}^{-\mathrm{j}\delta_\perp}
$$

其中 $\tan(\delta_\perp/2)=\sqrt{\sin^2\theta_i-n_{21}^2}/\cos\theta_i$

(2) 对入射波电场强度平行于入射面的分量，由(3.2.16)式有

$$
r_{/\!/}=\frac{n_{21}\cos\theta_i-\cos\theta_t}{n_{21}\cos\theta_i+\cos\theta_t}=\frac{n_{21}^2\cos\theta_i-\mathrm{j}\sqrt{\sin^2\theta_i-n_{21}^2}}{n_{21}^2\cos\theta_i+\mathrm{j}\sqrt{\sin^2\theta_i-n_{21}^2}}=\mathrm{e}^{-\mathrm{j}\delta_{/\!/}}
$$

其中 $\tan(\delta_{/\!/}/2)=\sqrt{\sin^2\theta_i-n_{21}^2}/(n_{21}^2\cos\theta_i)$

令 $\delta=\delta_{/\!/}-\delta_\perp$，显然 $\delta_{/\!/}\neq\delta_\perp$。如果线偏振波有垂直于入射面和平行于入射面的分量，那么在全反射之后，由于两分量有相位差，电场矢量就不再是线偏振波，通常它会形成

椭圆偏振波。

如果要使全反射后得到圆偏振波，一方面入射波电场必须与入射面成 45°角，这样两个分量幅度相等，而在全反射后振幅仍然相等。另一方面，还必须要使 $\delta=\pi/2$，或者使

$$\tan\frac{\delta}{2}=\frac{\tan\frac{\delta_{/\!/}}{2}-\tan\frac{\delta_{\perp}}{2}}{1+\tan\frac{\delta_{/\!/}}{2}\tan\frac{\delta_{\perp}}{2}}=\frac{\cos\theta_i\sqrt{\sin^2\theta_i-n_{21}^2}}{\sin^2\theta_i}=1$$

于是

$$\cos\theta_i=\frac{1}{2}\sqrt{(3-n_{21}^2)\pm\sqrt{(n_{21}^2-3)^2-8}}$$

当 $n_{21}<0.41$ 时有实数解。

3.3 导电媒质中电磁波的传播

不同于绝缘介质，导电媒质中存在自由电子，在电磁波电场的作用下自由电子运动形成传导电流，导致了电磁波能量在媒质内的不断损耗，因而在导电媒质内部的电磁波是一种衰减波。

导体电媒质内电磁波的传播过程是时变电磁场与自由电子相互作用的过程，它决定了导体内电磁波的形式。在时变场条件下，导电媒质内部在稳态时没有自由电荷分布，自由电荷只能分布于导体表面上。虽然导体媒质内部的电荷密度为零，但只要存在电磁波就会出现传导电流 $\boldsymbol{j}_f=\sigma\boldsymbol{E}$，其中 σ 是导电媒质的电导率。这时麦克斯韦方程为

$$\begin{cases}\nabla\cdot\boldsymbol{E}=0\\ \nabla\cdot\boldsymbol{B}=0\\ \nabla\times\boldsymbol{E}=-\dfrac{\partial\boldsymbol{B}}{\partial t}\\ \nabla\times\boldsymbol{H}=\dfrac{\partial\boldsymbol{D}}{\partial t}+\boldsymbol{j}_f\end{cases}\tag{3.3.1}$$

对各向同性的导电媒质，$\boldsymbol{D}=\varepsilon\boldsymbol{E},\boldsymbol{B}=\mu\boldsymbol{H}$。如果电磁波是单色平面电磁波，则上式化为

$$\begin{cases}\nabla\cdot\boldsymbol{E}=0\\ \nabla\cdot\boldsymbol{B}=0\\ \nabla\times\boldsymbol{E}=-\mathrm{j}\omega\mu\boldsymbol{H}\\ \nabla\times\boldsymbol{H}=\mathrm{j}\omega\varepsilon\boldsymbol{E}+\sigma\boldsymbol{E}\end{cases}\tag{3.3.2}$$

如果在形式上引入导电媒质的“复介电常数”

$$\varepsilon' = \varepsilon - \mathrm{j}\frac{\sigma}{\omega} \tag{3.3.3}$$

则(3.3.2)式的第四式可改为

$$\nabla \times \boldsymbol{H} = \mathrm{j}\omega\varepsilon'\boldsymbol{E} \tag{3.3.4}$$

它与介质中的相应方程在形式上完全一样,因此,只要把绝缘介质中电磁波解中所有的 ε 换成 ε',就可得到导电媒质体内电磁波的解。

与介质中的波动方程(3.1.1)式相对应,在导媒质内部有方程

$$\nabla^2\boldsymbol{E} - \mu\varepsilon'\frac{\partial^2\boldsymbol{E}}{\partial t^2} = 0 \tag{3.3.5}$$

上面方程的解具有以下的形式

$$\boldsymbol{E} = \boldsymbol{E}_0\exp[\mathrm{j}(\omega t - \boldsymbol{k}\cdot\boldsymbol{r})] \tag{3.3.6}$$

将它代入(3.3.5)式,求出波数和频率的关系:

$$-k^2 + \mu\varepsilon'\omega^2 = 0 \tag{3.3.7}$$

现在 ε' 是复数,故 k 为复数。把波矢量写成复数形式

$$\boldsymbol{k} = \boldsymbol{\beta} - \mathrm{j}\boldsymbol{\alpha} \tag{3.3.8}$$

其中 $\boldsymbol{\alpha}$,$\boldsymbol{\beta}$ 分别称为衰减因子和相位因子。上式代入(3.3.7)式,于是

$$k^2 = \beta^2 - \alpha^2 - 2\mathrm{j}\boldsymbol{\alpha}\cdot\boldsymbol{\beta} = \omega^2\mu\left(\varepsilon - \mathrm{j}\frac{\sigma}{\omega}\right)$$

令上式中的虚部和实部分别相等,得到:

$$\beta^2 - \alpha^2 = \omega^2\mu\varepsilon \tag{3.3.9a}$$

$$\boldsymbol{\alpha}\cdot\boldsymbol{\beta} = \frac{1}{2}\omega\mu\sigma \tag{3.3.9b}$$

可见在一般情况下矢量 $\boldsymbol{\alpha}$ 和 $\boldsymbol{\beta}$ 的方向是不相同的。

将(3.3.8)式代入(3.3.6)式得到

$$\boldsymbol{E} = \boldsymbol{E}_0\mathrm{e}^{-\boldsymbol{\alpha}\cdot\boldsymbol{r}}\exp[\mathrm{j}(\omega t - \boldsymbol{\beta}\cdot\boldsymbol{r})] \tag{3.3.10}$$

上式表明:由于存在衰减因子,电磁波只能在透入导电媒质表面附近的薄层内传播。

为了计算电磁波透入导电媒质体内的深度,我们考虑电磁波垂直入射情形。设导电媒质表面为 xOy 平面,z 轴指向导体内部。由边值关系(3.2.6)式知道,$\boldsymbol{\alpha}$ 和 $\boldsymbol{\beta}$ 都沿 z 轴方向,于是(3.3.10)式变为

$$\boldsymbol{E} = \boldsymbol{E}_0\mathrm{e}^{-\alpha z}\mathrm{e}^{\mathrm{j}(\omega t - \beta z)} \tag{3.3.11}$$

而波矢量的实部和虚部则由(3.3.9)式解得:

$$\begin{cases}\beta = \omega\sqrt{\mu\varepsilon}\sqrt{\dfrac{1}{2}\left(\sqrt{1+\dfrac{\sigma^2}{\varepsilon^2\omega^2}}+1\right)} \\ \alpha = \omega\sqrt{\mu\varepsilon}\sqrt{\dfrac{1}{2}\left(\sqrt{1+\dfrac{\sigma^2}{\varepsilon^2\omega^2}}-1\right)}\end{cases} \tag{3.3.12}$$

如果导电媒质是金属等良导体，ε/σ 的数量级为 10^{-17} 秒，只要电磁波频率远小于 10^{17} Hz、$\sigma/\omega\varepsilon$ 远大于 1，(3.3.8)式中 k^2 的实部比虚部小得多而可忽略，于是

$$k^2 \approx \mathrm{j}\omega\mu\sigma$$

因而由(3.3.9)式可得到近似关系：

$$\alpha \approx \beta \approx \sqrt{\omega\mu\sigma/2} \tag{3.3.13}$$

我们将波幅衰减为原来的 1/e 的传播距离称为穿透深度 δ，故

$$\delta = \frac{1}{\alpha} = \sqrt{\frac{2}{\omega\mu\sigma}} \tag{3.3.14}$$

它与电导率及频率的平方根成反比。例如，铜的导电率 σ 约为 5×10^7 (s/m)，当频率为 50 Hz 时，$\delta \cong 0.99$(cm)，而频率达到 2 450 MHz 时，δ 只有 0.14×10^{-3}(cm)。由此可见，对于高频电磁波，电磁场及相应的高频电荷和电流都集中在导体表面附近的薄层内，这种现象称为趋肤效应。所以在研究有良导体存在情况下的电磁波传播问题时(例如：电磁波在波导中传播)，可以将良导体近似地看成内部电磁场为零的边界来考虑，电磁波主要在导体以外的空间或介质内传播，它在导体表面上大部分被反射掉，小部分进入表面薄层转化为焦耳热而损耗掉。

当电磁波垂直入射时，进入到电媒质中的磁场和电场的关系可由(3.3.2)式第三式求出：

$$\boldsymbol{H} = \frac{1}{\boldsymbol{\omega\mu}}\boldsymbol{k}\times\boldsymbol{E} = \frac{1}{\boldsymbol{\omega\mu}}(\beta-\mathrm{j}\alpha)\frac{\boldsymbol{k}}{k}\times\boldsymbol{E} \tag{3.3.15}$$

在良导体情形，由(3.3.13)式得出磁场和电场的关系：

$$\boldsymbol{H} = \sqrt{\frac{\sigma}{\omega\mu}}\,\mathrm{e}^{-\mathrm{j}\frac{\pi}{4}}\,\frac{\boldsymbol{k}}{k}\times\boldsymbol{E} \tag{3.3.16}$$

这说明磁场相位比电场相位滞后 45°，而且

$$\frac{1}{\sqrt{\mu\varepsilon}}\left|\frac{\boldsymbol{B}}{\boldsymbol{E}}\right| = \sqrt{\frac{\mu}{\varepsilon}}\left|\frac{\boldsymbol{H}}{\boldsymbol{E}}\right| = \sqrt{\frac{\sigma}{\omega\varepsilon}} \gg 1 \tag{3.3.17}$$

因此，相对于真空或介质来说，在金属导体中磁场远比电场重要，电磁波的能量主要是磁场能量。

和介质情形一样，边值关系也可以用来分析导体表面上电磁波的反射问题和折射问

题。在任意入射角时,由于导体内电磁波的特点使计算比较复杂,只有垂直入射情形才可简化计算,而且也能看出导体反射的特点,因而这里仅讨论垂直入射情形。设电磁波由真空垂直入射到导体表面(如图 3.3.1),由边值关系(3.2.6)式得到:

$$\begin{cases} E^i + E^r = E^t \\ H^i - H^r = H^t \end{cases} \tag{3.3.18}$$

这里将金属导体看成具有(3.3.3)式复介电常数 ε' 的介质。在真空中的 $|\boldsymbol{H}| = \sqrt{\dfrac{\varepsilon_0}{\mu_0}}|\boldsymbol{E}|$,而在导体内有(3.3.16)式。现在将(3.3.18)式的第二式用电场表示,注意到 H_i, H_r 在真空中而 H_t 在导体内。且 $\mu \approx \mu_0$,于是

$$E^i - E^r = \sqrt{\frac{\sigma}{2\omega\varepsilon_0}}(1-\mathrm{j})E^t$$

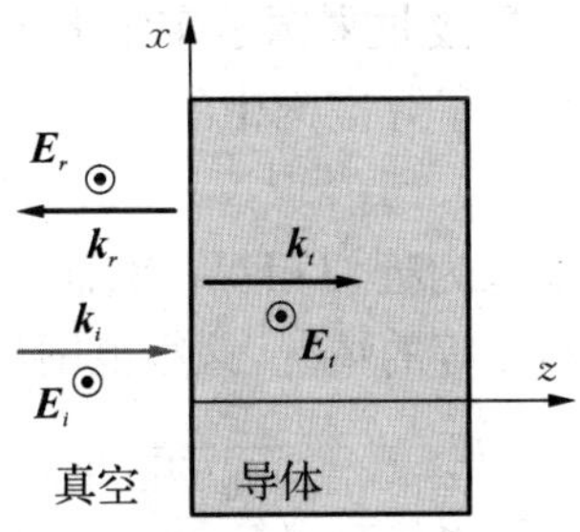

图 3.3.1　垂直入射到金属表面的反射波和透射波

将上式与(3.3.18)式的第一式联立求解,得到

$$\frac{E^r}{E^i} = -\frac{1-\mathrm{j}-\sqrt{\dfrac{2\omega\varepsilon_0}{\sigma}}}{1-\mathrm{j}+\sqrt{\dfrac{2\omega\varepsilon_0}{\sigma}}} \tag{3.3.19}$$

上式的平方表示反射能流与入射能流之比,该比值就是反射率 R:

$$R = \left|\frac{E^r}{E^i}\right|^2 = \frac{\left(1-\sqrt{\dfrac{2\omega\varepsilon_0}{\sigma}}\right)^2+1}{\left(1+\sqrt{\dfrac{2\omega\varepsilon_0}{\sigma}}\right)^2+1}$$

由于 $\sqrt{\omega\varepsilon_0/\sigma} \ll 1$,上式中的高次项可以略去,于是:

$$R \approx 1 - 2\sqrt{\frac{2\omega\varepsilon_0}{\sigma}} \tag{3.3.20}$$

由此可见,电导率愈高,反射率愈接近于 1。例如,对 1 MHz 的电磁波,垂直入射到铜的表

面时的反射率 $R=1-0.26\times10^{-5}\approx1$，这样绝大部分能量被反射出去。在一般的无线电应用情形下，金属往往可近似地当作理想导体对待。

3.4 电磁波在等离子体中的传播

等离子体是一种由自由电子和带正电荷的离子组成的物质形态，它广泛存在于宇宙中，常被视为是物质的第四态、等离子态。除了宇宙中外，闪电、极光等现象也与等离子体相关。金属中的电子气和半导体中的载流子以及电解质溶液也可以看作是等离子体。除了上述自然界的等离子体外，人们也可以人工构造等离子体。最常见的人工等离子体是高温电离气体，如电弧、霓虹灯和日光灯中的发光气体等。

等离子体对电磁波的传播有着重要的影响。例如，地球高空大气层的电离层中存在着等离子体。当进行无线电短波通信、卫星通信时，电离层的反射与传播特性会影响通信的质量。在射电天文工作中，不论是接收来源于宇宙的电磁波还是接收太阳或行星的雷达回波，都需要考虑电磁波在大气及星际空间中的传播情况，扣除等离子体对测量信号的影响。

在等离子体中正、负电荷可以认为近似相等。然而，由于热运动的影响，在很小的范围内也可能出现正、负电荷明显不相等的情况，该小范围尺度取决于德拜半径 d_R

$$d_R\ll\sqrt{\frac{\varepsilon_0 kT}{n_e e^2}} \tag{3.4.1}$$

式中 k 是波尔兹曼常数，T 代表电离气体的绝对温度，n_e 乃单位体积中的电子数。所以，只要电离气体的尺度大于 d_R 时，它就是等离子体。

等离子体的一个重要特征是等离子体频率，我们可以用一简单的模型来计算它。设想有一面积较大的厚度为 d 的等离子体平板，如果电子相对于正离子移动了一小段距离 $\xi(\ll d)$，则在板的两个表面上产生"面"电荷密度 $\pm n_e e\xi$，于是板内将有电场，其强度为 $n_e e\xi/\varepsilon_0$，它产生把电子拉回到平衡位置的力。考虑体内的单个电子，其运动方程是

$$m_e\frac{\mathrm{d}^2\xi}{\mathrm{d}t^2}=-e\left(\frac{n_e e\xi}{\varepsilon_0}\right)$$

或

$$\frac{\mathrm{d}^2\xi}{\mathrm{d}t^2}+\left(\frac{n_e e^2}{m_e\varepsilon_0}\right)\xi=0$$

式中 m_e 乃电子质量。上式是简谐振动方程，相应的振动频率是

$$\omega_p=\sqrt{\frac{e^2 n_e}{m_e\varepsilon_0}} \tag{3.4.2}$$

ω_p 就是等离子体频率，它的大小取决于等离子体中电子的浓度。等离子体频率代表了电

子集体振荡的频率。

下面讨论单色平面波在等离子体中的传播。单色平面波的电场为：

$$\boldsymbol{E}=\boldsymbol{E}_0\exp[\mathrm{j}(\omega t-\boldsymbol{k}\cdot\boldsymbol{r})] \tag{3.4.3}$$

由于等离子体被视为真空背景中的电荷系统，由(3.1.6)式知道在真空背景中 $|\boldsymbol{E}|=c|\boldsymbol{B}|$。因此，洛仑兹力中作用在电荷上的磁力与电力相比可忽略不计。设 q_i 为电子或离子所带的电量，它在电磁波的作用下有运动方程

$$m_i\frac{\mathrm{d}\boldsymbol{v}_i}{\mathrm{d}t}=q_i\boldsymbol{E}$$

将(3.4.3)式代入上式并积分，有

$$\boldsymbol{v}_i=\frac{q_i\boldsymbol{E}}{\mathrm{j}\omega m_i}+\boldsymbol{v}_{i0}$$

假定不考虑粒子的热运动，则 $\boldsymbol{v}_{i0}=0$。如果把等离子体考虑成电导率为 σ 的导电媒质，那么

$$\boldsymbol{j}_f=\boldsymbol{\sigma}\boldsymbol{E}=\sum N_iq_i\boldsymbol{v}_i \tag{3.4.4}$$

式中 N_i 为单位体积内某类离子或电子的数目。将 $\boldsymbol{v}_i$ 代入(3.4.4)式，得到等离子体的电导率

$$\sigma=\sum\frac{N_iq_i^2}{\mathrm{j}\omega m_i}$$

由于离子的质量比电子质量大几个数量级，而它们的电荷与电子电荷同数量级，所以只要保留与电子相应的项就可以了。于是

$$\sigma=-\frac{\mathrm{j}N_eq_e^2}{\omega m_e}=-\frac{\mathrm{j}n_ee^2}{\omega m_e} \tag{3.4.5}$$

用电磁波在电导率为 σ 的介质中传播的结果，由(3.3.7)式得到：

$$k^2=\omega^2\mu\varepsilon-\mathrm{j}\sigma\omega\mu=\omega^2\mu\varepsilon-\frac{\mu n_ee^2}{m_e}=\mu\varepsilon\left(\omega^2-\frac{n_ee^2}{\varepsilon m_e}\right)$$

令 $\varepsilon=\varepsilon_0,\mu=\mu_0$，得到

$$k^2=\frac{\omega^2-\omega_p^2}{c^2} \tag{3.4.6}$$

上式表明电磁波在等离子体中的传播取决于：电磁波的频率 ω 和等离子体的频率 ω_p。当 $\omega>\omega_p$ 时，k 为实数，电磁波可以在其中传播；当 $\omega<\omega_p$ 时，k 为虚数，这时电磁波无法通过等离子体。频率越低，σ 越大，反射掉的能量越多，而进入其表面后也很快被衰减掉。这正是卫星通信与射电天文应用中工作频率选择在微波频率的原因。

例 3.4 电离层是由太阳的紫外线照射等作用而形成的等离子体，它大致可分为 D、E、F_1 和 F_2 四层，其性质列于下表。

层次	离地面高度	电子浓度(电子数/立方米)	特点
D	60～80 千米	10^9	夜间消失
E	100～120 千米	$5\times10^9\sim10^{11}$	电子浓度白天大夜间小
F_1	200 千米	4×10^{11}	夜间消失，常出现于夏季
F_2	250～400 千米	$10^{11}\sim2\times10^{12}$	电子浓度白天大夜间小，冬季大夏季小

试计算各层的等离子体集体振荡频率，分别取波长 $\lambda=10^4$ 米、10^3 米、10^2 米和 1 米的长波、中波、短波和微波的典型波长，讨论它们在电离层中的传播情况。

解 等离子体集体振荡频率公式(3.4.2)，式中 $e=1.602\times10^{-19}$ 库仑，$m_e=9.1\times10^{-31}$ 千克，$\varepsilon_0=8.854\times10^{-12}$ 法拉/米，并将各层电子浓度代入，可求得相对各电离层的 ω_p。

层次	ω_p
D	17.8×10^5
E	$39.9\times10^5\sim17.8\times10^4$
F_1	35.6×10^6
F_2	$17.8\times10^6\sim79.6\times10^6$

相对于各波段典型波长的圆频率为：长波 $\omega_{长}=18.8\times10^4$，中波 $\omega_{中}=18.8\times10^5$，短波 $\omega_{短}=18.8\times10^6$，微波 $\omega_{微}=18.8\times10^8$。

(1) 对长波：$\omega_{长}<\omega_p$ (各层)，长波无线电波被 D 层反射回地面。夜间 D 层消失而将在 100 ～120 千米处被 E 层反射。

(2) 对中波：$\omega_{中}<\omega_p$ (E 层、F_1 层、F_2 层)，它将在 E 层被反射。

(3) 对短波：$\omega_{短}<\omega_p$ (F_1 层、F_2 层)，白天它被 F_1 层反射，夜间被 F_2 层反射。

(4) 对微波：$\omega_{微}>\omega_p$ (各层)，可穿过电离层。

3.5 电磁波在“左手”材料中的传播

自然界中绝大部分材料的介电常数 ε 和磁导率 μ 均为正值，在某些特殊情况下材料的 ε 或 μ 可能为负值。例如，当频率小于等离子体振荡频率时，等离子体的等效介电常数为负值；在铁磁性材料中，当频率在铁磁共振率附近时磁导率为负数。当介电常数和磁导率之一是负数时，波数 $k=\omega\sqrt{\mu\varepsilon}$ 为虚数，故电磁波不能在这种媒质中传播。然而，当介电常数和磁导率均为负数时，波数 k 又成为实数。电磁波可以在这样的媒质中传播。然而，到目前为止在天然材料中还未发现 ε 和 μ 同时为负值的情形。

对 ε 和 μ 同时为负值的材料，苏联科学家 Veselago 早在 1964 年就在理论上对电磁波在这种媒质中的传播问题做了理论研究，发现了一些奇异的电磁波现象。例如，电场、磁场和波矢量之间满足左手法则，因而他将这种媒质称为“左手”媒质；电磁波的传播方向和能流的方向相反；在正常媒质和“左手”媒质界面上发生折射时出现所谓的负折射效应；折射光和入射光在法线的同一侧，而不是像正常材料中那样在法线的另一侧，就相当于“左手”媒质具有负的折射率，故“左手”媒质也称为负折射率媒质。除此之外，“左手”媒质的奇异电磁行为还表现为：逆多普勒效应，负辐射压力等等。由于受当时科研水平和技术条件的限制，Veselago 的研究结果没有受到人们应有的重视，直到 2000 年，美国加州大学的科学家们在研究人工电磁材料时发现，由一定尺寸的分裂环谐振器和金属带条构成的空间阵列的等效 ε 和 μ 在微波波段可以同时为负数，并在实验上证实了这种材料具有负折射率效应。这一研究结果重新激发起人们对负折射率材料的研究热情。目前，与之相关的研究已成为当前称之为“超构材料”的新研究领域。

下面，我们用均匀平面电磁波来讨论电磁波在“左手”媒质的基本传播特性。由(3.1.1)式的 Maxwell 方程组，得到在均匀平面电磁波条件下的关系式

$$\begin{cases} \boldsymbol{k}\times\boldsymbol{E}=\omega\mu\boldsymbol{H} \\ \boldsymbol{k}\times\boldsymbol{H}=-\omega\varepsilon\boldsymbol{E} \\ \boldsymbol{k}\cdot\boldsymbol{E}=0 \\ \boldsymbol{k}\cdot\boldsymbol{B}=0 \end{cases} \tag{3.5.1}$$

当 $\mu>0,\varepsilon>0$ 时，上式表明：电场、磁场和波矢量之间两两相互正交并满足右手法则，如图 3.5.1(a)所示。现令 $\mu<0,\varepsilon<0$，则上式成为

$$\begin{cases} \boldsymbol{k}\times\boldsymbol{E}=\omega(-\mu')\boldsymbol{H} \\ \boldsymbol{k}\times\boldsymbol{H}=-\omega(-\varepsilon')\boldsymbol{E} \\ \boldsymbol{k}\cdot\boldsymbol{E}=0 \\ \boldsymbol{k}\cdot\boldsymbol{B}=0 \end{cases}$$

其中 $\mu'>0,\varepsilon'>0$。上式可以改写为

$$\begin{cases} (-\boldsymbol{k})\times\boldsymbol{E}=\omega\mu'\boldsymbol{H} \\ (-\boldsymbol{k})\times\boldsymbol{H}=-\omega\varepsilon'\boldsymbol{E} \\ (-\boldsymbol{k})\cdot\boldsymbol{E}=0 \\ (-\boldsymbol{k})\cdot\boldsymbol{B}=0 \end{cases} \tag{3.5.2}$$

比较(3.5.1)式和(3.5.2)式可以看到：电场、磁场和波矢量之间依然两两相互正交，但是由于波矢量反向，三个量之间满足左手法则，如图 3.5.1(b)所示。另外，根据电磁波能流的定义：$\boldsymbol{g}=\boldsymbol{E}\times\boldsymbol{H}$，所以能流的方向和波矢量的方向是相反的。

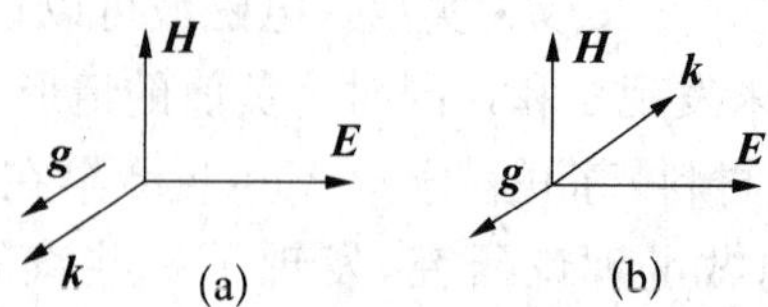

图 3.5.1　正常材料和“左手”材料中电场、磁场、波矢量和能流的相互关系

现在考虑电磁波在“左手”媒质和正常材料界面上的反射和折射现象。在入射面内，波矢量可以分解为平行于界面和垂直于界面的分量。设入射面是 xz 平面，则有：

$$\begin{cases}\boldsymbol{k}=\boldsymbol{e}_x k_x+\boldsymbol{e}_z k_z \\ k^2=k_x^2+k_z^2\end{cases} \tag{3.5.3}$$

对于介电常数和磁导率为常数的线性均匀媒质和给定的圆频率 ω，$k=\omega\sqrt{\mu\varepsilon}=(\omega/c)n$ 为一个常数，故上式中的第二式是关于 k_x 和 k_z 的圆方程。考虑电磁波斜入射到两个不同的介质界面的情形，如果界面两侧介质的折射率 n_1，n_2 均大于零，如图 3.5.2 左图所示，则可以在两个介质中画出各自的圆方程。再根据在界面上 k_x 的连续性条件得到反射波和透射波的波矢量方向。

当 n_2 小于零时，由于 $\boldsymbol{g}$ 和 $\boldsymbol{k}$ 的方向相反，如简单地将左图中的 $\boldsymbol{g}$ 反向将破坏能量守恒原理。现将透射波的 k_x 的连续性要求变为图 3.5.2 右图所示的情形，则能使“左手”媒质满足边界的连续性要求和能量守恒的要求。所以，“左手”媒质中的折射角相对于普通介质而言是一个负角度，这种折射称为负折射。

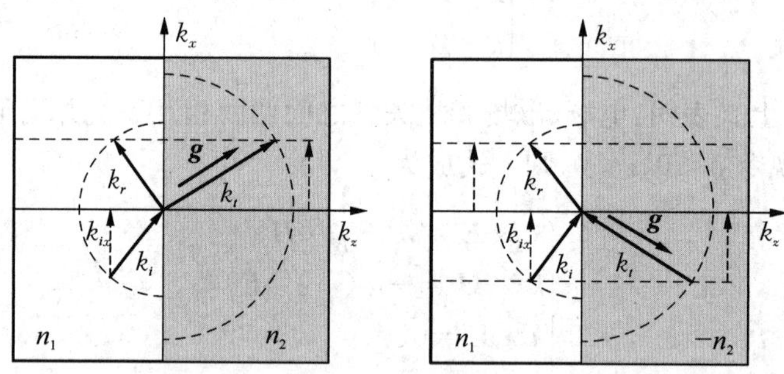

图 3.5.2　介质交界面上的波矢切向分量的连续性及电磁波的反射和折射方向

3.6　波包、相速和群速

通过前几章的介绍，我们了解了均匀平面电磁波在不同媒质中的传播特点。然而，均匀平面电磁波不能传递信息，从而没有实用价值。在实际工程应用中的电磁波，通常是以频率 ω_0 为载波频率的有狭窄频带 $\Delta\omega$ 的波，这种波被称为波包。

沿着 x 轴方向传播的波包可以用傅立叶积分来表示：

$$\boldsymbol{E}(x,t)=\frac{1}{\Delta\omega}\int_{\omega_0-\Delta\omega/2}^{\omega_0+\Delta\omega/2}\boldsymbol{E}_0(\omega)\exp[\mathrm{j}(\omega t-k(\omega)x)]\mathrm{d}\omega \tag{3.6.1}$$

如果 $\boldsymbol{E}_0(\omega)$ 在 $\Delta\omega$ 范围内可以近似地看作常数 $\boldsymbol{E}_0(\omega)=\boldsymbol{E}_0$，从而可提出积分号外。如 k 随 ω 变化缓慢，可将波数 k 在 ω_0 附近展开成级数并只需保留到 $(\omega-\omega_0)$ 的一次项，于是得到

$$k(\omega)=k(\omega_0)+(\omega-\omega_0)\left(\frac{\mathrm{d}k}{\mathrm{d}\omega}\right)_{\omega_0}$$

将上式代入(3.6.1)式可得波包的近似表达式：

$$\boldsymbol{E}(x,t)=\frac{\boldsymbol{E}_0}{\Delta\omega}\int_{\omega_0-\Delta\omega/2}^{\omega_0+\Delta\omega/2}\exp\left\{\mathrm{j}\left[\omega t-k(\omega_0)x-(\omega-\omega_0)\left(\frac{\mathrm{d}k}{\mathrm{d}\omega}\right)_{\omega_0}x\right]\right\}\mathrm{d}\omega$$

将与积分变量无关的量提到积分号外，并令 $\xi=\omega-\omega_0$，$k(\omega_0)=k_0$，上式化为

$$\begin{aligned}\boldsymbol{E}(x,t)&=\frac{\boldsymbol{E}_0}{\Delta\omega}\exp\{\mathrm{j}[\omega_0t-k_0x]\}\int_{-\Delta\omega/2}^{\Delta\omega/2}\exp\left\{\mathrm{j}\xi\left[t-\left(\frac{\mathrm{d}k}{\mathrm{d}\omega}\right)_{\omega_0}x\right]\right\}\mathrm{d}\xi\\&=\boldsymbol{E}_0\exp\{\mathrm{j}[\omega_0t-k_0x]\}\left(\frac{\sin\Psi}{\Psi}\right)\end{aligned} \tag{3.6.2}$$

式中
$$\Psi=\left[t-\left(\frac{\mathrm{d}k}{\mathrm{d}\omega}\right)_{\omega_0}x\right]\frac{\Delta\omega}{2}$$

(3.6.2)式表明波包是一个振幅被调制的平面波，振幅 $E_0(\sin\Psi/\Psi)$ 不是常数而是 x 和 t 的函数。如图 3.6.1 所示，当 $\Psi=0$ 时振幅为 E_0；当 $\Psi=\pm m\pi$ 时(m 为整数)振幅为零。随着 $|\Psi|$ 的增大，振幅取值迅速减小，所以波包被局限在有限空间范围之内。由于决定波包振幅的 Ψ 函数与 x 和 t 有关，因而波包在空间的位置将随时间而变化。

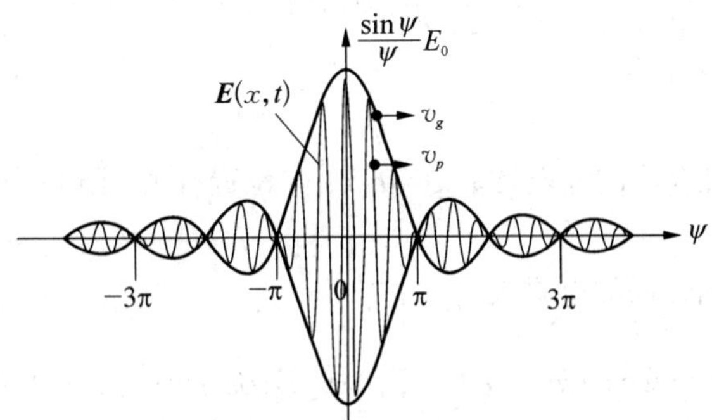

图 3.6.1　波包示意图

波包在空间移动的速度可以由等式

$$\Psi=\left[t-\left(\frac{\mathrm{d}k}{\mathrm{d}\omega}\right)_{\omega_0}x\right]\frac{\Delta\omega}{2}=\text{常数}$$

得到。上式两边对时间求微商而得：

$$v_g = \frac{\mathrm{d}x}{\mathrm{d}t} = \left(\frac{\mathrm{d}\omega}{\mathrm{d}k}\right)_{\omega_0} \tag{3.6.3}$$

v_g 叫作群速，是波包在空间移动的速度，也就是信息或能量的传播速度。另外，(3.6.2)式中的指数 $\omega_0 t - k(\omega_0)x$ 是电场 $\boldsymbol{E}(x,t)$ 的相位因子，它也是 x 和 t 的函数，等相位面在空间的位置也将随时间移动。反映等相位面移动的速度叫作相速 v_p，它也可由相位因子取常数时求微商得到

$$v_p = \frac{\omega_0}{k(\omega_0)} \tag{3.6.4}$$

只有波包才有相速与群速的差别，见图 3.6.1 箭头所示。作为对比，单色平面波的振幅是常数，因而无群速可言。

在一般情况下，介质的折射率 $n = \sqrt{\mu_r \varepsilon_r} = c/v_p$ 与圆频率 ω（或 k）有关，而 $\omega = k/\sqrt{\mu\varepsilon} = kc/n$，所以群速

$$\begin{aligned} v_g &= \left(\frac{\mathrm{d}\omega}{\mathrm{d}k}\right)_{\omega_0} = \left[\frac{\mathrm{d}}{\mathrm{d}k}\left(\frac{kc}{n}\right)\right]_{\omega_0} = \left[\frac{c}{n} + k\frac{\mathrm{d}}{\mathrm{d}k}\left(\frac{c}{n}\right)\right]_{\omega_0} \\ &= v_p + \left[k\frac{\mathrm{d}}{\mathrm{d}k}\left(\frac{c}{n}\right)\right]_{\omega_0} \end{aligned} \tag{3.6.5}$$

上式表明：对一般介质群速度与相速度并不相等，但在折射率随 k 变化很小的介质中，群速度约等于相速度。反之，在折射率随 k 变化很大的介质中各种频率的波的相速相差很大，波包的包络将不能保持固定的形状，波包在传播过程中渐渐散开，这时群速度的概念就失去意义。

习　题

3.1　如各向同性介质的介电常数 $\varepsilon = \varepsilon_0 \varepsilon_r$ 与位置有关，求电场和磁场满足的波动方程（设 $\mu = \mu_0$）。

3.2　设沿 z 方向传播的电磁波为

$$\vec{E} = \hat{x} A\cos(kz - \omega t + \phi_x) + \hat{y} B\cos(kz - \omega t + \phi_y)$$

(1) 如 $A = 2, B = 1, \phi_x = \pi/2, \phi_y = \pi/4$，电磁波为何极化？

(2) 当 $A = 1, B = 0, \phi_x = 0$ 时波为线性极化。证明它可以分解为左手圆极化和右手圆极化波的和。

(3) 当 $A = 1, B = 1, \phi_x = \pi/4, \phi_y = -\pi/4$ 时波为圆极化波。证明它可以分解为两个线性极化波的叠加。

3.3　证明电磁波在两种介质的界面上反射系数 R 和透射系数 T 满足关系式 $R+$

$T=1$,并给出在垂直入射下的反射系数和透射系数。

3.4　设垂直极化的平面波从媒质 1 向媒质 2 入射。如果媒质 1 和媒质 2 的介电常数相同,而磁导率分别为 μ_1 和 μ_2,试求:(1) Brewster 角的表示式。(2) 当 $\mu_1=4\mu_2$ 时,临界角为多少?

3.5　证明在全内反射条件下,折射波的平均能流沿着入射面和界面的交线,沿着界面法线方向进入另一介质的分量为零。

3.6　对于频率为 100 MHz(米波),10 GHz(厘米波)及 10^{15} Hz(光波)的电磁波,铜和海水是否是良导体?(已知铜的电导率为 $\sigma=5\times10^7(\Omega\cdot \text{m})^{-1}$,相对介电常数 $\varepsilon_r=1$,海水的 $\sigma=5(\Omega\cdot \text{m})^{-1}$,介电常数在无线电和微波频率 $\varepsilon_r=80$,光波 $\varepsilon_r=1.33$)

3.7　均匀单色平面波从空气中垂直入射到半无限大的金属铜表面。求:(1) 金属中的传播常数、波阻抗和趋肤深度。(2) 界面上的反射系数和透射系数。

3.8　设一均匀单色平面电磁波以入射角 θ 射入一导体平面,试求其折射角的大小。设导体的导电率为 σ,磁导率为 μ。

3.9　证明折射率 $n=-1$ 的“左手材料”平板能够对距离平板前 d 的点光源成像,并给出“左手材料”平板所需的最小厚度。

3.10　考虑空气中由 n 层各向同性的均匀线性媒质平板构成的平板介质,求电磁波以角度 θ 入射时,通过平板介质的电磁波的出射角大小。

3.11　证明电磁波在等离子体中的相速度 v_p 与群速度 v_g 满足如下关系 $v_p v_g=c^2$。式中 c 为真空中的光速。

3.12　对于在任意方向传播的电磁波,试证其群速度为 $\boldsymbol{v}_g=\nabla_k\omega|_{\omega_0}$。式中 $\nabla_k=\boldsymbol{e}_x\dfrac{\partial}{\partial k_x}+\boldsymbol{e}_y\dfrac{\partial}{\partial k_y}+\boldsymbol{e}_z\dfrac{\partial}{\partial k_z}$,$\omega_0$ 为波包的中心频率。

第四章　微波传输线理论

4.1　传输线方程的解及传输线的特性参数

传输线理论将场分析和经典电路理论紧密联系在一起,在微波工程应用中发挥着重要作用。传输线是约束电磁波沿着规定方向传输能量和信息的系统。取 z 轴为传输信号的方向,传输系统沿 z 轴呈柱形结构,其横向结构和尺寸沿纵轴不变。传输线结构主要有平行双导线、同轴线、带状线和微带线,如图 4.1.1 的(a)、(b)、(c)和(d),它们可用简单的双导线模型进行分析。而波导如图 4.1.1(e)、(f)、(g)和(h),可用等效传输线方法进行分析。传输线的结构取决于工作频率和用途。

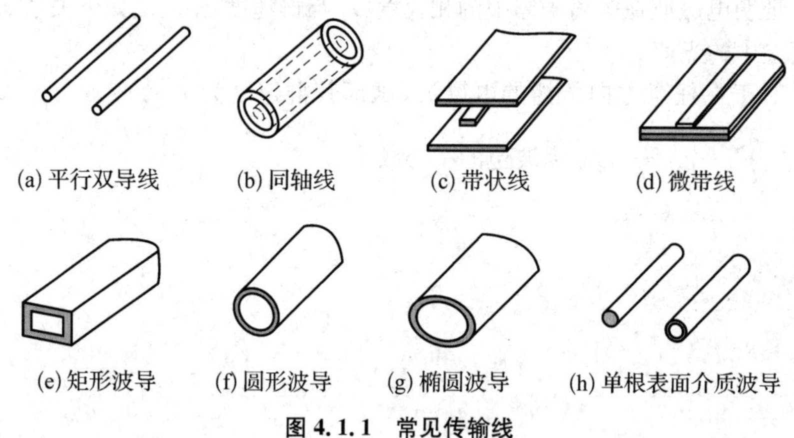

图 4.1.1　常见传输线

传输线的几何长度 l 与电磁波的工作波长 λ 之比值 l/λ 称为传输线的电长度,通常把 $l/\lambda > 0.05$ 的传输线称为长线。对一定长度的传输线(例如 1 m),当它传输较低频率(例如 300 Hz)的电磁波时,其电长度为 10^{-6};而传输较高频率时(例如 300 MHz),其电长度就为 1。对于前者,线上各点的电压和电流在某一时刻均可视为相同,它们仅为时间的函数而与位置无关;对于后者(长线情形),线上各点的电压和电流均随时间而变,因而它们既是时间的函数,也是位置的函数。

工作在微波频率的传输线通常属于长线,这时传输线导体上存在的损耗电阻,两导体间介质损耗产生的电导、传输线的自感以及两导线间的互电容都将不可忽略,这些量沿线分布,影响着传输线的每一点,因而这些量称为分布参数。传输线的分布参数可用单位长度传输线上的分布电感 L_0、分布电容 C_0、分布电阻 R_0 和分布电导 G_0 来表示，其数值只取决于传输线的结构与尺寸、导体材料和采用的介质材料的参数，而与它的工作情况无关。

表 4.1.1 给出了平行双线和同轴线的分布参数计算公式，表中 ε，μ，σ 为介质材料参数；μ_c，σ_c 为导体材料参数。同轴线内、外导体的直径分别为 d 和 D。

表 4.1.1　平行双线和同轴线的分布参数计算公式

形式	结构	$L_0(H/m)$	$C_0(F/m)$	$R_0(\Omega/m)$	$G_0(S/m)$
平行双线	D，d	$\frac{\mu}{\pi}\text{Arch}\left(\frac{D}{d}\right)$	$\frac{\pi\varepsilon}{\text{Arch}\left(\frac{D}{d}\right)}$	$\frac{2}{\pi d}\sqrt{\frac{\omega\mu}{2\sigma_c}}$	$\frac{\pi\sigma}{\text{Arch}\left(\frac{D}{d}\right)}$
同轴线	d，D	$\frac{\mu}{2\pi}\ln\frac{D}{d}$	$\frac{2\pi\varepsilon}{\ln\frac{D}{d}}$	$\frac{1}{\pi}\sqrt{\frac{\omega\mu_c}{2\sigma_c}}\left(\frac{1}{d}+\frac{1}{D}\right)$	$\frac{2\pi\sigma}{\ln\frac{D}{d}}$

表中如果 $(D/d)^2 \gg 1$，则有 $\text{Arch}(D/d) \cong \ln(2D/d)$；$L_0C_0=\varepsilon\mu$。

本章主要研究传输系统的横向结构和尺寸沿 z 轴不变的柱形结构，其分布参数与 z 轴位置无关，所以这种传输线称为均匀传输线。在线上取一无限小线段元 $\mathrm{d}z(\mathrm{d}z \ll \lambda)$，这样就可以将此线段元作为集中参数电路对待而等效为 Γ 型网络(如图 4.1.2)，实际的传输线则为各线段元等效电路的级联。

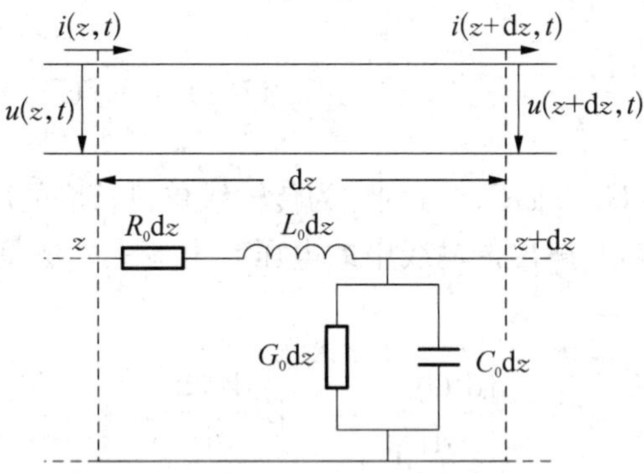

图 4.1.2　均匀传输线段元的等效电路

4.1.1　传输线方程的解

现在推导传输线方程。在等效电路图 4.1.2 中，设传输线线段元输入端电压、电流分别为 $u(z,t)$，$i(z,t)$；输出端电压、电流分别为 $u(z+\mathrm{d}z,t)$，$i(z+\mathrm{d}z,t)$。将它们按泰勒级数展开，忽略高次项得：

$$u(z+\mathrm{d}z,t)=u(z,t)+\frac{\partial u(z,t)}{\partial z}\mathrm{d}z$$

$$i(z+\mathrm{d}z,t)=i(z,t)+\frac{\partial i(z,t)}{\partial z}\mathrm{d}z$$

于是得到线段元 dz 上的电压、电流变化量分别为：

$$u(z,t)-u(z+\mathrm{d}z,t)=-\frac{\partial u(z,t)}{\partial z}\mathrm{d}z$$

$$i(z,t)-i(z+\mathrm{d}z,t)=-\frac{\partial i(z,t)}{\partial z}\mathrm{d}z$$

根据克希霍夫定律，可导得一般的传输线方程（电报方程），即：

$$\begin{cases}\dfrac{\partial u(z,t)}{\partial z}=-R_0 i(z,t)-L_0\dfrac{\mathrm{d}i(z,t)}{\mathrm{d}t}\\[2ex]\dfrac{\partial i(z,t)}{\partial z}=-G_0 u(z,t)-C_0\dfrac{\mathrm{d}u(z,t)}{\mathrm{d}t}\end{cases}\tag{4.1.1}$$

上述偏微分方程组的严格解析解通常很难得到，只有当传播的电磁波呈简谐变化时才容易求得。设

$$\begin{cases}u(z,t)=\mathrm{Re}[U(z)\mathrm{e}^{\mathrm{j}\omega t}]\\ i(z,t)=\mathrm{Re}[I(z)\mathrm{e}^{\mathrm{j}\omega t}]\end{cases}\tag{4.1.2}$$

代入(4.1.1)式，则得到传输线方程：

$$\begin{cases}\dfrac{\mathrm{d}U(z)}{\mathrm{d}z}=-(R_0+\mathrm{j}\omega L_0)I(z)=-ZI(z)\\[2ex]\dfrac{\mathrm{d}I(z)}{\mathrm{d}z}=-(G_0+\mathrm{j}\omega C_0)U(z)=-YU(z)\end{cases}\tag{4.1.3}$$

式中 $Z=R_0+\mathrm{j}\omega L_0$，$Y=G_0+\mathrm{j}\omega C_0$，分别称为传输线单位长度的串联阻抗、并联导纳。求解微分方程组(4.1.3)，就可解出传输线中的电压和电流。办法是先将(4.1.3)中两式对 z 取微商，即：

$$\begin{cases}\dfrac{\mathrm{d}^2U(z)}{\mathrm{d}z^2}=-Z\dfrac{\mathrm{d}I(z)}{\mathrm{d}z}\\[2ex]\dfrac{\mathrm{d}^2I(z)}{\mathrm{d}z^2}=-Y\dfrac{\mathrm{d}U(z)}{\mathrm{d}z}\end{cases}$$

再代入(4.1.3)式得到两个二阶常微分方程，即：

$$\begin{cases}\dfrac{\mathrm{d}^2U(z)}{\mathrm{d}z^2}-ZYU(z)=0\\[2ex]\dfrac{\mathrm{d}^2I(z)}{\mathrm{d}z^2}-ZYI(z)=0\end{cases}\tag{4.1.4}$$

定义传输线的传播常数：$\gamma=\alpha+\mathrm{j}\beta=\sqrt{ZY}=\sqrt{(R_0+\mathrm{j}\omega L_0)(G_0+\mathrm{j}\omega C_0)}$，式中 α 和 β 分

别为传输线的衰减常数(Np/m)和相位常数(rad/m),于是上式变为:

$$\begin{cases}\dfrac{\mathrm{d}^2U(z)}{\mathrm{d}z^2}-\gamma^2U(z)=0\\[2ex]\dfrac{\mathrm{d}^2I(z)}{\mathrm{d}z^2}-\gamma^2I(z)=0\end{cases}\tag{4.1.5}$$

(4.1.5)式称为波动方程,则传输线上电压和电流的通解分别为:

$$U(z)=A\mathrm{e}^{-\gamma z}+B\mathrm{e}^{\gamma z}\tag{4.1.6}$$

$$I(z)=-\frac{1}{Z}\frac{\mathrm{d}U(z)}{\mathrm{d}z}=\frac{\gamma}{Z}(A\mathrm{e}^{-\gamma z}-B\mathrm{e}^{\gamma z})=\frac{1}{Z_0}(A\mathrm{e}^{-\gamma z}-B\mathrm{e}^{\gamma z})\tag{4.1.7}$$

式中 $Z_0=\sqrt{\dfrac{Z}{Y}}=\sqrt{\dfrac{R_0+\mathrm{j}\omega L_0}{G_0+\mathrm{j}\omega C_0}}$ 称为传输线的特性阻抗,通解中的两个常数可由端接条件定出。

最常用的情形是给出终端条件:当 $z=l$ 时,终端电压 U_l 和电流 I_l 已知,将其代入通解便得到:

$$\begin{cases}U_l=A\mathrm{e}^{-\gamma l}+B\mathrm{e}^{\gamma l}\\[1ex]I_l=\dfrac{1}{Z_0}(A\mathrm{e}^{-\gamma l}-B\mathrm{e}^{\gamma l})\end{cases}$$

于是求出两个常数:

$$\begin{cases}A=\dfrac{U_l+Z_0I_l}{2}\mathrm{e}^{\gamma l}\\[2ex]B=\dfrac{U_l-Z_0I_l}{2}\mathrm{e}^{-\gamma l}\end{cases}$$

将它们代回(4.1.6)式和(4.1.7)式,得出在这种端接条件下的特解为

$$\begin{cases}U(z)=\dfrac{U_l+Z_0I_l}{2}\mathrm{e}^{\gamma(l-z)}+\dfrac{U_l-Z_0I_l}{2}\mathrm{e}^{-\gamma(l-z)}\\[2ex]I(z)=\dfrac{U_l+Z_0I_l}{2Z_0}\mathrm{e}^{\gamma(l-z)}-\dfrac{U_l-Z_0I_l}{2Z_0}\mathrm{e}^{-\gamma(l-z)}\end{cases}\tag{4.1.8}$$

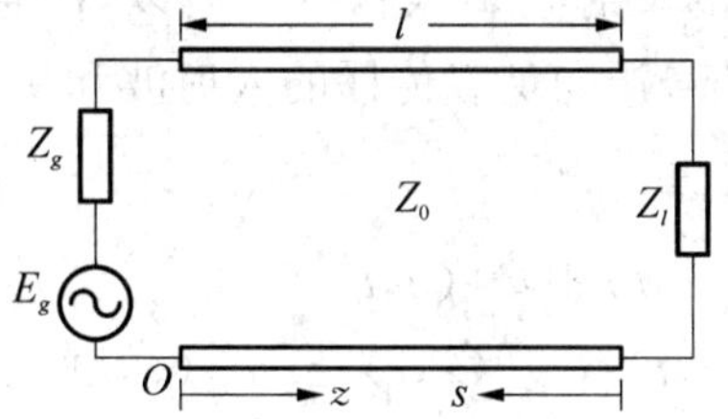

图 4.1.3　传输线的端接条件

如果改变坐标系，以负载端为原点，向信号源看去，即有关系 $s=l-z$（如图 4.1.3），则(4.1.8)式就可改写成：

$$\begin{cases}U(s)=\dfrac{U_l+Z_0I_l}{2}\mathrm{e}^{\gamma s}+\dfrac{U_l-Z_0I_l}{2}\mathrm{e}^{-\gamma s}\\ I(s)=\dfrac{U_l+Z_0I_l}{2Z_0}\mathrm{e}^{\gamma s}-\dfrac{U_l-Z_0I_l}{2Z_0}\mathrm{e}^{-\gamma s}\end{cases}\tag{4.1.9}$$

利用双曲函数 $\cosh x=\dfrac{\mathrm{e}^x+\mathrm{e}^{-x}}{2}$ 和 $\sinh x=\dfrac{\mathrm{e}^x-\mathrm{e}^{-x}}{2}$，上式可以简化为

$$\begin{cases}U(s)=U_l\cosh\gamma s+Z_0I_l\sinh\gamma s\\ I(s)=\dfrac{U_l}{Z_0}\sinh\gamma s+I_l\cosh\gamma s\end{cases}\tag{4.1.10}$$

对无耗传输线，有条件 $R_0=0,G_0=0$，因而 $\gamma=\mathrm{j}\omega\sqrt{L_0C_0}=\mathrm{j}\beta,Z_0=\sqrt{L_0/C_0}$，由于 $\cosh(\mathrm{j}x)=\cos x,\sinh(\mathrm{j}x)=\mathrm{j}\sin x$，所以(4.1.10)式又可改写为：

$$\begin{cases}U(s)=U_l\cos\beta s+\mathrm{j}Z_0I_l\sin\beta s\\ I(s)=\mathrm{j}\dfrac{U_l}{Z_0}\sin\beta s+I_l\cos\beta s\end{cases}\tag{4.1.11}$$

将复振幅解(4.1.6)和(4.1.7)式代入(4.1.2)式得到传输线上的电压、电流解为：

$$\begin{cases}u(z,t)=\mathrm{Re}[A\mathrm{e}^{\mathrm{j}\omega t-\gamma z}+B\mathrm{e}^{\mathrm{j}\omega t+\gamma z}]\\ i(z,t)=\mathrm{Re}\left[\dfrac{1}{Z_0}(A\mathrm{e}^{\mathrm{j}\omega t-\gamma z}-B\mathrm{e}^{\mathrm{j}\omega t+\gamma z})\right]\end{cases}\tag{4.1.12}$$

因 $\gamma=\alpha+\mathrm{j}\beta$，上式可写成三角函数形式，即：

$$\begin{cases}u(z,t)=A\mathrm{e}^{-\alpha z}\cos(\omega t-\beta z)+B\mathrm{e}^{\alpha z}\cos(\omega t+\beta z)\\ i(z,t)=\dfrac{A}{Z_0}\mathrm{e}^{-\alpha z}\cos(\omega t-\beta z)-\dfrac{B}{Z_0}\mathrm{e}^{\alpha z}\cos(\omega t+\beta z)\end{cases}\tag{4.1.13}$$

在电压(电流)的第一项中，振幅随 z 的增大而减小，而某个相位点则随时间增大出现在 z 增大的位置，这表明它是沿 z 轴正向传播的电压波(电流波) $u^+(z,t)$；第二项则表示由负载向信号源方向传播的反射波 $u^-(z,t)$。所以，在通常情况下，传输线上任一点的电压波 u(电流波 i)是从信号源向负载传播的入射波和从负载向信号源传播的反射波的叠加，即：

$$\begin{cases}u(z,t)=u^+(z,t)+u^-(z,t)\\ i(z,t)=i^+(z,t)+i^-(z,t)=[u^+(z,t)-u^-(z,t)]/Z_0\end{cases}\tag{4.1.14}$$

且为行波与驻波的混合分布。

4.1.2　传输线的特性参数

传播常数与特性阻抗直接与传输线的分布参数有关，它们是传输线的特性参数。

一、特性阻抗 Z_0

传输线的特性阻抗 Z_0 定义为线上任意点电压入射波与电流入射波之比，其倒数为传输线的特性导纳 Y_0。特性阻抗为

$$Z_0=\sqrt{\frac{R_0+\mathrm{j}\omega L_0}{G_0+\mathrm{j}\omega C_0}} \tag{4.1.15}$$

通常是复数，且与工作频率有关，只有两种特殊情况，特性阻抗为纯电阻。

1. 无耗线

因为 $R_0=0, G_0=0$，所以

$$Z_0=\sqrt{L_0/C_0} \tag{4.1.16}$$

2. 微波低耗线

在微波情形下，$R_0 \ll \omega L_0, G_0 \ll \omega C_0$，则

$$\begin{aligned}Z_0&=\sqrt{\frac{R_0+\mathrm{j}\omega L_0}{G_0+\mathrm{j}\omega C_0}}=\sqrt{\frac{\mathrm{j}\omega L_0\left(1+\dfrac{R_0}{\mathrm{j}\omega L_0}\right)}{\mathrm{j}\omega C_0\left(1+\dfrac{G_0}{\mathrm{j}\omega C_0}\right)}}\\&\cong\sqrt{\frac{L_0}{C_0}}\left(1+\frac{R_0}{2\mathrm{j}\omega L_0}\right)\left(1-\frac{G_0}{2\mathrm{j}\omega C_0}\right)\\&\cong\sqrt{\frac{L_0}{C_0}}\left[1+\frac{1}{2}\left(\frac{R_0}{\mathrm{j}\omega L_0}-\frac{G_0}{\mathrm{j}\omega C_0}\right)\right]\cong\sqrt{\frac{L_0}{C_0}}\end{aligned} \tag{4.1.17}$$

因而无耗线或微波低耗线的特性阻抗 Z_0 为一实数，线上各点的行波电压与行波电流相位相同，所以工程上常用 Z_0 值表示不同传输线的规格。下面给出两种常用传输线的特性阻抗：

平行双线：
$$Z_0=\frac{1}{\pi}\sqrt{\frac{\mu}{\varepsilon}}\ln\frac{2D}{d}=\frac{120}{\sqrt{\varepsilon_r}}\ln\frac{2D}{d}=\frac{276}{\sqrt{\varepsilon_r}}\lg\frac{2D}{d} \tag{4.1.18}$$

同轴线：
$$Z_0=\frac{1}{2\pi}\sqrt{\frac{\mu}{\varepsilon}}\ln\frac{D}{d}=\frac{60}{\sqrt{\varepsilon_r}}\ln\frac{D}{d}=\frac{138}{\sqrt{\varepsilon_r}}\lg\frac{D}{d} \tag{4.1.19}$$

工程上常用的平行双线的特性阻抗有 600 Ω、400 Ω 和 250 Ω；常用的同轴线的特性阻抗有 75 Ω 和 50 Ω。

二、传播常数 γ 与导波波长 λ_g

传播常数 γ 是描述导行波沿导行系统传播过程中的衰减和相位变化的参数，一般为复数：

$$\gamma = \sqrt{(R_0 + j\omega L_0)(G_0 + j\omega C_0)} = \alpha + j\beta \tag{4.1.20}$$

式中 α 为衰减常数，单位是 dB/m，有时也用 NP/m(1 NP=8.68 dB)；β 是相位常数，单位为 rad/m。γ 通常是频率的复杂函数，对无耗和微波低耗情形，其表示式很简单：

1. 无耗线

由于 $R_0 = 0$、$G_0 = 0$ 和 $\gamma = j\omega\sqrt{L_0 C_0}$，因此

$$\begin{cases} \alpha = 0 \\ \beta = \omega\sqrt{L_0 C_0} \end{cases} \tag{4.1.21}$$

2. 微波低耗线

因为 $R_0 \ll \omega L_0$、$G_0 \ll \omega C_0$，于是

$$\begin{aligned} \gamma &= j\omega\sqrt{L_0 C_0}\sqrt{\left(1 - \frac{jR_0}{\omega L_0}\right)\left(1 - \frac{jG_0}{\omega C_0}\right)} \\ &\cong j\omega\sqrt{L_0 C_0}\left[1 - \frac{j}{2\omega}\left(\frac{R_0}{L_0} + \frac{G_0}{C_0}\right)\right] \\ &= \left(\frac{R_0}{2}\sqrt{\frac{C_0}{L_0}} + \frac{G_0}{2}\sqrt{\frac{L_0}{C_0}}\right) + j\omega\sqrt{L_0 C_0} \end{aligned}$$

所以

$$\begin{cases} \alpha = \dfrac{R_0}{2Z_0} + \dfrac{G_0 Z_0}{2} = \alpha_c + \alpha_d \\ \beta = \omega\sqrt{L_0 C_0} \end{cases} \tag{4.1.22}$$

在上述的无耗和低耗情形下，相位常数的表达式相同。由表 4.1.1 有

$$\lambda_g = \frac{2\pi}{\beta} = \frac{2\pi}{\omega\sqrt{L_0 C_0}} = \frac{1}{f\sqrt{\mu\varepsilon}} = \frac{c}{f\sqrt{\varepsilon_r}} = \frac{\lambda_0}{\sqrt{\varepsilon_r}} \tag{4.1.23}$$

这表明在平行双线和同轴线中传播的导波波长就等于波在它周围介质中的传播波长。由 α 的表示式看出，传输线上的衰减由两部分组成：一为(第一项) 由导体电阻引起的欧姆损耗 α_c；一为(第二项) 由周围介质的漏电电导所引起的介质损耗 α_d。

传输线的损耗有时也可用它的品质因数 Q 来衡量，它定义为：

$$\begin{cases} Q_c = \dfrac{\omega L_0}{R_0} \\ Q_d = \dfrac{\omega C_0}{G_0} = \dfrac{1}{\tan\delta} \end{cases} \tag{4.1.24}$$

式中 Q_c 为导体损耗所对应的 Q 值，Q_d 为介质损耗所对应的 Q 值，$\tan\delta$ 称为介质损耗角正切。由此传输线的衰减常数 α 与品质因数 Q 的关系不难求得：

$$\begin{cases}\alpha_c=\dfrac{R_0}{2Z_0}=\dfrac{\beta}{2Q_c}\\ \alpha_d=\dfrac{G_0Z_0}{2}=\dfrac{\beta}{2Q_d}\end{cases} \tag{4.1.25}$$

总衰减常数 $\alpha=\alpha_c+\alpha_d$ 对应于总品质因数 Q，于是

$$\frac{1}{Q}=\frac{1}{Q_c}+\frac{1}{Q_d} \tag{4.1.26}$$

在无耗线和微波低耗线中，由于电磁波的相速 v_φ 与频率无关(非色散波)，因而它等于群速。

4.2　反射系数、驻波比和输入阻抗

4.2.1　反射系数

为了说明传输线上波的反射情况，引入反射系数，它定义为某点的反射波电压(电流)与该点的入射波电压(电流)之比。由式(4.1.6)和(4.1.7)得到电压和电流的反射系数为

$$\begin{cases}\Gamma_U(z)=\dfrac{U^-(z)}{U^+(z)}=\dfrac{B}{A}\mathrm{e}^{2\gamma z}\\ \Gamma_I(z)=\dfrac{I^-(z)}{I^+(z)}=-\dfrac{B}{A}\mathrm{e}^{2\gamma z}\end{cases} \tag{4.2.1}$$

上式表明电流反射系数与电压反射系数大小相等、相位相反，因而通常只讨论便于测量的 Γ_U，并省略下标，写成 Γ。$\Gamma(z)$ 是复数，它反映所在点的反射波与入射波幅度和相位之间的关系。代入 A、B 值得到：

$$\Gamma=\frac{U_l-Z_0I_l}{U_l+Z_0I_l}\mathrm{e}^{-2\gamma(l-z)}=\frac{Z_l-Z_0}{Z_l+Z_0}\mathrm{e}^{-2\gamma s}=\Gamma_l\mathrm{e}^{-2\gamma s} \tag{4.2.2}$$

式中，$Z_l=\dfrac{U_l}{I_l}$，$\Gamma_l=\dfrac{Z_l-Z_0}{Z_l+Z_0}=\left|\dfrac{Z_l-Z_0}{Z_l+Z_0}\right|\mathrm{e}^{\mathrm{j}\varphi_l}=|\Gamma_l|\mathrm{e}^{\mathrm{j}\varphi_l}$，所以

$$\Gamma(s)=|\Gamma_l|\mathrm{e}^{-2\alpha s}\mathrm{e}^{\mathrm{j}(\varphi_l-2\beta s)} \tag{4.2.3}$$

式(4.2.2)说明 Γ_l 为 $s=0$ 处的电压反射系数，不同的负载 Z_l 就有不同的 Γ_l。当终端负载等于传输线的特性阻抗时，$\Gamma_l=0$，线上无反射而只有向负载方向传输的行波。当终端

短路时，$Z_l=0$，于是 $\Gamma_l=-1$；而终端开路时，$Z_l=\infty$，而 $\Gamma_l=1$；在终端接纯电抗负载时，$|\Gamma_l|=1$，它们都是全反射，在线上形成驻波。除上述无反射和全反射情况外，线上均为行波、驻波混合状态。由式(4.2.3)可以看出反射系数Γ随传输线位置而变化的规律。图4.2.1表示了反射系数的模 $|\Gamma_l|\leqslant 1$。对无耗线，$|\Gamma|$ 与位置无关，其运动轨迹为一圆，它的相位 $\varphi_l-2\beta s$ 则随s的增加(向信号源方向)而减少，复矢量Γ顺时针方向旋转；反之，其相位随 s 的减少(向负载方向)而增大，复矢量 Γ 逆时针方向旋转。当 $\Delta s=\lambda_g/2$ 时，Γ 旋转一周，也就是说 Γ 沿线的变化周期是半个波长。

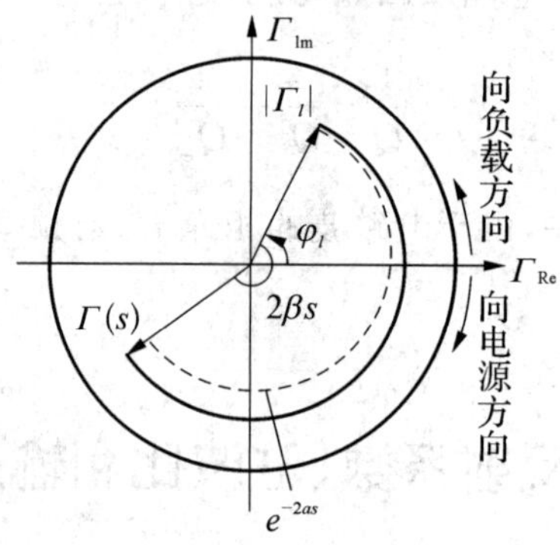

图 4.2.1　反射系数沿传输线的变化

对有耗线，相位变化的讨论与无耗线时一样，只是多了一项振幅衰减因子 $e^{-2\alpha s}$，所以随 s 的增加Γ 的轨迹不再是圆，而是圆内的渐缩螺线。

4.2.2　电压驻波比 ρ

上述反射系数是复数，测量入射波电压与反射波电压并不方便，所以在微波测量常常从测量入射波与反射波合成的驻波图形入手，用电压驻波比 ρ 来描述传输线上的反射情况。

电压驻波比(VSWR)定义为传输线上电压最大值与最小值之比：

$$\rho=\frac{|U(s)|_{\max}}{|U(s)|_{\min}} \tag{4.2.4}$$

在(4.1.9)式中取 $s=0$，即在负载处，并令

$$U_l^+=\frac{U_l+Z_0I_l}{2},\quad U_l^-=\frac{U_l-Z_0I_l}{2},\quad \Gamma_l=\frac{U_l^-}{U_l^+}=|\Gamma_l|\,e^{j\varphi_l}$$

它们分别表示在负载处的入射波和反射波的复振幅与反射系数。

对无耗线，$\gamma=j\beta$，有

$$U(s)=U_l^+e^{j\beta s}+U_l^-e^{-j\beta s}=U_l^+e^{j\beta s}[1+|\Gamma_l|\,e^{j(\varphi_l-2\beta s)}] \tag{4.2.5}$$

当 $\varphi_l-2\beta s=\pm 2n\pi$ 时，反射波和入射波相位相同，合成波的幅值最大：

$$|U(s)|_{\max}=|U_l^+|(1+|\Gamma_l|) \tag{4.2.6}$$

当 $\varphi_l - 2\beta s = \pm(2n+1)\pi$ 时，反射波和入射波相位相反，合成波的幅值最小：

$$|U(s)|_{\min} = |U_l^+|(1-|\Gamma_l|) \tag{4.2.7}$$

将上面两式代入(4.2.4)式，得到：

$$\rho = \frac{1+|\Gamma_l|}{1-|\Gamma_l|} \tag{4.2.8}$$

因为 $|\Gamma_l| \leqslant 1$，所以 $1 \leqslant \rho \leqslant \infty$，且反射系数 $|\Gamma|$ 越大，驻波比 ρ 就越大。从(4.2.8)式可求得反射系数的公式：

$$|\Gamma_l| = \frac{\rho-1}{\rho+1} \tag{4.2.9}$$

式(4.2.9)只能计算终端反射系数的模值，为了求出它的相位 φ_l，还要测出距负载最近的第一个驻波电压最小点与负载之间的距离 $d_{\min}$。在该最小点处，有相位关系 $\varphi_l - 2\beta d_{\min} = \pi$，因而 $\varphi_l = 2\beta d_{\min} + \pi$。由(4.2.2)式得到终端反射系数：

$$\Gamma_l = \frac{Z_l - Z_0}{Z_l + Z_0} \tag{4.2.10}$$

并求出负载阻抗

$$Z_l = \frac{Z_0(1+\Gamma_l)}{1-\Gamma_l} \tag{4.2.11}$$

所以，只要由实验测出传输线上的电压驻波比 ρ 及负载到第一个电压最小点的距离 $d_{\min}$，就能够由式(4.2.9)和 φ_l 计算出传输线负载处的反射系数 Γ_l，并由(4.2.11)式算出负载阻抗 Z_l，这是测量微波阻抗最常用的一个方法。

4.2.3　输入阻抗(导纳)

传输线上任一点的输入阻抗 Z_{in} 定义为该点合成波电压与合成波电流之比：

$$Z_{in}(s) = \frac{U(s)}{I(s)} \tag{4.2.12}$$

于是由(4.1.10)式得到：

$$Z_{in}(s) = Z_0 \frac{U_l \cosh \gamma s + Z_0 I_l \sinh \gamma s}{U_l \sinh \gamma s + Z_0 I_l \cosh \gamma s} = Z_0 \frac{Z_l + Z_0 \tanh \gamma s}{Z_0 + Z_l \tanh \gamma s} \tag{4.2.13}$$

上式说明 Z_{in} 只与 Z_l、Z_0 和 s 值有关，而与该点至信号源方向的距离无关，所以传输线上任一点的输入阻抗就相当于由该点向负载看去所呈现的阻抗，或者说它是负载经过一段长为 s 的传输线变换后在该点所反映的阻抗。

在有些情况，例如对并联电路计算常常需要采用导纳。传输线的输入导纳 Y_{in} 乃其输入阻抗 Z_{in} 的倒数，可由(4.2.13)式求出，即：

$$Y_{in}(s)=\frac{1}{Z_{in}(s)}=Y_0\frac{Y_l+Y_0\tanh\gamma s}{Y_0+Y_l\tanh\gamma s} \tag{4.2.14}$$

式中$Y_0=1/Z_0$和$Y_l=1/Z_l$分别称为特性导纳和负载导纳。比较(4.2.13)和(4.2.14)两式,发现它们的形式完全相同。根据(4.2.12)式和特性阻抗的定义,可求出输入阻抗、特性阻抗和反射系数之间的关系:

$$Z_{in}(s)=\frac{U(s)}{I(s)}=\frac{U^+(s)+U^-(s)}{I^+(s)+I^-(s)}=\frac{U^+(s)[1+\Gamma(s)]}{I^+(s)[1-\Gamma(s)]}=Z_0\frac{1+\Gamma(s)}{1-\Gamma(s)} \tag{4.2.15}$$

或

$$\Gamma(s)=\frac{Z_{in}(s)-Z_0}{Z_{in}(s)+Z_0} \tag{4.2.16}$$

显然,式(4.2.11)只是式(4.2.15)在负载处的特例。

传输线工作在微波波段且传输线不太长时,可把传输线作为无耗线来处理。对于无耗线,$\gamma=\mathrm{j}\beta$,于是式(4.2.13)可简化为

$$Z_{in}(s)=Z_0\frac{Z_l+\mathrm{j}Z_0\tan\beta s}{Z_0+\mathrm{j}Z_l\tan\beta s} \tag{4.2.17}$$

通常$Z_l\neq Z_0$,$Z_{in}(s)$将是s的周期函数,其周期为$\lambda/2$,Z_l可通过一段一定长度的传输线来改变它的输入阻抗。常用的有$\lambda/4$阻抗变换器,当$s=\lambda/4$时,$Z_{in}=Z_0^2/Z_l$,在负载为零时(短路),$Z_{in}=\infty$,结果将一短路线变为一开路线。在实用中短路线很容易实现,而开路线正是通过$\lambda/4$阻抗变换器得到的。

例 4.1 试计算如图 4.2.2 所示各电路中输入端的反射系数、驻波比和输入阻抗。

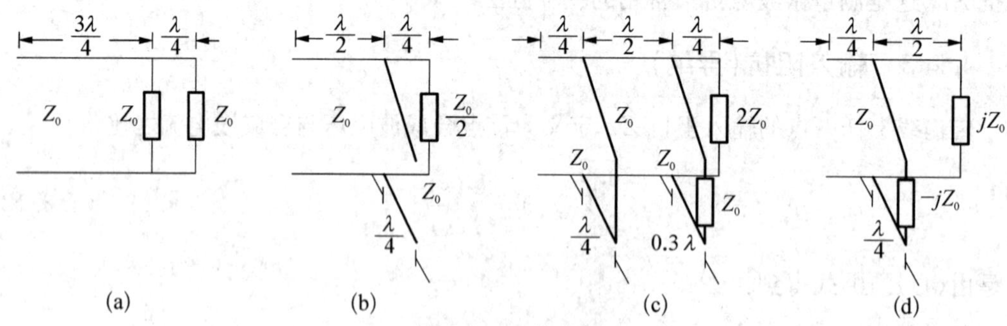

图 4.2.2 电路图

解 (a) $Z'_{in}=Z_0$,再与Z_0并联,$Z_l=Z_0/2$,经过$3\lambda/4=\lambda/4+\lambda/2$线到输入端,$Z_{in}=\dfrac{Z_0^2}{Z_l}=\dfrac{Z_0^2}{\frac{Z_0}{2}}=2Z_0$,线$\Gamma_{in}=\dfrac{Z_{in}-Z_0}{Z_{in}+Z_0}=\dfrac{1}{3}$,$\rho_{in}=\dfrac{1+|\Gamma_{in}|}{1-|\Gamma_{in}|}=2$。

(b) $Z'_{in}=\dfrac{Z_0^2}{Z_0/2}=2Z_0$,并联$\lambda/4$开路线为短路,$Z_l=0$,$Z_{in}=0$。

线长为 $\lambda/2$，$\Gamma_{in}=-1$，$\rho_{in}=\infty$。

(c) $Z'_{in}=\dfrac{Z_0^2}{2Z_0}=\dfrac{Z_0}{2}$，$Z''_{in}=Z_0$，$Z'_{in}$ 与 Z''_{in} 并联后阻抗为 $Z_0/3$，经 $\lambda/2$ 线后，$Z'''_{in}=Z_0/3$，并联一段开路线后，阻抗还是等于 $Z_0/3$。经 $\lambda/4$ 线后，输入阻抗变成

$$Z_{in}=\frac{Z_0^2}{Z_0/3}=3Z_0,\quad \Gamma_{in}=\frac{3Z_0-Z_0}{3Z_0+Z_0}=0.5,\quad \rho_{in}=\frac{1+0.5}{1-0.5}=3$$

(d) $\mathrm{j}Z_0$ 经 $\lambda/2$ 后 Z'_{in} 仍是 $\mathrm{j}Z_0$，$-\mathrm{j}Z_0$ 经 $\lambda/4$ 后 $Z'_{in}=-Z_0^2/\mathrm{j}Z_0=\mathrm{j}Z_0$，并联后等于 $\mathrm{j}Z_0/2$，经 $\lambda/4$ 后，$Z_{in}=\dfrac{Z_0^2}{\mathrm{j}Z_0^2/2}=-\mathrm{j}2Z_0$，$\Gamma_{in}=\dfrac{-\mathrm{j}2Z_0-Z_0}{-\mathrm{j}2Z_0+Z_0}=\dfrac{3-\mathrm{j}4}{5}$，$|\Gamma_{in}|=1$，$\rho_{in}=\infty$。

4.3　无耗线工作状态分析

以下我们讨论在无耗工作状态时传输线上波的传播情形。从式(4.2.17)、(4.2.2)和(4.2.8)看到，当 $Z_l=Z_0$ 时 $Z_{in}=Z_0$，$\Gamma_l=0$，$\rho=1$，线上传输行波；当负载为短路或开路或纯电抗时，都将出现全反射情形；当终端接不匹配的电阻负载或复阻抗负载时，将出现部分反射的行驻波状态。下面分别进行讨论。

4.3.1　行波状态

在行波状态下，由(4.1.8)式得到电压、电流分布：

$$\begin{cases} U(z)=U^{+}(z)=\dfrac{U_l+I_lZ_0}{2}\mathrm{e}^{-\mathrm{j}\beta(z-l)}=A\mathrm{e}^{-\mathrm{j}\beta z} \\ I(z)=I^{+}(z)=\dfrac{U_l+I_lZ_0}{2Z_0}\mathrm{e}^{-\mathrm{j}\beta(z-l)}=\dfrac{A}{Z_0}\mathrm{e}^{-\mathrm{j}\beta z} \end{cases}$$

它们的瞬时表示式为：

$$\begin{cases} u(z,t)=|A|\cos(\omega t-\beta z+\varphi_1) \\ i(z,t)=\dfrac{|A|}{Z_0}\cos(\omega t-\beta z+\varphi_1) \end{cases} \tag{4.3.1}$$

式中 φ_1 为 A 的辐角。传输线上的阻抗分布为

$$Z_{in}(z)=Z_0 \tag{4.3.2}$$

传输线上的传输功率为：

$$P(z)=\frac{1}{2}\mathrm{Re}[U(z)I^{*}(z)]=\frac{|A|^2}{2Z_0} \tag{4.3.3}$$

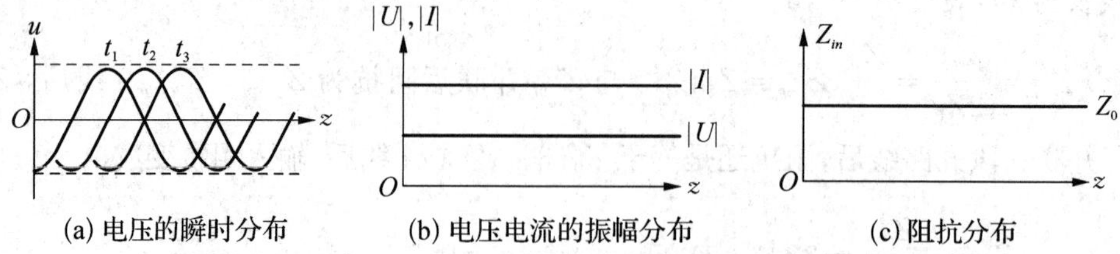

(a) 电压的瞬时分布　(b) 电压电流的振幅分布　(c) 阻抗分布

图 4.3.1　行波状态电压、电流和阻抗分布

图 4.3.1(a)(b)(c)分别画出了行波状态时传输线上的电压、电流的瞬时分布、振幅分布和阻抗分布。从上面的讨论可以看出传输线在行波状态时线上各点的阻抗处处都等于特性阻抗，沿线各点电压、电流的振幅都不变，且两者相位相同，传输功率各点相同，全部入射功率都被负载吸收。

4.3.2　驻波状态

1. 终端短路

当 $Z_l=0$ 时，$\Gamma_l=-1$，$\rho=\infty$。由式(4.1.11)和 $U_l=Z_lI_l=0$ 得到：

$$\begin{cases}U(s)=\mathrm{j}Z_0I_l\sin\beta s\\ I(s)=I_l\cos\beta s\end{cases}$$

再由式(4.1.9)，令 $U_l^+=\dfrac{U_l+Z_0I_l}{2}=\dfrac{Z_0I_l}{2}$，上式写为

$$\begin{cases}U(s)=2\mathrm{j}U_l^+\sin\beta s\\ I(s)=\dfrac{2U_l^+}{Z_0}\cos\beta s\end{cases}$$

它们的瞬时表达式：

$$\begin{cases}u(s,t)=2\mid U_l^+\mid\sin\beta s\cos\left(\omega t+\dfrac{\pi}{2}+\varphi_2\right)\\ i(s,t)=\dfrac{2\mid U_l^+\mid}{Z_0}\cos\beta s\cos(\omega t+\varphi_2)\end{cases}\tag{4.3.4}$$

φ_2 乃 U_l^+ 的辐角。传输线上的阻抗分布可从(4.2.17)式求出，即

$$Z_{in}(s)=\mathrm{j}Z_0\tan\beta s\tag{4.3.5}$$

根据上面两式可以画出传输线上的电压、电流的瞬时分布及阻抗分布图(图 4.3.2)，对固定时间 t，电压、电流随空间位置 s 的分布相位相差 $\pi/2$；对固定位置 s，电压、电流随时间 t 的变化也有 $\pi/2$ 的相位差，而且沿线各点的电压、电流随时间 t 的变化不再像行波那样向前传播，而是在原地以固定的振幅做简谐振动。例如，电压节点（$|U|_{\min}=0$）在 $\beta s=n\pi$ 处(即 $s=n\lambda/2$ 处)，当然该处应当为电流的波腹点（$|I|_{\max}=2|U_l^+|/Z_0$）；电压

波腹点则应在 $\beta s = n\pi + \pi/2$ 处(即 $s=(2n+1)\lambda/4$ 处),电压最大值是 $|U|_{max}=2|U_l^+|$,电流则恒为零。由此可见,线上两相邻电压节点间的距离为 $\lambda/2$,因为正弦(余弦)变化的振幅在波腹点处较平缓,腹点的位置不易精确测量,节点处的变化则很尖锐,所以它常常作为测量对象。

(4.3.5)式表明传输线上的阻抗分布为纯电抗 $Z_{in}=\mathrm{j}X$。当 $s<\lambda/4$ 时为感抗;$s=\lambda/4$ 时,$Z_{in}=\infty$,出现并联谐振或开路情形;而 $\lambda/4<s<\lambda/2$ 时为容抗;$s=\lambda/2$ 时,感抗为零,则出现串联谐振或短路。因此只要调节短路线的长度,就能够在它们的输入端分别得到电感、电容、串联谐振或并联谐振回路的作用。

在纯电抗情况下,无论何时何地线上电压与电流的相位差总是 $\pi/2$,因而传输线上的传输功率 $P(s)=\mathrm{Re}[U(s)I^*(s)]/2=0$,这表明终端短路的传输线不能传输能量而只能储藏能量。

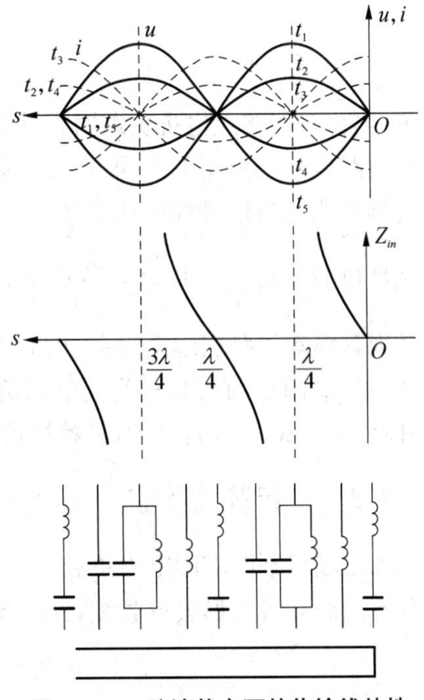

图 4.3.2 驻波状态下的传输线特性

2. 终端开路

终端开路的传输线可用终端短路的传输线在 $s=\lambda/4$ 处获得,也可以用与终端短路情形类似的办法来推导。根据条件 $Z_l=\infty$、$\Gamma_l=1$、$\rho=\infty$ 和 $U_l^+=U_l/2$,可求出线上的电压、电流和阻抗分布以及传输功率分布,即

$$\begin{cases} u(s,t)=2\mid U_l^+\mid \cos\beta s\cos(\omega t+\varphi_2) \\ i(s,t)=\dfrac{2\mid U_l^+\mid}{Z_0}\sin\beta s\cos\left(\omega t+\dfrac{\pi}{2}+\varphi_2\right) \end{cases} \tag{4.3.6}$$

和

$$\begin{cases} Z_{in}(s)=-\mathrm{j}Z_0\cot\beta s \\ P(s)=0 \end{cases} \tag{4.3.7}$$

把上述公式画成电压、电流的瞬时分布和阻抗分布图,它们和终端短路情形完全类同,其间的差别是开路线的终端取在短路线的 $s=\lambda/4$ 处。

3. 终端接纯电抗负载

当 $Z_l=\mathrm{j}X_l$ 时,负载处的反射系数为

$$\Gamma_l=\frac{\mathrm{j}X_l-Z_0}{\mathrm{j}X_l+Z_0}=\mid\Gamma_l\mid \mathrm{e}^{\mathrm{j}\varphi_l}$$

式中 $|\Gamma_l|=1$,所以 $\rho=\infty$,于是

$$\varphi_l = \arctan \frac{2X_l Z_0}{X_l^2 - Z_0^2} \tag{4.3.8}$$

可见,当传输线接纯电抗负载时在线上也会产生全反射,传输线也工作在驻波状态,但与终端短路(或开路)情形不同,在负载处不再是驻波电压节点(或腹点),从式(4.3.5)知道,由终端短路点向信号源移动 $\lambda/4 < s_0 < \lambda/2$ 时为电容性负载,而移动 $0 < s_0 < \lambda/4$ 时为电感性负载。移动距离 $s_0 = \frac{\lambda}{2\pi}\arctan\frac{X_l}{Z_0}$,如图 4.3.2 所示。综上所述,传输线上产生驻波是因其终端短路引起全反射所致,如果将原终点向信号源方向移动 δ,取该点处为终点,由 s_0 的不同,可分别视为纯电感负载 $(0 < s_0 < \lambda/4)$、纯电容负载 $(\lambda/4 < s_0 < \lambda/2)$ 和开路 $(s_0 = \lambda/4)$,因此,所有特性都与终端短路传输线相同。

4.3.3 行驻波状态

当终端接不匹配的电阻负载 $(Z_l = R_l \neq Z_0)$ 或复阻抗 $(Z_l = R_l \pm \mathrm{j}X_l)$ 时,将会产生部分反射而在线上形成行驻波,这时反射系数可写为

$$\Gamma_l = \frac{Z_l - Z_0}{Z_l + Z_0} = \frac{R_l \pm \mathrm{j}X_l - Z_0}{R_l \pm \mathrm{j}X_l + Z_0} = |\Gamma_l| \, \mathrm{e}^{\pm \mathrm{j}\varphi_l}$$

或者

$$\begin{cases} |\Gamma_l| = \sqrt{\dfrac{(R_l - Z_0)^2 + X_l^2}{(R_l + Z_0)^2 + X_l^2}} < 1 \\ \varphi_l = \arctan \dfrac{2X_l Z_0}{R_l^2 + X_l^2 - Z_0^2} \end{cases} \tag{4.3.9}$$

因为 $|\Gamma_l| < 1$,终端产生部分反射,线上形成行驻波,该驻波的最小值不等于零,无波节点,而驻波的最大值也不等于终端入射波的两倍。令

$$\begin{cases} U_l^+ = \dfrac{U_l + Z_0 I_l}{2} \\ U_l^- = \dfrac{U_l - Z_0 I_l}{2} \end{cases}$$

于是式(4.1.9)中的电压、电流的复振幅可表示为:

$$\begin{cases} U(s) = U_l^+ \mathrm{e}^{\mathrm{j}\beta s} + U_l^- \mathrm{e}^{-\mathrm{j}\beta s} \\ \qquad\;\; = (U_l^+ - U_l^-)\mathrm{e}^{\mathrm{j}\beta s} + 2U_l^- \cos\beta s \\ I(s) = \dfrac{U_l^+ - U_l^-}{Z_0}\mathrm{e}^{\mathrm{j}\beta s} + \dfrac{2\mathrm{j}U_l^-}{Z_0}\sin\beta s \end{cases} \tag{4.3.10}$$

上式中线上电压和电流都由两项组成,第一项表示行波,第二项表示驻波,因此线上的波是行波和驻波的叠加,所以称为行驻波。

电压、电流的复振幅也可以用反射系数来表示,即:

$$\begin{cases} U(s)=U_l^+ e^{j\beta s}[1+|\Gamma_l| e^{j(\varphi_l-2\beta s)}] \\ I(s)=\dfrac{U_l^+}{Z_0} e^{j\beta s}[1-|\Gamma_l| e^{j(\varphi_l-2\beta s)}] \end{cases} \tag{4.3.11}$$

由此可得在行驻波状态下沿线的行驻波的最大值和最小值:在 $\varphi_l-2\beta s=\pm 2n\pi$ 处 $\left(\text{即 } s=\dfrac{\varphi_l\lambda}{4\pi}+\dfrac{n\lambda}{2}\right)$,则有

$$\begin{cases} |U|_{\max}=|U_l^+|(1+|\Gamma_l|) \\ |I|_{\min}=|U_l^+|(1-|\Gamma_l|)/Z_0 \end{cases} \tag{4.3.12}$$

在 $\varphi_l-2\beta s=\pm(2n+1)\pi$ 处 $\left(\text{即 } s=\dfrac{\varphi_l\lambda}{4\pi}+(2n+1)\dfrac{\lambda}{4}\right)$,则有

$$\begin{cases} |U|_{\min}=|U_l^+|(1-|\Gamma_l|) \\ |I|_{\max}=|U_l^+|(1+|\Gamma_l|)/Z_0 \end{cases} \tag{4.3.13}$$

知道沿线电压、电流的行驻波最大值、最小值和第一个电压行驻波最小点位置 $\varphi_l\lambda/4\pi+\lambda/4$,就不难画出行驻波状态下沿线电压、电流和阻抗的分布曲线。

行驻波状态沿线各点的输入阻抗一般为复数,但在电压行驻波最大点处和电压行驻波最小点处的输入阻抗是纯电阻,则有:

$$Z_{in(\max)}=\frac{1+|\Gamma_l|}{1-|\Gamma_l|}Z_0=\rho Z_0 \tag{4.3.14}$$

$$Z_{in(\min)}=\frac{1-|\Gamma_l|}{1+|\Gamma_l|}Z_0=\frac{Z_0}{\rho} \tag{4.3.15}$$

相邻 $Z_{in(\max)}$、$Z_{in(\min)}$ 的距离是 $\lambda/4$,且满足关系

$$Z_{in(\max)}Z_{in(\min)}=Z_0^2 \tag{4.3.16}$$

从式(4.3.11)不难求得行驻波下传输线的传输功率为:

$$\begin{aligned} P(s)&=\frac{1}{2}\mathrm{Re}[U(s)I^*(s)] \\ &=\frac{|U_l^+|^2}{2Z_0}\mathrm{Re}\{[1+|\Gamma_l| e^{j(\varphi_l-2\beta s)}][1-|\Gamma_l| e^{-j(\varphi_l-2\beta s)}]\} \\ &=\frac{|U_l^+|^2}{2Z_0}(1-|\Gamma_l|^2) \\ &=P^+-P^- \end{aligned} \tag{4.3.17}$$

式中 P^+ 和 P^- 分别代表入射功率和反射功率,其值由下面的公式求出:

$$\begin{cases} P^{+}=\dfrac{|U_l^{+}|^2}{2Z_0} \\ P^{-}=\dfrac{|U_l^{+}|^2}{2Z_0}|\Gamma_l|^2 \end{cases} \tag{4.3.18}$$

因此,传输线上传输的功率应为入射功率与反射功率之差,也就是负载所吸收的功率。将式(4.3.12)和式(4.3.13)代入式(4.3.18),得到负载所吸收的功率为

$$P(s)=\frac{1}{2}|U|_{\max}|I|_{\min}=\frac{1}{2}|U|_{\min}|I|_{\max}$$

这说明无耗线上的传输功率也可以用电压驻波比最大点或最小点处的值来计算。由式(4.3.12)和式(4.3.13)知道,特性阻抗可表示为

$$Z_0=\frac{|U|_{\max}}{|I|_{\max}}=\frac{|U|_{\min}}{|I|_{\min}}$$

考虑式(4.2.4),可将传输功率转化为实验容易测得的量,即:

$$P=\frac{|U|_{\max}^2}{2\rho Z_0}=\frac{\rho|U|_{\min}^2}{2Z_0} \tag{4.3.19}$$

不难看出,行驻波状态是传输线上最一般的工作状态,行波状态是它在$|\Gamma|=0$时的特例,而驻波状态则是它在$|\Gamma|=1$时的特例。传输线的功率容量(极限功率)可由上式得到:

$$P_{br}=\frac{|U_{br}|^2}{2\rho Z_0} \tag{4.3.20}$$

式中U_{br}是线间击穿电压。

4.4 有耗线的特性与计算

实际应用的传输线都存在一定的损耗,包括导体的焦耳损耗和介质损耗,而辐射损耗一般可以不考虑。但在分析导行波沿传输线传输时的振幅衰减情况或者研究谐振器的品质因数时,就需要考虑损耗的影响。

4.4.1 损耗对传输特性的影响

损耗的主要影响,首先是使导行波的振幅衰减,其次是传输线的相位常数与频率有关而使波的传播速度与频率有关,引起色散效应。

有耗线的基本特性和无耗线的一样,线上电压、电流也是入射波和反射波的叠加。它们的主要差别是:由于线上有损耗$\gamma=\alpha+\mathrm{j}\beta$,入射波和反射波的振幅均要沿各自的传播方向指数衰减。根据式(4.2.3),反射系数可写为:

$$\Gamma(s)=|\Gamma_l|\,\mathrm{e}^{-2\alpha s}\mathrm{e}^{\mathrm{j}(\varphi_l-2\beta s)} \tag{4.4.1}$$

电压驻波比是

$$\rho=\frac{1+|\Gamma_l|\,\mathrm{e}^{-2\alpha s}}{1-|\Gamma_l|\,\mathrm{e}^{-2\alpha s}} \tag{4.4.2}$$

可见，此时 $\Gamma(s)$ 与 ρ 和位置 s 有关，$|\Gamma|$ 随着 s 的增加而按指数 $\mathrm{e}^{-2\alpha s}$ 减小。

在一般的行驻波状态下，有耗线上的电压、电流复振幅是

$$\begin{cases}U(s)=U_l^+\mathrm{e}^{\alpha s}\mathrm{e}^{\mathrm{j}\beta s}\left[1+|\Gamma_l|\,\mathrm{e}^{-2\alpha s}\mathrm{e}^{\mathrm{j}(\varphi_l-2\beta s)}\right]\\ I(s)=\dfrac{U_l^+}{Z_0}\mathrm{e}^{\alpha s}\mathrm{e}^{\mathrm{j}\beta s}\left[1-|\Gamma_l|\,\mathrm{e}^{-2\alpha s}\mathrm{e}^{\mathrm{j}(\varphi_l-2\beta s)}\right]\end{cases} \tag{4.4.3}$$

其电压（电流）的最大值和最小值的位置分布与无耗线的（4.3.12）式类同，但最大值和最小值的振幅比无耗线的振幅多了个衰减因子

$$\begin{cases}|U(s)|_{\max}=|U_l^+|\,\mathrm{e}^{\alpha s}(1+|\Gamma_l|\,\mathrm{e}^{-2\alpha s})\\ |U(s)|_{\min}=|U_l^+|\,\mathrm{e}^{\alpha s}(1-|\Gamma_l|\,\mathrm{e}^{-2\alpha s})\end{cases} \tag{4.4.4}$$

它们也是位置的函数。

有耗线上任一点的输入阻抗由下式表示：

$$Z_{in}(s)=Z_0\frac{Z_l+Z_0\tanh\gamma s}{Z_0+Z_l\tanh\gamma s} \tag{4.4.5}$$

由（4.4.1）和（4.4.3）式，它也可以表示为：

$$Z_{in}(s)=Z_0\frac{1+\Gamma(s)}{1-\Gamma(s)} \tag{4.4.6}$$

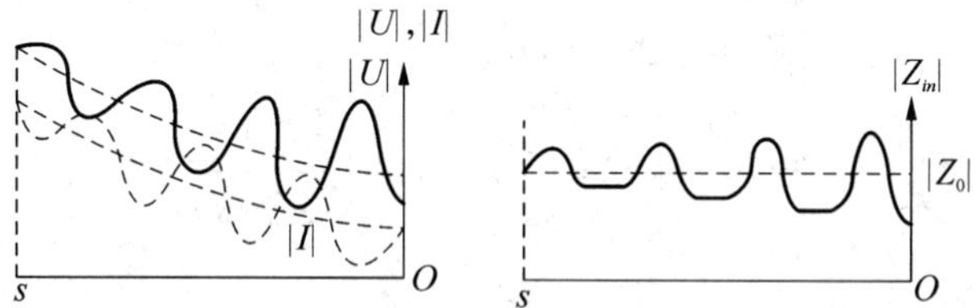

图 4.4.1　行驻波状态下有耗线的电压、电流和阻抗分布

图 4.4.1 画出了行驻波状态下有耗线上电压、电流的振幅和阻抗的分布，当 $Z_l=Z_0$ 时，$\Gamma_l=0$，$|U|$，$|I|$ 呈 $\mathrm{e}^{\alpha s}$ 形式衰减，Z_{in} 为常数 Z_0，即为图 4.4.1 中相应的中心线的形状。在终端短路时，$Z_l=0$，$\Gamma_l=-1$。由式（4.4.3）和（4.4.5），得到：

$$\begin{cases}U(s)=U_l^+(\mathrm{e}^{\gamma s}+|\Gamma_l|\,\mathrm{e}^{\mathrm{j}\varphi_l}\mathrm{e}^{-\gamma s})=U_l^+(\mathrm{e}^{\gamma s}-\mathrm{e}^{-\gamma s})=2U_l^+\sinh\gamma s\\ I(s)=\dfrac{2U_l^+}{Z_0}\cosh\gamma s\end{cases} \tag{4.4.7}$$

$$Z_{in}^{0}(s)=Z_0\tanh\gamma s \tag{4.4.8}$$

而终端开路时，$Z_l=\infty, \Gamma_l=1$，作类似计算，得到

$$\begin{cases} U(s)=2U_l^{+}\cosh\gamma s \\ I(s)=\dfrac{2U_l^{+}}{Z_0}\sinh\gamma s \end{cases} \tag{4.4.9}$$

$$Z_{in}^{\infty}(s)=Z_0\coth\gamma s \tag{4.4.10}$$

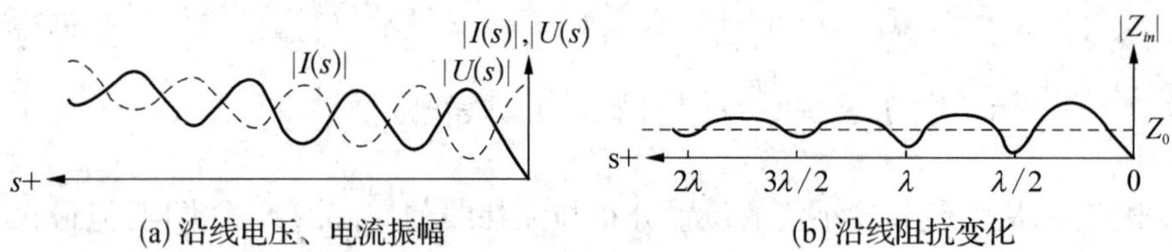

(a) 沿线电压、电流振幅　　(b) 沿线阻抗变化

图 4.4.2　终端短路线的驻波特性

短路有耗线上的电压、电流分布与开路情形的电流、电压相对应，如图 4.4.2。因为线上有损耗，于是入射波和反射波的振幅沿各自传播的方向呈指数式衰减，以致越靠近信号源驻波起伏就越小，阻抗的起伏也就越小，而最后接近于传输线的特性阻抗。有耗线的这种特性在线上损耗大时更明显，因而有足够长度的有耗线的输入阻抗就接近于线的特性阻抗，在输入处测量其驻波大小并不能反映负载处的匹配情况。

由式(4.4.8)和(4.4.10)得到：

$$Z_{in}^{0}(s)Z_{in}^{\infty}(s)=Z_0^2 \tag{4.4.11}$$

据此，对一定长度 s 的一段有耗线做 $Z_{in}^{0}(s)$ 和 $Z_{in}^{\infty}(s)$ 两次测量就可以定出有耗线的特性参数 Z_0 和 γ，即

$$\begin{cases} Z_0=\sqrt{Z_{in}^{0}(s)Z_{in}^{\infty}(s)} \\ \gamma=\alpha+\mathrm{j}\beta=\dfrac{1}{s}\operatorname{arctanh}\sqrt{\dfrac{Z_{in}^{0}(s)}{Z_{in}^{\infty}(s)}} \end{cases} \tag{4.4.12}$$

4.4.2　有耗线上的功率传输与效率

有耗线上的传输功率可由式(4.4.3)求得：

$$P(s)=\frac{1}{2}\mathrm{Re}[U(s)I^{*}(s)]=\frac{|U_l^{+}|^2}{2Z_0}\mathrm{e}^{2\alpha s}(1-|\Gamma_l|^2\mathrm{e}^{-4\alpha s}) \tag{4.4.13}$$

由于传输过程中有功率损耗，所以引入传输线的效率 η 和传输线的功率损耗 A。效率 η 定义为传输线负载吸收功率与输入端的传送功率之比，由式(4.4.13)知道一段长为 l 的有耗传输线的效率为：

$$\eta=\frac{P(0)}{P(l)}=\frac{\dfrac{|U_l^+|^2}{2Z_0}(1-|\Gamma_l|^2)}{\dfrac{|U_l^+|^2}{2Z_0}e^{2\alpha l}(1-|\Gamma_l|^2e^{-4\alpha l})}=\frac{1-|\Gamma_l|^2}{e^{2\alpha l}-|\Gamma_l|^2e^{-2\alpha l}} \tag{4.4.14}$$

功率损耗定义为：

$$A=10\lg\frac{P(l)}{P(0)}=10\lg\frac{1}{\eta}(\mathrm{dB}) \tag{4.4.15}$$

由式(4.4.1)知道，有耗线与无耗线的不同之处乃在 $|\Gamma(s)|=|\Gamma_l|e^{-2\alpha s}$ 上，即其轨迹不再是圆，而变成半径向信号源方向以 $e^{-2\alpha s}$ 收缩的螺线。下面举例说明。

例 4.2　一长为 40 km、特性阻抗 $Z_0=375e^{j12^\circ}\ \Omega$ 的有耗线，$\gamma=0.009(\mathrm{Np/km})+j0.04(\mathrm{rad/km})$。被连接到 $U_g=100e^{j0^\circ}(\mathrm{V})$，$Z_g=700\ \Omega$ 的发生器，其频率为 1 kHz。另一端，负载阻抗 $Z_l=(400+j180)\Omega$。求：

(1) 有耗线的输入阻抗 Z_{in}；

(2) 传输线的输入端的电压和电流；

(3) 负载上的电流及传送到负载的功率。

解　传输线的几何图形如图 4.4.3(a)。

(1) 因 $Z_l=(400+j180)\Omega$，再由 Γ_l 与 $\Gamma(s)$ 的关系得

$$\Gamma_l=\frac{Z_l-Z_0}{Z_l+Z_0}=0.079+j0.106=0.132e^{j53.3^\circ},\Gamma(s)=\Gamma_l e^{-2\alpha s}e^{-j2\beta s}$$

将 $\alpha=0.009$ Np/km，$\beta=0.04$ rad/km $=2.29$ deg/km，$s=40$ km 代入上式，我们得到

$$\Gamma(s)=0.064e^{-j(130)^\circ},Z_{in}(s)=Z_0\frac{1+\Gamma(s)}{1-\Gamma(s)}=345.375e^{j6.38^\circ}$$

所以传输线的输入端的等效电路是图 4.4.3(b)。

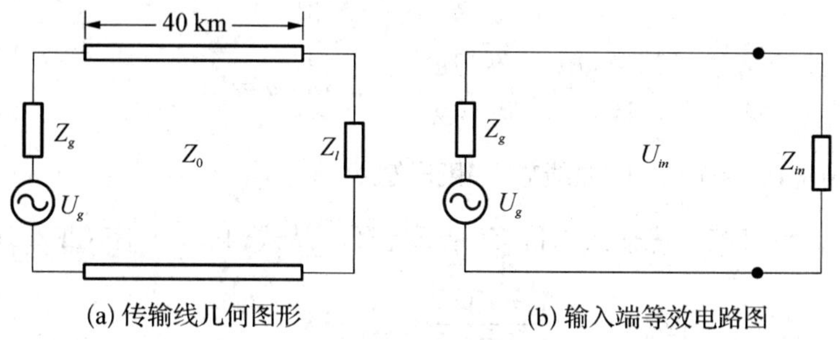

(a) 传输线几何图形　　(b) 输入端等效电路图

图 4.4.3　例 4.2 图

(2) 由输入端的等效电路，我们有

$$I_{in}=\frac{V_g}{Z_g+Z_{in}}=0.1e^{-j2.1^\circ}(\mathrm{A}),\quad U_{in}=I_{in}Z_{in}=34.5e^{j4.28^\circ}$$

(3) 由式(4.4.3)在负载上的电流可计算如下：

$$I_{in}=I(s)=\frac{U_l^+}{Z_0}e^{\alpha s}e^{j\beta s}[1-\Gamma_l e^{-2\alpha s}e^{j(-2\beta s)}],\quad \frac{U_l^+}{Z_0}=0.067e^{-j96.41^\circ}\text{(A)}$$

代入上式可计算出沿传输线的任意地点的电流，包括 $s=0$ 处，即

$$I(0)=I_l=\frac{U_l^+}{Z_0}e^{\alpha(0)}e^{j\beta(0)}[1-\Gamma_l(0)]=0.067e^{-j96.41^\circ}[1-(0.079+j0.106)]=0.062e^{-j103^\circ}$$

传送到负载的功率等于

$$P_l=\frac{1}{2}\mathrm{Re}(U_l I_l^*)=\frac{1}{2}\mid I_l\mid^2\mathrm{Re}(Z_l)=\frac{1}{2}(0.062)^2\times 400=0.769\text{ (W)}$$

4.5 史密斯圆图

在微波测量中，常常要知道阻抗、驻波比(反射系数)等参数，如用前面讨论的公式进行计算比较繁琐，对有耗线问题，计算起来会更麻烦。在工程上，往往采用图解法来计算，本节介绍的史密斯(Smith)圆图就是为简化阻抗和匹配计算的一套阻抗曲线图。

在介绍史密斯圆图之前，先复习一下"复变函数论"中的相关内容。复变函数 $W=W(Z)=u+jv$，对于每一个 $Z=x+jy$，都有对应的 u 和 v，u 和 v 都是 x 和 y 的函数。当 $\frac{dW}{dZ}$ 存在且唯一时，复变函数 W 便称为解析函数。解析函数的 u 和 v 满足柯西-黎曼(Cauchy-Riemann)条件：

$$\frac{\partial u}{\partial x}=\frac{\partial v}{\partial y},\quad \frac{\partial v}{\partial x}=-\frac{\partial u}{\partial y}$$

所以

$$\frac{\partial u}{\partial x}\frac{\partial v}{\partial x}+\frac{\partial u}{\partial y}\frac{\partial v}{\partial y}=\nabla u\cdot\nabla v=0$$

因此 $u=const$ 和 $v=const$ 的曲线族互相正交。

回到正文。定义归一化输入阻抗 $\widetilde{Z}_{in}=Z_{in}/Z_0$，从式(4.2.15)和(4.2.16)得到：

$$\begin{cases}\widetilde{Z}_{in}(s)=\dfrac{1+\Gamma(s)}{1-\Gamma(s)}=\widetilde{R}+j\widetilde{X}\\[2ex]\Gamma(s)=\dfrac{\widetilde{Z}_{in}(s)-1}{\widetilde{Z}_{in}(s)+1}=\mid\Gamma_l\mid e^{-2\alpha s}e^{j(\varphi_l-2\beta s)}\end{cases}\tag{4.5.1}$$

上式乃双线性变换式，通过它可将 $\widetilde{Z}_{in}(s)$ 复平面上的 $\widetilde{R}=$常数和 $\widetilde{X}=$常数的两组相互正

交的直线簇分别变换成 Γ 复平面上两组相互正交的圆簇，并同 Γ 复平面上的 Γ 极坐标等值曲线簇 $|\Gamma|$ = 常数 ($\leqslant 1$) 和 $\varphi=\varphi_l-2\beta s$ = 常数叠画在一起而得到的阻抗圆图。由于史密斯圆图将所有的归一化阻抗值限制在单位圆内，这样 Γ、ρ 等数值就容易读取，所以圆图应用非常广泛。

4.5.1　反射系数圆图(如图 4.5.1)

对无耗传输线反射系数，

$$\Gamma(s)=|\Gamma_l|\mathrm{e}^{\mathrm{j}(\varphi_l-2\beta s)}=|\Gamma_l|\mathrm{e}^{\mathrm{j}\varphi} \tag{4.5.2}$$

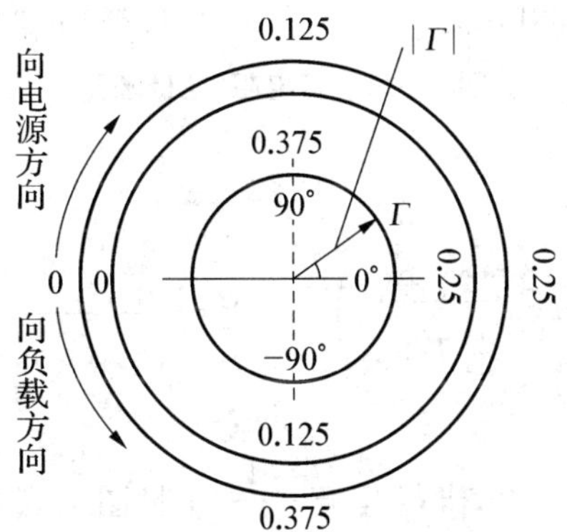

图 4.5.1　反射系数圆图

式中 $\varphi=\varphi_l-2\beta s$。等 $|\Gamma|$ 的轨迹是以原点为圆心、$|\Gamma_l|$ 为半径的圆，各种不同的 $|\Gamma_l|$ 可相应画出一簇同心圆。最大圆的半径为 1，当然等 $|\Gamma|$ 圆上的 ρ 也相等；等 φ 的轨迹则为通过原点的射线簇。随着 s 的增加 φ 将减少，所以它向信号源方向变化时，Γ 将顺时针方向旋转；反之，s 减小时 Γ 将逆时针方向旋转。s 每改变距离 $\lambda/2$，φ 将改变 2π，Γ 就旋转一圈。$\varphi=0$ 处是相应驻波电压最大点；$\varphi=\pi$ 处则是相应驻波电压最小点。在圆图中除 φ 的标度外，还有两种(向信号源方向和负载方向)以电压最小点为零点(在 $\varphi=\pi$ 处)的用 s/λ 表示的标度。

4.5.2　Γ 复平面上的归一化阻抗圆图

改写式(4.5.1)，即

$$\widetilde{Z}_{in}(s)=\frac{1+\Gamma(s)}{1-\Gamma(s)}=\frac{1+\Gamma_a+\mathrm{j}\Gamma_b}{1-\Gamma_a-\mathrm{j}\Gamma_b}=\widetilde{R}+\mathrm{j}\widetilde{X} \tag{4.5.3}$$

式中 $\Gamma=\Gamma_a+\mathrm{j}\Gamma_b$，解出上式虚、实两部：

$$\widetilde{R}=\frac{1-\Gamma_a^2-\Gamma_b^2}{(1-\Gamma_a)^2+\Gamma_b^2} \tag{4.5.4}$$

$$\widetilde{X}=\frac{2\Gamma_b}{(1-\Gamma_a)^2+\Gamma_b^2} \tag{4.5.5}$$

根据上面两式就可在 Γ 复平面上分别画出 $\tilde{R}=$ 常数和 $\tilde{X}=$ 常数的轨迹。

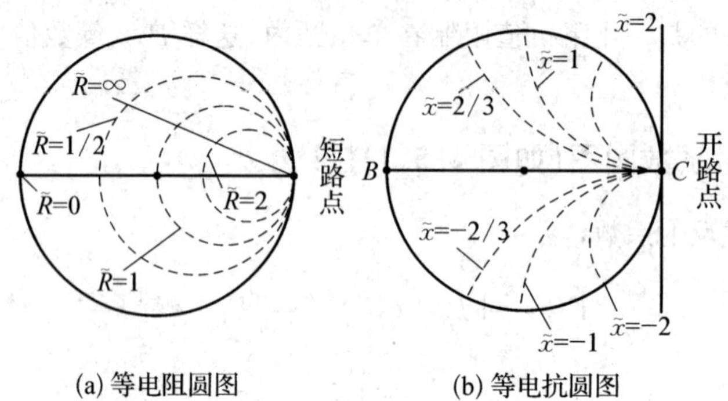

图 4.5.2 等电阻、电抗圆图

等电阻圆方程是

$$\left(\Gamma_a-\frac{\tilde{R}}{1+\tilde{R}}\right)^2+\Gamma_b^2=\frac{1}{(1+\tilde{R})^2} \tag{4.5.6}$$

圆心在 $\left(\Gamma_a=\frac{\tilde{R}}{1+\tilde{R}},\Gamma_b=0\right)$ 处，半径等于 $\frac{1}{1+\tilde{R}}$，见图 4.5.2(a)。

等电抗圆方程是：

$$(\Gamma_a-1)^2+\left(\Gamma_b-\frac{1}{\tilde{X}}\right)^2=\frac{1}{\tilde{X}^2} \tag{4.5.7}$$

等电抗圆的圆心在 $(\Gamma_a=1,\Gamma_b=1/\tilde{X})$ 处，半径为 $1/\tilde{X}$，见图 4.5.2(b)。因为等电抗圆圆心 Γ_b 和半径都等于 $1/\tilde{X}$，因而 Γ_b 和 $\tilde{X}$ 同号，也就是当 Γ_b 和 $\tilde{X}$ 都大于零时，实轴上半平面的电抗为感抗；反之，实轴下半平面的电抗为容抗。当 $\Gamma_b=0$ 时，$\tilde{X}=\infty$ 为 $\Gamma_a=1$ 的开路点；当 $\tilde{X}=0$ 时，半径无限大，圆心 $(1,1/\tilde{X})$ 在 $\Gamma_a=1$ 之上无限远处，此圆即为实轴 $\Gamma_b=0$，所以实轴上的阻抗为纯电阻。实轴上的 $\overline{BA}$ 段相应 $\varphi=\pi$ 和 $-1<\Gamma_a<0$，线段上各点代表电压最小点，由式(4.3.16)知道，其阻抗为

$$\tilde{Z}_{\min}=\tilde{R}_{\min}=1/\rho \tag{4.5.8}$$

实轴 $\overline{AC}$ 段，相应 $\varphi=0$ 和 $0<\Gamma_a<1$，线段上各点代表电压最大点，其阻抗是

$$\tilde{Z}_{\max}=\tilde{R}_{\max}=\rho \tag{4.5.9}$$

因此，等 ρ 圆(等 $|\Gamma|$ 圆)与 Γ 实轴 $\Gamma_a>0$ 段 ($\overline{AC}$ 段)交点的 $\tilde{R}$ 值即为驻波比 ρ 的值。B 点 $(\Gamma=-1,\tilde{R}=0)$ 为短路点；A 点 $(\Gamma=0,\tilde{R}=1)$ 为匹配点；C 点 $(\Gamma=1,\tilde{R}=\infty)$ 为开路点。

将等 $\widetilde{R}$、$\widetilde{X}$ 的轨迹和等 $|\Gamma|$、φ 的轨迹叠画在一起就构成史密斯圆图(或称阻抗圆图)。显然,图中的每一点都与 $|\Gamma|$(或 ρ)、φ(或 s/λ)、$\widetilde{R}$ 和 $\widetilde{X}$ 四个量相对应,因而可以完成这些量之间的图解转换,具有简便、直观等优点,且也能够满足工程上的精度要求,因此,在工程上应用很广泛。图 4.5.3 是史密斯圆图,图中并没有画出等 $|\Gamma|$ 圆和等 φ 线,它们可由使用者根据需要自行画出。史密斯圆图不仅可用作阻抗圆图,也可用作导纳圆图,因为在实际问题中,有时已知的不是阻抗而是导纳。用并联元件构成的微波电路,用导纳计算就比较方便。归一化导纳是归一化阻抗的倒数,即:

$$\widetilde{Y}_{in}=\frac{1}{\widetilde{Z}_{in}}=\frac{1-\Gamma(s)}{1+\Gamma(s)}=\widetilde{G}+\mathrm{j}\widetilde{B} \tag{4.5.10}$$

对照归一化阻抗的表示式(4.5.3),发现两式中除了 $\Gamma(s)$ 相差一个负号外,它们与 $\Gamma(s)$ 的关系完全相同,也就是说将阻抗圆图中的 $\Gamma\rightarrow-\Gamma$,即将阻抗圆图上某一归一化阻抗点沿等 Γ 圆旋转 π,就能够分别把 $\widetilde{R}$ 和 $\widetilde{X}$ 转换成 $\widetilde{G}$ 和 $\widetilde{B}$,结果可得归一化导纳,该圆图也就是导纳圆图。

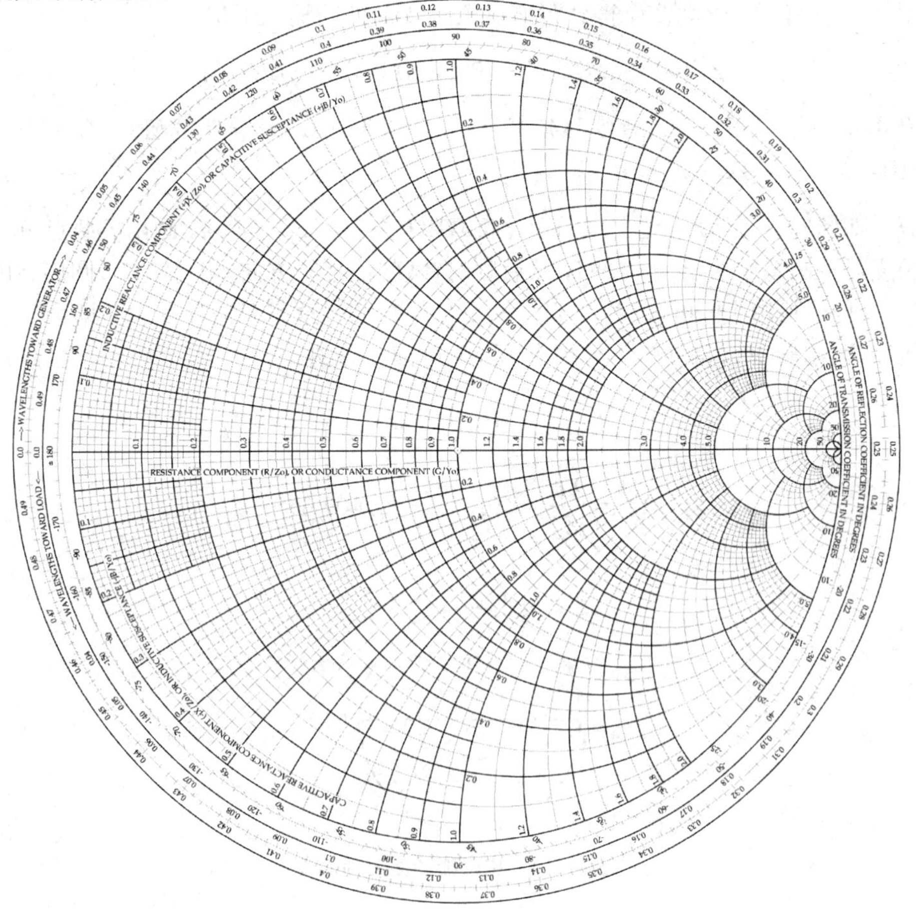

图 4.5.3　史密斯圆图

下面举例说明史密斯圆图的用法。

例 4.3 已知同轴线的特性阻抗 $Z_0=50\ \Omega$，端接负载阻抗 $(100+j50)\Omega$，求距离负载 0.24λ 处的输入阻抗。

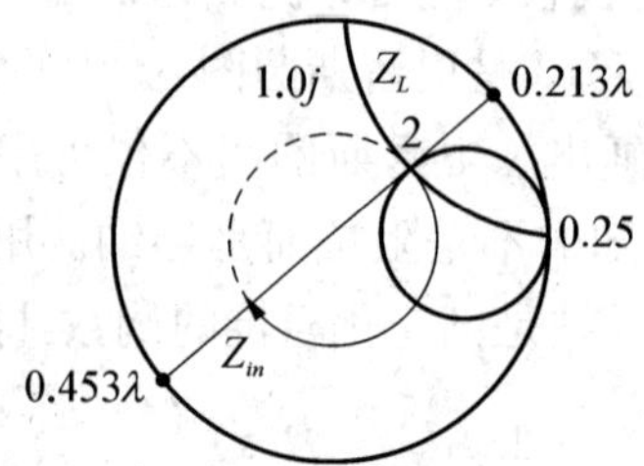

图 4.5.4 史密斯圆图应用例 1

解 先计算归一化负载阻抗 $\widetilde{Z}_l=\dfrac{100+j50}{50}=2+j$

在阻抗圆图上标出该阻抗点，如图 4.5.4，该点离开电压最小点向信号源方向的波长数为 0.213，沿等 $|\Gamma|$ 圆再向信号源方向移动 0.24λ 即到达所求点 0.453λ，读出归一化输入阻抗 $\widetilde{Z}_{in}=0.42-j0.25$，得到距离负载 0.24λ 处的输入阻抗为

$$Z_{in}=50\times(0.42-j0.25)\Omega=(21-j12.5)\Omega$$

例 4.4 一长为 0.81λ、特性阻抗等于 $75\ \Omega$ 的无耗线，端接负载阻抗 $Z_l=(112.5-j37.5)\Omega$，求它的输入导纳。

解 如图 4.5.5 所示，先求出归一化负载阻抗 $\widetilde{Z}_l=1.5-j0.5$，画出负载点 A。相应的电长度可从圆图中读出为 0.296，然后顺时针(朝信号源方向)沿等 $|\Gamma|$ 圆旋转电长度 0.81λ，于是得到相应的电长度：$0.296+0.81=1.106$(这里只需转 0.106 即可)，找到输入阻抗点 B，再转 π 就得到输入导纳点 B'，就可读出导纳：

$$\widetilde{Y}_{in}=0.975-j0.57$$

$$Y_{in}=\frac{\widetilde{Y}_{in}}{Z_0}=(0.013-j0.0076)S$$

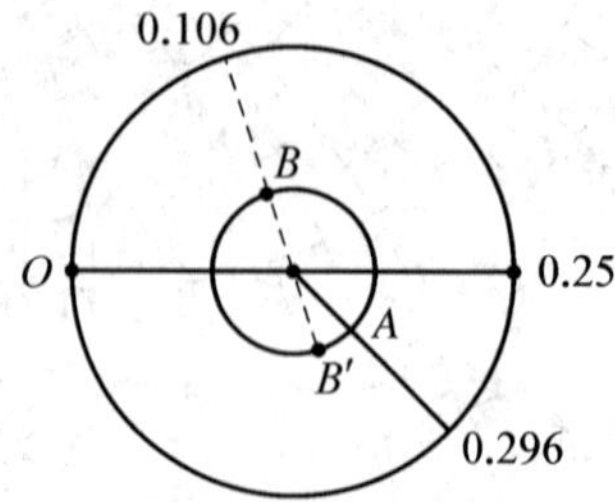

图 4.5.5 史密斯圆图应用例 2

例 4.5　由测量得到传输线终端短路时的输入阻抗 $Z_{in}^{0}=\mathrm{j}106\ \Omega$，终端开路时的输入阻抗 $Z_{in}^{\infty}=-\mathrm{j}23.6\ \Omega$，而终端接实际负载时的输入阻抗 $Z_{in}=(25-\mathrm{j}70)\Omega$。求负载阻抗。

解　由式(4.4.11)，求出传输线特性阻抗

$$Z_0=\sqrt{Z_{in}^{0}(s)Z_{in}^{\infty}(s)}=50\ \Omega$$

从图 4.5.6 知道，$\widetilde{Z}_{in}^{0}=\mathrm{j}2.12$，在 $|\Gamma|=1$ 的圆上，对应的向信号源方向的波长为 0.18，终端短路点位于圆图实轴左端点。由此可知，传输线长度是 0.18λ。当终端接实际负载时，传输线的归一化输入阻抗 $\widetilde{Z}_{in}=0.50-\mathrm{j}1.4$。由图知道，它对应的波数是 0.157。该处乃输入端，而负载应位于向负载方向加波数 0.18，到达波数 0.337 处。从等 ρ 圆上查得 $\widetilde{Z}_l=0.57+\mathrm{j}1.5$，或者 $Z_l=(28.5+\mathrm{j}75)\Omega$

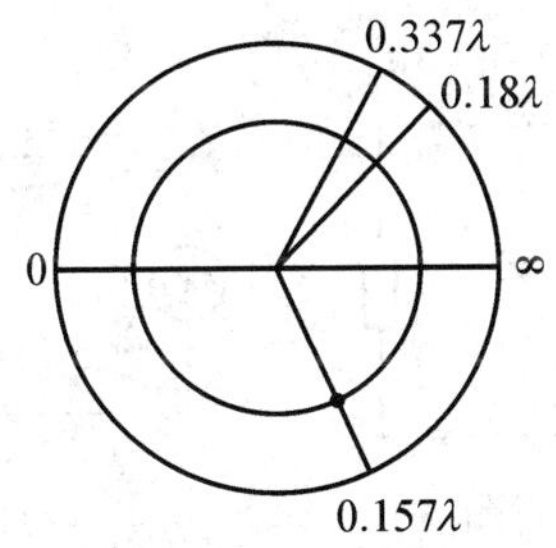

图 4.5.6　史密斯圆图应用例 3

例 4.6　在 $Z_0=50\ \Omega$ 的无耗线上测得电压驻波比为 5，电压驻波最小点出现在距离负载 $\lambda/3$ 处(图 4.5.7)。求负载阻抗值。

解　在圆图实轴右边 $\widetilde{R}_{\max}=\rho$ 处，以原点为圆心、$\rho=5$ 为半径，画出等驻波圆，交实轴左边 $\widetilde{R}_{\min}=0.2=1/\rho$ 处，沿等 ρ 圆从电压最小点逆时针旋转 $\lambda/3$ 得到 $\widetilde{Z}_l=0.72+\mathrm{j}1.48$，于是负载阻抗为 $Z_l=(0.72+\mathrm{j}1.48)50\ \Omega=(36+\mathrm{j}74)\Omega$。

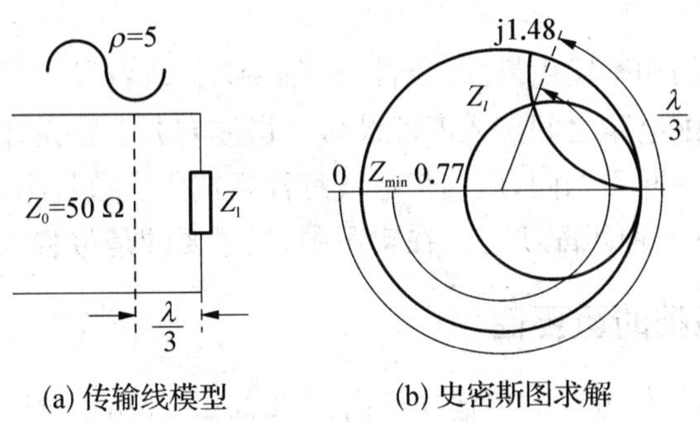

图 4.5.7　例 4.6 模型图和史密斯求解图

4.6 阻抗匹配

与低频电路的设计不同，微波电路和系统的设计都必须考虑它的阻抗匹配问题。其根本原因在于低频电路中所传送的是电压和电流，而微波电路中所传输的是导行电磁波，不匹配就会引起严重的反射。图 4.6.1 是一个传输系统，(a)为匹配前情形，通常 $Z_l \neq Z_0$，$Z_g \neq Z_0$，因此，阻抗匹配包括如下三方面工作：

1. 负载与传输线之间的阻抗匹配

使负载不产生反射，因而线上无反射波，负载吸收全部入射功率。方法是在负载与传输线之间接入匹配装置，使其输入阻抗与传输线的特性阻抗相等，如图 4.6.1(b)。

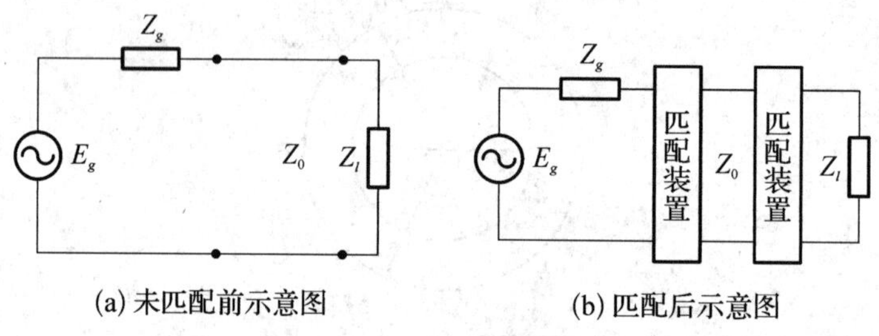

(a) 未匹配前示意图　　(b) 匹配后示意图

图 4.6.1　传输系统

2. 使信号源与负载阻抗匹配

在信号源与传输线之间接入匹配装置，如图 4.6.1(b)，使信号源的内阻抗等于传输线的特性阻抗，这样整个传输系统便可做到匹配。然而在实用中负载不可能完全匹配，为使信号源稳定工作，通常在信号源输出端接上一个隔离器以吸收负载产生的反射波，消除或者减弱负载不匹配对信号源的频率牵引作用。

3. 信号源的共轭匹配

目的是使信号源的功率输出最大，条件是 $Z_{in}=Z_g^*$ 或者 $R_{in}=R_g$，$X_{in}=-X_g$，方法也是在信号源与被匹配电路之间接入匹配装置。微波有源电路设计都属这种情况。

上述三种匹配条件并不相同，但当传输线特性阻抗为实数且满足 $Z_l=Z_g=Z_0$ 的条件时，系统就能同时达到三种匹配状态。在实用中，最重要的是负载匹配。

4.6.1 负载匹配的重要性

(1) 当存在反射时，传输线的传输功率由式(4.3.17)表示。当匹配时，该式可化为

$$P_0=\frac{|U_l^+|^2}{2Z_0}=P^+ \tag{4.6.1}$$

也就是负载吸收的功率。因而，当负载不匹配时，传输给负载的功率就将减少。

(2) 当传输线有耗时，长为 l 的传输线的效率由式(4.4.14)表示。通常微波传输线

的损耗很小，$\alpha l \ll 1$，这时 $e^{\pm 2\alpha l} \cong 1 \pm 2\alpha l$，于是式(4.4.14)简化为

$$\eta = \frac{1}{1+2\alpha l \dfrac{1+|\Gamma_l|^2}{1-|\Gamma_l|^2}} = \frac{1}{1+\alpha l\left(\rho_l + \dfrac{1}{\rho_l}\right)} \tag{4.6.2}$$

在匹配时，上式又简化为

$$\eta = \frac{1}{1+2\alpha l} \tag{4.6.3}$$

考虑式(4.4.15)，当负载匹配时，长度为 l 的传输线的功率损耗为

$$A_0 = 10\lg(1+2\alpha l)$$

而在负载失配时则为

$$A = 10\lg\left[1+\alpha l\left(\rho_l + \frac{1}{\rho_l}\right)\right]$$

这时传输线的效率降低，线上的功耗增加。

(3) 传输线具有一定的承受电压 U_{br}，当线上电压大于 U_{br} 时，就会产生打火，甚至击穿。U_{br} 由传输线的结构、尺寸及其周围介质的特性决定。当线上有反射时，式(4.3.12)的第一式给出了行驻波电压的最大值，即

$$|U|_{\max} = |U_l^+|(1+|\Gamma_l|)$$

再由式(4.3.17)写出在行驻波下传输线的传输功率为

$$P(s) = \frac{|U_l^+|^2}{2Z_0}(1-|\Gamma_l|^2) = \frac{|U|_{\max}^2(1-|\Gamma_l|^2)}{2Z_0(1+|\Gamma_l|)^2} = \frac{|U|_{\max}^2}{2Z_0\rho}$$

注意：击穿总是首先发生在线上电压最大处，当 $|U|_{\max} = U_{br}$ 时，相应的发生击穿的传输线功率称为传输线的功率容量，即

$$P_{br} = \frac{U_{br}^2}{2Z_0\rho}$$

当传输线匹配时，它的功率容量为最大，

$$P_{br0} = \frac{U_{br}^2}{2Z_0}$$

(4) 当负载失配而产生反射时，它相当于存在一个电抗性负载，使得振荡源频率发生变化，这种现象称为频率牵引。而该电抗性负载又随频率变化而变化，从而使振荡源工作不稳定，甚至不能正常工作。

为了使负载阻抗与传输线匹配，一方面应正确设计负载元件使其阻抗尽量接近传输线的特性阻抗，另一方面可在传输线与负载之间加入匹配元件。

4.6.2 阻抗匹配元件

一、$\lambda/4$ 阻抗变换器

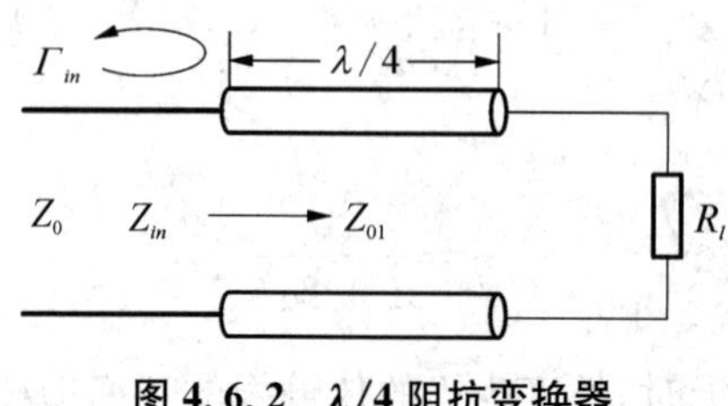

图 4.6.2 $\lambda/4$ 阻抗变换器

$\lambda/4$ 阻抗变换器是实现负载阻抗与传输线匹配的简单而实用的电路(图 4.6.2)。用 $\lambda/4$ 线段的阻抗变换特性,可知其输入阻抗为

$$Z_{in}=\frac{Z_{01}^2}{R_l}$$

显然,当 $Z_{in}=Z_0$ 时就可获得匹配,因而匹配条件为

$$Z_{01}=\sqrt{Z_0R_l}$$

根据 Z_{01} 的要求,便可设计 $\lambda/4$ 阻抗变换器的尺寸。由于传输线的特性阻抗 Z_{01} 为实数,所以 $\lambda/4$ 变换器仅适用于匹配电阻性负载。在负载为复阻抗时,若仍需采用 $\lambda/4$ 阻抗变换器来匹配,则可在负载与变换器之间加一段移相线段,该线段使变换器在线上电压最大点或最小点处接入,因为该处为实阻抗。然而这样做将改变等效负载的频率特性,结果匹配带宽减小。如果负载电阻与传输线的特性阻抗相差甚远,或者要求宽带工作时,则可采用双节或多节 $\lambda/4$ 变换结构,其特性阻抗 $Z_{01},Z_{02},Z_{03},\cdots$ 按一定规律定值,可使匹配性质最佳。

二、支节匹配器

支节匹配器接在距离负载某固定值位置 d 处,由并联或串联终端短路的长度为 l 的传输线段(称为短截线或支节)构成,其数目可以不止一个。并联调配支节最为常用,特别容易用微带线或带状线来制作。

1. 并联单支节阻抗匹配器

它的匹配原理是:不论负载 $\widetilde{Y}_l$ 为何值,在主传输线上只要选择合适的距离 d,总可以使它的输入导纳等于 $\widetilde{Y}_{A1}=1+\mathrm{j}\widetilde{B}_A$,在该处并联一支节,调节其长度 l 使得 $\widetilde{Y}_{A2}=-\mathrm{j}\widetilde{B}_A$,于是在 AA' 处的总导纳 $\widetilde{Y}_A=1$,即达到匹配,见图 4.6.3(a)。d 和 l 的值可利用圆图来求,很方便。

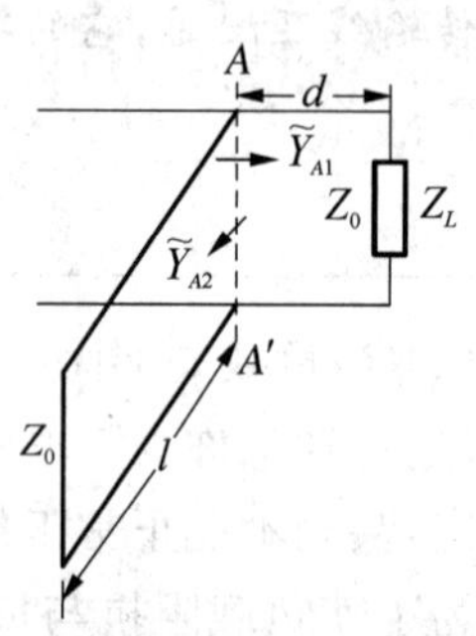

图 4.6.3 并联单支节阻抗匹配示意图

例 4.7　特性阻抗 $Z_0=50\ \Omega$ 的同轴线，端接负载 $Z_l=(25-\mathrm{j}50)\Omega$，利用并联单支节匹配器，求支节的位置 d 和长度 l。

解　计算 $\tilde{Z}_l=\dfrac{Z_l}{Z_0}=0.5-\mathrm{j}1.0$，在圆图上找到负载点 P(图 4.6.4)。

(1) 作等 $|\Gamma|$ 圆，求得相应负载的导纳点 P'，它对应的电长度为 0.115。

(2) 找出等 $|\Gamma|$ 圆与 $\tilde{G}=1$ 的单位电导圆的交点 A_1、A'_1。

(3) 从圆图上(图 4.6.4)读得对应电长度 0.321 的归一化导纳：$\tilde{Y}_{A1}=1-\mathrm{j}1.6$，对应电长度 0.179 的归一化导纳：$\tilde{Y}'_{A1}=1+\mathrm{j}1.6$。由 P' 点向信号源方向转到 A_1 和 A'_1 的距离就是支节所在位置：

$$d/\lambda=0.321-0.115=0.206\ (\text{对应 } A_1 \text{ 点})$$
$$d'/\lambda=0.179-0.115=0.064\ (\text{对应 } A'_1 \text{ 点})$$

在支节处并联一个与原有导纳符号相反的导纳就可达到匹配。对应 A_1 点，因为短路支节的 $|\Gamma|=1$，且短路点在 Γ 实轴右端(导纳圆图)，使短路支节输入导纳 $\tilde{Y}_{A2}=\mathrm{j}1.6$，则需在 $|\Gamma|=1$ 的圆上顺时针(向信号源)转过电长度 $0.25+0.161=0.411=l/\lambda$；对应 A'_1 点，短路支节输入导纳为 $\tilde{Y}'_{A2}=-\mathrm{j}1.6$，需在 $|\Gamma|=1$ 圆上顺时针转过电长度 $0.339-0.25=0.089=l'/\lambda$，于是 $l'=0.089\lambda$，这样并联单支节有两组解：在 $d=0.206\lambda$ 处接入长度为 $l=0.411\lambda$ 的并联单支节，或在 $d'=0.064\lambda$ 处接入长度为 $l'=0.089\lambda$ 的并联单支节，均可达到匹配。

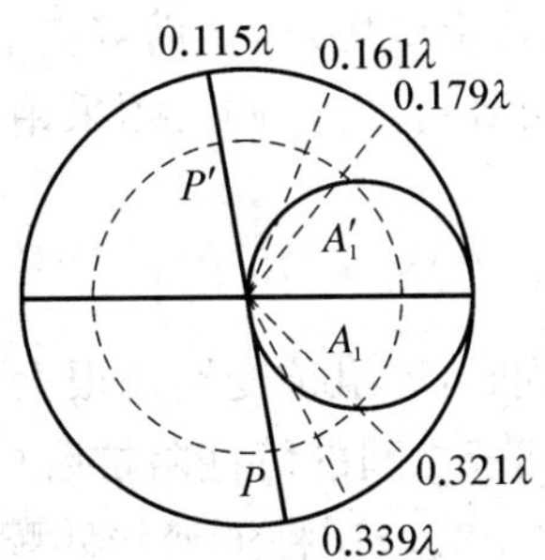

图 4.6.4　史密斯圆图

2. 串联单支节阻抗匹配器

它的匹配原理与并联单支节的相似，选择合适的 d 值，总可以找到 AA' 处使 $\tilde{Z}_{A1}=1+\mathrm{j}\tilde{X}_A$，在该处串联一短路支节，调节其长度 l，使它的输入阻抗等于 $\tilde{Z}_{A2}=-\mathrm{j}\tilde{X}_A$，使 AA' 处总阻抗 $\tilde{Z}_A=1$，达到匹配，示意图如图 4.6.5 所示。

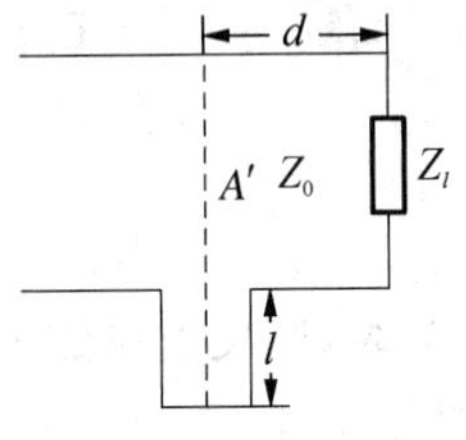

图 4.6.5　串联单支节阻抗匹配示意图

例 4.8 特性阻抗 $Z_0=50\,\Omega$ 的无耗线终端接 $Z_l=(25+\mathrm{j}75)\,\Omega$ 的负载，如利用串联单支节匹配，求支节接入的位置 d 和长度 l。

解 (1)算出 $\widetilde{Z}_l=Z_l/Z_0=0.5+\mathrm{j}1.5$，在圆图上找出载点 P，它对应的电长度是 0.16。(图 4.6.6)

(2) 作等 $|\Gamma|$ 圆，交 $\widetilde{R}=1$ 的圆于 A_1、A'_1 两点，得到 $\widetilde{Z}_{A1}=1+\mathrm{j}2.2$(电长度为 0.19)和 $\widetilde{Z}'_{A1}=1-\mathrm{j}2.2$(电长度为 0.309)，所以支节位置为 $d/\lambda=0.19-0.16=0.03$ 和 $d'/\lambda=0.309-0.16=0.149$。

(3) 在支节处串联与原阻抗符号相反的阻抗：$\widetilde{Z}_{A2}=-\mathrm{j}2.2$ 从短路点(Γ 实轴左端点) $l/\lambda=0.318$；$\widetilde{Z}'_{A2}=\mathrm{j}2.2$ 转 $l'/\lambda=0.182$。

所以得到 $d=0.03\lambda, l=0.318\lambda; d'=0.149\lambda, l'=0.182\lambda$。

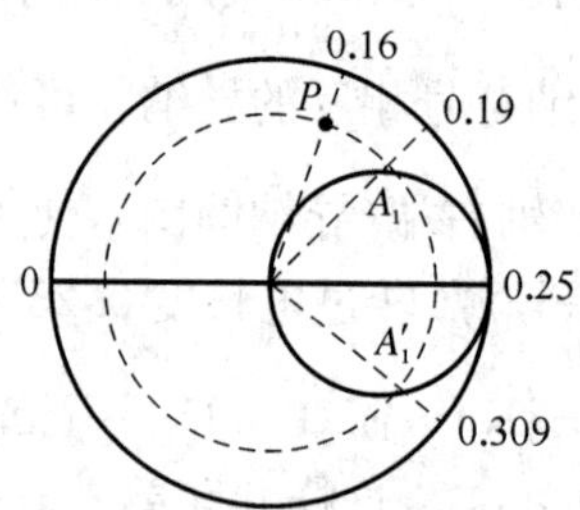

图 4.6.6 史密斯圆图

除了单支节阻抗匹配器之外，还有双支节阻抗匹配器，它可以避免单支节匹配器需要特定的支节接入位置所造成的结构上的困难，然而双支节匹配器存在不能获得阻抗匹配的盲区，如果被匹配的负载阻抗落到盲区内，则必须采用三支节或四支节匹配器，以最终使负载达到匹配。

三、渐变线

如上所述，用 $\lambda/4$ 变换器匹配时，若阻抗变换比很大或要求宽频带工作时，可采用多节 $\lambda/4$ 变换器。当节数增加时，两节之间的特性阻抗阶梯变化就变得很小。在节数无限多的极限情形就变成了连续的渐变线。这种渐变线匹配段的长度 l 只要远大于工作波长，其输入驻波比就可以做得很小，而且频率越高，此条件满足得越好。

用作阻抗匹配的渐变线有直线式、指数式、切比雪夫式等多种形式。本节仅介绍指数渐变线。线上的特性阻抗 $Z(z)=Z_0\mathrm{e}^{\alpha z}, 0<z<l$，即 Z/Z_0 由 1 到 $\mathrm{e}^{\alpha l}$ 作指数变化。在 $z=0$ 处，$Z(0)=Z_0$；在 $z=l$ 处，要求 $Z(l)=Z_l=Z_0\mathrm{e}^{\alpha l}$，由此可以求出常数

$$\alpha=\frac{1}{l}\ln\frac{Z_l}{Z_0}$$

当 $l\gg\lambda$ 时，其反射系数很小。假定所要匹配的阻抗 Z_l 与 Z_0 相差不大，指数线可近似为直线，以便于加工。

习 题

4.1 已知同轴线的特性阻抗为 50 Ω，端接负载阻抗(100+50j)Ω，求距离负载 0.24λ 处的输入阻抗。

(1) 计算归一化负载阻抗。

(2) 圆图上标出该阻抗点。

(3) 沿等 Γ 圆再向信号源方向移动 0.24λ 到达所求点。

(4) 读出归一化输入阻抗。

(5) 得到距离负载处的输入阻抗。

4.2 一长为 0.81λ 特性阻抗等于 50 Ω 的无耗线，端接负载阻抗 $Z_L=(75-j25)\Omega$，求它的输入导纳。

(1) 归一化负载阻抗。

(2) 画出负载点 A。

(3) 朝信号源方向沿等圆旋转电长度 0.81λ，找到输入阻抗点 B。

(4) 转 π 就得到输入导纳点。

4.3 由测量得到传输线终端短路时的输入阻抗 $Z_{in0}=j106\ \Omega$，终端开路时的输入阻抗 $Z_{in\infty}=j23.6\ \Omega$，而终端接实际负载时的输入阻抗 $Z_{in}=(25-j70)\Omega$。求负载阻抗。

4.4 在 $Z_0=50\ \Omega$ 的无耗线上测得电压驻波比为 5，电压驻波最小点出现在距离负载 $\lambda/3$ 处。求负载阻抗值。

4.5 一长为 1.2 米、$Z_0=50\ \Omega$(近似为实数)的有耗线，负载阻抗 $Z_L=(2.5+j35)\Omega$，距离负载 $s_N=0.6$ 米处为第一个电压最小点，其阻抗是 $Z_{\min}=15\ \Omega$。求：

(1) 有耗线的衰减常数 α 和工作波长 λ。

(2) 线的输入阻抗和输入端的反射系数。

4.6 设计一个在工作在 3 GHz 单节 1/4 波长变换器，实现 10 Ω 和 50 Ω 传输线之间的阻抗匹配。

4.7 特性阻抗为 50 Ω 的同轴线，端接负载(20+j10)Ω，如利用并联单支节匹配，求支节的接入位置 d 和长度 L。

4.8 特性阻抗为 50 Ω 的无耗线终端接 $Z_L=(25+j75)\Omega$ 的负载，如利用串联单支节匹配，求支节的接入位置 d 和长度 L。

4.9 已知同轴线内外导体的半径分别为 a 和 b。内外导体之间填充有相对介电常数为 $\varepsilon_r=\varepsilon'-j\varepsilon''$ 和磁导率为 μ_r 的材料，导体的表面电阻为 R_S。同轴线中的电磁场可以表示为

$$\vec{E}=\hat{\rho}\frac{V_0}{\rho\ln(b/a)}e^{-\gamma z},\quad \vec{H}=\hat{\phi}\frac{I_0}{2\pi\rho}e^{-\gamma z}$$

其中 γ 是传播常数。试求同轴线的传输线等效电路参数。

第五章　导行电磁波和导波结构

5.1　平行板波导

平行板波导由两个平的板或带状结构构成，是一种最简单的波导类型，能同时支持 TE 模和 TM 模，故也能支持 TEM 模。由于平行板波导工作原理与其他各种波导非常类似，结合电磁场的基本理论，可以将平行板波导处理成边界条件，从而得到简单、容易理解的分析波导的一般方法。

图 5.1.1 所示的平行板波导中，两板之间填充了介电常数为 ε、磁导率为 μ 的材料。板的宽度 w 比两板间高度差 d 大得多，因此，边缘场和任何 x 方向的变化都可以忽略。在此条件下，我们讨论 TEM 模、TM 模和 TE 模的解。

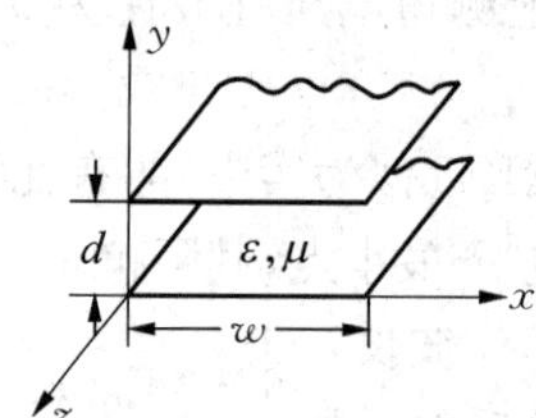

图 5.1.1　平行板波导结构示意图

1. TEM 模

TEM 模的解可以通过求解两平行板间静电势 $\Phi(x,y)$ 的拉普拉斯方程得到：

$$\nabla_T^2\Phi(x,y)=0,\quad 0\leqslant x\leqslant w,\quad 0\leqslant y\leqslant d \tag{5.1.1}$$

假设平行板波导的下板接地，即下板为零电势，上板电势为 V_0，则 $\Phi(x,y)$ 的边界条件为：

$$\Phi(x,0)=0 \tag{5.1.2a}$$

$$\Phi(x,d)=V_0 \tag{5.1.2b}$$

由于平行板波导 x 方向的变化可以忽略，式(5.1.1)对于 $\Phi(x,y)$ 的通解为：

$$\Phi(x,y)=C_1+C_2y$$

常数 C_1 和 C_2 可以由边界条件式(5.1.2)计算出来，从而得到：

$$\Phi(x,y)=V_0y/d \tag{5.1.3}$$

同时,TEM 波的横向场与存在于导体间的静态场是相同的。在静电情况下,电场可以表达为静电势 $\Phi(x,y)$ 的梯度,故 TEM 波的横向场可表示为:

$$\boldsymbol{e}(x,y)=-\nabla_T\Phi(x,y)=-\boldsymbol{e}_y\frac{V_0}{d} \tag{5.1.4}$$

因此,总电场可表示为:

$$\boldsymbol{E}(x,y,z)=\boldsymbol{e}(x,y)\mathrm{e}^{-\mathrm{j}kz}=-\boldsymbol{e}_y\frac{V_0}{d}\mathrm{e}^{-\mathrm{j}kz} \tag{5.1.5}$$

其中,$k=\omega\sqrt{\mu\varepsilon}$ 是 TEM 波的传播常数。

此外,TEM 模的波阻抗 Z_{TEM} 为横向电场和磁场之比:

$$Z_{TEM}=\frac{E_x}{H_y}=\frac{-E_y}{H_x}=\sqrt{\frac{\mu}{\varepsilon}}=\eta \tag{5.1.6}$$

其中,η 为两板件媒质的本征阻抗。由式(5.1.5)和式(5.1.6)可求得其磁场为:

$$\boldsymbol{H}(x,y,z)=\frac{1}{\eta}\boldsymbol{e}_z\times\boldsymbol{E}(x,y,z)=\boldsymbol{e}_x\frac{V_0}{\eta d}\mathrm{e}^{-\mathrm{j}kz} \tag{5.1.7}$$

注意:$E_z=H_z=0$,这个场在形式上类似于均匀区域中的平面波。

此时,上板相对于下板的电压可以由式(5.1.5)积分求得:

$$V=-\int_{y=0}^{d}E_y\mathrm{d}y=V_0\mathrm{e}^{-\mathrm{j}kz} \tag{5.1.8}$$

上板的总电流可以由安培定律或表面电流密度求得:

$$I=\int_{x=0}^{w}\boldsymbol{J}_s\cdot\boldsymbol{e}_z\mathrm{d}x=\int_{x=0}^{w}(-\boldsymbol{e}_y\times\boldsymbol{H})\cdot\boldsymbol{e}_z\mathrm{d}x=\int_{x=0}^{w}H_x\mathrm{d}x=\frac{wV_0}{\eta d}\mathrm{e}^{-\mathrm{j}kz} \tag{5.1.9}$$

因此,特征阻抗可以求得为:

$$Z_0=\frac{V}{I}=\frac{\eta d}{w} \tag{5.1.10}$$

由此可知,平行板波导的特征阻抗只依赖于波导物理尺寸和材料参量的常数。波导中的相速度也是常数:

$$v_p=\frac{\omega}{\beta}=\frac{1}{\sqrt{\mu\varepsilon}} \tag{5.1.11}$$

即光在材料媒质中的速度。

2. TM 模

横磁波(TM 波)的特征是 $E_z\neq0$ 和 $H_z=0$,其中 E_z 可由亥姆霍兹方程求出:

$$\left(\frac{\partial^2}{\partial x^2}+\frac{\partial^2}{\partial y^2}+\frac{\partial^2}{\partial z^2}+k^2\right)E_z=0 \tag{5.1.12}$$

同时有 $\frac{\partial}{\partial x}=0, E_z=E_z(x,y)\mathrm{e}^{-\mathrm{j}k_z z}$，因而上式可简化为：

$$\left(\frac{\partial^2}{\partial y^2}+k_c^2\right)E_z(x,y)=0 \tag{5.1.13}$$

式中，$k_c=\sqrt{k^2-k_z^2}$ 为截止波数。式(5.1.13)的通解为：

$$E_z(x,y)=C_1\sin k_c y+C_2\cos k_c y \tag{5.1.14}$$

根据边界条件

$$E_z(x,y)=0\ (y=0,d) \tag{5.1.15}$$

可以确定 $C_2=0, k_c d=n\pi(n=0,1,2,3,\cdots)$，则传播常数 k_z 为

$$k_z=\sqrt{k^2-k_c^2}=\sqrt{k^2-\left(\frac{n\pi}{d}\right)^2} \tag{5.1.16}$$

所以

$$E_z=C_n\sin\frac{n\pi y}{d}\mathrm{e}^{-\mathrm{j}k_z z} \tag{5.1.17}$$

根据麦克斯韦场方程组，进一步可求得横向场分量为

$$\begin{cases} H_x=\dfrac{\mathrm{j}\omega\varepsilon}{k_c}C_n\cos\dfrac{n\pi y}{d}\mathrm{e}^{-\mathrm{j}k_z z} \\ E_y=\dfrac{-\mathrm{j}k_z}{k_c}C_n\cos\dfrac{n\pi y}{d}\mathrm{e}^{-\mathrm{j}k_z z} \\ E_x=H_y=0 \end{cases} \tag{5.1.18}$$

n 的每个值都对应着不同的模式，用 TM_n 模来表示。当 $n=0$ 时，有 $k_z=k=\omega\sqrt{\mu\varepsilon}$，$E_z=0$。此时，场 E_y 和 H_x 在 y 方向是常量，因此 TM_0 模等同于 TEM 模。而当 $n>0$ 时，每个模式的传播常数以及场表达式都可根据 n 由式(5.1.16)和(5.1.18)确定。

当 $k>k_c$ 时，k_z 是实数，电磁波才能无衰减地通过。因为 $k=\omega\sqrt{\mu\varepsilon}$ 与频率成正比，所以当频率较低时 TM_n 模 $(n>0)$ 表现出截止现象，即没有传播发生，直到频率高到使 $k>k_c$ 为止。据此，可推导出 TM_n 模的截止频率为

$$f_c=\frac{k_c}{2\pi\sqrt{\mu\varepsilon}}=\frac{n}{2d\sqrt{\mu\varepsilon}} \tag{5.1.19}$$

当频率低于 f_c 时，k_z 为虚数，电磁波被衰减而不能通过，对应的模被称为截止模或消逝模。

3. TE 模

横电波(TE 波)的特征是 $E_z=0$ 和 $H_z\neq 0$,其中 H_z 可由亥姆霍兹方程求出:

$$\left(\frac{\partial^2}{\partial x^2}+\frac{\partial^2}{\partial y^2}+\frac{\partial^2}{\partial z^2}+k^2\right)H_z=0 \tag{5.1.20}$$

根据 $\frac{\partial}{\partial x}=0$ 和 $H_z=H_z(x,y)\mathrm{e}^{-\mathrm{j}k_z z}$,可将上式简化为

$$\left(\frac{\partial^2}{\partial y^2}+k_c^2\right)H_z(x,y)=0 \tag{5.1.21}$$

式中,$k_c=\sqrt{k^2-k_z^2}$ 为截止波数。式(5.1.20)的通解是

$$H_z(x,y)=C_1\sin k_c y+C_2\cos k_c y \tag{5.1.22}$$

则

$$E_x=\frac{-\mathrm{j}\omega\mu}{k_c}\frac{\partial H_z}{\partial y}=\frac{-\mathrm{j}\omega\mu}{k_c}(C_1\cos k_c y-C_2\sin k_c y)\mathrm{e}^{-\mathrm{j}k_z z} \tag{5.1.23}$$

代入边界条件($E_x=0, y=0, d$ 时),可以证明 $C_1=0$,以及

$$k_c=\frac{n\pi}{d},\quad n=1,2,3,\cdots \tag{5.1.24}$$

则 H_z 的最终解是

$$H_z=C_n\cos\frac{n\pi y}{d}\mathrm{e}^{-\mathrm{j}k_z z} \tag{5.1.25}$$

进而可计算得到横向场分量为

$$\begin{cases}E_x=\dfrac{\mathrm{j}\omega\mu}{k_c}C_n\sin\dfrac{n\pi y}{d}\mathrm{e}^{-\mathrm{j}k_z z}\\ H_y=\dfrac{\mathrm{j}k_z}{k_c}C_n\sin\dfrac{n\pi y}{d}\mathrm{e}^{-\mathrm{j}k_z z}\\ E_y=H_x=0\end{cases} \tag{5.1.26}$$

TE_n 模的传播常数和截止频率与 TM_n 模相同,分别为

$$k_z=\sqrt{k^2-\left(\frac{n\pi}{d}\right)^2} \tag{5.1.27}$$

$$f_c=\frac{n}{2d\sqrt{\mu\varepsilon}} \tag{5.1.28}$$

TE_n 模的波阻抗可根据下式求得

$$Z_{TE}=\frac{E_x}{H_y}=\frac{\omega\mu}{k_z}=\frac{k\eta}{k_z} \tag{5.1.29}$$

对于传播模，它是实数；而对于非传播模或截止模，它是虚数。

5.2 矩形波导

规则金属波导是指具有各种形状的截面、无限长的直的空心金属管，包括矩形波导、圆波导、椭圆波导和脊形波导等。它的横截面形状、尺寸、管壁的结构材料及管内介质填充情况等沿管轴方向(电磁波传输方向)均不改变。为什么要采用波导来传输电磁波呢？低频电力系统常用双线传输，当频率增高时，为了避免电磁波的辐射损耗和周围环境的干扰，可以改用同轴线传输。同轴线由空心导体管及芯线组成，电磁波在两导体间传播。当频率更高时，内导体的焦耳损耗变得严重，需要用波导管来代替同轴线。

在讨论矩形波导内的电磁波时，选用直角坐标系(如图 5.2.1)。

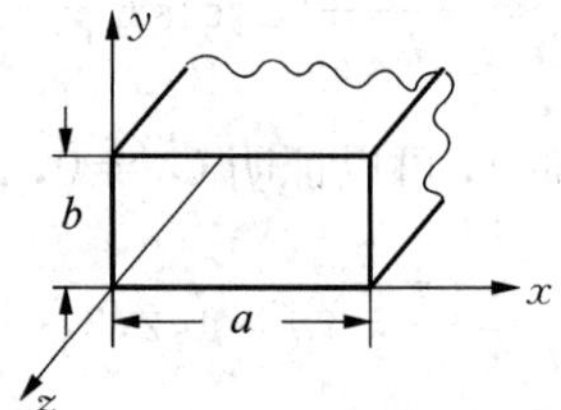

图 5.2.1　矩形波导结构示意图

取波导内壁为 $x=0,a$；$y=0,b$；z 轴沿波导管轴线方向。在一定频率下，电磁波满足的波动方程[式(3.1.2)和(3.1.3)]就变成了亥姆霍兹方程：

$$\begin{cases}\nabla^2\boldsymbol{E}+k^2\boldsymbol{E}=0\\ \nabla^2\boldsymbol{H}+k^2\boldsymbol{H}=0\end{cases} \tag{5.2.1}$$

式中 $k^2=\omega^2\mu\varepsilon$。由于波导壁可以看作理想导体，所以管壁内的电场和磁场强度均为零。由电场的切向连续及磁场的法向连续，得到在管壁上的边界条件：

$$\begin{cases}E_y=E_z=B_x=0 \quad (x=0,a)\\ E_x=E_z=B_y=0 \quad (y=0,b)\end{cases} \tag{5.2.2}$$

既然波导管轴向在 z 方向，那么不论在波导内的传播情况如何复杂，最终的效果只能是一个沿 z 方向前进的波，因而可以假设波导管内电磁场的强度为：

$$\begin{cases}E=E(x,y)\mathrm{e}^{\mathrm{j}(\omega t-k_z z)}\\ H=H(x,y)\mathrm{e}^{\mathrm{j}(\omega t-k_z z)}\end{cases} \tag{5.2.3}$$

式中 $E(x,y)$ 和 $H(x,y)$ 是待定系数。显然，这一组解不仅应当满足波动方程，而且还必须满足麦克斯韦方程：

$$\begin{cases}\dfrac{\partial E_z}{\partial y}+\mathrm{j}k_zE_y=-\mathrm{j}\omega\mu H_x\\-\mathrm{j}k_zE_x-\dfrac{\partial E_z}{\partial x}=-\mathrm{j}\omega\mu H_y\\\dfrac{\partial E_y}{\partial x}-\dfrac{\partial E_x}{\partial y}=-\mathrm{j}\omega\mu H_z\end{cases}\tag{5.2.4}$$

$$\begin{cases}\dfrac{\partial H_z}{\partial y}+\mathrm{j}k_zH_y=\mathrm{j}\omega\varepsilon E_x\\-\mathrm{j}k_zH_x-\dfrac{\partial H_z}{\partial x}=\mathrm{j}\omega\varepsilon E_y\\\dfrac{\partial H_y}{\partial x}-\dfrac{\partial H_x}{\partial y}=\mathrm{j}\omega\varepsilon E_z\end{cases}\tag{5.2.5}$$

由上述方程组解出电磁场的 x 和 y 方向的分量用 E_z 和 H_z 来表示：

$$\begin{cases}E_x=-\dfrac{\mathrm{j}}{k_c^2}\left(k_z\dfrac{\partial E_z}{\partial x}+\omega\mu\dfrac{\partial H_z}{\partial y}\right)\\E_y=-\dfrac{\mathrm{j}}{k_c^2}\left(k_z\dfrac{\partial E_z}{\partial y}-\omega\mu\dfrac{\partial H_z}{\partial x}\right)\\H_x=-\dfrac{\mathrm{j}}{k_c^2}\left(-\omega\varepsilon\dfrac{\partial E_z}{\partial y}+k_z\dfrac{\partial H_z}{\partial x}\right)\\H_y=-\dfrac{\mathrm{j}}{k_c^2}\left(\omega\varepsilon\dfrac{\partial E_z}{\partial x}+k_z\dfrac{\partial H_z}{\partial y}\right)\end{cases}\tag{5.2.6}$$

式中 $k_c^2=(\mathrm{j}k_z)^2+\omega^2\mu\varepsilon=k^2-k_z^2$。

由(5.2.1)式可得：

$$\nabla^2\boldsymbol{E}=\nabla_{\mathrm{T}}^2\boldsymbol{E}+\frac{\partial^2\boldsymbol{E}}{\partial z^2}=-k^2\boldsymbol{E}=\nabla_{\mathrm{T}}^2\boldsymbol{E}+(\mathrm{j}k_z)^2\boldsymbol{E}$$

于是

$$\nabla_{\mathrm{T}}^2\boldsymbol{E}+k_c^2\boldsymbol{E}=0\tag{5.2.7}$$

同样有

$$\nabla_{\mathrm{T}}^2\boldsymbol{H}+k_c^2\boldsymbol{H}=0\tag{5.2.8}$$

注意到波导管中电磁波传播的机制比较复杂，因而很难断定电场强度和磁场强度沿 z 方向分量是否均为零。为此要研究两种模式：横电波（TE 波）和横磁波（TM 波）。

1. 横电波($E_z=0$)

先求出 H_z，然后再用式(5.2.6)求出其他分量。将式(5.2.8)写成：

$$\frac{\partial^2 H_z}{\partial x^2}+\frac{\partial^2 H_z}{\partial y^2}=-k_c^2 H_z \tag{5.2.9}$$

可以用分离变量法对上式求解：令 $H_z=XY$，式(5.2.9)变为

$$YX''+XY''=-k_c^2 XY$$

或

$$\frac{X''}{X}+\frac{Y''}{Y}=-k_c^2$$

令

$$k_x^2+k_y^2=k_c^2 \tag{5.2.10}$$

和

$$\begin{cases}\dfrac{X''}{X}=-k_x^2\\[2mm]\dfrac{Y''}{Y}=-k_y^2\end{cases} \tag{5.2.11}$$

上式的解为

$$\begin{cases}X=C_1\cos k_x x+C_2\sin k_x x\\ Y=C_3\cos k_y y+C_4\sin k_y y\end{cases} \tag{5.2.12}$$

系数 C_1,C_2,C_3 和 C_4 可由边值关系确定。根据式(5.2.6)得到

$$\begin{cases}\text{在 } x=0,a \text{ 处 } E_y=0 \quad \text{即} \dfrac{\partial H_z}{\partial x}=0\\[2mm] \text{在 } y=0,b \text{ 处 } E_x=0 \quad \text{即} \dfrac{\partial H_z}{\partial y}=0\end{cases} \tag{5.2.13}$$

由于 $H_z=XY=(C_1\cos k_x x+C_2\sin k_x x)(C_3\cos k_y y+C_4\sin k_y y)\mathrm{e}^{\mathrm{j}(\omega t-k_z z)}$，所以

$$\begin{cases}\dfrac{\partial H_z}{\partial x}=(C_2k_x\cos k_x x-C_1k_x\sin k_x x)(C_3\cos k_y y+C_4\sin k_y y)\mathrm{e}^{\mathrm{j}(\omega t-k_z z)}\\[2mm]\dfrac{\partial H_z}{\partial y}=(C_1\cos k_x x+C_2\sin k_x x)(C_4k_y\cos k_y y-C_3k_y\sin k_y y)\mathrm{e}^{\mathrm{j}(\omega t-k_z z)}\end{cases}$$

由式(5.2.13)可知

$$C_2=C_4=0 \tag{5.2.14a}$$

和

$$\begin{cases}k_x=\dfrac{m\pi}{a}\\[2mm]k_y=\dfrac{n\pi}{b}\end{cases} \tag{5.2.14b}$$

式中 m,n 分别为 $0,1,2,3,\cdots$，但不可同时为零，否则就无电磁场。最后矩形波导中的横电波就得到了：

$$\begin{cases} H_z = H_0 \cos k_x x \cos k_y y \\ H_x = \mathrm{j}\dfrac{k_x k_z}{k_c^2} H_0 \sin k_x x \cos k_y y \\ H_y = \mathrm{j}\dfrac{k_y k_z}{k_c^2} H_0 \cos k_x x \sin k_y y \\ E_x = \mathrm{j}\dfrac{\omega\mu k_y}{k_c^2} H_0 \cos k_x x \sin k_y y \\ E_y = -\mathrm{j}\dfrac{\omega\mu k_x}{k_c^2} H_0 \sin k_x x \cos k_y y \end{cases} \tag{5.2.15}$$

式中 $H_0 = C_1 C_3$ 由场的激励源确定，并省写了 $\mathrm{e}^{\mathrm{j}(\omega t - k_z z)}$，且

$$k_c^2 = k_x^2 + k_y^2 = \left(\frac{m\pi}{a}\right)^2 + \left(\frac{n\pi}{b}\right)^2 = \omega^2\mu\varepsilon - k_z^2 \tag{5.2.16}$$

$$k_z = \sqrt{\omega^2\mu\varepsilon - \left[\left(\frac{m\pi}{a}\right)^2 + \left(\frac{n\pi}{b}\right)^2\right]} \tag{5.2.17}$$

2. 横磁波($H_z=0$)

与解横电波的电磁场类似，矩形波导中的横磁波由式(5.2.18)表示：

$$\begin{cases} E_z = E_0 \sin k_x x \sin k_y y \\ E_x = -\mathrm{j}\dfrac{k_x k_z}{k_c^2} E_0 \cos k_x x \sin k_y y \\ E_y = -\mathrm{j}\dfrac{k_y k_z}{k_c^2} E_0 \sin k_x x \cos k_y y \\ H_x = \mathrm{j}\dfrac{\omega\varepsilon k_y}{k_c^2} E_0 \sin k_x x \cos k_y y \\ H_y = -\mathrm{j}\dfrac{\omega\varepsilon k_x}{k_c^2} E_0 \cos k_x x \sin k_y y \end{cases} \tag{5.2.18}$$

式中 $k_x = \dfrac{m\pi}{a}, k_y = \dfrac{n\pi}{b}, k_c^2 = \omega^2\mu\varepsilon - k_z^2 = \left(\dfrac{m\pi}{a}\right)^2 + \left(\dfrac{n\pi}{b}\right)^2$，因而

$$k_z = \sqrt{\omega^2\mu\varepsilon - \left[\left(\frac{m\pi}{a}\right)^2 + \left(\frac{n\pi}{b}\right)^2\right]} \tag{5.2.19}$$

当 k_z 为实数时，电磁波能无衰减地通过，也就是说条件

$$\omega^2\mu\varepsilon > \left[\left(\frac{m\pi}{a}\right)^2 + \left(\frac{n\pi}{b}\right)^2\right] \tag{5.2.20}$$

满足，于是式(5.2.19)可以改写为：

$$k_z = k\sqrt{1-\frac{f_c^2}{f^2}} \tag{5.2.21}$$

式中

$$f_c = \frac{1}{2\pi}\sqrt{\frac{\left(\frac{m\pi}{a}\right)^2+\left(\frac{n\pi}{b}\right)^2}{\mu\varepsilon}}$$

称为截止频率。当频率低于 f_c 时，k_z 为虚数，电磁波被衰减而不能通过。相应的截止波长可由上式求出：

$$\lambda_c = \frac{v}{f_c} = \frac{1}{f_c\sqrt{\mu\varepsilon}} = \frac{2\pi}{k_c} = \frac{2\pi}{\sqrt{\left(\frac{m\pi}{a}\right)^2+\left(\frac{n\pi}{b}\right)^2}} \tag{5.2.22}$$

根据上式，可画出 TE 波和 TM 波的截止波长（如图 5.2.2）。

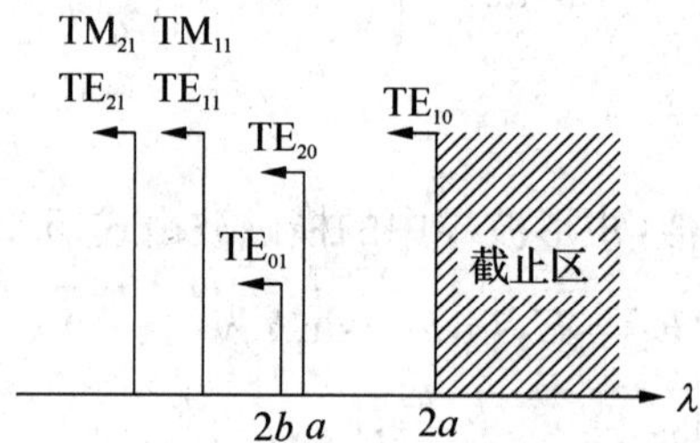

图 5.2.2　TE 波和 TM 波的截止波长

式(5.2.18)表明，不存在 TM_{0n} 或 TM_{m0} 型波，因为这时 $E_z = H_z = 0$。所以在微波传输中，可以适当选择工作频率，使波长和宽边尺寸满足条件 $a<\lambda<2a$，结果波导内只传输一种模式：TE_{10} 型波（主型波），这正是微波传输中所希望的。

由 $k_z = \frac{2\pi}{\lambda_g}$ 可求得波导波长 λ_g：

$$\lambda_g = \frac{\lambda}{\sqrt{1-\left(\frac{\lambda}{\lambda_c}\right)^2}} \tag{5.2.23}$$

式中 $\lambda = \frac{v}{f}$ 为电磁波在无限介质中的波长。

例 5.1　试计算以 TE 模式在矩形波导中传播的电磁波的群速与相速。

解　群速和相速分别是 $v_g = \left.\frac{d\omega}{dk}\right|_{\omega_0}$ 和 $v_p = \left.\frac{\omega}{k}\right|_{\omega_0}$，当电磁波沿 z 方向传播时，真正的波矢量是 k_z。将等式 $k_z^2 = \omega^2\mu\varepsilon - \left[\left(\frac{m\pi}{a}\right)^2+\left(\frac{n\pi}{b}\right)^2\right]$ 对 ω 取微分，得到

$$k_z \mathrm{d}k_z = \mu\varepsilon\omega \mathrm{d}\omega$$

所以

$$v_g = \left.\frac{\mathrm{d}\omega}{\mathrm{d}k_z}\right|_{\omega_0} = \left.\frac{k_z}{\omega\mu\varepsilon}\right|_{\omega_0} = \frac{\sqrt{\omega_0^2\mu\varepsilon - \left[\left(\frac{m\pi}{a}\right)^2 + \left(\frac{n\pi}{b}\right)^2\right]}}{\omega_0\mu\varepsilon}$$

$$= \frac{v}{\omega_0}\sqrt{\omega_0^2 - \left[\left(\frac{m\pi}{a}\right)^2 + \left(\frac{n\pi}{b}\right)^2\right]v^2} < v$$

$$v_p = \left.\frac{\omega}{k_z}\right|_{\omega_0} = \frac{\omega_0}{\sqrt{\omega_0^2\mu\varepsilon - \left[\left(\frac{m\pi}{a}\right)^2 + \left(\frac{n\pi}{b}\right)^2\right]}} = \frac{\omega_0 v}{\sqrt{\omega_0^2 - \left[\left(\frac{m\pi}{a}\right)^2 + \left(\frac{n\pi}{b}\right)^2\right]v^2}} > v$$

从上两式很容易看出：$v_g v_p = v^2$

下面着重分析 TE_{10} 型主型波。

1. 场结构

前面已经求得了矩形波导中横电波和横磁波的函数表示式，为了进一步直观地了解各种波型的场分布，往往采用波导中某一时刻的电力线和磁力线分布图来描述场结构。电力线和磁力线方程为：

$$\begin{cases} \dfrac{\mathrm{d}x}{E_x} = \dfrac{\mathrm{d}y}{E_y} = \dfrac{\mathrm{d}z}{E_z} \\ \dfrac{\mathrm{d}x}{H_x} = \dfrac{\mathrm{d}y}{H_y} = \dfrac{\mathrm{d}z}{H_z} \end{cases} \tag{5.2.24}$$

利用各场分量表示式和上面两式可以分别在波导的各个截面上严格地画出电力线和磁力线的分布，但是这样的做法比较麻烦，实际上常采用直接由场分量的表示式粗略地画出力线的方法。

这里只讨论主型波 TE_{10} 型波的场结构，由(5.2.15)式，令 $m=1, n=0$，得到它的场分量表示式：

$$\begin{cases} E_x = H_y = E_z = 0 \\ E_y = -\dfrac{\mathrm{j}\omega\mu a}{\pi} H_0 \mathrm{e}^{\mathrm{j}(\omega t - k_z z)} \sin\dfrac{\pi x}{a} \\ H_x = \dfrac{\mathrm{j}k_z a}{\pi} H_0 \mathrm{e}^{\mathrm{j}(\omega t - k_z z)} \sin\dfrac{\pi x}{a} \\ H_z = H_0 \mathrm{e}^{\mathrm{j}(\omega t - k_z z)} \cos\dfrac{\pi x}{a} \end{cases} \tag{5.2.25}$$

可见 TE_{10} 型波的场结构最简单，只有 E_y、H_x 和 H_z 三个分量，且场强与坐标 y 无关，也就是说在 y 方向的场分布是均匀的(见图 5.2.3)，它的电力线平行于窄壁(如图 5.2.3a)，而磁力线是在 $x-y$ 平面内的闭合曲线(如图 5.2.3b)，各个场分量沿 x 方向的变化为：

$$E_y \sim \sin\frac{\pi x}{a},\quad H_x \sim \sin\frac{\pi x}{a},\quad H_z \sim \cos\frac{\pi x}{a}$$

在宽壁中心 ($x=a/2$) 处电场 E_y 和磁场 H_x 为最强而磁场 H_z 为零;在宽壁两侧 ($x=0, a$) 处电场 E_y 和磁场 H_x 为零而磁场 H_z 为最大。场分量沿 z 方向的变化是

$$E_y \sim \cos\left(\omega t - k_z z - \frac{\pi}{2}\right),\quad H_x \sim \cos\left(\omega t - k_z z + \frac{\pi}{2}\right),\quad H_z \sim \cos(\omega t - k_z z)$$

这表明 E_y、H_x 和 H_z 在 z 方向各有 $\pi/2$ 的相位差。场结构如图 5.2.3(c),整个结构与 y 无关。

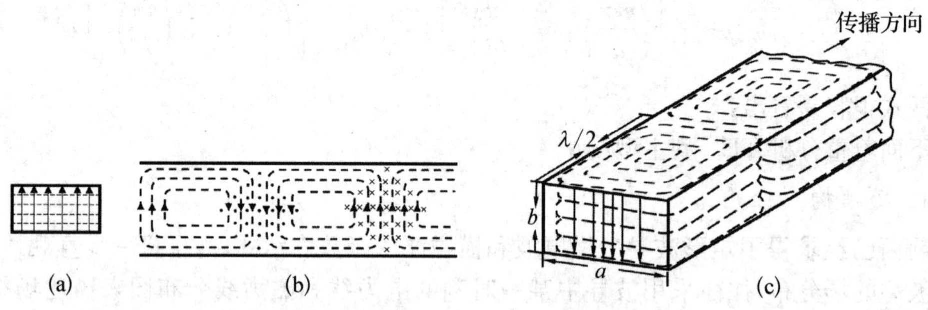

图 5.2.3　矩形波导 TE_{10} 型波的场结构

在实用中,总是选择工作频率使波导内只传输 TE_{10} 型波,其他高次模通常是截止的,只是在不连续处或激励源附近才起作用,所以高次模的场结构这里不再画出。只要知道了 TE_{10} 型波的场结构,就不难理解吸收式可调衰减器的工作原理,因为吸收片在波导内平行电场放置,因而能够吸收微波能量,放在中央场强大的地方衰减就大,而放在场强小的地方衰减就小,于是达到了调节的目的。

2. **壁电流分布**

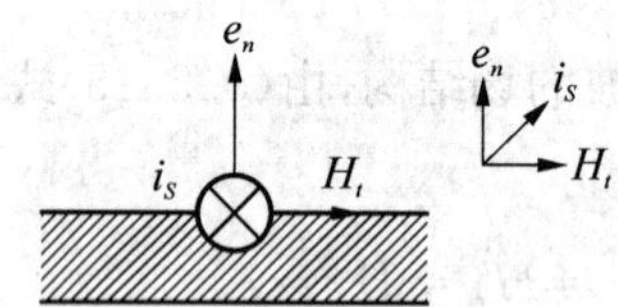

图 5.2.4　波导壁电流方向的确定

当电磁波在波导内传输时,其高频电磁场将在波导壁上产生高频电流,因为波导壁是良导体,在微波波段,它的趋肤深度极小(1 μm 量级),所以该电流可以看作为面电流。波导壁上的面电流密度由边界条件决定:

$$\boldsymbol{i}_S = \boldsymbol{e}_n \times \boldsymbol{H} \tag{5.2.26}$$

对 TE_{10} 型波,其壁电流分布在窄壁上:

$$\begin{cases} i_y = -H_z\big|_{x=0} = -H_0 \mathrm{e}^{\mathrm{j}(\omega t - k_z z)}, \quad i_z = 0 \quad \text{在 } x=0 \text{ 处} \quad \boldsymbol{e}_n = \boldsymbol{e}_x \\ i_y = H_z\big|_{x=a} = -H_0 \mathrm{e}^{\mathrm{j}(\omega t - k_z z)}, \quad i_z = 0 \quad \text{在 } x=a \text{ 处} \quad \boldsymbol{e}_n = -\boldsymbol{e}_x \end{cases} \tag{5.2.27}$$

在宽壁上：

$y=0$ 处，$\boldsymbol{e}_u = \boldsymbol{e}_y$：

$$\begin{cases} i_x = H_z\big|_{y=0} = H_0 \mathrm{e}^{\mathrm{j}(\omega t - k_z z)} \cos \dfrac{\pi x}{a} \\ i_z = -H_x\big|_{y=0} = -\dfrac{\mathrm{j}k_z a}{\pi} H_0 \mathrm{e}^{\mathrm{j}(\omega t - k_z z)} \sin \dfrac{\pi x}{a} \end{cases} \tag{5.2.28a}$$

$y=b$ 处，$\boldsymbol{e}_n = -\boldsymbol{e}_y$：

$$\begin{cases} i_x = -H_z\big|_{y=b} = -H_0 \mathrm{e}^{\mathrm{j}(\omega t - k_z z)} \cos \dfrac{\pi x}{a} \\ i_z = H_x\big|_{y=b} = \dfrac{\mathrm{j}k_z a}{\pi} H_0 \mathrm{e}^{\mathrm{j}(\omega t - k_z z)} \sin \dfrac{\pi x}{a} \end{cases} \tag{5.2.28b}$$

图 5.2.5 画出了 TE_{10} 型波的壁电流分布，可以看出，TE_{10} 型波的壁电流在窄壁上仅有 y 分量，而且两窄壁电流大小相等、方向相同；在宽壁上，电流 i_x 和 i_z 矢量合成，在宽壁中心 $(x=a/2)$ 处，横向电流 i_x 为零，纵向电流则达到最大；在宽壁两边缘 $(x=0,a)$ 处，纵向电流 i_z 为零而横向电流 i_x 达到最大值，且上、下两壁的电流大小相等、方向相反。上、下壁的传导电流是不连续的，它由波导中的位移电流 $\partial D_y/\partial t$ 接替，从而保证了全电流的连续性。

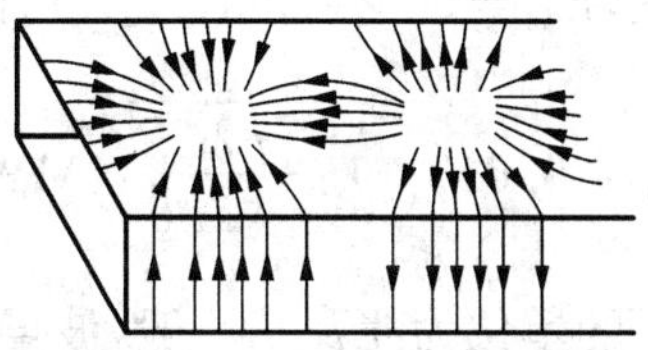

图 5.2.5　波导壁电流的分布

掌握波导中主型波的壁电流分布对于解决波导元件的设计和制造、在管壁上开槽等微波技术问题十分重要。例如为了不影响主型波的传输特性，波导测量线在宽壁中心所开的纵向槽缝就不切断该波型的电流线，如图 5.2.6 中 a 处所示；反之，为了开槽产生强辐射而构成裂缝天线，槽缝就应该开在切断电流线的地方，如图 5.2.6 中 b、c 处所示。

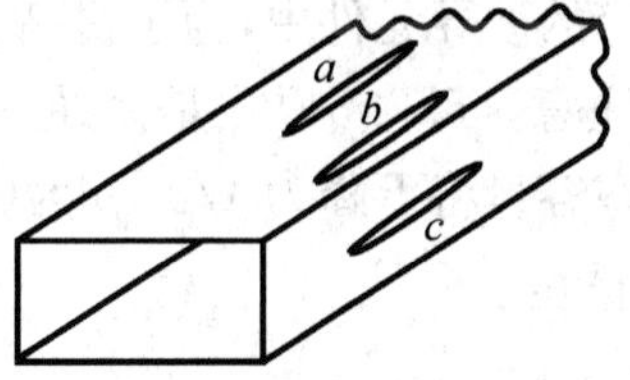

图 5.2.6　矩形波导壁上的槽缝

3. 传输功率和功率容量

矩形波导实用时几乎都工作在 TE_{10} 模，其传输功率为

$$P=\frac{1}{2}\mathrm{Re}\int_{x=0}^{a}\int_{y=0}^{b}(\boldsymbol{E}\times\boldsymbol{H}^{*})\cdot\boldsymbol{e}_{z}\,\mathrm{d}y\mathrm{d}x=-\frac{1}{2}\mathrm{Re}\int_{x=0}^{a}\int_{y=0}^{b}E_{y}H_{x}^{*}\,\mathrm{d}y\mathrm{d}x$$

将 TE_{10} 模的 $k_c=\pi/a$，$k_z=\sqrt{k^2-\pi^2/a^2}$ 代入式(5.2.25)后再代入上式并积分，得到：

$$P=\frac{\omega\mu a^3 b}{4\pi^2}|H_0|^2 k_z \tag{5.2.29}$$

在宽壁中心 $(x=a/2)$ 处 $|E_y|$ 达到最大值 $|E_0|=\omega\mu a H_0/\pi$，再注意到式(5.2.21)以及 $\lambda_c=2a$，很容易得到

$$P=\frac{ab}{4\eta}\sqrt{1-\left(\frac{\lambda}{2a}\right)^2}\,|E_0|^2$$

当波导中心的电场达到或超过填充介质的击穿电场强度 E_{br} 时，介质将产生击穿、打火，使波导不能正常工作。当 $|E_0|=E_{br}$ 时，相应的传输功率就称为波导的功率容量或击穿功率 P_{br}。TE_{10} 型波的功率容量可从式(5.2.29)求得：

$$P_{br}=\frac{ab}{4\sqrt{\frac{\mu}{\varepsilon}}}\sqrt{1-\left(\frac{\lambda}{2a}\right)^2}\,E_{br}^2\,(\mathrm{W}) \tag{5.2.30}$$

对空气填充波导，$\sqrt{\mu/\varepsilon}=120\pi$，$E_{br}=30\ \mathrm{kV/cm}$，上式可改写为

$$P_{br}=0.6ab\sqrt{1-\left(\frac{\lambda}{2a}\right)^2}\,(\mathrm{MW}) \tag{5.2.31}$$

式中 a、b 以厘米为单位，而 P_{br} 的单位为兆瓦。一般，波导的允许功率取为

$$P_{\text{允许}}=\left(\frac{1}{3}\sim\frac{1}{5}\right)P_{br}$$

式(5.2.31)表明，波导尺寸增大将增加功率容量。例如 10 cm 波导比 8 mm 波导的功率容量约大 100 倍。当波导尺寸一定时，功率容量又随工作频率增高而增大。由式(5.2.30)可以看出 P_{br} 还与填充介质的击穿场强有关，对于空气，则与气压、湿度等因素有关。因而在一些容易产生击穿的波导元件中，为了提高功率容量，经常采用密封干燥空气或抽真空等办法。此外还应注意，(5.2.31)式是系统匹配时的功率容量，当系统失配时，由(4.3.21)式知道，它的功率容量将下降为 $1/\rho$（ρ 为驻波比）。

4. TE_{10} 型模矩形波导的损耗

(1) 介质损耗

通常的金属波导都采用空气填充，其介质损耗可以忽略不计。

(2) 导体损耗

当波导有损耗时，电磁场沿波导轴按指数规律 $e^{-\alpha z}$ 衰减，它的传输功率则按 $e^{-2\alpha z}$ 衰减：

$$P(z)=P_i e^{-2\alpha z}$$

式中 P_i 为始端 ($z=0$) 的传输功率。波导单位长度的功率损耗 P_l 可由上式求出：

$$P_l=-\frac{dP}{dz}=2\alpha P$$

于是波导的衰减常数是：

$$\alpha=\frac{P_l}{2P}\approx\frac{P_l}{2P_i} \tag{5.2.32}$$

因而波导的衰减常数可通过计算波导单位长度的功率损耗 P_l 和传输功率 P_0 求得。

波导的衰减主要来自导体损耗。通过计算作为非理想导体壁波导的电磁场分布和壁电流分布，算出 P_l 和 P_0，最后求出波导导体衰减常数 α_c，这是严格的算法，但非常困难。通常可用近似方法：先按理想导体壁求解电磁场分布和壁电流分布，而后再考虑导体壁的非理想而形成的损耗 P_l。

下面，讨论一下非理想波导壁的表面电阻如何计算。

假定单位长度传输线的电阻为 R_0，在直流或低频时计算它很简单，其值为

$$R_0=\frac{1}{\sigma S} \tag{5.2.33}$$

式中 σ 为导体的电导率，S 为传输线导体部分的横截面积。

考虑波导壁工作在高频时，由于趋肤效应，导体面电流最大，并以指数规律向内部衰减，相位逐渐落后。导体的电流密度分布规律为：

$$i=i_0 e^{-\frac{x}{\delta}(1+j)} \tag{5.2.34}$$

式中 i 为电流密度，i_0 为导体表面的电流密度，x 为从导体表面垂直向内部的深度，如图 5.2.7 所示。图中 z 为传输方向，设电流在导体表面的 y 方向为均匀分布。式(5.2.34)中 δ 为趋肤厚度，其值为

$$\delta=\sqrt{\frac{2}{\mu_0\sigma\omega}} \tag{5.2.35}$$

式中 ρ 为导体的电阻率，μ_0 为真空磁导率，ω 为工作频率。

由式(5.2.34)可知：在趋肤厚度 δ 处，$|i|=|i_0|/e$，且电流密度比表面上的要落后 1 弧度的相位。显然，当有趋肤效应时，电流只分布在表面薄层内，其有效截面积小于实际的截面积。为了求出趋肤效应的影响，我们用在 y 方向和 z 方向均取一个单位长度的那一部分导体来研究，其损耗功率 P_c' 应为：

$$P'_c=\int_0^\infty \frac{1}{2}\mid i\mid^2\rho\,\mathrm{d}x=\frac{1}{2}\rho i_0^2\int_0^\infty \mathrm{e}^{-\frac{2x}{\delta}}\,\mathrm{d}x=\frac{\rho i_0^2}{4}\delta \tag{5.2.36}$$

其总电流 I'应该是

$$I'=\int_0^\infty i\,\mathrm{d}x=\int_0^\infty i_0\mathrm{e}^{-\frac{x}{\delta}(1+\mathrm{j})}\,\mathrm{d}x=\frac{i_0\delta}{1+\mathrm{j}} \tag{5.2.37}$$

$$\mid I'\mid=\frac{i_0\delta}{\sqrt{2}} \tag{5.2.38}$$

这就说明趋肤效应相当于使导体的等效电阻为 R_s，而

$$P'_c=\frac{1}{2}\mid I'\mid^2R_s=\frac{R_s i_0^2}{4}\delta^2 \tag{5.2.39}$$

与(5.2.36)式比较，可得到：

$$R_s=\frac{\rho}{\delta}=\frac{1}{\delta\sigma} \tag{5.2.40}$$

由上式可知：R_s 的值相当于导体横截面宽度为 1、厚度为 δ、导体长度为 1 的直流电阻值，也就是说不管导体的厚度有多大，由于趋肤效应，其有效电阻就相当于电流仅集中于厚度为 δ 的表面层导体内的直流电阻，所以 R_s 又称作表面电阻。

由于存在趋肤效应，单位面积波导壁的表面电阻为 R_s，电流流过单位表面积的导体损耗为 $\frac{1}{2}R_s\mid i_s\mid^2$，因此，单位长度波导壁的导体损耗等于 $\frac{R_s}{2}\mid i_s\mid^2$ 对波导横截面回线 l 的积分：

$$\begin{aligned}P_l&=\oint\frac{R_s}{2}\mid i_s\mid^2\mathrm{d}l=R_s\int_0^b\mid H_0\mid^2\mathrm{d}y+R_s\int_0^a\mid H_0\mid^2\left(\cos^2\frac{\pi x}{a}+\frac{k_z^2a^2}{\pi^2}\sin^2\frac{\pi x}{a}\right)\mathrm{d}x\\&=R_s\mid H_0\mid^2\left(b+\frac{a}{2}+\frac{k_z^2a^3}{2\pi^2}\right)\end{aligned}$$

将上式和式(5.2.29)代入式(5.2.32)，得到

$$\alpha_c=\frac{2\pi^2R_s\left(b+\frac{a}{2}+\frac{k_z^2a^3}{2\pi^2}\right)}{\omega\mu a^3bk_z}=\frac{R_s(2\pi^2b+a^3k^2)}{a^3bk\eta k_z}(\mathrm{NP/m})$$

从式(5.2.21)知道，$k_z=k\sqrt{1-\left(\frac{\lambda}{2a}\right)^2}$，于是

$$\alpha_c=\frac{R_s\left[1+\frac{2b}{a}\left(\frac{\lambda}{2a}\right)^2\right]}{\eta b\sqrt{1-\left(\frac{\lambda}{2a}\right)^2}} \tag{5.2.41}$$

用类似办法，可以推导出其他波型的衰减常数。在实用频率范围内，主型波 TE_{10} 型波衰减最小。当 λ 接近 $2a$ 时，也就是 f 接近截止频率时，α_c 的分母趋向于零，衰减急剧增大。α_c 既与 λ 有关，也与波导尺寸有关，通常选择 $b/a\approx 1/2$。波导的衰减还受波导壁的材料、表面光洁度等因素影响。

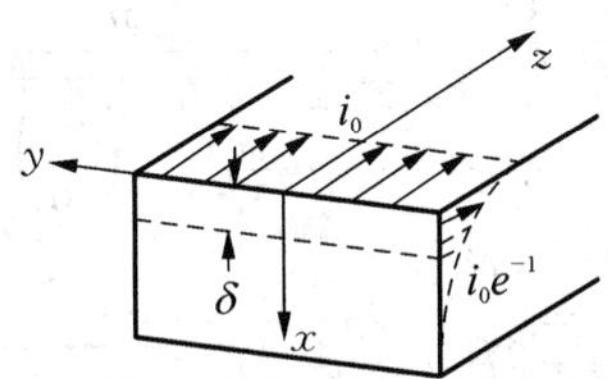

图 5.2.7　电流的趋肤效应

5. TE_{10} 型模矩形波导的等效阻抗

波导中的波阻抗定义为波导中横向电场分量与横向磁场分量之比，对 TE_{10} 型波，由式(5.2.25)可得：

$$Z_{TE_{10}}=\frac{\omega\mu}{k_z}=\frac{\sqrt{\frac{\mu}{\varepsilon}}}{\sqrt{1-\left(\frac{\lambda}{2a}\right)^2}}$$

因而波阻抗仅与宽边尺寸 a 有关而和窄边尺寸无关。但是，宽边尺寸相同而窄边尺寸不同的两段矩形波导连接时，波在连接处将产生反射，因此，波导的波阻抗不能像传输线的特性阻抗那样用来处理不同尺寸波导连接时的匹配问题，而需要引入波导的等效阻抗。

和电路理论类似，波导的等效阻抗也有三种定义：

$$Z_e=\frac{U_e}{I_e},\quad Z_e=\frac{U_e^2}{2P}\text{ 或 }Z_e=\frac{2P}{I_e^2}\tag{5.2.42}$$

式中 U_e、I_e 和 P 分别表示波导的等效电压、等效电流和传输功率。在低频电路和长线中，电压、电流和功率都具有确切的物理意义，它们的值都是唯一的。三种定义也给出相同的结果，但是在波导中，电压和电流仅为等效参量，它们的值也不是唯一的。

对矩形波导中的 TE_{10} 型波，定义等效电压为波导宽边中心电场从顶边到底边的线积分：

$$U_e=\int_0^b|E_y|_{x=a/2}\mathrm{d}y=\frac{\omega\mu abH_0}{\pi}\tag{5.2.43}$$

定义等效电流为波导的一个宽壁上总的纵向电流，由式(5.2.28)可得

$$I_e=\int_0^a|i_z|\mathrm{d}x=\int_0^a\frac{k_za}{\pi}H_0\sin\frac{\pi x}{a}\mathrm{d}x=\frac{2a^2k_zH_0}{\pi^2}\tag{5.2.44}$$

传输功率是确定的，由式(5.2.29)得到：

$$P=\frac{ab}{4\eta}\sqrt{1-\left(\frac{\lambda}{2a}\right)^2}\left(\frac{\omega\mu a H_0}{\pi}\right)^2 \tag{5.2.45}$$

将它们代入式(5.2.42),分别得到：

$$Z_e=\frac{U_e}{I_e}=\frac{\pi}{2}\frac{b}{a}\frac{\eta}{\sqrt{1-\left(\frac{\lambda}{2a}\right)^2}}$$

$$Z_e=\frac{U_e^2}{2P}=2\frac{b}{a}\frac{\eta}{\sqrt{1-\left(\frac{\lambda}{2a}\right)^2}}$$

$$Z_e=\frac{2P}{I_e^2}=\frac{\pi^2}{8}\frac{b}{a}\frac{\eta}{\sqrt{1-\left(\frac{\lambda}{2a}\right)^2}}$$

很明显,三种定义的等效阻抗具有不同的系数,但它们与波导截面尺寸有关的部分都相同。实践证明,用上述任何一种等效阻抗式计算的两段不同尺寸的矩形波导连接,只要它们的等效阻抗相等,连接处的反射就最小。这说明上述等效阻抗都可以用于计算 TE_{10} 型模矩形波导的反射和匹配问题,并具有 TEM 型模传输线中的特性阻抗的功能。在工程计算中,为了简化,常以与截面尺寸有关的部分作为公认的等效阻抗：

$$Z_e=\frac{b}{a}\frac{\eta}{\sqrt{1-\left(\frac{\lambda}{2a}\right)^2}} \tag{5.2.46}$$

6. 矩形波导的截面尺寸的选择

矩形波导的截面尺寸选择的首要条件是保证只传输主模 TE_{10} 型模,为此应当满足关系：

$$\begin{cases} a<\lambda<2a \\ 2b<\lambda<2a \end{cases} \tag{5.2.47}$$

于是得到：

$$\begin{cases} \dfrac{\lambda}{2}<a<\lambda \\ 0<b<\dfrac{\lambda}{2} \end{cases} \tag{5.2.48}$$

综合考虑抑制高次模、损耗小和传输功率大诸条件,矩形波导截面尺寸一般选为

$$\begin{cases} a=0.7\lambda \\ b=(0.4\sim 0.5)a \end{cases} \tag{5.2.49}$$

实际使用时,通常按工作频率和用途来选用标准波导,尺寸见附录Ⅷ。

5.3　其他截面的波导

5.3.1　圆波导和椭圆波导

1. 圆波导

圆波导的截面为圆，其半径为 a，采用柱坐标系来运算。与矩形波导类似，圆波导只能传输横电波和横磁波。电磁场在柱坐标系中的表达式为：

$$\begin{cases}\boldsymbol{E}(\rho,\varphi,z,t)=[\boldsymbol{E}_{\mathrm{T}}(\rho,\varphi)+E_z(\rho,\varphi)\boldsymbol{e}_z]\mathrm{e}^{\mathrm{j}(\omega t-k_z z)}\\ \boldsymbol{H}(\rho,\varphi,z,t)=[\boldsymbol{H}_{\mathrm{T}}(\rho,\varphi)+H_z(\rho,\varphi)\boldsymbol{e}_z]\mathrm{e}^{\mathrm{j}(\omega t-k_z z)}\end{cases} \tag{5.3.1}$$

式中下标“T”表示场的横向分量。E_z 和 H_z 在圆波导内满足齐次波动方程式(5.2.1)，它的柱坐标表示是：

$$\frac{\partial^2 E_z}{\partial\rho^2}+\frac{1}{\rho}\frac{\partial E_z}{\partial\rho}+\frac{1}{\rho^2}\frac{\partial^2 E_z}{\partial\varphi^2}+k_c^2E_z=0 \tag{5.3.2}$$

式中 $k_c^2=k^2-k_z^2=\omega^2\mu\varepsilon-k_z^2$。利用分离变量法，设 $E_z(\rho,\varphi)=P(\rho)\Phi(\varphi)$，代入方程(5.3.2)，得到两个常微分方程：

$$\frac{\mathrm{d}^2\Phi}{\mathrm{d}\varphi^2}+m^2\Phi=0 \tag{5.3.3}$$

$$\frac{\mathrm{d}^2P}{\mathrm{d}\rho^2}+\frac{1}{\rho}\frac{\mathrm{d}P}{\mathrm{d}\rho}+\left(k_c^2-\frac{m^2}{\rho^2}\right)P=0 \tag{5.3.4}$$

简谐方程(5.3.3)的通解是：

$$\Phi=C_1\cos m\varphi+C_2\sin m\varphi \tag{5.3.5}$$

由于圆波导具有轴对称性，上述两项的差别仅在极化面相差 $\pi/2$。式(5.3.5)也等价为

$$\Phi=C\cos(m\varphi+\varphi_0)$$

φ_0 的值决定于坐标轴 x 的选择方向(图 5.3.1)，为简化我们取 $\varphi_0=0$，于是

$$\Phi=C\cos(m\varphi)$$

根据场的单值条件，即在波导中同一点的场必须是单值的，所以 Φ 必须以 2π 为周期，即

$$\cos m\varphi=\cos[m(\varphi+2\pi)]=\cos(m\varphi+2m\pi)$$

这里要求 m 必须为整数，即 $m=0,1,2,\cdots$。

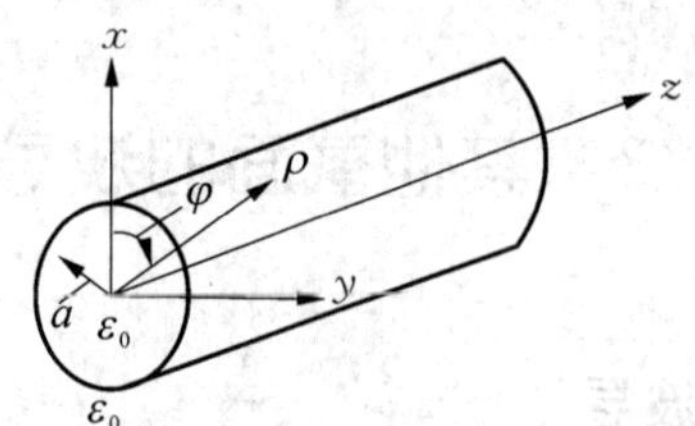

图 5.3.1 圆波导结构示意图

方程(5.3.4)是贝塞尔方程,其通解为:

$$P = AJ_m(k_c\rho) + A'N_m(k_c\rho) \tag{5.3.6}$$

式中 $J_m(k_c\rho)$ 是 m 阶第一类贝塞尔函数;$N_m(k_c\rho)$ 是 m 阶第二类贝塞尔函数(或诺埃曼函数)。图 5.3.2 表示了 m 为 0,1,2,变量 x 为实数的两种函数的曲线。

因为波导内的场是有限的,而由图 5.3.2 知:在 $\rho=0$,$N_m(0)\to-\infty$,所以在解(5.3.6)中,必定要求 $A'=0$,因此得到

$$E_z = E_0 J_m(k_c\rho)\cos m\varphi \mathrm{e}^{\mathrm{j}(\omega t - k_z z)} \tag{5.3.7}$$

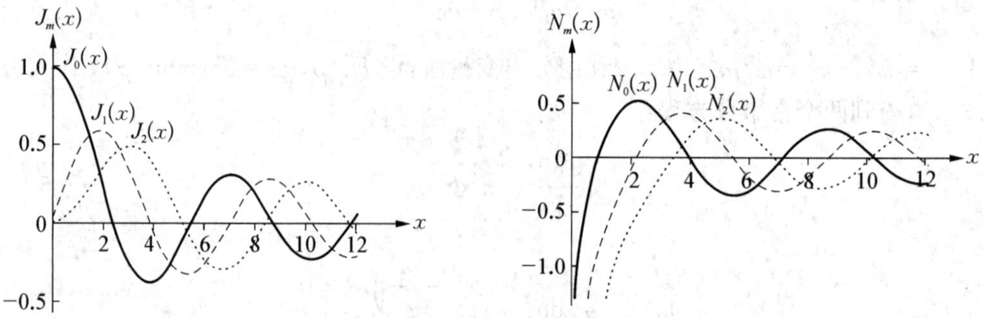

图 5.3.2 贝塞尔函数曲线

振幅 E_0 取决于初始激励的大小,而 k_c 则由圆波导管壁上的边界条件来决定。由 $\rho=0$,$E_z=0$ 可得

$$J_m(k_c a)=0$$

所以 $k_c=\dfrac{x_{mn}}{a}$。x_{mn} 为 m 阶贝塞尔函数 $J_m(x)$ 的第 n 个根(见附录Ⅸ)。一般 x_{mn} 有无穷多个值,对于 $m=0,1,2,3,\cdots;n=1,2,3,\cdots$ 对应不同的 TM_{mn} 波。与矩形波导的推导相类似,可得到圆波导中的 TM_{mn} 波及 TE_{mn} 波的表示式,当然也可得到圆波导中各模式对应的截止波长。

这里只列出一些有用的结果。圆波导中 TE_{11} 波(主型波)的截止波长最长 $\lambda_c|_{\mathrm{TE}_{11}}=3.41a$,其次是 TM_{01} 波,它的截止波长最长 $\lambda_c|_{\mathrm{TM}_{01}}=2.61a$,所以,在圆波导中实现 TE_{11} 波单模传输的波长范围是

$$2.61a < \lambda < 3.41a \tag{5.3.8}$$

图 5.3.3 是 TE_{11} 波的场结构图，图 5.3.4 是矩形波导 TE_{10} 型波到圆波导 TE_{11} 型波的过渡段。因为这两种波型的场结构相似，所以很容易实现它们之间的转换。

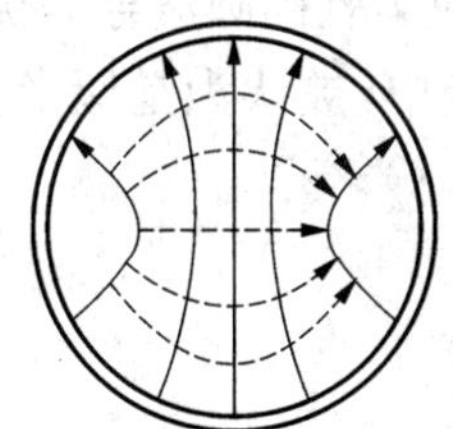

图 5.3.3　TE_{11} 波的场结构图

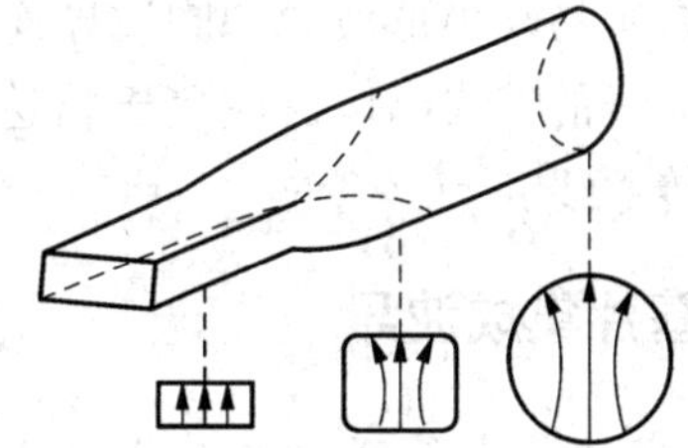

图 5.3.4　矩形波导到圆波导的过渡

下面简单介绍圆波导的应用：

(1) 微波通信收发公用天线中的极化分离器。由于接收和发送分别用了两个相互垂直极化的 TE_{11} 型波（主波型），就可以避免收发两路信号间的耦合（见图 5.3.5）。

(2) 极化衰减器。它由三段装有吸收片的圆波导组成，其中间一段可以旋转。当三段圆波导中 TE_{11} 型波的电场垂直于吸收片时，波几乎无衰减地通过；当中间波导段旋转角度为 θ 时，波经过吸收片衰减后，输出波的电场为 $E\cos^2\theta$（见图 5.3.6）。于是该衰减器的衰减量等于：

$$A = 20\lg\frac{E_{输入}}{E_{输出}} = 20\lg\frac{E}{E\cos^2\theta} = 40\lg(\sec\theta) \tag{5.3.9}$$

这种衰减器的衰减量仅与旋转角 θ 有关，因而可以绝对定标，且它具有宽频带的优点，所以它常在厘米波段和毫米波段用作精密衰减器。

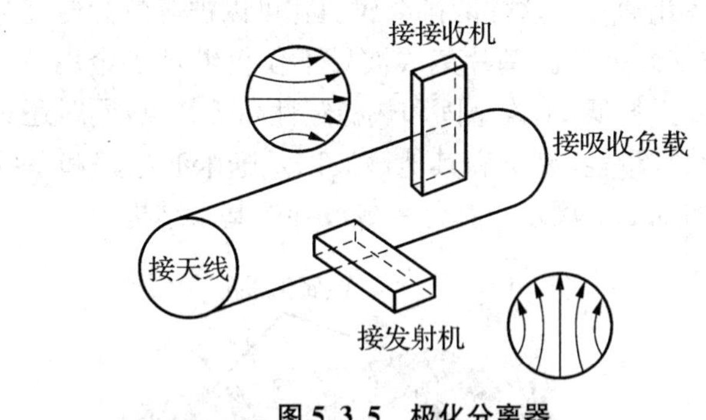

图 5.3.5　极化分离器

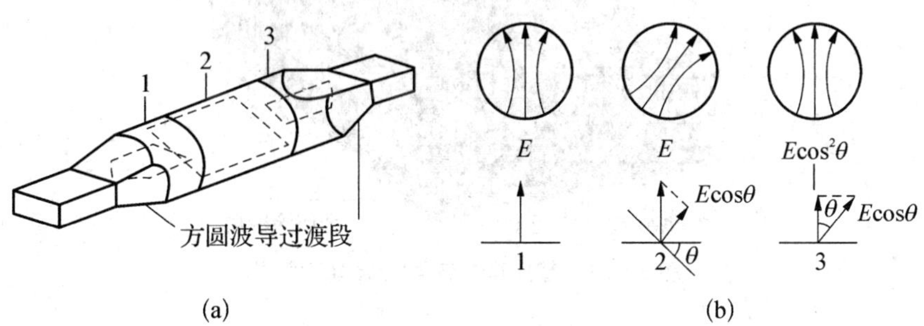

图 5.3.6　极化衰减器

2. 椭圆波导

横截面为椭圆的波导具有大长度、制造容易、运输敷设方便、易弯曲、极化稳定、气密性好、性能可靠、容易与矩形波导和圆波导连接，并可制成柔软椭圆波导等优点，因此目前椭圆波导作为天线的馈线已广泛应用于雷达和通信系统中，被认为是厘米波段中最有前途的一种新型传输线。

5.3.2 基片集成波导

1. 基片集成波导发展历史及其由来

基片集成波导是一种新型的人工集成波导结构，作为一种低剖面传输线被广泛应用。基片集成波导是在双面覆有金属层的低损耗介质基板上，打有两排线性紧密排列的金属化通孔，代替传统金属矩形波导的侧壁，形成的一个准封闭的平面结构。基片集成波导有很多优点，首先，基片集成波导可以近似为二维电路结构，因此，它具有平面电路的许多优点，包括结构紧凑、体积小、重量轻、加工简单、易于与其他平面微波电路和系统集成。同时，基片集成波导保留了传统三维金属波导的许多优点，包括高品质因数、高功率容量等。基于基片集成波导技术的无源电路包括带通带阻滤波器、功分器、定向耦合器和高性能天线等微波无源电路元件。它们广泛应用于微波、毫米波和太赫兹电路设计。近十年来，基片集成波导已成为国内外微波毫米波领域的一个重要研究热点。但是，随着集成电路技术的发展，基片集成电路的尺寸不再能够满足人们对于器件小型化的进一步需求。

2. 基片集成波导设计理论

基片集成波导的结构如图 5.3.7 所示，其结构主要为一块两面覆有金属的介质基板，内部嵌入两排平行的金属化通孔。这样两排金属通孔可以被等效为传统金属波导的两个侧壁，阻止波导的电磁波能量外泄。基片集成波导不仅仅继承了金属波导 Q 值高，功率容量大，辐射损耗小，插入损耗低，结构稳固和热稳定性高等特点，同时还具有类似平面传输线的加工方便、低剖面、重量轻、易于和其他微波以及毫米波电路和系统集成等三维立体器件不具备的优点。图 5.3.7 展示了基片集成波导的基本结构。

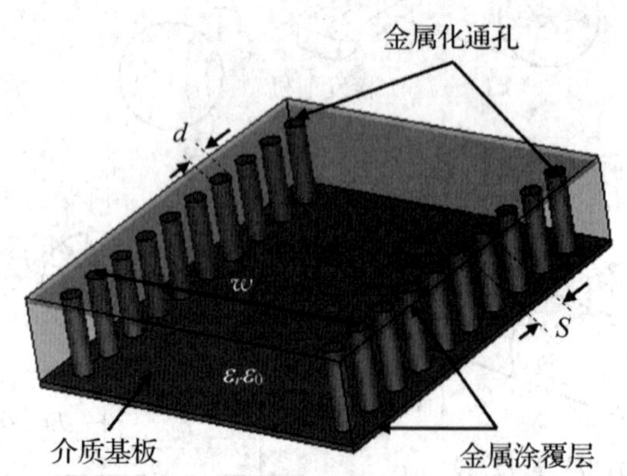

图 5.3.7 基片集成波导的结构示意图

基片集成波导的设计公式最早由 Cassivi. Y 等人提出，通过将基片集成波导等效为介质填充波导，可以近似推出 SIW 的等效宽度为：

$$W_{eff}=W_{siw}-\frac{d^2}{0.95p} \tag{5.3.10}$$

W_{siw} 为金属化通孔横向孔距，显而易见，这个公式并没有反映出 d/W 和 W_{eff} 之间的关系。

紧接着，研究者们通过对矩形波导和 SIW 等效电壁的表面阻抗的分析，得到了一个更为精确的 SIW 等效宽度计算的经验公式：

$$W_{siw}=\frac{2a}{\pi}\operatorname{arccot}\left(\frac{\pi p}{4W_{eff}}\ln\frac{p}{2d}\right) \tag{5.3.11}$$

通过公式(5.3.11)，我们可以进而得到 SIW 内传输的 TE_{n0} 模电磁波的一些特性参数：

传播常数：

$$\beta=\sqrt{k^2-\left(\frac{m\pi}{W_{eff}}\right)^2} \tag{5.3.12}$$

截止频率：

$$f_{c_{n0}}=\frac{1}{2\pi\sqrt{\varepsilon\mu}}\frac{n\pi}{W_{eff}} \tag{5.3.13}$$

基片集成波导工作带宽的研究与传统矩形波导类似，由波导尺寸及支持传播的电磁模式决定。

研究者们通常利用的是 SIW TE_{10} 模，即 TE_{10} 模与 TE_{20} 模截止频率之间的频段。将前文提到的基片集成波导等效宽度计算方法与传统矩形波导理论结合，我们可以得到截止频率的计算方法：

$$f_{cTE_{mn}}=\frac{c_0}{2\sqrt{\varepsilon_r}}\cdot\sqrt{\left(\frac{m}{W_{eff}}\right)^2+\left(\frac{n}{h}\right)^2} \tag{5.3.14}$$

考虑到 SIW 只支持 TE_{n0} 模，所以

$$f_{cTE_{n0}}=\frac{c_0}{\sqrt{\varepsilon_r}}\cdot\frac{n}{2W_{eff}} \tag{5.3.15}$$

在基片集成波导的实际应用中，其损耗也是基片集成电路及系统的研究重点。微波、毫米波基片集成系统的损耗主要分为以下三个部分：一是来自等效为波导侧壁的金属通孔之间的能量辐射损耗，二是介质损耗，三是金属损耗。后两种损耗来自材料本身，不属于微波电路的研究范畴，而对于辐射损耗，我们需要尽可能地减小相邻金属通孔之间的间距来减小这一数值。但实际加工中，受限于现有的工艺精度，金属通孔之间的间距最小值有限，因而需要根据介质波长合理地设计金属通孔之间的间距。

5.4 同轴线

同轴线是两根同轴的圆柱导体构成的导波系统，内导体半径为 a，外导体的内半径为 b。两导体之间填充空气，其间每隔一段距离安置高频介质环等支撑以保证内外导体同轴且绝缘，这种结构为硬同轴线；而软同轴线内导体为单根或多股绞合铜线，外导体由铜丝编织而成，其间填充相对介电常数为 ε_r 的高频介质。

同轴线是一种双导体导行系统，因而它可以传输 TEM 型波，它具有宽频带特性，可以从直流一直工作到毫米波段，是一种应用广泛的宽频带馈线。但当同轴线的横向尺寸可与工作波长相比拟时，同轴线中也会出现 TE 模和 TM 模，它们是同轴线的高次模。本节主要研究同轴线在以 TEM 模工作时的传输特性，同时也分析其高次模，以便选择同轴线的尺寸来避免它。

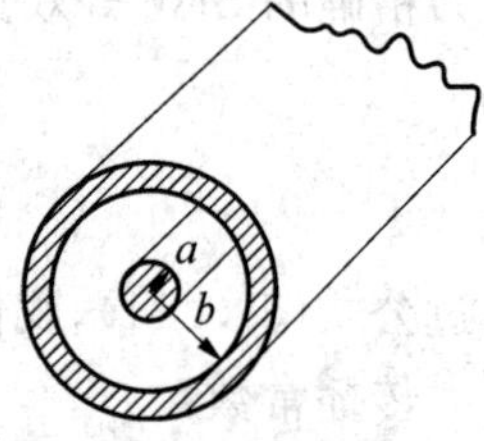

图 5.4.1　同轴线的结构

一、同轴线中的 TEM 波

图 5.4.1 是同轴线的结构，采用柱坐标系 (ρ,φ,z)。对 TEM 模，$E_z=H_z=0$，它的横向场 $\boldsymbol{E}_{\mathrm{T}}(\rho,\varphi,z)=\boldsymbol{E}_{0\mathrm{T}}(\rho,\varphi)\mathrm{e}^{-\mathrm{j}\beta z}$，而 $\nabla_{\mathrm{T}}\times\boldsymbol{E}_{\mathrm{T}}=-\mathrm{j}\omega\mu H_z\boldsymbol{e}_z=0$，于是 $\boldsymbol{E}_{0\mathrm{T}}(\rho,\varphi)$ 可用标量势函数 $\Phi(\rho,\varphi)$ 的梯度表示：

$$\boldsymbol{E}_{0\mathrm{T}}(\rho,\varphi)=-\nabla_{\mathrm{T}}\Phi(\rho,\varphi) \tag{5.4.1}$$

又因为 $\nabla\cdot\boldsymbol{E}_{\mathrm{T}}=0$，所以势函数 $\Phi(\rho,\varphi)$ 满足拉普拉斯方程：

$$\nabla_{\mathrm{T}}^2\Phi(\rho,\varphi)=0 \tag{5.4.2}$$

用柱坐标表示：

$$\frac{1}{\rho}\frac{\partial}{\partial\rho}\left(\rho\frac{\partial\Phi}{\partial\rho}\right)+\frac{1}{\rho^2}\frac{\partial^2\Phi}{\partial\varphi^2}=0 \tag{5.4.3}$$

设边界条件是：

$$\begin{cases}\Phi(a,\varphi)=U_0\\ \Phi(b,\varphi)=0\end{cases} \tag{5.4.4}$$

用分离变量法对式(5.4.3)求解，令

$$\Phi(\rho,\varphi)=P(\rho)F(\varphi) \tag{5.4.5}$$

代入式(5.4.3)得到：

$$\frac{\rho}{P(\rho)}\frac{\partial}{\partial\rho}\left(\rho\frac{\partial P(\rho)}{\partial\rho}\right)+\frac{1}{F(\varphi)}\frac{\partial^2F(\varphi)}{\partial\varphi^2}=0 \tag{5.4.6}$$

为使此式成立，它的每一项都必须等于常数。令 k_ρ 和 k_φ 是两个分离变量常数，得到方程：

$$\frac{\rho}{P(\rho)}\frac{\mathrm{d}}{\mathrm{d}\rho}\left(\rho\frac{\mathrm{d}P(\rho)}{\mathrm{d}\rho}\right)=-k_{\rho}^{2} \tag{5.4.7}$$

$$\frac{1}{F(\varphi)}\frac{\mathrm{d}^{2}F(\varphi)}{\mathrm{d}\varphi^{2}}=-k_{\varphi}^{2} \tag{5.4.8}$$

$$k_{\rho}^{2}+k_{\varphi}^{2}=0 \tag{5.4.9}$$

式(5.4.8)的一般解为：

$$F(\varphi)=A\cos n\varphi+B\sin n\varphi \tag{5.4.10}$$

式中 $k_{\varphi}=n$ 必须是整数，这是因为场沿 φ 方向呈周期性变化所致。边界条件(5.4.4)并不随 φ 变化，因此，势函数 $\Phi(\rho,\varphi)$ 也不随 φ 变化，这样 n 必须为零，得到 $F(\varphi)=A$，由式(5.4.8)和(5.4.9)得 $k_{\rho}=0$，于是方程(5.4.7)简化为

$$\frac{\mathrm{d}}{\mathrm{d}\rho}\left(\rho\frac{\mathrm{d}P(\rho)}{\mathrm{d}\rho}\right)=0 \tag{5.4.11}$$

其解是

$$P(\rho)=C\ln\rho+D \tag{5.4.12}$$

而势函数可写为

$$\Phi(\rho,\varphi)=A(C\ln\rho+D)=C_{1}\ln\rho+C_{2} \tag{5.4.13}$$

将边界条件式(5.4.4)代入上式，有

$$\begin{cases}\Phi(a,\varphi)=U_{0}=C_{1}\ln a+C_{2}\\ \Phi(b,\varphi)=0=C_{1}\ln b+C_{2}\end{cases}$$

由此解出 C_1 和 C_2，代入式(5.4.13)，最后解出势函数：

$$\Phi(\rho,\varphi)=U_{0}\frac{\ln(b/\rho)}{\ln(b/a)} \tag{5.4.14}$$

从式(5.4.1)可以求出横向电场：

$$\boldsymbol{E}_{0\mathrm{T}}(\rho,\varphi)=-\nabla_{T}\Phi(\rho,\varphi)=-\left(\frac{\partial\Phi(\rho,\varphi)}{\partial\rho}\boldsymbol{e}_{\rho}+\frac{\partial\Phi(\rho,\varphi)}{\rho\partial\varphi}\boldsymbol{e}_{\varphi}\right)=\frac{U_{0}}{\rho\ln\dfrac{b}{a}}\boldsymbol{e}_{\rho}$$

于是电场就得到了：

$$\boldsymbol{E}(\rho,\varphi,z)=\boldsymbol{E}_{0\mathrm{T}}(\rho,\varphi)\mathrm{e}^{-\mathrm{j}\beta z}=\frac{U_{0}\mathrm{e}^{-\mathrm{j}\beta z}}{\rho\ln\dfrac{b}{a}}\boldsymbol{e}_{\rho} \tag{5.4.15}$$

式中传播常数

$$\beta = k = \omega\sqrt{\mu\varepsilon} \tag{5.4.16}$$

至于横向磁场，可表示为：

$$\boldsymbol{H}(\rho,\varphi,z) = \frac{1}{\eta}\boldsymbol{e}_z \times \boldsymbol{E}_{0\mathrm{T}}(\rho,\varphi)\mathrm{e}^{-\mathrm{j}\beta z} = \frac{U_0\mathrm{e}^{-\mathrm{j}\beta z}}{\eta\rho\ln\dfrac{b}{a}}\boldsymbol{e}_\varphi \tag{5.4.17}$$

式中 $\eta = \sqrt{\dfrac{\mu}{\varepsilon}} = \dfrac{120\pi}{\sqrt{\varepsilon_r}}$ 为波阻抗。根据式(5.4.15)和(5.4.17)，可画出同轴线中 TEM 波的场结构图(如图 5.4.2)，可见，同轴线中 TEM 波电场只有径向分量，磁力线只有 φ 方向分量，且磁力线是闭合圆周。电场和磁场的大小与 ρ 成反比变化，在内导体附近场强最大，且电场和磁场随空间 z 和时间 t 的变化是同相的。

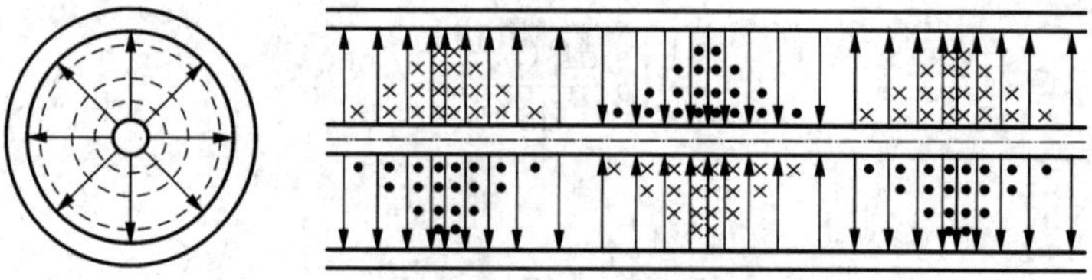

图 5.4.2　同轴线中 TEM 波的场结构

二、传输特性

1. 相速和波导波长

对 TEM 模，截止频率 $f_c=0$，截止波长 $\lambda_c=\infty$。相位常数 $\beta=\omega\sqrt{\mu\varepsilon}$、相速 v_p 与群速 v_g 之间满足如下关系：

$$v_p = v_g = \frac{c}{\sqrt{\varepsilon_r}} \tag{5.4.18}$$

c 乃自由空间中的光速。导波波长：

$$\lambda_g = \lambda = \frac{\lambda_0}{\sqrt{\varepsilon_r}} \tag{5.4.19}$$

2. 特性阻抗

传输线的特性阻抗定义为线上行波电压 U 和行波电流 I 之比，对同轴线，行波电压等于：

$$U = \int_a^b E_\rho \mathrm{d}\rho = \frac{U_0}{\ln\dfrac{b}{a}}\left(\ln\frac{b}{a}\right)\mathrm{e}^{-\mathrm{j}\beta z} = U_0\mathrm{e}^{-\mathrm{j}\beta z}$$

内导体上的总电流可由式(5.3.17)求出：

$$I=\int_0^{2\pi} aH_\varphi \mathrm{d}\varphi=\frac{2\pi U_0}{\eta \ln \frac{b}{a}}\mathrm{e}^{-\mathrm{j}\beta z}$$

特性阻抗：
$$Z_0=\frac{U}{I}=\frac{\eta \ln \frac{b}{a}}{2\pi}=\frac{60}{\sqrt{\varepsilon_r}}\ln\frac{b}{a}(\Omega) \tag{5.4.20}$$

3. 衰减常数

同轴线的损耗通常包括内外导体的电阻损耗和其间填充介质的介质损耗两部分。由传输线理论中的式(4.1.22)知道，其衰减常数可表示为：

$$\alpha=\alpha_c+\alpha_d=\frac{R_0}{2Z_0}+\frac{G_0 Z_0}{2}\quad (\mathrm{Np/m}) \tag{5.4.21}$$

式中 R_0 和 G_0 分别为同轴线单位长度的分布电阻和分布电导，Z_0 为其特性阻抗。假定高频电流在同轴线内外导体壁上的趋肤厚度 δ 截面内是均匀分布的，那么它的分布电阻应当等于

$$R_0=\frac{1}{\sigma s_1}+\frac{1}{\sigma s_2}=\frac{1}{\sigma}\left(\frac{1}{2\pi b\delta}+\frac{1}{2\pi a\delta}\right)=\frac{R_s}{2\pi}\left(\frac{1}{b}+\frac{1}{a}\right) \tag{5.4.22}$$

式中 $R_s=\frac{1}{\sigma\delta}=\sqrt{\frac{\omega\mu}{2\sigma}}$ 是导体的表面电阻。

在同轴线中半径为 ρ、厚度为 $\mathrm{d}\rho$ 的单位长度的介质中的漏电阻为 $\mathrm{d}R_d=\frac{1}{\sigma_d}\frac{\mathrm{d}\rho}{2\pi\rho}$，所以同轴线单位长度的漏电阻等于

$$R_d=\int_a^b \mathrm{d}R_d=\frac{1}{2\pi\sigma_d}\int_a^b\frac{\mathrm{d}\rho}{\rho}=\frac{1}{2\pi\sigma_d}\ln\frac{b}{a} \tag{5.4.23}$$

而同轴线的单位长度分布电导为

$$G_0=\frac{1}{R_d}=\frac{2\pi\sigma_d}{\ln\frac{b}{a}} \tag{5.4.24}$$

将式(5.4.20)、(5.4.22)和(5.4.24)代入式(5.4.21)得到：

$$\alpha_c=\frac{R_s}{2\eta\ln\frac{b}{a}}\left(\frac{1}{b}+\frac{1}{a}\right)\quad(\mathrm{Np/m}) \tag{5.4.25}$$

$$\alpha_d=\frac{\sigma_d\eta}{2}=\frac{\omega\sqrt{\mu\varepsilon}}{2}\tan\delta\quad(\mathrm{Np/m}) \tag{5.4.26}$$

式中 $\tan\delta=\frac{\sigma_d}{\omega\varepsilon}$ 是介质损耗角的正切。通常 $\mu=\mu_0$，因而式(5.4.26)又可写为：

$$\alpha_d=\frac{\pi\sqrt{\varepsilon_r}}{\lambda_0}\tan\delta \quad (\text{Np/m}) \tag{5.4.27}$$

式(5.4.25)说明了同轴线的导体损耗与工作频率有关,因为式中的 $R_s=\sqrt{\frac{\omega\mu}{2\sigma}}$,频率越高,$R_s$ 就越大,α_c 也就越大,因此在毫米波段常用波导来传输能量。同轴线的导体损耗又与它的尺寸有关,当 b/a 一定时,b 或 a 越大,α_c 就越小;在外径 b 一定时,由 $\partial\alpha_c/\partial a=0$ 可求得空气同轴线导体损耗最小的尺寸为

$$\frac{b}{a}=3.591 \tag{5.4.28}$$

与它相应的空气同轴线特性阻抗等于 76.71 Ω。式(5.4.27)说明了同轴线的介质损耗和它的尺寸无关,而是决定于填充介质的特性(ε_r 和 $\tan\delta$),并与工作波长 λ_0 成反比。当同轴线中填充空气时,其介质损耗可以忽略不计。

例 5.2 一同轴电缆有如下参数 $R_0=32\ \Omega/\text{km}$,$L_0=1.4\ \text{mH/km}$,$C_0=88\ \text{nF/km}$,而 G_0 可忽略。

(1) 求证此电缆在 1 MHz 到 20 MHz 频率范围内是一无畸变的传输线。

(2) 计算在 20 MHz 时,它的特性阻抗和传输常数。

解 (1) 对有耗电缆,要证明它是一无畸变的传输线,必须在感兴趣的频段的最低端上,也存在 R_0 比 ωL_0 小得多,即在 1 MHz 时,

$$\omega L_0=2\pi\times10^6\times1.4\times10^{-3}=2.8\pi\times10^3\ \Omega/\text{km}\gg32\ \Omega/\text{km}$$

所以,在感兴趣的频段的任何频率上,传输线都是无畸变的。

(2) 对无畸变的低耗线,特性阻抗 $Z_0=\sqrt{\frac{L_0}{C_0}}=126.13\ \Omega$

传输常数中的相位常数 $\beta=\omega\sqrt{L_0C_0}=1\,394.81\ \text{rad/km}$

而衰减常数 $\alpha=\frac{R_0}{2}\sqrt{\frac{C_0}{L_0}}=\frac{R_0}{2Z_0}=0.126\,9\ \text{Np/km}$

4. 传输功率

从式(5.4.15)和(5.4.17)知道,同轴线中的电场和磁场为:

$$\begin{cases}\boldsymbol{E}=\dfrac{U_0}{\rho\ln\dfrac{b}{a}}\mathrm{e}^{-\mathrm{j}\beta z}\boldsymbol{e}_\rho\\[2ex]\boldsymbol{H}=\dfrac{U_0}{\eta\rho\ln\dfrac{b}{a}}\mathrm{e}^{-\mathrm{j}\beta z}\boldsymbol{e}_\varphi\end{cases} \tag{5.4.29}$$

因而同轴线的传输功率等于

$$P=\frac{1}{2}\int(\boldsymbol{E}\times\boldsymbol{H}^{*})\cdot\mathrm{d}\boldsymbol{s}=\frac{1}{2\eta}\int_{a}^{b}\int_{0}^{2\pi}\frac{U_0^2}{\rho\ln^2(b/a)}\mathrm{d}\varphi\,\mathrm{d}\rho=\frac{\pi U_0^2}{\eta\ln(b/a)} \tag{5.4.30}$$

由于在同轴线中最大电场出现在内导体表面（$\rho=a$）处，其值为 $E_{\max}=\dfrac{U_0}{a\ln(b/a)}$，因而 U_0 和 P 可表示为：

$$\begin{cases}U_0=aE_{\max}\ln\dfrac{b}{a}\\ P=\dfrac{\pi a^2}{\eta}E_{\max}^2\ln\dfrac{b}{a}\end{cases} \tag{5.4.31}$$

当同轴线中最大电场等于介质的击穿场强 $E_{\max}=E_{br}$ 时，它所对应的电压和传输功率就分别等于同轴线的耐压 U_{br} 和功率容量 P_{br}，于是

$$\begin{cases}U_{br}=aE_{br}\ln\dfrac{b}{a}\\ P_{br}=\dfrac{\pi a^2}{\eta}E_{br}^2\ln\dfrac{b}{a}=\dfrac{\sqrt{\varepsilon_r}a^2}{120}E_{br}^2\ln\dfrac{b}{a}\end{cases} \tag{5.4.32}$$

在选用同轴线时，似乎较粗的同轴线可增大功率容量，但是这会导致出现高次模，从而限制其最大工作频率。于是，对给定的最大工作频率 $f_{\max}$，存在同轴线的功率容量上限：

$$P_{\max}=\frac{5.8\times10^{12}E_{br}^2}{f_{\max}^2} \tag{5.4.33}$$

例如 10 GHz 时无高次模的任意同轴线最大的峰功率容量约为 520 kW。在实际应用时，考虑到驻波的影响和安全系数，通常取式(5.4.32)或(5.4.33)中功率值的四分之一为实用功率容量。由 $\partial P_{\max}/\partial a=0$(固定 b 值不变)，可求得功率容量最大时的尺寸条件：

$$\frac{b}{a}=1.649 \tag{5.4.34}$$

该尺寸相应的空气同轴线的特性阻抗为 30 Ω，但常用同轴线的特性阻抗为 75 Ω 和 50 Ω，显然前者接近使 α_c 为最小，而后者则兼顾了 α_c 要小和 P_{br} 要大的两方面要求。

三、同轴线中的高次模和尺寸选择

在一定的尺寸条件下，同轴线中除了 TEM 模以外，也会出现 TE 模和 TM 模。在实际应用中，这些高次模通常是截止的，只是在不连续性结构处或者激励源附近存在。重要的是要知道这些高次模的截止波长或截止频率，以避免这些模式在同轴线中传播，而这正是要分析同轴线高此模的目的。

略去介绍用数值法求解超越方程，直接列出最低次 TM_{01} 模的截止波长近似值：

$$\lambda_{cTM_{01}}\cong2(b-a) \tag{5.4.35}$$

及 TE_{11} 模的截止波长近似值为

$$\lambda_{cTE_{11}} \cong \pi(b+a) \tag{5.4.36}$$

为了保证同轴线中只传输 TEM 模，就必须抑制最低次波导模 TE_{11} 模，它的截止波长最大，为此应当满足条件：

$$\lambda_{\min} > \pi(b+a) \tag{5.4.37}$$

在应用中，一般取 $\lambda_{\min} \geqslant 1.1\pi(b+a)$ 为最短安全波长。如果工作波长已知，则同轴线的尺寸必须满足

$$(b+a) \leqslant \frac{\lambda_{\min}}{1.1\pi}$$

目前同轴线已有标准化尺寸，见附录Ⅶ。

5.5 微带线

在 20 世纪 50 年代以前，所有的微波传输线几乎都采用金属波导和同轴线。随着航空和航天技术的发展，要求微波电路和系统做到体积小、重量轻、性能可靠。首先需要解决的问题是要有新的导波系统，且应是平面型结构，使微波电路和系统能集成化。50 年代初出现了第一代微波印制传输线——带状线。在有些场合，它可取代波导和同轴线，用来制作微波无源电路。随着芯片型式微波固体器件的发展，要求有适合其输入输出连接的导行系统，到 60 年代初出现了第二代微波印制传输线——微带线。随后又相继出现一些平面型微波集成传输线。本章着重介绍目前在混合微波集成电路(HMIC)和单片微波集成电路(MMIC)中使用最多的标准微带线，对其他形式的微带线，仅作简单介绍。

5.5.1 微带线的工作波型和准静态分析法

微带是双导体系统，如果是无介质填充的空气微带，则它传播的是 TEM 波。但当介质基片存在时，由于场分布除了要满足导体表面的边界条件外，还需要满足介质与空气分界面上的边界条件。因此，这时微带中传播的是电场和磁场的纵向分量都不为零的混合波，但是由于微带线的场能量绝大部分是集中在介质区域中，而在空气区域中则很少，所以，它的纵向场分量的幅度比起相应的横向场分量要小得多，当微带宽度 W 和基片高度 h 均远小于 $\lambda/2\sqrt{\varepsilon_r}$（其中 λ 为工作波长，ε_r 为基片材料的相对介电常数），则杂型波极小，因此，微带工作于准 TEM 波，从而，它仍可以按 TEM 波传输线来做准静态近似分析。

分析微带的困难在于它是一个具有部分介质填充和部分空气填充的复合填充的问题。我们先避开这里，而研究单一空气及单一介质填充的问题。

对于 TEM 波，根据传输线理论，传输线的特性阻抗 Z_0 和相速 v_p 分别为：

$$\begin{cases} Z_0 = \sqrt{\dfrac{L_0}{C_0}} \\ v_p = \dfrac{1}{\sqrt{L_0 C_0}} \end{cases} \tag{5.5.1}$$

式中 L_0 和 C_0 分别为传输线的分布电感和分布电容。由式(5.5.1)得：

$$Z_0 = \frac{1}{v_p C_0}$$

当传输线全部处在空气中或真空中时，$v_p = c = 3 \times 10^8$ 米/秒。当传输线全部处于相对介电常数为 ε_r 的介质中时 $v_p = \dfrac{c}{\sqrt{\varepsilon_r}}$，所以，单一空气填充微带线的特性阻抗 Z_0^a 为

$$Z_0^a = \frac{1}{c C_0^a} \tag{5.5.2}$$

单一介质填充微带线的特性阻抗 Z_0^b 为

$$Z_0^b = \frac{1}{\dfrac{c}{\sqrt{\varepsilon_r}}(\varepsilon_r C_0^a)} = \frac{Z_0^a}{\sqrt{\varepsilon_r}} \tag{5.5.3}$$

对于复合介质填充微带线，其分布电容 C_0 应满足

$$C_0^a < C_0 < \varepsilon_r C_0^a$$

如果引入微带的有效介电常数 ε_e，使它满足下列关系：

$$C_0 = \varepsilon_e C_0^a \quad (1 < \varepsilon_e < \varepsilon_r) \tag{5.5.4}$$

或 $\varepsilon_e = C_0 / C_0^a$。这样，就把一个复合介质填充微带线等效为一个以有效介电常数 ε_e 均匀填充的微带线。显然，等效的原则是在这两种情况下微带的尺寸和它的分布电容不变。

利用上述等效，类似于式(5.5.3)，容易写出微带线的特性阻抗 Z_0 为

$$Z_0 = \frac{Z_0^a}{\sqrt{\varepsilon_e}} \tag{5.5.5}$$

因此，如要求微带线的特性阻抗 Z_0，可先求同尺寸的空气微带的特性阻抗 Z_0^a，再求介质基片存在时的有效介电常数 ε_e，然后按式(5.5.5)来计算。类似地，还可写出微带线的其他传输参数的表示式：

$$\lambda_g = \frac{\lambda_0}{\sqrt{\varepsilon_e}} \tag{5.5.6}$$

和

$$v_p = \frac{c}{\sqrt{\varepsilon_e}} \tag{5.5.7}$$

5.5.2 微带线的特性阻抗和有效介电常数

对于微带线的特性阻抗和有效介电常数，人们已进行了大量的研究。为了便于在工程上实际应用，我们这里直接列出零厚度微带线的特性阻抗和有效介电常数的近似解的两种精度的表示式。

1. 最常用的较简单的公式

对于 $W/h \geqslant 1$ 的情形，

$$Z_0=\frac{120\pi}{\sqrt{\varepsilon_e}}\left[\frac{W}{h}+2.42-0.44\frac{h}{W}+\left(1-\frac{h}{W}\right)^6\right]^{-1}(\Omega) \tag{5.5.8}$$

对于 $W/h \leqslant 1$ 的情形，

$$Z_0=\frac{60}{\sqrt{\varepsilon_e}}\ln\left(\frac{8h}{W}+\frac{W}{4h}\right)(\Omega) \tag{5.5.9}$$

其中有效介电常数 ε_e 可以利用有效填充因子 q 来计算：

$$\varepsilon_e=1+q(\varepsilon_r-1) \tag{5.5.10}$$

q 表示了介质填充的程度：q 为 0 对应于全部空气填充（$\varepsilon_e=1$）；q 为 1 对应于全部介质填充（$\varepsilon_e=\varepsilon_r$）；$q$ 是 W/h 的函数，它的近似计算式为

$$q=\frac{1}{2}\left[1+\left(1+10\frac{h}{W}\right)^{-\frac{1}{2}}\right] \tag{5.5.11}$$

由式(5.5.10)和(5.5.11)，可得

$$\varepsilon_e=\frac{\varepsilon_r+1}{2}+\frac{\varepsilon_r-1}{2}\left(1+10\frac{h}{W}\right)^{-\frac{1}{2}} \tag{5.5.12}$$

上式的精度为 2%。

2. 另一个经过改进的近似公式

对于 $W/h \geqslant 1$ 的情形，

$$Z_0=\frac{120\pi}{\sqrt{\varepsilon_e}}\left[\frac{W}{h}+1.393+0.667\ln\left(\frac{W}{h}+1.444\right)\right]^{-1}(\Omega) \tag{5.5.13}$$

其中

$$\varepsilon_e=\frac{\varepsilon_r+1}{2}+\frac{\varepsilon_r-1}{2}\left(1+12\frac{h}{W}\right)^{-\frac{1}{2}} \tag{5.5.14}$$

对于 $W/h \leqslant 1$ 的情形，

$$Z_0=\frac{60}{\sqrt{\varepsilon_e}}\ln\left(\frac{8h}{W}+\frac{W}{4h}\right)(\Omega) \tag{5.5.15}$$

此式与(5.5.9)式相同，但式中的ε_e为：

$$\varepsilon_e=\frac{\varepsilon_r+1}{2}+\frac{\varepsilon_r-1}{2}\left[\left(1+12\frac{h}{W}\right)^{-\frac{1}{2}}+0.04\left(1-\frac{W}{h}\right)^2\right] \tag{5.5.16}$$

上述公式在$\varepsilon_r\leqslant 16$，$0.05\leqslant W/h\leqslant 1$时的精度优于0.5%，在$\varepsilon_r\leqslant 16$，$1\leqslant W/h\leqslant 20$时的精度优于0.8%。

3. 假定已知Z_0和ε_r，求微带线的尺寸

微带线的尺寸同样可由经验公式求出。先求判断参数A：

$$A=\frac{Z_0}{60}\sqrt{\frac{\varepsilon_r+1}{2}}+\frac{\varepsilon_r-1}{\varepsilon_r+1}\left(0.23+\frac{0.11}{\varepsilon_r}\right) \tag{5.5.17}$$

当$A>1.52$时的窄带情形：

$$\frac{W}{h}=\frac{8}{\mathrm{e}^A-2\mathrm{e}^{-A}} \tag{5.5.18}$$

当$A\leqslant 1.52$时的宽带情形：

$$\frac{W}{h}=\frac{\varepsilon_r+1}{\pi\varepsilon_r}\left[\ln(B-1)+0.39-\frac{0.61}{\varepsilon_r}\right]+\frac{2}{\pi}[B-1-\ln(2B-1)] \tag{5.5.19}$$

式中

$$B=\frac{60\pi^2}{\sqrt{\varepsilon_r}Z_0}=\frac{377\pi}{2Z_0\sqrt{\varepsilon_r}} \tag{5.5.20}$$

4. 带条的厚度效应

上面所给出的公式都是在不考虑带条厚度时得到的，当考虑带条厚度t时，将对上述公式进行修正。

在(5.5.13)和(5.5.15)中，厚度效应只需修正公式中的导带宽度W，将它用有效导带宽度W_e来代替，且有

$$\frac{W_e}{h}=\frac{W}{h}+\frac{\Delta W}{h} \tag{5.5.21}$$

式中

$$\frac{\Delta W}{h}=\begin{cases}\dfrac{1.25}{\pi}\dfrac{t}{h}\left(1+\ln\dfrac{2h}{t}\right) & \left(\dfrac{W}{h}\geqslant\dfrac{1}{2\pi}\right)\\[2ex] \dfrac{1.25}{\pi}\dfrac{t}{h}\left(1+\ln\dfrac{4\pi W}{t}\right) & \left(\dfrac{W}{h}\leqslant\dfrac{1}{2\pi}\right)\end{cases} \tag{5.5.22}$$

对于ε_e的修正为：

$$\varepsilon_e=\frac{\varepsilon_r+1}{2}+\frac{\varepsilon_r-1}{2}\left(1+10\frac{h}{W}\right)^{-\frac{1}{2}}-\frac{\varepsilon_r-1}{4.6}\frac{t/h}{\sqrt{W/h}} \tag{5.5.23}$$

这些经验公式能方便地计算出工程设计所需要的数据。

5.5.3 其他形式的平面波导

前面讨论的微带线，其基本结构是接地板上紧贴一厚度为 h 的介质基片，基片上附以导体带条。此种形式在微波集成电路中应用最广泛，所以称之为标准微带线。它的优点是结构简单、加工容易和微波固体器件连接方便。不足之处是：介质基片对电路 Q 值有影响，因为微带线的电场部分在介质中，所以在构成耦合微带线元件时使性能变坏；由于基片的存在，当带条和接地板间需要短路或微波固体器件要求并联安装时都不方便。当前微带电路的应用是多方面的，因各种具体使用特点，对微带线的结构和电性能提出了新的要求，所以有时必须将标准微带线加以变形而构成一些新的形式。

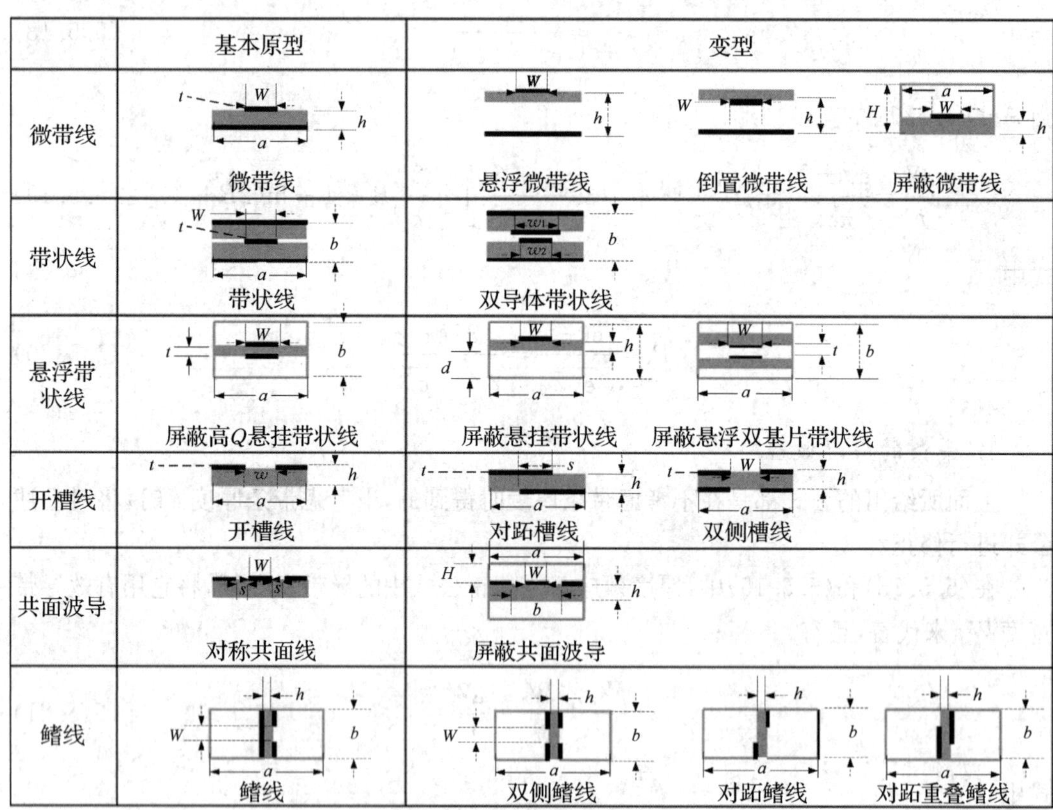

图 5.5.1 其他形式的微带线和其他形式的微波平面电路

图 5.5.1 中所示的悬挂微带和倒置微带线中，导体带条敷于薄介质片上而悬挂在接地板上面的空间。从图中的结构看到，这种微带线的大部分电力线将集中于空气中，因而介质引入的影响很小，ε_e 接近于 1，在构成耦合微带线时，它的 Q 值也提高了，所以有利于用来作滤波器、谐振器等电路元件。此外，因倒转微带的导体带条和接地板之间没有介

质板隔离，因而便于两者间接成短路。上述形式微带线的缺点是结构不如标准微带线紧凑，且由于介质基本上是空气，所以其小型化程度也不如标准微带线，只是在某些特殊情况下使用。

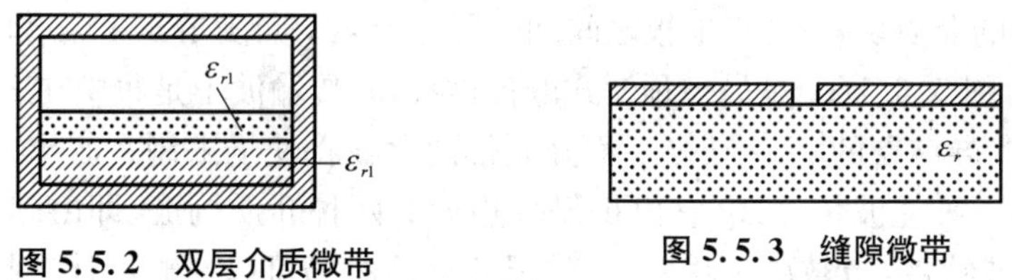

图 5.5.2　双层介质微带　　**图 5.5.3　缝隙微带**

图 5.5.2 所示结构是双层介质微带线，其外围为屏蔽盒及接地板，微带线夹于两块介质基片之间，两基片的材料可以相同也可以不同。这种微带线多用以构成耦合微带线元件。图 5.5.3 中的微带线称为缝隙微带线，其特点是介质板的一面敷以导体，中间隔有缝隙，此缝隙可以构成各种电路图形。当介质板厚度甚大于缝隙宽度时，电场不会渗入介质板很深，所以它的另一面不再需要接地板。缝隙微带线的优点是两块导体都在介质板的一侧，因此对固体器件的安装、导体间的短路都十分方便。缝隙微带线和一般微带线的电磁场结构完全不同，它已不是准 TEM 波，而是一种波导波型，其相速、特性阻抗等参量均随频率而变(具体应用和理论分析这里均不作介绍)。

5.6　介质波导和光纤

5.6.1　介质波导

介质波导是一种开放式传输线，和金属波导、微带线相比，介质波导目前是广泛应用于毫米波以及光波领域的传输线结构，也是毫米波集成电路和光集成电路的重要组成部分。介质波导具有工艺简单、制造容易的优点。

介质波导的结构形式很多，横截面有矩形、圆形、椭圆形等，还有这些形状的变形形式，在图 5.6.1 中绘出几种常见的形式，其各有特点和应用。

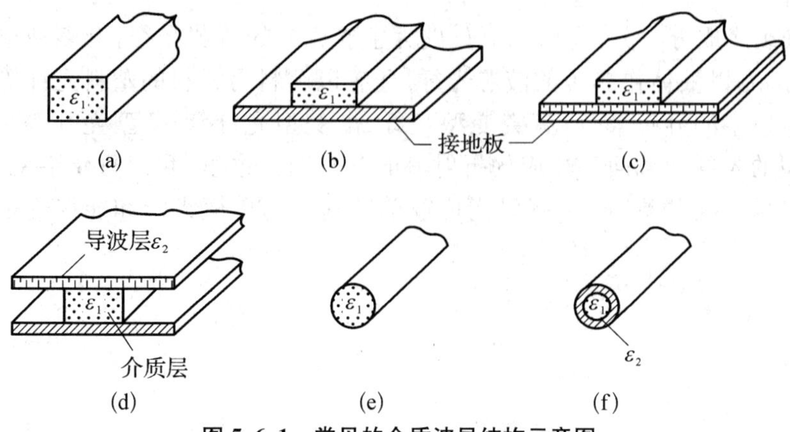

图 5.6.1　常见的介质波导结构示意图

图 5.6.1(a)与图 5.6.1(e)中的纯介质导波结构，由于电磁能量在传输过程中主要集中于介质区域中，传输模式属于一种表面波。图 5.6.1(b)和图 5.6.1(c)是在图 5.6.1(a)结构的基础上引入接地板结构，方便给外接器件加直流偏置，图 5.6.1(c)的结构，相当于在图 5.6.1(b)的介质块 ε_1 与接地板之间加一层介质 ε_2，当满足 $\varepsilon_2 < \varepsilon_1$ 时，可以进一步减少导体损耗，图 5.6.1(d)是另一种形式的传输线，其传输波不是集中在 ε_1 中，而是集中在导波层 ε_2 中，导波层的 ε_2 大于 ε_1，而介质带的存在将使场限制在波导中心区域附近。图 5.6.1(f)是一种光波传输线，它由折射率相近的两种介质构成，即由圆柱芯和敷层构成。根据表面波特性，当敷层足够厚时，敷层外表面的场可以忽略不计，因此分析其特性时，可视为圆柱形介质波导，这种波导具有频带宽、损耗小、传输容量大、保密性好等优点，在光通信中有着广泛的应用。

介质波导更适用于微波和光波的传输，由于介质的介电常数 ε 和磁导率 μ 比周围空气中的参数 ε_0、μ_0 要大。根据全反射的知识：若具有高介电常数的介质被低介电常数的介质包围，那么在介质内传输的电磁波就有可能在两种介质的分界面处产生全反射，从而在介质内传播。这就是介质波导的导波原理。

实践证明，到了毫米波频段，介质波导能够较好地传输电磁波能量。而且随着频率的升高，介质能有效地把电磁能量限制在介质内部，且损耗不大。如果传输波的工作频率比较低，则介质波导的辐射损耗比较大。

如前所述，光波导也属于介质波导的范畴，但它与一般微波范围内使用的介质波导相比，工作频率高得多，横截面尺寸小得多，比如介质圆柱形波导，直径约在数个微米的量级，通常将之称为光导纤维(光纤)，下面我们以光纤为例分析圆柱形介质波导的一些特性。

5.6.2 光纤

光纤是一种光波导传输线，属于一种圆柱形的介质波导，它由纤芯和包层组成，通常在包层外还加一层塑料保护套。纤芯的折射率 n_1 比包层的折射率 n_2 大。光纤具有损耗低、频带宽、信息容量大、重量轻、线径细、可挠性好、节省资源以及不受电磁干扰和抗腐蚀等优点。它不但可用于激光通信，而且还可构成各种光纤传感器用于检测等等。

光纤按组成成分来分，有以二氧化硅为主要成分的石英光纤，有多种组成成分的多组份光纤，有以液体作芯子的液芯光纤，还有以塑料为材料的塑料光纤等。按光纤横截面上折射率的分布来分，有突变型光纤、渐变型光纤和 W 型光纤等。图 5.6.2 为几种典型的光纤横截面和相应的折射率的分布图。这里，我们只介绍突变型光纤。按光纤能传输的总模数来分，有只能传输单一基模的单模光纤和能传输多种模式的多模光纤。

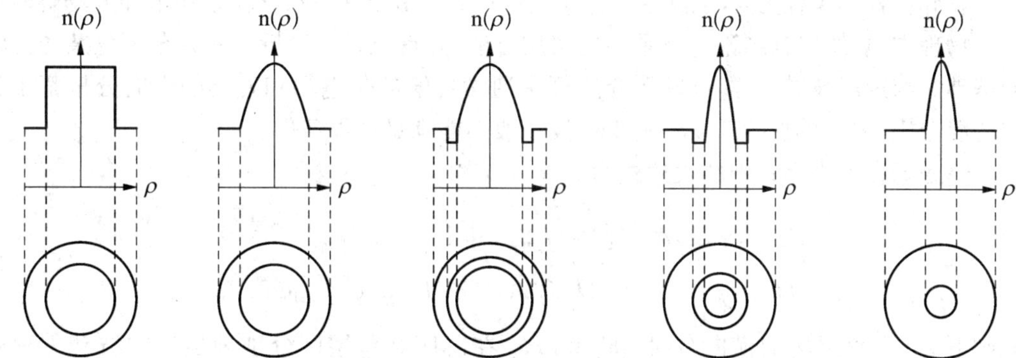

图 5.6.2　几种典型的光纤横截面和相应的折射率分布图

在光纤中传输的是表面波，因而电磁波不仅在芯线中传播，而且也在芯线外的表面附近的介质中传播，线上传输波型的特点是场在芯线介质外沿横向随离开表面距离的增加按指数规律衰减。在 3.2 节中已经讨论过，当电磁波由高介电常数 ε_{r1} 的介质区域入射到它与低介电常数 ε_{r2} 介质的分界面上时，在入射角大于临界角 θ_c 的条件下，就会产生全反射，电磁波不会进入低介电常数的介质区域太深。由此可见，高介电常数介质界面的特性与导体界面类似，它能使电磁波发生完全的或近似完全的反射。在导体壁上的边界条件是电场的切向分量为零，导体壁就称之为电壁；在高介电常数介质界面上的边界条件是磁场的切向分量近似为零，它近似为磁壁。正因为高介电常数介质界面具有完全反射电磁波的磁壁特性，所以与在金属波导中一样，电磁波也能被限制在高介电常数介质中而沿介质传输。上述全反射的解释是在几何光学近似下作出的，但是要注意，高介电常数介质界面并非是完全磁壁，所以在其外部空间区域中仍有电磁场存在，不过这种场是随离开介质表面距离的增大而呈指数式衰减的，也就是说，光纤中的波是以表面波形式传输的。根据表面波的特性，当包层足够厚时，其外表面处的场已衰减到可以忽略不计，于是在分析时，近似地认为它是无限厚的，这样，光纤就可看成是一个放在折射率为 n_2 的无限大介质中的折射率为 n_1 的介质杆波导，如图 5.6.3。

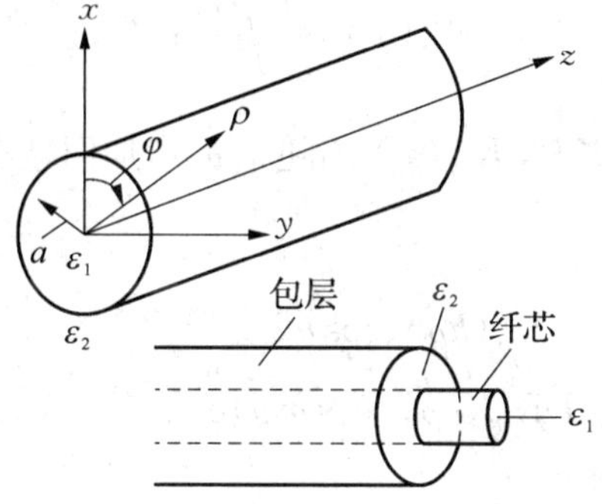

图 5.6.3　介质圆柱波导(光纤)

设介质杆的半径为 a，取圆柱坐标系 (ρ,φ,z)，由于这一数学模型在求导波场解时抓住了物理本质，所以其结论具有重要的实用价值，并且也是讨论折射率分布更复杂的光纤的基础。与矩形波导一样，圆柱形介质杆中通常传输的是电场和磁场的纵向分量都不为零的混合模，因为单独的 TE 波或 TM 波一般不能满足边界条件。

电磁场在柱坐标系中的表达式为：

$$\begin{cases}\boldsymbol{E}(\rho,\varphi,z,t)=[\boldsymbol{E}_{\mathrm{T}}(\rho,\varphi)+E_z(\rho,\varphi)\boldsymbol{e}_z]\mathrm{e}^{\mathrm{j}(\omega t-k_z z)}\\\boldsymbol{H}(\rho,\varphi,z,t)=[\boldsymbol{H}_{\mathrm{T}}(\rho,\varphi)+H_z(\rho,\varphi)\boldsymbol{e}_z]\mathrm{e}^{\mathrm{j}(\omega t-k_z z)}\end{cases}\tag{5.6.1}$$

式中下标“T”表示场的横向分量。E_z 和 H_z 在芯区和包层区分别满足齐次波动方程式(5.2.1)，与圆波导中的推导相类似，在 $r\leqslant a$ 的芯区（ε_1 区）根据场为有限的条件，得到电场 E_z 和磁场 H_z 的解：

$$\begin{cases}E_{z1}=AJ_m(k_c\rho)(\cos m\varphi)\mathrm{e}^{\mathrm{j}(\omega t-k_z z)}\quad(r\leqslant a)\\H_{z1}=BJ_m(k_c\rho)(\cos m\varphi)\mathrm{e}^{\mathrm{j}(\omega t-k_z z)}\quad(r\leqslant a)\end{cases}\tag{5.6.2}$$

式中 $k_c^2=k^2-k_z^2=\omega^2\mu_1\varepsilon_1-k_z^2$。在 $r\geqslant a$ 的包层区（ε_2 区），波导模的 $P_2(\rho)$ 应为渐消场，即 $\rho\to\infty$ 时，场趋于零。在包层中，横向波数 k_c 是虚数，令 $h^2=-k_c^2=k_z^2-\omega^2\mu_2\varepsilon_2$，导波模 $P_2(\rho)$ 应该是第二类修正贝塞尔函数。因为修正贝塞尔函数的定义是

$$\begin{cases}I_m(x)=\mathrm{j}^{-m}J_m(\mathrm{j}x)\\K_m(x)=\mathrm{j}\dfrac{\pi}{2}\mathrm{e}^{\mathrm{j}m\pi/2}[J_m(\mathrm{j}x)+\mathrm{j}N_m(\mathrm{j}x)]\end{cases}\tag{5.6.3}$$

式中 $I_m(x)$ 和 $K_m(x)$ 分别是 m 阶第一类和第二类修正贝塞尔函数。当变量 x 为实数时，$I_m(x)$ 和 $K_m(x)$ 也为实数，图 5.6.4 表示了 $m=0,1,2$ 时 $I_m(x)$ 和 $K_m(x)$ 的特性。当 x 很大时，得到大宗量渐近公式：

$$\begin{cases}I_m(x)\approx\dfrac{\mathrm{e}^x}{\sqrt{2\pi x}}\\K_m(x)\approx\sqrt{\dfrac{\pi}{2x}}\,\mathrm{e}^{-x}\end{cases}\tag{5.6.4}$$

可见 $I_m(x)$ 随 x 的增加而增大，$K_m(x)$ 则随 x 的增加而减小。于是杆外区域的纵向场解为：

$$\begin{cases}E_{z2}=CK_m(h\rho)(\cos m\varphi)\mathrm{e}^{\mathrm{j}(\omega t-k_z z)}\quad(r\geqslant a)\\H_{z2}=DK_m(h\rho)(\cos m\varphi)\mathrm{e}^{\mathrm{j}(\omega t-k_z z)}\quad(r\geqslant a)\end{cases}\tag{5.6.5}$$

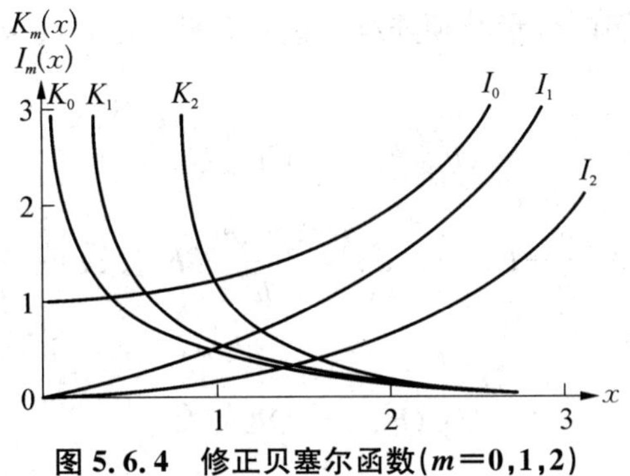

图 5.6.4　修正贝塞尔函数(m=0,1,2)

和矩形波导中横向场与纵向场之间的关系类似,可以导出圆柱坐标系中横向场与纵向场之间的关系:

$$\begin{cases} E_\rho = -\dfrac{1}{k_c^2}\left(\gamma\dfrac{\partial E_z}{\partial \rho} + \dfrac{\mathrm{j}\omega\mu}{\rho}\dfrac{\partial H_z}{\partial \varphi}\right) \\ E_\varphi = -\dfrac{1}{k_c^2}\left(\dfrac{\gamma}{\rho}\dfrac{\partial E_z}{\partial \varphi} - \mathrm{j}\omega\mu\dfrac{\partial H_z}{\partial \rho}\right) \\ H_\rho = -\dfrac{1}{k_c^2}\left(-\dfrac{\mathrm{j}\omega\varepsilon}{\rho}\dfrac{\partial E_z}{\partial \varphi} + \gamma\dfrac{\partial H_z}{\partial \rho}\right) \\ H_\varphi = -\dfrac{1}{k_c^2}\left(\mathrm{j}\omega\varepsilon\dfrac{\partial E_z}{\partial \rho} + \dfrac{\gamma}{\rho}\dfrac{\partial H_z}{\partial \varphi}\right) \end{cases} \tag{5.6.6}$$

从而可求得介质杆内、外区域中的横向场分量:

$$\begin{cases} E_{\rho 1} = \left[-\dfrac{\mathrm{j}k_z}{k_c}AJ'_m(k_c\rho) + \dfrac{\omega\mu_1}{k_c^2\rho}mBJ_m(k_c\rho)\right](\cos m\varphi)\mathrm{e}^{\mathrm{j}(\omega t - k_z z)} \\ E_{\varphi 1} = \left[\dfrac{k_z m}{k_c^2\rho}AJ_m(k_c\rho) + \dfrac{\mathrm{j}\omega\mu_1}{k_c}BJ'_m(k_c\rho)\right](\cos m\varphi)\mathrm{e}^{\mathrm{j}(\omega t - k_z z)} \\ H_{\rho 1} = -\left[\dfrac{\omega\varepsilon_1}{k_c^2\rho}mAJ_m(k_c\rho) + \dfrac{\mathrm{j}k_z}{k_c}BJ'_m(k_c\rho)\right](\cos m\varphi)\mathrm{e}^{\mathrm{j}(\omega t - k_z z)} \\ H_{\varphi 1} = \left[-\dfrac{\mathrm{j}\omega\varepsilon_1}{k_c}AJ'_m(k_c\rho) + \dfrac{k_z}{k_c^2\rho}mBJ_m(k_c\rho)\right](\cos m\varphi)\mathrm{e}^{\mathrm{j}(\omega t - k_z z)} \end{cases} \tag{5.6.7}$$

$$\begin{cases} E_{\rho 2} = \left[\dfrac{\mathrm{j}k_z}{h}CK'_m(h\rho) - \dfrac{\omega\mu_2}{h^2\rho}mDK_m(h\rho)\right](\cos m\varphi)\mathrm{e}^{\mathrm{j}(\omega t - k_z z)} \\ E_{\varphi 2} = -\left[\dfrac{k_z}{h^2\rho}mCK_m(h\rho) + \dfrac{\mathrm{j}\omega\mu_2}{h}DK'_m(h\rho)\right](\cos m\varphi)\mathrm{e}^{\mathrm{j}(\omega t - k_z z)} \\ H_{\rho 2} = \left[\dfrac{\omega\varepsilon_2}{h^2\rho}mCK_m(h\rho) + \dfrac{\mathrm{j}k_z}{h}DK'_m(h\rho)\right](\cos m\varphi)\mathrm{e}^{\mathrm{j}(\omega t - k_z z)} \\ H_{\varphi 2} = \left[\dfrac{\mathrm{j}\omega\varepsilon_2}{h}CK'_m(h\rho) - \dfrac{k_z}{h^2\rho}mDK_m(h\rho)\right](\cos m\varphi)\mathrm{e}^{\mathrm{j}(\omega t - k_z z)} \end{cases} \tag{5.6.8}$$

由介质分界面上电磁场切向分量必须连续的边界条件：在 $\rho=a$ 处，$E_{z1}=E_{z2}$，$E_{\varphi1}=E_{\varphi2}$，$H_{z1}=H_{z2}$，$H_{\varphi1}=H_{\varphi2}$，得到：

$$AJ_m(k_ca)=CK_m(ha) \tag{5.6.9a}$$

$$\frac{k_zm}{k_c^2a}AJ_m(k_ca)+\frac{j\omega\mu_1}{k_c}BJ'_m(k_ca)=-\frac{k_zm}{h^2a}CK_m(ha)-\frac{j\omega\mu_2}{h}DK'_m(ha) \tag{5.6.9b}$$

$$BJ_m(k_ca)=DK_m(ha) \tag{5.6.9c}$$

$$-\frac{j\omega\varepsilon_1}{k_c}AJ'_m(k_ca)+\frac{k_zm}{k_c^2a}BJ_m(k_ca)=\frac{j\omega\varepsilon_2}{h}CK'_m(ha)-\frac{k_zm}{h^2a}DK_m(ha) \tag{5.6.9d}$$

由式(5.6.9a)和(5.6.9c)求得常数的关系：

$$C=\frac{J_m(k_ca)}{K_m(ha)}A$$

$$D=\frac{J_m(k_ca)}{K_m(ha)}B$$

将上两式代入式(5.6.9b)和(5.6.9d)，得到 A，B 的齐次线性方程组。为了使 A，B，C，D 有非零解，必须取它的系数行列式等于零。令 $\mu_1=\mu_2=\mu_0$，可得简化关系：

$$\frac{m^2k_z^2}{a^2}\left(\frac{1}{k_c^2}+\frac{1}{h^2}\right)^2=\left[\frac{k_1^2}{k_c}\frac{J'_m(k_ca)}{J_m(k_ca)}+\frac{k_2^2}{h}\frac{K'_m(ha)}{K_m(ha)}\right]\left[\frac{1}{k_c}\frac{J'_m(k_ca)}{J_m(k_ca)}+\frac{1}{h}\frac{K'_m(ha)}{K_m(ha)}\right] \tag{5.6.10}$$

式中 $k_1^2=\omega^2\varepsilon_1\mu_0$，$k_2^2=\omega^2\varepsilon_2\mu_0$，这就是光纤的特征方程式。

联立求解光纤的特征方程式和 $k_c^2=\omega^2\mu_1\varepsilon_1-k_z^2$ 与 $h^2=k_z^2-\omega^2\mu_2\varepsilon_2$，解出 k_z，k_c 和 h 的值，从而可确定光纤的传输特性和导出各种波型的截止条件。

对于轴对称波型($m=0$)，并注意到贝塞尔函数的递推公式

$$J'_m(x)-\frac{mJ_m(x)}{x}=-J_{m+1}(x)$$

在 $m=0$ 时的特例是 $J'_0(x)=-J_1(x)$，则光纤的特征方程式(5.6.11)可分解为两个独立的特征方程

$$\frac{\varepsilon_1}{k_c}\frac{J_1(k_ca)}{J_0(k_ca)}=-\frac{\varepsilon_2}{h}\frac{K_1(ha)}{K_0(ha)} \tag{5.6.11}$$

$$\frac{1}{k_c}\frac{J_1(k_ca)}{J_0(k_ca)}=-\frac{1}{h}\frac{K_1(ha)}{K_0(ha)} \tag{5.6.12}$$

为了说明上述方程的意义，我们将 $m=0$ 代入边界条件式(5.6.9)：

$$AJ_0(k_ca)=CK_0(ha) \tag{5.6.13a}$$

$$\frac{\mu_1}{k_c}BJ_1(k_ca)=-\frac{\mu_2}{h}DK_1(ha) \tag{5.6.13b}$$

$$BJ_0(k_ca)=DK_0(ha) \tag{5.6.13c}$$

$$-\frac{\varepsilon_1}{k_c}AJ_1(k_ca)=\frac{\varepsilon_2}{h}CK_1(ha) \tag{5.6.13d}$$

由(5.6.13b)、(5.6.13c)和(5.6.11)，可得到 $B=D=0$，即 $H_z=0$，在杆内外存在 TM_{0n} 波。再由(5.6.13a)、(5.6.13d)和(5.6.12)，可得到 $A=C=0$，即 $E_z=0$，在杆内外存在 TE_{0n} 波。所以，对于轴对称波型，TM_{0n} 波和 TE_{0n} 波可以在光纤中单独存在。对于非轴对称波型，$m\neq 0$，这时 TM 波和 TE 波不能单独存在，电磁场同时具有六个分量。因此，它是由 TE 和 TM 波组合的混合波型。根据组合中 TE(H)波占优势还是 TM(E)波占优势，可以分为 HE 波或 EH 波两类。

由于 $h>0$ 时(介质)光纤中沿轴向传输的是表面波，而 $h<0$ 时在光纤外区域中的场随 ρ 的增加而增大，因此波沿 ρ 方向有辐射。虽然波沿轴向仍有传输，但这时光纤工作于非传输的辐射模，所以光纤中表面波传输波型的截止条件就是 $h=0$。对轴对称的 TE_{0n} 波和 TM_{0n} 波，由式(5.6.11)和(5.6.12)知道，它们的截止条件是 $J_0(k_ca)=0$，设 $k_ca=x_{0n}$ 是 $J_0(k_ca)=0$ 的根，因为 $k_c^2=\omega^2\mu_1\varepsilon_1-k_z^2$、$k_z^2-\omega^2\mu_2\varepsilon_2=h^2=0$，所以可以得到截止频率 ω_c 的表示式 $k_c^2=\omega_c^2(\mu_1\varepsilon_1-\mu_2\varepsilon_2)=x_{0n}^2/a^2$，于是

$$f_c=\frac{x_{0n}}{2\pi a\sqrt{\mu_1\varepsilon_1-\mu_2\varepsilon_2}} \tag{5.6.14}$$

式中 x_{0n} 是零阶第一类贝塞尔函数的第 n 个根，其中 $x_{01}=2.4048$。对非轴对称波型($m\neq 0$)，感兴趣的是 $m=1$ 情形，这时波的截止条件是 $J_1(k_ca)=0$，它的截止频率等于

$$f_c=\frac{x_{1n}}{2\pi a\sqrt{\mu_1\varepsilon_1-\mu_2\varepsilon_2}} \tag{5.6.15}$$

由于一阶第一类贝塞尔函数的根分别为 $x_{1n}=0,3.832,7.016,\cdots$，因此相应于 $n=1$ 的 HE_{11} 波的截止频率等于零，而所有的 TE_{0n} 波、TM_{0n} 波以及其他 HE 波和 EH 波型都有截止频率。由此可见 HE_{11} 波是光纤中的主型波，而它的最低的高次模是 TE_{01} 波和 TM_{01} 波。当给定光纤的 ε_{r1} 和 a 时 ($\varepsilon_2=\varepsilon_{r2}\varepsilon_0,\mu_1=\mu_2=\mu_0$)，由式(5.6.14)就能确定光纤单模工作的最高频率：

$$f_c=\frac{2.405c}{2\pi a\sqrt{\varepsilon_{r1}-\varepsilon_{r2}}} \tag{5.6.16}$$

式中 ε_{r1}，ε_{r2} 分别为光纤芯和包层的介电常数。

在光纤中，采用的材料参数是介质的折射率 n，它与波导中所用的介电常数有如下关系：

$$n = \sqrt{\varepsilon_r} = \sqrt{\frac{\varepsilon}{\varepsilon_0}} \tag{5.6.17}$$

光纤的另一个参数是数值孔径 NA，它定义为光纤可能接受外来入射光的最大接受角 θ_m 的正弦，也就是说，只有入射到光纤端面上的光线的入射角 $\theta_i < \theta_m$ 时才能沿光纤进行传播。数值孔径的大小用在光纤中光线全反射的临界角 θ_c 及纤芯和包层的折射率 n_1、n_2 来表示：

$$NA = n_1 \sin\theta_m = \sqrt{n_1^2 - n_2^2} \tag{5.6.18}$$

归一化频率 f_m 是光纤的又一个重要参数，如果引入参量

$$\begin{cases} u = k_c a = \sqrt{\omega^2 \mu_1 \varepsilon_1 - k_z^2} \quad a = \sqrt{n_1^2 k_0^2 - k_z^2}\, a \\ w = ha = \sqrt{k_z^2 - \omega^2 \mu_2 \varepsilon_2} \quad a = \sqrt{k_z^2 - n_2^2 k_0^2}\, a \end{cases} \tag{5.6.19}$$

式中 $k_0 = 2\pi/\lambda_0$，则 f_m 可定义为：

$$f_m^2 = u^2 + w^2 = k_0^2 (n_1^2 - n_2^2) a^2 \tag{5.6.20}$$

利用式(5.6.18)，归一化频率 f_m 可用数值孔径来表示：

$$f_m = k_0 a NA \tag{5.6.21}$$

利用特征方程式(5.6.10)与式(5.6.20)可作出图 5.6.5 那样的 u—f_m 曲线。显然，各模式的截止条件可由 $u = f_m (w = 0)$ 确定，从图上看到，基模 HE_{11} 没有截止条件，而最低的高次模 TE_{01}、TM_{01} 和 HE_{21} 的截止条件是 $u = f_m = f_{mc} = 2.4048$。这里，HE 是 TE(H) 波和 TM(E) 波的组合的混合波型。在组合中 TE 波占优势，就称为 HE 波，反之则称为 EH 波。当光纤的参数和工作波长已给定时，f_m 值就确定了，光纤能够允许激励的导波模数也就完全确定。表 5.6.1 列出了归一化频率值在不同范围内光纤中允许激励的导波模式和总模数。可见，当 $f_m < 2.4048$ 时，光纤中仅能传输基模 HE_{11}，这就是单模光纤；而随着 f_m 值的增大，光纤中能够传输的模数就越来越多，从而就可构成多模光纤。

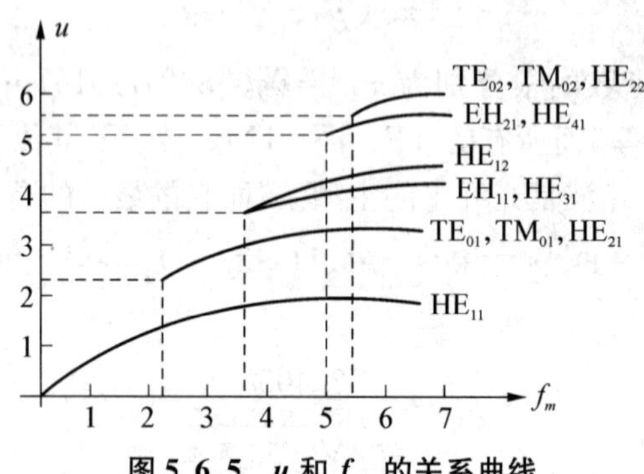

图 5.6.5 u 和 f_m 的关系曲线

表 5.6.1 f_m 值范围及允许激励的模式

f_m 值范围	允许激励的模式	模式总数
0～2.4048	HE_{11}	2
2.4048～3.8317	TE_{01}，TM_{01}，HE_{21}	6
3.8317～5.1356	HE_{12}，EH_{11}，HE_{31}	12
5.1356～5.5201	EH_{21}，HE_{41}	16
5.5201～6.3802	TE_{02}，TM_{02}，HE_{22}	20
6.3802～7.0156	EH_{31}，HE_{51}	24
7.0156～7.5883	HE_{13}，EH_{12}，HE_{32}	30
7.5883～8.4172	EH_{41}，HE_{61}	34

5.7 波导的激励方法

前面所讲的内容都是不存在波源的情况下导波沿导行系统的传输特性，而本节则介绍激励导波的方法。

波导的激励本质是电磁波的辐射，是微波源在由波导内壁所限制的有限空间内的辐射，其结果要求在波导中获得所需要的模式。显然，即使在最简单的情况下，由于激励源附近的边界条件很复杂，所以要用严格的数学分析方法来研究波导的激励问题是很困难的，通常只能求近似解。这里仅讨论波导中模式的激励方法。

由前面的分析知道，波导中可以存在无限多的 TE 模和 TM 模，这些模式能否在波导中存在并传播，一方面取决于传输条件 $\lambda < \lambda_c$，也就是说取决于波导尺寸和工作频率；另一方面还取决于激励方法。激励的结果是要有利于产生所要求的模式并尽量避免不需要的模式。为了达到目的，一定要知道所需模式的场结构。激励的一般方法如下：

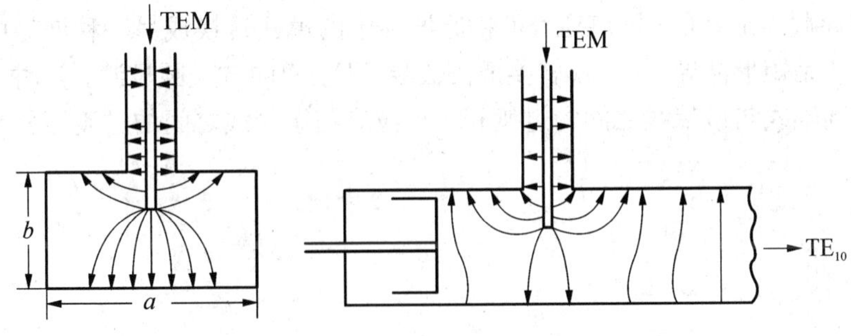

图 5.7.1 矩形波导 TE_{10} 型模的探针激励

1. 探针激励

将同轴线内导体延伸一小段沿电场方向插入宽壁中心电场最强处，以增强激励度，这就是激励矩形波导主模 TE_{10} 型模常用的同轴—波导变换器(如图 5.7.1)。

2. 环激励

将同轴线内导体延伸后弯曲成环形，其端部焊在外导体上，然后插入波导中所需激励模式的磁场最强处，并使小环的法线平行于磁力线，以增强激励度。图 5.7.2 表示用小环激励矩形波导 TE_{10} 型模的一个例子。

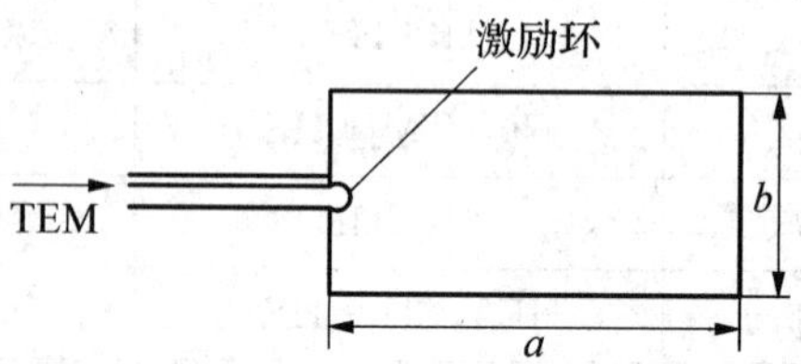

图 5.7.2 矩形波导 TE_{10} 型模的环激励

3. 孔或缝激励

在两个波导的公共壁上开孔或缝，使一部分能量辐射到另一波导中去，并建立起所需要的传输模式。图 5.7.3 表示矩形波导 TE_{10} 型模的三种孔激励装置。孔或缝的激励方法还可以用于波导与谐振腔之间的耦合、两条微带线之间的耦合(在公共接地板上开孔)、波导与带状线之间的耦合等。

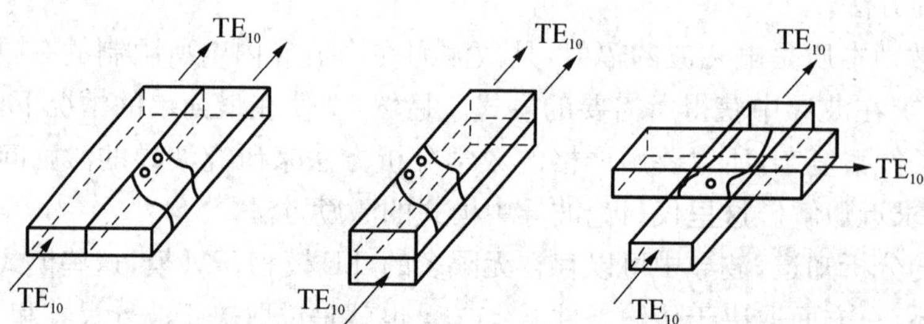

图 5.7.3 (a) 公共窄壁上开孔，(b)、(c) 公共宽壁上开孔或窄缝

4. 直接过渡

通过波导截面形状的逐渐变形，可将原波导中的模式转换成另一种波导中所需的模式。图 5.3.4 是矩形波导 TE_{10} 模转换成圆波导 TE_{11} 模的方—圆过渡。这种直接过渡方式还常用于同轴线与微带线之间的过渡和矩形波导与微带线之间的过渡等。

习　题

5.1　平行板波导由两相距为 d 的无限大理想导体板构成(如图)，求：

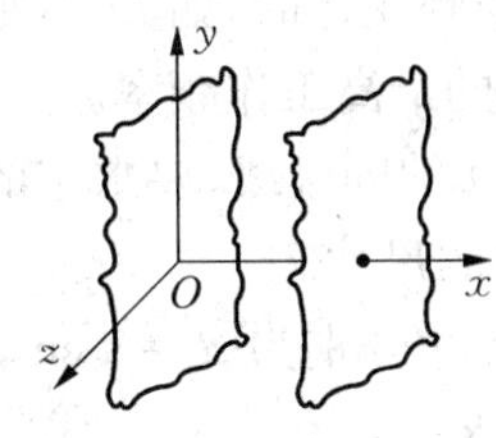

题 5.1 图

(1) 波导中沿 z 方向传输的 TE 和 TM 波的场分量表示式；

(2) 各波型的截止波长、波导波长和相位常数；

(3) 各波型的相速度和群速度。

5.2　用 BJ－32 波导作馈线。求：

(1) 当工作波长分别为 10 cm、7 cm 和 6 cm 时，波导中可能传输哪些波型？

(2) 波导单模工作的频率范围；

(3) 如果该波导中填充以 $\varepsilon_r=2.25$ 的理想介质，其单模工作频率的范围如何变化？

5.3　矩形波导的工作频率 $f=5$ GHz，传输 TE_{10} 的截止频率 $f_c=0.8f$，宽高比为 2，如通过波导的平均功率为 1 kW，求：

(1) 波导中电场和磁场强度的幅值；

(2) 波导壁上纵向和横向壁电流面密度的幅值。

5.4　求矩形波导中 TM_{11} 波的壁电流的表示式，并画出它的壁电流分布图。

5.5　推导矩形波导中 TM_{mn} 波的导体衰减 α_c 的表示式。

5.6　一个内充空气、截面尺寸为 $a\times b(b<a<2b)$ 的矩形波导，以主模工作在 3 GHz。若要求工作频率至少高于主模截止频率的 20% 和至少低于最相近的高阶模的截止频率的 20%。

(1) 设计截面尺寸 a 和 b；

(2) 根据设计尺寸，计算在工作频率时的波导波长和波阻抗。

5.7　X 波段 WR90 波导的内部尺寸为：$a=2.286$ cm，$b=1.061$ cm。假设波导是空气填充的，工作在 TE_{10} 的主导模式下，当最大电场强度为 3×10^6 V/m 时，空气会发生击穿。求出在空气击穿发生前在波导中 $f=9$ GHz 处能传输的最大功率。

5.8　两个相同尺寸的矩形波导首尾相连，$a=2b$，其中一个填充空气，另一个填充无损介质(相对介电常数 ε_R)。当两个波导中仅同时具有单个模式的波传输时：

(1) 求符合条件 ε_R 的最大值；

(2) 写出此时波导中传输频率范围的表达式。(答案中只能包含必要的波导尺寸参数，ε_R 及其他已知的常量)

5.9　矩形波导的尺寸为 $2.5\times1.5\ \text{cm}^2$，工作在 7.5 GHz。

(1) 波导是空心的;

(2) 波导内填充 $\varepsilon_R=2,\mu_r=1,\sigma=0$ 的介质。计算主模的传输参量的值。

5.10 空气同轴线内外导体的直径分别为 $d=32$ mm,$D=75$ mm,求:

(1) 该同轴线的特性阻抗;

(2) 当它采用 $\varepsilon_R=2.25$ 的介质环支撑时,如 D 不变,则 d 应为多少才能保证匹配?

(3) 该同轴线中不产生高次模的最高工作频率。

5.11 设计一特性阻抗为 75 Ω 的同轴线,要求它的最高工作频率为 4.2 GHz,求当分别以空气和的介质填充时同轴线的尺寸。

5.12 一空气同轴线内外径尺寸分别为 $d=3$ cm,$D=7$ cm,当它的终端接的负载 200 Ω 时,负载吸收的功率为 1 W,求:

(1) 为保证只传输 TEM 波的最高工作频率;

(2) 线上的驻波比和入射功率与反射功率;

(3) 为使线上无反射,采用 $\lambda/4$ 线进行匹配,如保持 D 不变,则 $\lambda/4$ 线的内径 d 为多少? 匹配后负载吸收的功率为多少?

5.13 空气同轴线尺寸 a 为 1 cm,b 为 4 cm:

(1) 计算 TE_{11}、TM_{01}、TE_{01} 三种高次模的截止波长;

(2) 若工作波长为 10 cm,求 TEM 和 TE_{11} 模的相速度。

5.14 设计一同轴线,要求所传输的 λ_{min} 为 10 cm,特性阻抗为 50 Ω,计算其尺寸(介质分别为空气和聚乙烯($\varepsilon_R'\approx2.26$))。

5.15 特性阻抗为 50 Ω 的微带线,基片的相对介电常数 $\varepsilon_r=9$,求该微带线每单位长度的分布电感和分布电容。

5.16 已知微带线的参数为 $h=1$ mm,$W=0.34$ mm,$t\to0$,$\varepsilon_r=9$,求该微带线的特性阻抗 Z_0 和有效介电常数 ε_e。

5.17 已知微带线的参数为 $h=1$ mm,$W=1$ mm,$t=0.01$ mm,$\varepsilon_r=9.6$,求:

(1) 微带线导带的有效宽度 W_e;

(2) 微带线的特性阻抗 Z_0 和有效介电常数 ε_e。

5.18 要求在厚度 $h=0.8$ mm,$t\to0$,$\varepsilon_r=9$ 的基片上制作特性阻抗分别为 50 Ω 和 100 Ω 的微带线,求它们的导带宽度 W。

5.19 已知某微带线的导体宽带为 $W=1.8$ mm,厚度 $t\to0$,介质基片厚度 $h=0.8$ mm,相对介电常数 $\varepsilon_r=9.6$,求此微带线的有效填充因子 q 和有效介电常数 ε_e,以及特性阻抗 Z_0(设空气微带特性阻抗为 88 Ω)。

5.20 从麦克斯韦方程出发证明:在介质基底存在的微带线中传输的波含有纵向分量。

5.21 某阶跃型多模光纤的纤芯折射率 $n_1=1.5$,包层的折射率 $n_2=1.48$,该光纤的纤芯直径 $d=2a=120$ μm,设光源所发出的光波长 $\lambda=800$ nm,计算从空气($n_0=1$)射入该光纤内时,该光纤的数值孔径 NA 和最大可接收角 α 为多少?

5.22 某阶跃折射率光纤的纤芯折射率 $n_1=1.47$,包层的折射率 1.45,设光源所发出的光波长 $\lambda=1\,500$ nm,计算在该阶跃型光纤内单模传输时的纤芯直径。

5.23　如图所示是一根直圆柱形光纤，光纤芯的折射率为 n_1，光纤包层的折射率为 n_2，并且 $n_1>n_2$。(1) 证明入射光的最大孔径角 $2u$ 满足：$\sin u=\sqrt{n_1^2-n_2^2}$；(2) 若 $n_1=1.6$，$n_2=1.5$，最大孔径角为多少？

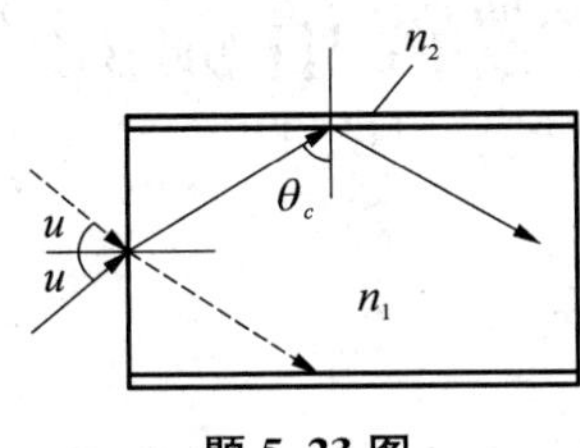

题 5.23 图

5.24　对于均匀光纤来说，若 $n_1=1.60$，$\lambda=1.40\ \mu\text{m}$，试计算：

(1) 若 $n_2=1.12$，为了保证单模传输，其芯半径应取多大？

(2) 若取 $a=6\ \mu\text{m}$，为保证单模传输，n_2 应取多大？

5.25　试根据介质波导（圆柱形）电场方程，推导特征方程为 $(\eta_1+\eta_2)(k_1^2\eta_1+k_2^2\eta_2)=m^2\beta^2\left(\dfrac{1}{u^2}+\dfrac{1}{w^2}\right)^2$。

第六章　微波谐振腔与振荡器

6.1　微波谐振腔的基本性质

一般来说，凡能够限制电磁能量在一定体积内振荡的结构均可构成谐振腔。微波谐振腔是一种具有储能和选频特性的微波谐振元件，其工作类似于电路中的集总元件谐振回路，在微波电路和系统中广泛用作振荡器、频率计、滤波器和调谐放大器等。

大约在 300 MHz 以下，谐振腔是用集总电容器和电感器做成。高于 300 MHz 时，这种 LC 回路的欧姆损耗、介质损耗、辐射损耗都增大，致使回路的 Q 值降低；而由于频率高，要求电感量和电容量都很小，难以实现。为了解决这些困难，可采用传输线技术用一段纵向两端封闭的传输线或波导来实现高 Q 微波谐振电路。

大多数实用的微波谐振腔是由一段两端短路的微波导行系统构成的。如矩形波导空腔谐振腔、同轴线谐振腔等。由于谐振腔的种类繁多，因此分析方法也各异：从根本上讲，微波谐振腔的求解属于场的边值问题；对于金属波导谐振腔可用驻波法求场的解答；对于 TEM 传输线谐振腔可用传输线理论来分析；对于谐振腔的微小变形，则可用微扰方法分析。

谐振回路有串联谐振回路和并联谐振回路，一个谐振器的特性和串联谐振回路的特性等效还是和并联谐振回路的特性等效取决于参考面的选择，当参考面选择在电场强度为零的地方(在绝大多数的情况下，那里磁场强度最大)时，谐振腔可等效为串联谐振回路；而当参考面选择在磁场强度为零的地方(在绝大多数的情况下，那里电场强度最大)时，谐振腔的特性和并联谐振回路相当。我们常把谐振腔等效为并联谐振回路，所以，这里以并联谐振回路为例，讨论其性质。并联谐振回路如图 6.1.1 所示。假定在谐振回路两端接一恒流电源，则回路两端就会建立起电压，当信号源频率改变时，因为它是恒流源，流过谐振回路的总电流不变，但是回路两端的电压是有变化的：

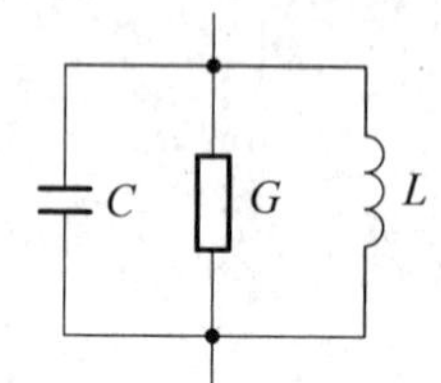

图 6.1.1　并联谐振回路

$$U = IZ = \frac{I}{G + \mathrm{j}\omega C + \dfrac{1}{\mathrm{j}\omega L}} \tag{6.1.1}$$

当 $\omega = \omega_0$ 时，$U(\omega_0)$ 最大，即谐振时回路两端的电压最大，这是并联谐振回路的特征。由

式(6.1.1)可见，这时有

$$j\omega C+\frac{1}{j\omega L}=0\ 即\ \omega_0=\frac{1}{\sqrt{LC}} \tag{6.1.2}$$

这就是说，对于并联 LC 回路，我们可以由电感和电容求谐振频率。谐振时回路总的阻抗为纯电阻

$$Z|_{\omega=\omega_0}=Z_0=1/G \tag{6.1.3}$$

谐振回路除谐振频率外还有一个重要的基本参量——回路的品质因数 Q_0。回路的品质因数的定义为

$$Q_0=2\pi\frac{回路总储能}{一周期耗能}\bigg|_{f=f_0}=\frac{2\pi}{T}\frac{W_e+W_m}{P_d} \tag{6.1.4}$$

式中 W_e 和 W_m 分别为回路内电容中和电感中的储能，P_d 为回路损耗功率。通过运算，回路的品质因数还可有其他一些表达式，表示它的多种物理意义：

$$Q_0=\frac{\omega_0 C}{G} \tag{6.1.5}$$

$$Q_0=\frac{\omega_0}{2\Delta\omega}=\frac{f_0}{2\Delta f} \tag{6.1.6}$$

式中 $2\Delta\omega$ 或 $2\Delta f$ 称为谐振回路的半功率点宽度。回路的品质因数 Q_0 越高，意味着半功率点相对带宽越小，谐振回路的频率选择性越好(如图 6.1.2)。

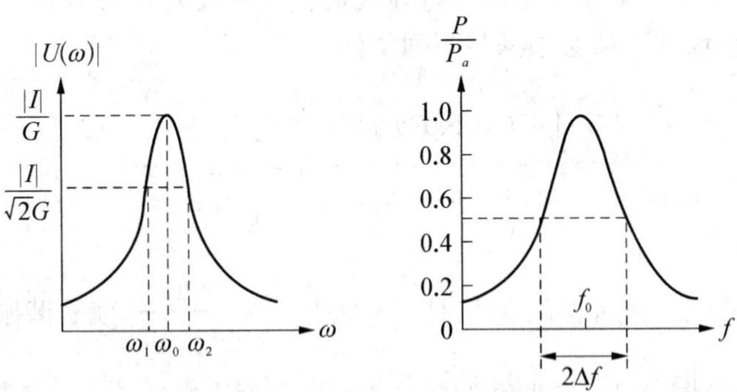

图 6.1.2　并联谐振回路的谐振曲线

从本质上讲，谐振腔与低频 LC 回路产生振荡的物理过程都是电场能量和磁场能量之间相互转换的过程。但两者又有重要的不同之处：LC 是集总参数电路，谐振腔是分布参数电路；LC 回路只有一个谐振频率，而谐振腔具有多个谐振频率；谐振腔的品质因数比 LC 回路高得多。

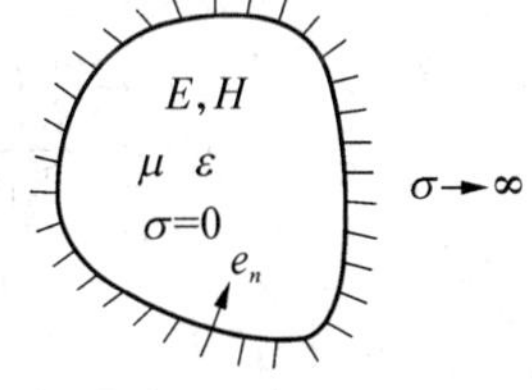

图 6.1.3　理想导体构成的谐振腔

我们以任意形状的理想导体构成的谐振腔(如图 6.1.3)来

说明谐振腔的基本特性。在理想导体边界的条件下，同时满足麦克斯韦方程和边界条件的电磁场，其频率是受到条件限制的。假定场随时间按简谐律变化，由麦克斯韦方程

$$\nabla\times\boldsymbol{H}=\mathrm{j}\omega\varepsilon\boldsymbol{E}$$
$$\nabla\times\boldsymbol{E}=-\mathrm{j}\omega\mu\boldsymbol{H}$$

出发，可得

$$\nabla\times\nabla\times\boldsymbol{E}=k^2\boldsymbol{E}$$

式中 $k^2=\omega^2\mu\varepsilon$，用 $\boldsymbol{E}^*$ 点乘上式两边，并对空腔体积 τ 进行积分，得到

$$\int\boldsymbol{E}^*\cdot(\nabla\times\nabla\times\boldsymbol{E})\mathrm{d}\tau=k^2\int\boldsymbol{E}^*\cdot\boldsymbol{E}\mathrm{d}\tau$$

利用矢量恒等式

$$\nabla\cdot(\boldsymbol{a}\times\boldsymbol{b})=(\nabla\times\boldsymbol{a})\cdot\boldsymbol{b}-(\nabla\times\boldsymbol{b})\cdot\boldsymbol{a}$$

得到

$$\int(\nabla\times\boldsymbol{E})\cdot(\nabla\times\boldsymbol{E}^*)\mathrm{d}\tau-\int\nabla\cdot(\boldsymbol{E}^*\times\nabla\times\boldsymbol{E})\mathrm{d}\tau=k^2\int|\boldsymbol{E}|^2\mathrm{d}\tau$$

应用散度定理，上式左边第二项可把体积分转变为边界面上的面积分，利用理想导体边界条件，就可证明在边界面上被积函数为零，于是上式成为

$$\int|(\nabla\times\boldsymbol{E})|^2\mathrm{d}\tau=k^2\int|\boldsymbol{E}|^2\mathrm{d}\tau \tag{6.1.7}$$

由此可见，并非任意 k 值的电磁场都能在腔内满足麦克斯韦方程和边界条件。能够在腔内存在的电磁场其 k 值必须满足下列条件：

$$k_i^2=\frac{\int|(\nabla\times\boldsymbol{E})|^2\mathrm{d}\tau}{\int|\boldsymbol{E}|^2\mathrm{d}\tau}\quad(i=1,2,3,\cdots) \tag{6.1.8}$$

它们是一些分立的值。和这些 k_i 值相对应的频率 $f_i=\dfrac{k_i}{2\pi\sqrt{\varepsilon\mu}}$ 就是谐振腔中可能存在的电磁场的频率，即谐振频率。下面我们来分析这些频率的电磁场有什么特点。由(6.1.8)式得

$$k_i^2=\frac{\int|(\nabla\times\boldsymbol{E})|^2\mathrm{d}\tau}{\int|E|^2\mathrm{d}\tau}=\frac{2\omega_i^2\mu\ \frac{1}{2}\int\mu\ |\boldsymbol{H}|^2\mathrm{d}\tau}{\frac{2}{\varepsilon}\ \frac{1}{2}\int\varepsilon\ |E|^2\mathrm{d}\tau}=k_i^2\frac{W_{m\max}}{W_{e\max}}$$

即

$$W_{m\max}=W_{e\max} \tag{6.1.9}$$

这就是说，只有分立的谐振频率下的电磁场能够在理想导体包围的空腔中存在，这时的最大电场储能和最大磁场储能相等（这和 LC 回路谐振时的结论是一致的），这是谐振腔发生谐振的根本标志。

需要指出的是，以上讨论虽然以空腔为例进行，但结论对各种谐振腔均适用。但需要注意的是，以上讨论是建立在系统处于无损耗条件下（空腔由理想导体构成），这时谐振腔的频谱为一系列离散的线状谱线。就是说，理想谐振腔只有在谐振频率上才能够在腔内建立起满足边界条件的场。一旦偏离谐振频率，在理想谐振腔中不能满足边界条件，无电磁振荡现象。然而，实际谐振腔中总存在着损耗，为了维持其等幅的电磁振荡，必须通过耦合装置从电磁波传输系统中合拍地提供能量，以补偿谐振腔内的损耗（正如实际低频谐振回路总是与电源相连接的一样）。既然谐振腔存在着损耗和耦合，就不再满足理想导体边界条件而变得更为复杂。这样，实际谐振腔的频谱是具有一定宽度的"谐振峰"。如果损耗小，品质因素高，其谐振峰的中心频率与相应地做无损处理的谐振频率非常接近，而且低标号的谐振模式的谱线不会重叠起来。当偏离谐振峰频率时，腔内的场逐渐减弱到零。于是，对于实际谐振腔的谐振频率，定义为谐振腔中电磁能量相互转换，其最大电场储能等于最大磁场储能时的频率。

6.2　金属波导矩形谐振腔

一段金属矩形波导的两端用金属板短路，就形成矩形谐振腔，如图 6.2.1 所示。

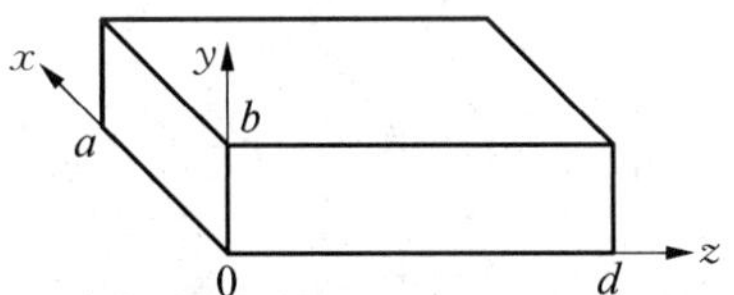

图 6.2.1　矩形谐振腔

一、矩形谐振腔中的电磁场

1. TE_{mnp} 模

由于矩形波导两端短路，所以其纵向磁场为

$$H_z = H_{zm}^{+}\cos(k_x x)\cos(k_y y)\mathrm{e}^{-\mathrm{j}k_z z} + H_{zm}^{-}\cos(k_x x)\cos(k_y y)\mathrm{e}^{+\mathrm{j}k_z z} \qquad (6.2.1)$$

式中 $k_x = \dfrac{m\pi}{a}$，$k_y = \dfrac{n\pi}{b}$ 分别为 x、y 方向的横向波数。由于 $z=0$ 处短路，所以 $H_z|_{z=0}=0$，得

$$-H_{zm}^{-} = H_{zm}^{+} = H_{zm} \qquad (6.2.2)$$

将(6.2.2)代入(6.2.1)式，可得

$$H_z = H_{zm}\cos(k_x x)\cos(k_y y)\sin(k_z z) \qquad (6.2.3)$$

由边界条件：在 $z=d$ 处 $H_z|_{z=d}=0$，于是

$$k_z=\frac{p\pi}{d} \tag{6.2.4}$$

再利用横向场与纵向场的关系式，就可得到：

$$H_x=-\frac{k_xk_z}{k_c^2}H_{zm}\sin(k_xx)\cos(k_yy)\cos(k_zz) \tag{6.2.5}$$

$$H_y=-\frac{k_yk_z}{k_c^2}H_{zm}\cos(k_xx)\sin(k_yy)\cos(k_zz) \tag{6.2.6}$$

$$E_x=-\frac{\mathrm{j}\omega\mu k_y}{k_c^2}H_{zm}\cos(k_xx)\sin(k_yy)\sin(k_zz) \tag{6.2.7}$$

$$E_y=\frac{\mathrm{j}\omega\mu k_x}{k_c^2}H_{zm}\sin(k_xx)\cos(k_yy)\sin(k_zz) \tag{6.2.8}$$

式中

$$k_c^2=k_x^2+k_y^2=\left(\frac{m\pi}{a}\right)^2+\left(\frac{n\pi}{b}\right)^2=\omega^2\mu\varepsilon-k_z^2 \tag{6.2.9}$$

式中 $m,n=0,1,2,3,\cdots$（m,n 两个数中只能有一个为零），$p=1,2,3,\cdots$。

2. TM_{mnp} 模

同样可先写出纵向电场

$$E_z=E_{zm}^{+}\sin(k_xx)\sin(k_yy)\mathrm{e}^{-\mathrm{j}k_zz}+E_{zm}^{-}\sin(k_xx)\sin(k_yy)\mathrm{e}^{+\mathrm{j}k_zz}$$

同样由于 $z=0$、$z=d$ 处短路，可得 $k_z=\dfrac{p\pi}{d}$，因此各场分量为

$$E_z=E_{zm}\sin(k_xx)\sin(k_yy)\cos(k_zz) \tag{6.2.10}$$

$$E_x=-\frac{k_xk_z}{k_c^2}E_{zm}\cos(k_xx)\sin(k_yy)\sin(k_zz) \tag{6.2.11}$$

$$E_y=-\frac{k_yk_z}{k_c^2}E_{zm}\sin(k_xx)\cos(k_yy)\sin(k_zz) \tag{6.2.12}$$

$$H_x=\frac{\mathrm{j}\omega\varepsilon k_y}{k_c^2}E_{zm}\sin(k_xx)\cos(k_yy)\cos(k_zz) \tag{6.2.13}$$

$$H_y=-\frac{\mathrm{j}\omega\varepsilon k_x}{k_c^2}E_{zm}\cos(k_xx)\sin(k_yy)\cos(k_zz) \tag{6.2.14}$$

式中

$$k_c^2 = k_x^2 + k_y^2 = \left(\frac{m\pi}{a}\right)^2 + \left(\frac{n\pi}{b}\right)^2 = \omega^2\mu\varepsilon - k_z^2, \quad k_z = \frac{p\pi}{d} \tag{6.2.15}$$

其中 $m, n = 1, 2, 3, \cdots, p = 0, 1, 2, 3, \cdots$。

二、矩形腔的谐振波长 λ_0

由式(6.2.3)、(6.2.9)和(6.2.15)可知，矩形谐振腔中 TE_{mnp} 模和 TM_{mnp} 模的 $k_z = \frac{p\pi}{d}$，而由 $k_c^2 = k_x^2 + k_y^2 = \left(\frac{m\pi}{a}\right)^2 + \left(\frac{n\pi}{b}\right)^2 = \omega^2\mu\varepsilon - k_z^2$ 可求得

$$\omega^2\mu\varepsilon = \left(\frac{m\pi}{a}\right)^2 + \left(\frac{n\pi}{b}\right)^2 + \left(\frac{p\pi}{d}\right)^2 = \left(\frac{2\pi}{\lambda_0}\right)^2$$

就可得到谐振腔的谐振波长为

$$\lambda_0 = \frac{2}{\sqrt{\left(\frac{m}{a}\right)^2 + \left(\frac{n}{b}\right)^2 + \left(\frac{p}{d}\right)^2}} \tag{6.2.16}$$

由(6.2.16)式可知，一定的谐振腔大小，对应于无穷多个模式，可有无穷多个谐振频率，这反映了谐振腔的多谐特性。而对于一个谐振频率，可有一个以上的模式与它对应。例如，(6.2.16)式既可适用于 TM 波各模式，又可适用于 TE 波各模式，这是谐振腔中振荡模式的简并特性。

三、矩形谐振腔的主模 TE_{101}

对工作在最低模式 TE_{10} 模的矩形波导，在 z 方向取 $\lambda_g/2$ 长，并在两端加金属短路面，即成 TE_{101} 模矩形谐振腔。λ_g 为矩形波导的波导波长：$\lambda_g = \frac{\lambda}{\sqrt{1-\left(\frac{\lambda}{\lambda_c}\right)^2}}$。习惯上，取谐振腔三边 a, b, d 对应于坐标 x, y, z，且有 $d > a > b$，所以，TE_{101} 模的谐振波长最长，即谐振频率最低，它是主模。其谐振波长为

$$\lambda_0 = \frac{2}{\sqrt{\left(\frac{1}{a}\right)^2 + \left(\frac{1}{d}\right)^2}} \tag{6.2.17}$$

其谐振频率为

$$\omega_0 = \pi c\sqrt{\left(\frac{1}{a}\right)^2 + \left(\frac{1}{d}\right)^2} \tag{6.2.18}$$

在 TE_{101} 模谐振腔中，电场只有 y 方向分量：

$$\boldsymbol{E} = E_y\boldsymbol{e}_y = E_m\sin(k_x x)\sin(k_z z)\boldsymbol{e}_y \tag{6.2.19}$$

磁场为

$$\boldsymbol{H}=\frac{\mathrm{j}E_m k_z}{\omega_0\mu_0}\sin(k_x x)\cos(k_z z)\boldsymbol{e}_x-\frac{\mathrm{j}E_m k_x}{\omega_0\mu_0}\cos(k_x x)\sin(k_z z)\boldsymbol{e}_z \tag{6.2.20}$$

其电磁场结构示意图如图 6.2.2 所示。对于 TE_{101} 模谐振腔，其储能为

$$W_0=W_{m\max}=W_{e\max}=\frac{1}{2}\varepsilon\int\boldsymbol{E}_t\cdot\boldsymbol{E}_t^*\,\mathrm{d}\tau=\frac{abd}{8}\varepsilon E_m^2 \tag{6.2.21}$$

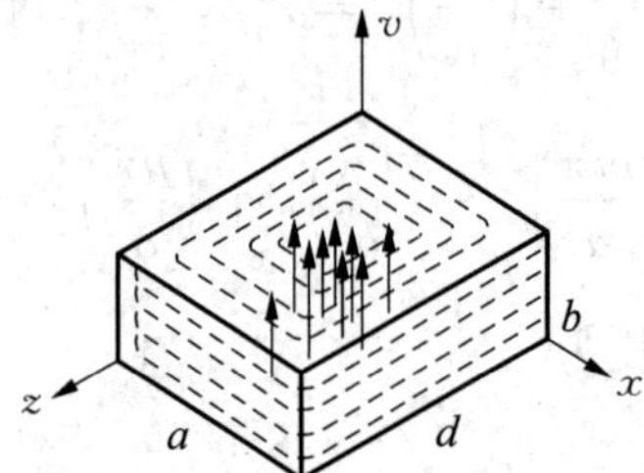

图 6.2.2 TE_{101} 模矩形谐振腔

腔壁的功率损耗为

$$\begin{aligned}P_d&=\frac{R_s}{2}\oint_s\boldsymbol{i}\cdot\boldsymbol{i}^*\,\mathrm{d}S=\frac{R_s}{2}\oint_s\boldsymbol{H}_t\cdot\boldsymbol{H}_t^*\,\mathrm{d}S\\&=R_s\left\{\int_0^a\int_0^b|H_x|_{z=0}^2\,\mathrm{d}x\,\mathrm{d}y+\int_0^b\int_0^d|H_z|_{x=0}^2\,\mathrm{d}y\,\mathrm{d}z+\right.\\&\left.\int_0^a\int_0^d[|H_x|^2+|H_z|^2]_{y=0}\,\mathrm{d}x\,\mathrm{d}z\right\}\\&=\frac{R_s\lambda_0^2}{8\eta^2}E_m^2\left[\frac{ab}{d^2}+\frac{bd}{a^2}+\frac{1}{2}\left(\frac{a}{d}+\frac{d}{a}\right)\right]\end{aligned} \tag{6.2.22}$$

把(6.2.21)和(6.2.22)式代入固有品质因数的定义式

$$Q_0=2\pi\left.\frac{\text{谐振腔总储能}}{\text{一周期谐振腔的耗能}}\right|_{\omega=\omega_0}=\frac{\omega_0W_0}{P_d}$$

可得 TE_{101} 模矩形谐振腔的品质因素为

$$Q_0=\frac{\pi\eta}{4R_s}\left[\frac{2b(a^2+d^2)^{\frac{3}{2}}}{ad(a^2+d^2)+2b(a^3+d^3)}\right] \tag{6.2.23}$$

假如 $a=d=b$，则简化为

$$Q_0=0.742\,\frac{\eta}{R_s} \tag{6.2.24}$$

式(6.2.22)到(6.2.24)中的 η 为 TEM 波的波阻抗，R_s 为构成腔壁金属的表面电阻。

6.3 圆柱谐振腔和同轴谐振腔

任何种类的传输线，只要长度适当，例如长度为二分之一波长的整数倍，将其两端短路，均可构成谐振腔。

圆柱谐振腔是广泛采用的形式之一。它是一段两端短路的圆波导(如图 6.3.1)。与分析矩形谐振腔的方法类似，并利用圆波导的结果，可得到 $k_z=\frac{p\pi}{l}$ 以及相应于 TM_{mnp} 模和 TE_{mnp} 模的场分量、谐振频率。改变圆柱谐振腔的高度 l，来改变谐振频率，可构成测量频率用的波长计。另外，因为圆波导中的 TE_{01} 波具有低损耗的特点，因此，圆柱谐振腔中与它相应的 TE_{011} 模也具有低损耗或高 Q 的特性。

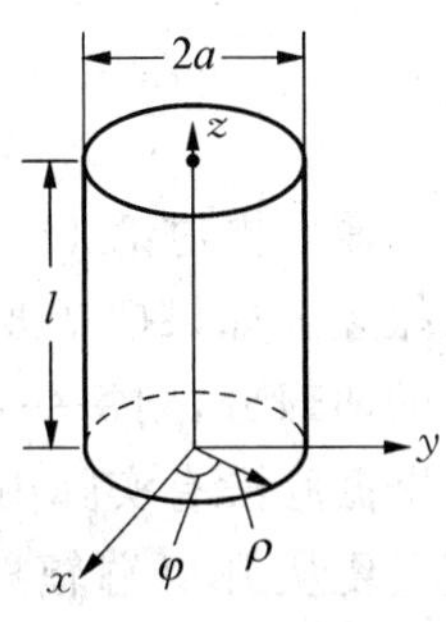

图 6.3.1 圆柱谐振腔

同轴线谐振腔也是常用的形式。由传输线理论中式(4.3.5)知，同轴线中的电压和电流的分布可由入射波和反射波叠加并满足边界条件来求得：

$$U(z,t)=U_m\sin kz\sin\omega t \tag{6.3.1}$$

$$I(z,t)=I_m\cos kz\cos\omega t \tag{6.3.2}$$

式中 $U_m=I_mZ_0$。根据同轴线中电磁场和电压、电流的关系式(5.3.15)，同轴谐振腔中电磁场分布为

$$E_\rho(\rho,z,t)=\frac{U_m}{\rho\ln\frac{b}{a}}\sin kz\sin\omega t \tag{6.3.3}$$

$$H_\varphi(\rho,z,t)=\frac{U_m}{\eta\rho\ln\frac{b}{a}}\cos kz\cos\omega t=\frac{I_m}{2\pi\rho}\cos kz\cos\omega t \tag{6.3.4}$$

当谐振腔的长度 l 为 $\lambda/2$ 的整数倍时，在 $z=l$ 处也满足电磁场的边界条件。电磁场在同轴腔中的分布及其随时间的变化如图 6.3.2 所示。由此可见，电场和磁场沿 z 方向的分布规律分别是 $\sin kz$ 和 $\cos kz$，最大值与零点之间在空间相距 $\lambda/4$，即空间相位相差 $\pi/2$，电场和磁场随时间变化的规律是：磁场能量转化成电场能量，同时电磁能量从两侧向中间移动；1/4 个周期后，电场能量又逐渐转化成了磁场能量，同时电磁能量从中间向两侧移动。

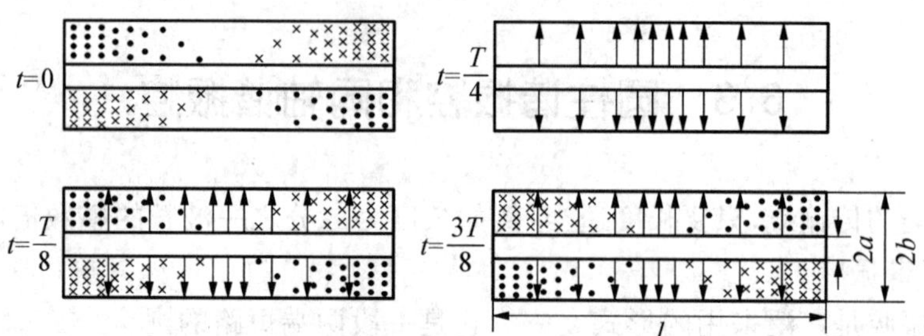

图 6.3.2 二分之一波长同轴线谐振腔

最后再讨论 $\lambda/4$ 同轴谐振腔和具有缩短电容的同轴谐振腔。如果把半波长同轴谐振腔在 $z = l/2$ 处切成相等的两部分,则每一部分就构成 $\lambda/4$ 同轴谐振腔。但这种谐振腔没有实际用处,因为开口端并非真正开路,电磁能量要从开口端辐射出去,因此,谐振腔的品质因数很低。为了防止辐射,可将外导体圆柱沿长,构成截止圆波导,使其终端场强衰减到很小,在那里放置端盖就影响不大。这样,$\lambda/4$ 同轴谐振腔已被金属包围,没有任何辐射损耗,因此,缩短截止圆波导的长度也不会导致任何辐射损耗,端盖的存在只是对腔的场分布和谐振频率有影响。从图 6.3.3 可见,当端盖离内导体很近时,在端盖和内导体之间有很强的电场,相当于在同轴线的开路端接上一个电容,成为具有缩短电容的 $\lambda/4$ 同轴谐振腔。改变同轴腔的长度,可以方便地改变谐振腔的谐振频率。短的隙缝距离、大的电场强度以及合适的电力线形状使得这种谐振腔特别适用于在宽频带可调放大器或振荡器中作谐振回路(如图 6.3.4)。它也常常用作波长计,由于其体积小,所以在波长较长时尤其适合。常用的谐振腔还有许多:圆柱形谐振腔、微带谐振腔、介质谐振腔等等,我们这里不一一介绍。

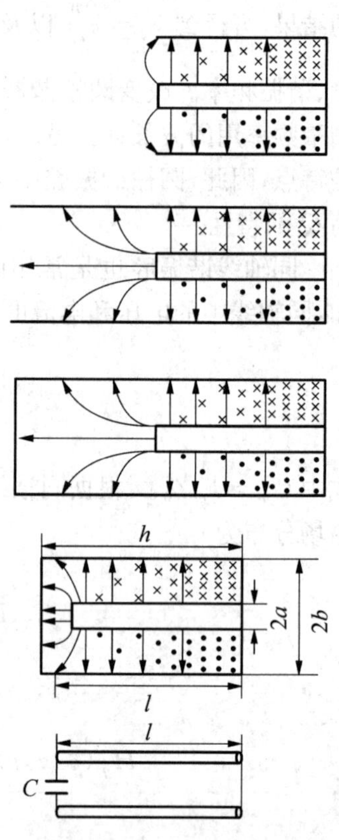

图 6.3.3 具有缩短电容的四分之一波长同轴谐振腔的形成及其等效电路

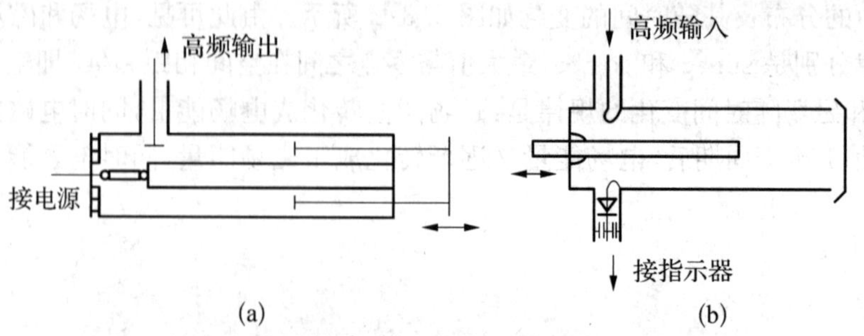

图 6.3.4 四分之一波长同轴谐振腔振荡器(a)和波长计(b)

6.4　反射速调管振荡器

实验室用的微波发生器常需要几十毫瓦到几百毫瓦的功率输出，所以，就采用反射式速调管。图 6.4.1 是其结构示意图和各极的电位分布图。

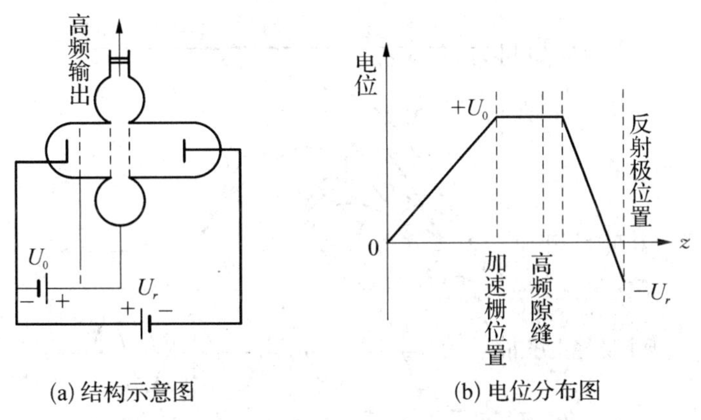

图 6.4.1　反射速调管的结构原理和电位分析

反射速调管由电子枪、谐振腔和反射电极构成。电子枪由阴极、调制极、加速极组成，也有管子没有加速极，而由谐振腔的栅网兼作电子流加速极。相对于阴极，在谐振腔上加的是正电压 U_0，在反射极上加的则是负电压 U_r。这样，对电子运动而言，在阴极到谐振腔栅网的空间构成一个直流加速场，而在谐振腔栅网到反射极之间则构成一个直流减速场。

由电子枪发射的电子流，首先在直流加速场区域获得一定的速度，然后进入谐振腔隙缝。假定这时腔内已经建立了高频振荡，则电子在高频隙缝里将要受到速度调制。而电子离开高频隙缝后，经过速度调制的电子流进入一个直流减速场区域，电子受到减速，使速度逐渐降到零，然后又反转朝着谐振腔运动，这个过程与上抛物体在地球引力作用下又返回地面类似。不过，受到速度调制的电子流中不同时刻离开隙缝的电子在推斥场里运动再返回缝隙的时间各不相同。这可用电子运动的时空图来清楚地加以说明。

1. 反射速调管中电子的群聚

图 6.4.2 给出了电子在减速场空间的运动时空图。由图可见，不同时刻离开隙缝的电子，由于已经受到隙缝上高频电场的调制，具有不同的速度。例如，"1"类电子在隙缝上受到最大高频场的加速，具有最大的瞬时初速，因此在推斥场空间跑得最远，返回到谐振腔隙缝平面所需要的时间最长。比"1"类电子迟 $T/4$(T 为隙缝上交变电压的周期)离开隙缝的"2"类电子，则既未受到高频场的加速，又未受到减速，而以原有的速度 v 进入推斥场，它在推斥场空间运行的距离和时间就比"1"类电子为短。比"2"类电子更迟 $T/4$ 离开隙缝的"3"类电子，因为受到最大高频场的减速，在离开隙缝时具有最小的瞬时初速，则在

推斥场空间运行的距离和时间比"2"类电子更短。这三类电子离开高频隙缝的时刻先后不一，但由于它们出发时的瞬时初速不同，在推斥场中，先出发的电子速度快、走得远；后出发的电子速度慢、走得近。这样，就有可能在同一时刻回到栅网平面，这就是在推斥场里电子群聚的过程。如果电极之间的距离和各极所加的电压选择得适当，可以使群聚了的电子群在反转到谐振腔隙缝时正遇到高频减速场(注意:这是对反转电子而言的减速场)，则电子的一部分动能就可以转换成高频场能量而使谐振腔内的高频振荡得以维持，如图 6.4.2 所示。

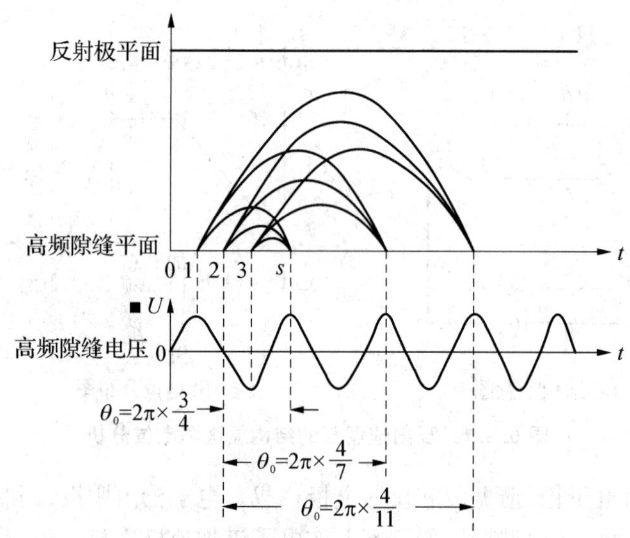

图 6.4.2　在排斥场空间电子群聚的时空图

能量交换最有效的情况应该是使密集的电子群到达栅网时正好遇到最大的减速场，这时群聚中心电子("2"类电子)从第一次通过谐振腔的高频隙缝到第二次又反转通过隙缝所需的时间(渡越时间)应该是 $\left(n-\frac{1}{4}\right)T$，将相应的渡越角称为最佳渡越角：

$$\theta_0=2\pi\left(n-\frac{1}{4}\right)\quad n=1,2,3,\cdots \tag{6.4.1}$$

这里，不同的 n 相应于反射速调管不同的振荡模。如果电子渡越角偏离了式(6.4.1)所给定的条件，但相差不多，群聚电子群基本上还是落在高频减速场范围，则振荡仍能维持，不过由于换能不够充分，振荡强度必然会减弱些。如果电子渡越角与式(6.4.1)所决定的条件相差很多，以致使得群聚中心甚至落到了高频加速场区域，当然振荡就不能发生了。因此，对应于不同的振荡模式，具有多个分立的振荡区，这是反射速调管的重要特点。

那么，在给定的反射速调管中，电子渡越角由什么因素来决定呢？通过以下的分析可以看到，它与反射极电压 U_r 有关。根据一些简化假设，推斥场空间的电子运动过程可以做如下分析：由牛顿第二定律出发，并考虑到推斥场中电子受到的力为

$$F=-eE=-\frac{e(U_0+U_r)}{l}$$

则可得：

$$\frac{d^2z}{dt^2}=-\frac{e}{m}\frac{(U_0+U_r)}{l} \tag{6.4.2}$$

式中 U_0 为电子加速电压；U_r 为反射极电压(以正值代入)，l 为谐振腔栅网到反射极之间的距离。假设将群聚中心的电子离开栅网进入推斥场空间的初始时刻定为 $t_1=0$，此时 $z=0$，它具有的初始速度为 $v_0=\sqrt{\frac{2eU_0}{m}}$，将(6.4.2)式积分一次可得：

$$\frac{dz}{dt}=v_0-\frac{e}{m}\frac{(U_0+U_r)}{l}t \tag{6.4.3}$$

再积分一次，并考虑到上述初始条件，可得

$$z=v_0t-\frac{e}{m}\frac{(U_0+U_r)}{l}\frac{t^2}{2} \tag{6.4.4}$$

如果令电子第二次反转通过栅网的时刻为 t_2，此时又有 $z=0$ 的条件，因此

$$t_2=\frac{2m}{e}\left(\frac{l}{U_0+U_r}\right)v_0=2\sqrt{\frac{2m}{e}U_0}\frac{l}{(U_0+U_r)} \tag{6.4.5}$$

由此得到群聚中心在推斥场内的渡越角等于：

$$\theta=\omega t_2-\omega t_1=2\omega\sqrt{\frac{2m}{e}U_0}\frac{l}{(U_0+U_r)} \tag{6.4.6}$$

这是渡越角随电压而变的关系式。如果电极尺寸已定，则它仅与所加电压有关，通常 U_0 是固定的，因此，改变反射极电压 U_r 就意味着调节了电子渡越时间。

将式(6.4.6)与(6.4.1)联系起来，可以得到反射速调管自激的最佳相位条件：

$$\theta=2\omega\sqrt{\frac{2m}{e}U_0}\frac{l}{(U_0+U_r)}=2\pi\left(n-\frac{1}{4}\right)\quad n=1,2,3,\cdots \tag{6.4.7}$$

式(6.4.7)表明在任何一个振荡模，都有一个最佳的工作电压，此时能使群聚中心的电子在返回高频隙缝处恰恰遇到最大的高频推斥场，这就是最佳相位条件。

2. 反射速调管的振荡功率和电子调谐特性

根据以上分析，可以预见，相应于不同的 n 有一系列分立的振荡区。每一个振荡区内，凡是在最佳相位条件上就有最大的功率输出，偏离最佳相位条件都会使振荡功率减少，偏离过大就会造成停振，这种分立振荡区的图形示于图 6.4.3。

此外，每个振荡区中，只要调到最佳相位，就有相同的振荡频率(可以认为就是谐振腔

的自然振荡频率),偏离了最佳相位,频率就会改变。例如,当反射极电压偏离中心值,若反射极负电压加大时,电子群聚中心在推斥场内渡越时间就要略为缩短,就会稍稍提前返回栅网,致使振荡频率向高的方向变化而高于 f_0;反之,当反射极负电压减少时,振荡频率就会向低的方向变化而低于 f_0。对于每一个振荡区都有相同的变化趋势,不过在 n 较大的振荡区中(那里 U_r 数值较小),由于电子在推斥场空间的渡越时间长,所以,反射极电压稍有改变,引起渡越时间的变化就会大些,从而引起振荡频率的变化也要大些,使得频率变化的曲线要陡些。在图 6.4.3 中表示了这种不同变化的相对关系。我们称这种由于反射极电压的改变而引起振荡频率的变化的特性为"电子调谐"特性。电子调谐是一种无惯性的快速调谐,而且,这种调谐不需要付出功率,这是它的一个突出优点。

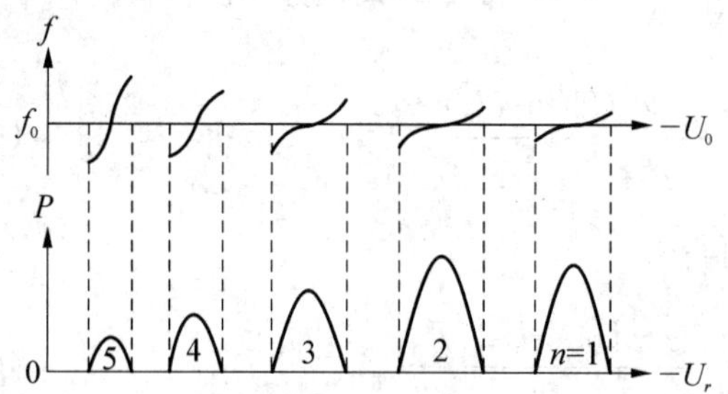

图 6.4.3 反射速调管的功率特性电子调谐特性

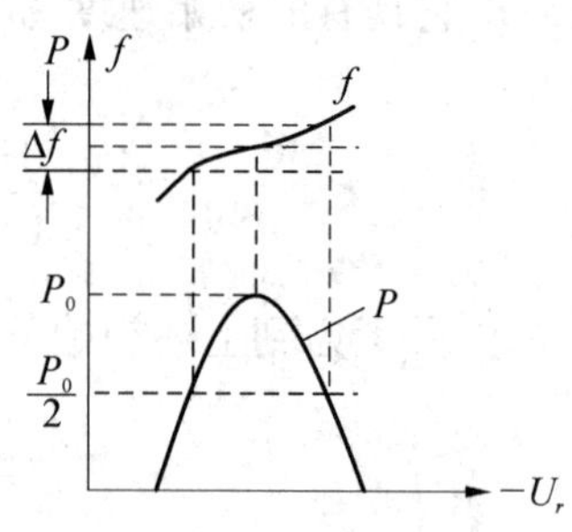

图 6.4.4 电子调谐

描述反射速调管的电子调谐特性的参量有两个:

(1) 电子调谐斜率:这是指在振荡区中心附近,U_r 改变所引起的振荡频率的变化量(MHz/V)。

(2) 电子调谐范围:这是指在振荡区中两个半功率点所对应的振荡频率之差 Δf,如图 6.4.4 所示。显然,也只有在振荡区中心附近,电子调谐才近似于线性。

3. 反射速调管的结构参量及其应用

反射速调管在结构上分为"内腔式"和"外腔式"两类。"内腔式"是把谐振系统的集中电容部分(即高频隙缝)和电感部分都做在真空管壳内部,3 cm 波段的管子,就是金属管壳的内腔式的结构。可以通过调谐螺杆使柔性金属管壳变形以改变谐振腔高频隙缝间距,从而使谐振系统的集中电容发生变化而达到调谐的目的。"外腔式"是将谐振系统的集中电容做在真空管壳内部,而把谐振腔的电感部分(例如环形或同轴形谐振腔)置于管外,可调节外腔内的调谐螺钉或短路活塞以达到调谐的目的。以上两种在谐振腔内进行的调谐都称为"机械调谐",它比"电子调谐"改变的频率范围大。

反射速调管作为小功率的微波振荡器,在微波讯号源、雷达接收机本振、参量放大器泵源等处都有广泛的应用。在使用中,要根据所需的功率、电子调谐宽度以及振荡的稳定性等要求,选择适当的振荡区号码 n(即反射极电压)。

6.5　磁控管振荡器

磁控管的特点是输出功率大、效率高、工作电压低、体积小、重量轻、x 射线辐射小、价格低。它主要用在雷达发射机中作振荡管。另外,它的应用范围也早已扩展到民用领域,例如通信、导航、工业加热、医疗(医用加速器)、食品及药物加工以及家用微波炉等。因此,在微波管领域内,磁控管还是生产量最大的管子。当然,随着雷达技术和体制的不断改进和更新,特别是在要求高频脉冲的相位相干或要求对高频脉冲进行相位或频率编码的场合,磁控管在雷达中的应用就受到一定的限制。不过在目前阶段,只要能满足雷达系统的要求,因其上述优点而在选管时总是优先选用磁控管的。

一、磁控管的基本结构

磁控管的基本结构如图 6.5.1 所示。在图中可以看出,它有一个发射电子的阴极,而环绕阴极的是一个由许多谐振腔组成的阳极块。在阳极和阴极之间加有直流电压,因此,直流电场是径向的;在管子的轴向加恒定磁场,显然,这个磁场是与直流电场正交的。从原理上看,磁控管就像是一个具有正交场的特殊二极管。

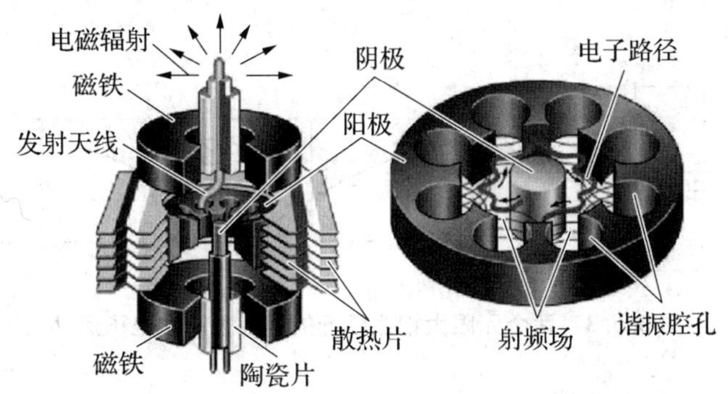

图 6.5.1　磁控管的基本结构[33]

由于磁控管是一种正交场振荡器,故振荡发生后的高频电磁能量需要一定的输出装置,以便馈送到所需要的负载(例如雷达天线)上去。因此,从结构上看,磁控管主要包括三个部分:阴极、阳极块(多腔系统)以及能量输出器。磁控管的阴极,大多数为旁热式阴极,它的质量是决定磁控管寿命的关键。阳极块上均匀地分布着多个谐振腔,它起着谐振回路的作用,因此常将它称为"多腔磁控管"。阳极块上的多腔系统有许多类型,最常见的有如图 6.5.2 所示的几种,图中(a)、(b)、(c)为同腔系统;(d)、(e)为异腔系统,它们的形状不同,且谐振腔的数量由频率的高低来决定。

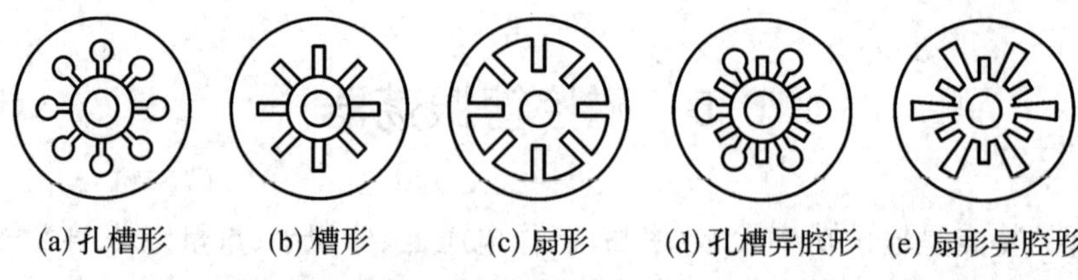

图 6.5.2　磁控管阳极块的多腔谐振系统举例

能量输出器包括耦合系统、阻抗变换器以及传输线，它们可以是同轴线型，也可以是波导型。加在磁控管上的轴向磁场，可用外加永久磁铁来提供；也可把磁铁和管子做在一起，这样，磁极伸入管内，就可减少磁铁极靴间的距离，来达到减少体积和重量的目的。所加磁场的磁通密度为数百到数千高斯，由工作波段来决定。

二、多腔磁控管的工作原理

1. 静态磁控管中的电子运动

为了使问题简化，先研究电子在平板系统正交场中的运动。设有两个无限大相互平行的平板之间加上电压，如图 6.5.3 所示，则其中电场大小为

$$|\boldsymbol{E}|=\frac{U_a}{d_0} \tag{6.5.1}$$

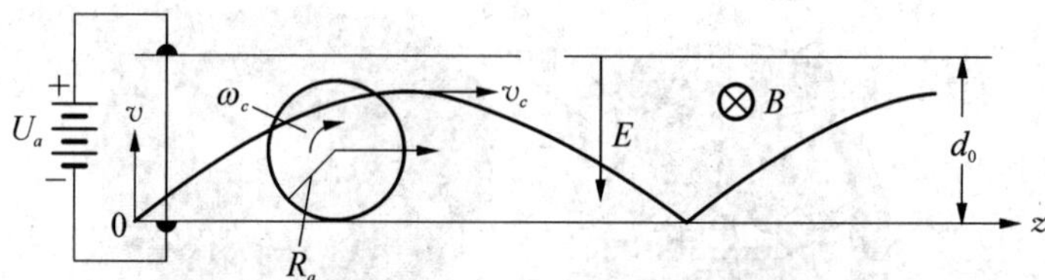

图 6.5.3　两个无限大相互平行的平板之间的电子运动

在与电场垂直的 x 方向加磁场 $\boldsymbol{B}$。那么，在两平板间的空间中的电子所受的力是 $\boldsymbol{F}=-e(\boldsymbol{E}+\boldsymbol{v}\times\boldsymbol{B})$，再由牛顿第二运动定律，我们有

$$\begin{cases} m\dfrac{\mathrm{d}^2x}{\mathrm{d}t^2}=-e\left[E_x+\left(\dfrac{\mathrm{d}y}{\mathrm{d}t}B_z-\dfrac{\mathrm{d}z}{\mathrm{d}t}B_y\right)\right] \\ m\dfrac{\mathrm{d}^2y}{\mathrm{d}t^2}=-e\left[E_y+\left(\dfrac{\mathrm{d}z}{\mathrm{d}t}B_x-\dfrac{\mathrm{d}x}{\mathrm{d}t}B_z\right)\right] \\ m\dfrac{\mathrm{d}^2z}{\mathrm{d}t^2}=-e\left[E_z+\left(\dfrac{\mathrm{d}x}{\mathrm{d}t}B_y-\dfrac{\mathrm{d}y}{\mathrm{d}t}B_x\right)\right] \end{cases} \tag{6.5.2}$$

由图 6.5.3 可知 $B_x=B, B_y=B_z=0$；$E_x=E_z=0, E_y=-E$。所以有

$$\begin{cases}\dfrac{\mathrm{d}^2x}{\mathrm{d}t^2}=0\\ m\dfrac{\mathrm{d}^2y}{\mathrm{d}t^2}=-e\left[-E+\dfrac{\mathrm{d}z}{\mathrm{d}t}B\right]\\ m\dfrac{\mathrm{d}^2z}{\mathrm{d}t^2}=e\left[\dfrac{\mathrm{d}y}{\mathrm{d}t}B\right]\end{cases} \tag{6.5.3}$$

对(6.5.3)式的第三式积分一次并代入初始条件：$t=0$ 时，$x=y=z=0$，并无初速度。所以，得到 $\dfrac{\mathrm{d}z}{\mathrm{d}t}=\dfrac{eB}{m}y$。从(6.5.3)式的第一式可得 $\dfrac{\mathrm{d}x}{\mathrm{d}t}=0$，也就是说，电子始终在 $y-z$ 平面上运动。继续对(6.5.3)式进行运算，可得到

$$\begin{cases}y=R_c(1-\cos\omega_c t)\\ z=R_c(\omega_c t-\sin\omega_c t)\end{cases} \tag{6.5.4}$$

(6.5.4)式在数学上是一个摆线方程的解析式，所描绘的是回旋半径为 $R_c=mE/eB^2$ 的圆在 $y-z$ 平面上沿 z 轴做无滑动的滚动时，圆周上某一点所描绘的轨迹。而轮子的回旋角频率是 $\omega_c=eB/m$。可以看出，电子在 z 方向的漂移速度 v_e 与形成摆线的圆的圆心的速度相等。它为

$$v_e=\omega_c R_c=\frac{E}{B} \tag{6.5.5}$$

而电子的瞬时速度为

$$\begin{cases}v_y=\dfrac{\mathrm{d}y}{\mathrm{d}t}=R_c\omega_c\sin\omega_c t=v_e\sin\omega_c t\\ v_z=\dfrac{\mathrm{d}z}{\mathrm{d}t}=R_c\omega_c-R_c\omega_c\cos\omega_c t=v_e(1-\cos\omega_c t)\end{cases} \tag{6.5.6}$$

从(6.5.6)式可以看到，电子在 y 方向的速度，是从零慢慢增加，直到最大值 v_e，然后又逐渐下降到零。而在 z 方向的变化，则是从零直到 $2v_e$，然后又减小到零。最大速度发生在电子轨迹的最高点，在这点，$v_y=0$，$v_z=2v_e$。

摆线完成一周，电子在阴极面上移动 $2\pi R_c$。电子在任一位置时的切向速度相对于滚动圆来说是 v_e，是一种回旋运动。因此，电子做摆线运动可以看成是两种运动的合成：即在 z 方向以平均漂移速度 v_e 所做的直线运动和以角速度 ω_c 环绕圆心所做的回旋运动。

由 $R_c=mE/eB^2$ 得知，当磁场加大时，R_c 将减小；而 $B=0$ 时，R_c 将为无限大。如 $2R_c=d_0$，电子将从阳极擦过，电子未打上阳极，磁控管没有阳极电流，这是临界状态。这时，$R_c=d_0/2=mE/eB_c^2$ 或

$$B_c=\sqrt{\frac{2mE}{ed_0}}=\frac{1}{d_0}\sqrt{\frac{2mU_a}{e}} \tag{6.5.7}$$

式中 B_c 为临界磁场或截止磁场。

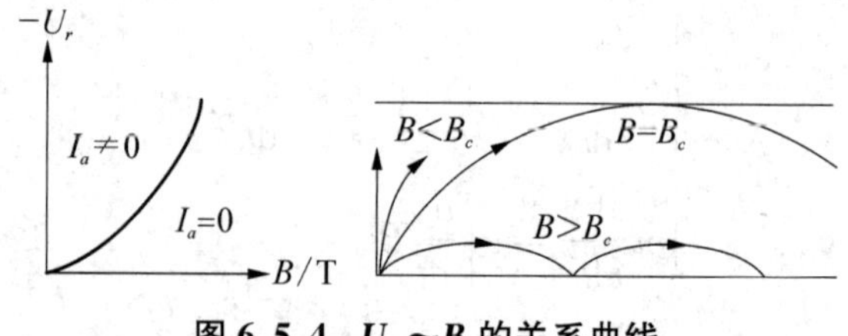

图 6.5.4　$U_a \sim B$ 的关系曲线

$U_a \sim B$ 的关系曲线以及相应的电子运动示意图画在图 6.5.4。

下面再研究电子在圆柱系统正交场中的运动。还是由 $\boldsymbol{F}=-e(\boldsymbol{E}+\boldsymbol{v}\times\boldsymbol{B})$ 出发，再由牛顿第二运动定律，我们得到加速度 $\boldsymbol{a}$ 的各分量在柱坐标系的表示式：

$$\begin{cases} a_\rho=\dfrac{\mathrm{d}^2\rho}{\mathrm{d}t^2}-\rho\left(\dfrac{\mathrm{d}\varphi}{\mathrm{d}t}\right)^2=-\dfrac{e}{m}\left[E_\rho+\left(\rho\dfrac{\mathrm{d}\varphi}{\mathrm{d}t}B_z-\dfrac{\mathrm{d}z}{\mathrm{d}t}B_\varphi\right)\right] \\ a_\varphi=2\dfrac{\mathrm{d}\rho}{\mathrm{d}t}\dfrac{\mathrm{d}\varphi}{\mathrm{d}t}+\rho\left(\dfrac{\mathrm{d}^2\varphi}{\mathrm{d}t^2}\right)=-\dfrac{e}{m}\left[E_\varphi+\left(\dfrac{\mathrm{d}z}{\mathrm{d}t}B_\rho-\dfrac{\mathrm{d}\rho}{\mathrm{d}t}B_z\right)\right] \\ a_z=\dfrac{\mathrm{d}^2z}{\mathrm{d}t^2}=-\dfrac{e}{m}\left[E_z+\left(\dfrac{\mathrm{d}\rho}{\mathrm{d}t}B_\varphi-\rho\dfrac{\mathrm{d}\varphi}{\mathrm{d}t}B_\rho\right)\right] \end{cases} \tag{6.5.8}$$

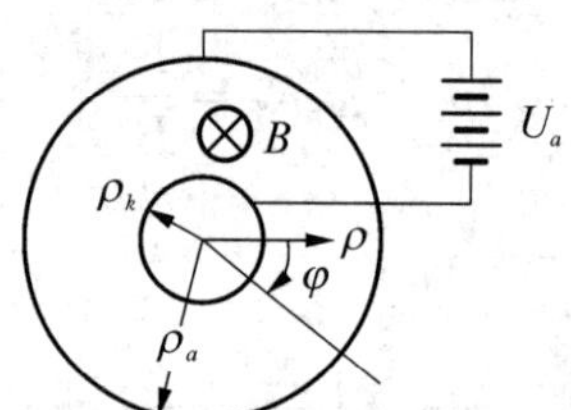

图 6.5.5　电子在圆柱系统正交场中的运动

如果我们的讨论仅仅限于下述情况(图 6.5.5)。

$$\begin{gathered} E_\varphi=E_z=0, E_\rho=-E(\rho) \\ B_\rho=B_\varphi=0, B_z=B \end{gathered} \tag{6.5.9}$$

将(6.5.9)式代入(6.5.8)式，可化简电子的运动方程：

$$\begin{cases} \dfrac{\mathrm{d}^2\rho}{\mathrm{d}t^2}-\rho\left(\dfrac{\mathrm{d}\varphi}{\mathrm{d}t}\right)^2=-\dfrac{e}{m}\left[-E+\rho\dfrac{\mathrm{d}\varphi}{\mathrm{d}t}B\right] \\ 2\dfrac{\mathrm{d}\rho}{\mathrm{d}t}\dfrac{\mathrm{d}\varphi}{\mathrm{d}t}+\rho\left(\dfrac{\mathrm{d}^2\varphi}{\mathrm{d}t^2}\right)=\dfrac{e}{m}\left[\dfrac{\mathrm{d}\rho}{\mathrm{d}t}B\right] \\ \dfrac{\mathrm{d}^2z}{\mathrm{d}t^2}=0 \end{cases} \tag{6.5.10}$$

如果不考虑电子从阴极发射时的初速，即 $v_{z0}=0$，

则电子运动的轨迹在 $r-\varphi$ 平面上。先将式(6.5.10)的第二式改写成

$$\frac{1}{\rho}\frac{\mathrm{d}}{\mathrm{d}t}\left(\rho^{2}\frac{\mathrm{d}\varphi}{\mathrm{d}t}\right)=\frac{e}{m}\left[\frac{\mathrm{d}\rho}{\mathrm{d}t}B\right]$$

或

$$\frac{\mathrm{d}}{\mathrm{d}t}\left(\rho^{2}\frac{\mathrm{d}\varphi}{\mathrm{d}t}\right)=\frac{eB}{2m}\frac{\mathrm{d}}{\mathrm{d}t}(\rho^{2})$$

积分后得到

$$\rho^{2}\frac{\mathrm{d}\varphi}{\mathrm{d}t}=\frac{eB}{2m}(\rho^{2})+\mathrm{const}$$

或

$$\rho^{2}\left(\frac{\mathrm{d}\varphi}{\mathrm{d}t}-\frac{eB}{2m}\right)=\mathrm{const}$$

代入初始条件：$t=0,\rho=\rho_k,\mathrm{d}\varphi/\mathrm{d}t=0$，得到 $\mathrm{const}=-\rho_k^2 eB/2m$，所以 $\rho^{2}\left(\frac{\mathrm{d}\varphi}{\mathrm{d}t}-\frac{eB}{2m}\right)+\rho_k^2\frac{eB}{2m}=0$，即：

$$\frac{\mathrm{d}\varphi}{\mathrm{d}t}=\frac{eB}{2m}\left(1-\frac{\rho_k^2}{\rho^2}\right)=\frac{\omega_c}{2}\left(1-\frac{\rho_k^2}{\rho^2}\right)\tag{6.5.11}$$

式中 $\omega_c=\frac{e}{m}B$ 是回旋角频率。由(6.5.11)式可见，电子离开阴极后，其角速度 $\frac{\mathrm{d}\varphi}{\mathrm{d}t}$ 是距离 ρ 的函数。当 $\rho=\rho_k$ 时，$\frac{\mathrm{d}\varphi}{\mathrm{d}t}=0$；而当 $\rho=\rho_a$ 时，$\frac{\mathrm{d}\varphi}{\mathrm{d}t}=\frac{\omega_c}{2}\left(1-\frac{\rho_k^2}{\rho_a^2}\right)$，相应的切向速度 $v_t=\rho_a\frac{\mathrm{d}\varphi}{\mathrm{d}t}=\frac{\omega_c}{2}\left(\frac{\rho_a^2-\rho_k^2}{\rho_a}\right)$。将(6.5.11)式代入(6.5.10)式的第一式，可得

$$\frac{\mathrm{d}^2\rho}{\mathrm{d}t^2}-\rho\frac{\omega_c^2}{4}\left(1-\frac{\rho_k^2}{\rho^2}\right)^2+\rho\frac{\omega_c^2}{2}\left(1-\frac{\rho_k^2}{\rho^2}\right)=\frac{eE}{m}$$

或

$$\frac{\mathrm{d}^2\rho}{\mathrm{d}t^2}+\rho\frac{\omega_c^2}{4}\left(1-\frac{\rho_k^4}{\rho^4}\right)=\frac{eE}{m}\tag{6.5.12}$$

即使略去空间电荷及给定电场分布，要严格求解这方程也是相当困难的，只能用数值计算方法来进行。近似的分析表明，电子运动的轨迹可用沿阴极表面无滑动的滚动圆的圆周上某一点所描绘的轨迹来表示(图 6.5.6)。

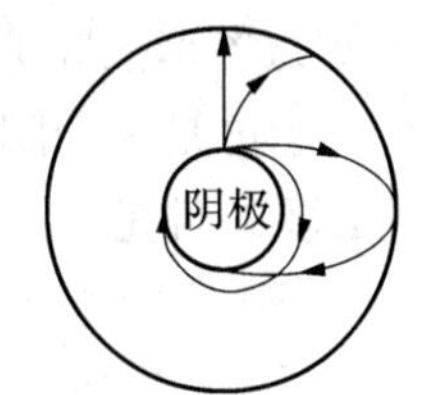

图 6.5.6　电子运动的轨迹

下面我们从能量守恒的观点出发，来推导圆柱系统中磁控管

阳极电流的截止条件，从而求得磁控管的重要参量——临界磁场。由式(6.5.11)知，电子运动的角速度只与距离 ρ 有关，而与电子的具体运动轨迹无关。在临界状态下，电子轨迹应该正好与阳极表面相切。电子到达阳极时的能量为 $\frac{1}{2}mv_a^2=eU_a$，而 $v_a^2=v_\rho^2+v_t^2$，式中 v_ρ 为速度的径向分量；而 v_t 为速度的切向分量。在临界状态时 $v_\rho=0$，而 $v_t=\rho_a\frac{\mathrm{d}\varphi}{\mathrm{d}t}=\frac{\omega_c}{2}\left(\frac{\rho_a^2-\rho_k^2}{\rho_a}\right)$。

所以
$$\frac{1}{2}m\left[\frac{\omega_c}{2}\left(\frac{\rho_a^2-\rho_k^2}{\rho_a}\right)\right]^2=eU_a$$

因为在临界状态下，$\omega_c=\frac{e}{m}B_c$，代入上式，并解出

$$B_c=\frac{\rho_a\sqrt{\frac{8mU_a}{e}}}{\rho_a^2-\rho_k^2} \tag{6.5.13}$$

当 ρ_a 与 ρ_k 相差不大时，令 $\rho_a-\rho_k=d$，则可得

$$B_c\approx\frac{1}{d}\sqrt{\frac{2mU_a}{e}} \tag{6.5.14}$$

与平板系统的临界磁场(6.5.7)式类同。相应的阳极电压称为临界电压或截止电压。

2. 磁控管多腔谐振系统的性质

在这样一个闭合的系统中，谐振的必要条件是：沿整个阳极圆周上发生的高频振荡的相位变化是 2π 的整数倍。设相邻谐振腔中高频振荡信号的相位差为 φ，由于这些小谐振腔为均匀一致分布，这些谐振腔的高频电压可以写成：

$$\begin{cases}u_1=U_m\sin\omega t\\ u_2=U_m\sin(\omega t-\varphi)\\ u_3=U_m\sin(\omega t-2\varphi)\\ \vdots\\ u_n=U_m\sin[\omega t-(N-1)\varphi]\\ u_{n+1}=U_m\sin(\omega t-N\varphi)\end{cases} \tag{6.5.15}$$

式中 u 为各谐振腔隙缝口高频电压的瞬时值；U_m 为高频电压的幅值；N 为谐振腔的总数。由于这是一个闭合系统，在发生谐振时，$u_{n+1}=u_1$，根据式(6.5.15)，可得在谐振时相位的必要条件是：

$$N\varphi=m2\pi\quad m=0,1,2,\cdots \tag{6.5.16}$$

由此可见：

$$\varphi = 2\pi \frac{m}{N} \tag{6.5.17}$$

这就是说，当谐振腔数目确定以后，可以在许多个不同的相位差 φ 上都满足发生谐振的相位条件。这些不同的相位差 φ 是一些分立的值，可由式(6.5.17)来确定。相应于不同的 m，就有不同的谐振模式，具有不同的谐振频率和不同的场结构。

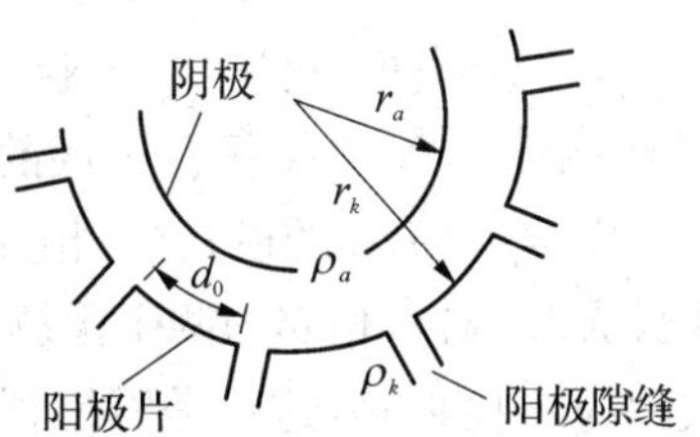

图 6.5.7　磁控管阳极块的多腔谐振系统

磁控管阳极块的多腔谐振系统也可看成是一个首尾相接的闭合的慢波线。沿着阳极块表面，两个相邻隙缝之间的距离就是空间周期 d_0，如图 6.5.7 所示。若令阳极块表面处的半径为 ρ_a，则

$$d_0 = \frac{2\pi\rho_a}{N} \tag{6.5.18}$$

如果每个空间周期上的高频相位移是 φ，与此相应的相位常数为 β，则有 $\varphi = \beta d_0$，用 λ_p 表示沿着阳极块表面的慢波波长，即有 $\varphi = \left(\frac{2\pi}{\lambda_p}\right) d_0$，以此代入式(6.5.17)，可得：

$$Nd_0 = m\lambda_p = 2\pi\rho_a \tag{6.5.19}$$

由此可以得到如下的基本概念：给定一个首尾相接的闭合慢波线，若以高频信号激励它，沿慢波线的慢波波长 λ_p 将随激励信号的频率而变，在慢波线总长度恰好等于 λ_p 的整数倍的某些频率上，这个闭合的慢波线(例如这里所讨论的磁控管的阳极块)就出现谐振现象。只有在谐振时，这个闭合系统才吸收和储存高频能量，在其中建立起高频电磁场，整数 m 就是这个闭合系统的电长度。相应于不同的 m 就有不同的谐振模式。为了简单起见，现以一个 8 腔磁控管的谐振系统($N=8$)为例，列出几个谐振模式上电长度 m 和相位差之间的关系。

表 6.5.1　8 腔系统的谐振模式

模式号 m(电长度数)	相位差 $\varphi = 2\pi \frac{m}{N}$	模式号 m(电长度数)	相位差 $\varphi = 2\pi \frac{m}{N}$
0	0	5	$\frac{5\pi}{4} = 2\pi - \frac{3\pi}{4}$
1	$\frac{\pi}{4}$	6	$\frac{3\pi}{2} = 2\pi - \frac{\pi}{2}$
2	$\frac{\pi}{2}$	7	$\frac{7\pi}{4} = 2\pi - \frac{\pi}{4}$
3	$\frac{3\pi}{4}$	8	2π
4	π		

由表 6.5.1 可见，在 8 腔系统中，$m=0$ 和 $m=8$ 两个谐振模式上的相位差 φ 是 0 和 2π。在这两种情况下，所有谐振腔内的高频振荡都是同相的，因此，激励起的高频振荡状态相同，实际上它们根本就是一个模式。同样可以理解：$m=1$ 和 $m=9$ 也对应于同一个模式。以此类推，可得：在 8 腔系统中，只有从 $m=0$ 到 $m=7$ 共 8 个不同的谐振模式。在一般情况下，N 个谐振腔组成的谐振系统就应该有 $m=0$ 到 $m=N-1$ 共 N 个谐振模式。

在 $m=N/2$ 的模式中，相邻谐振腔的振荡相位差 $\varphi=\pi$，即在某个隙缝口的切向电场为最大时，与其相邻的两个隙缝口的切向电场也最大，但方向却与之相反。这种谐振模式被称为 π 模振荡，这正是磁控管正常运用时的工作模式。

从表 6.5.1 中还可以看到：除了 $m=0$ 和 $m=N/2$ 两个模式之外，其他的谐振模式都是所谓"简并"模式。实际上，$m=(N/2)-1$ 和 $m=(N/2)+1$ 这两个模式具有相同的谐振频率和场结构，是一对简并模式。$m=(N/2)-2$ 和 $m=(N/2)+2$；$m=(N/2)-3$ 和 $m=N/2+3$ 等等都是如此。

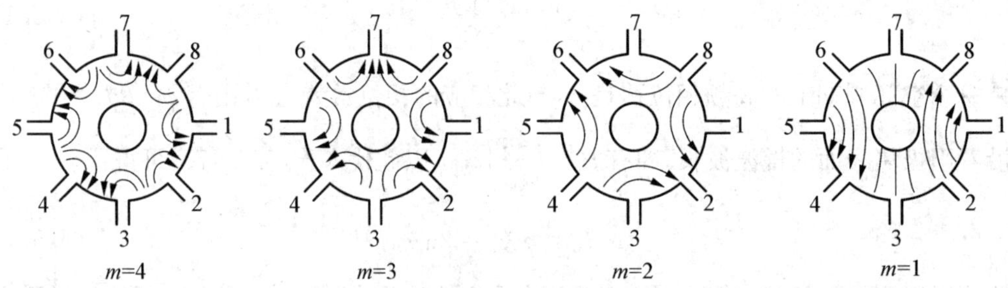

图 6.5.8　不同模式的高频电场结构($N=8$)

图 6.5.8 给出了 8 腔磁控管相互作用空间中不同模式的高频电场结构的瞬时状态。由图可见，m 表征了沿着阳极块圆周上高频电场变化的周期数，即阳极块上的电长度。

初看起来，似乎磁控管的自激振荡模式可以是图 6.5.8 给出的任意一个振荡模式，事实上，磁控管的简并模式在运用中可能分列成两个频率稍有差异的振荡模式，导致管子自激振荡频率和输出功率的不稳定；而且在相同的工作磁场下，π 模式要求的工作电压最低，电子效率也最高，所以，在实际的多腔磁控管中，毫无例外地均选择 π 模式为它的工作模式。

3. 磁控管中自激的产生和阀电压

上面讨论了磁控管中的电子运动和谐振腔的基本性质，下面再看谐振系统是怎样被电子流激励起来，从而产生稳定的电磁振荡？在讨论这个问题之前，先来看一个例子。

图 6.5.9 中有一个一端封闭的音响谐振管，在靠近开口的一端扰动空气，当空气流的速度不太大时，则除去产生一个不太大的旋流之外，将不会产生什么显著变化。如增大空气流的速度，当达到某一数值时，音响谐振管将会受到外界的激发而自激发声。这时，谐振管中的空气开始剧烈运动，在空气流中就形成了疏密交替的区域，也就激发出了声波。

图 6.5.9　一端封闭的音响谐振管

声波向外传播，便可听到某一频率的声音。这是机械谐振。

设想一个展开的平板形磁控管，如图 6.5.10 所示。在磁控管中，电子流与空气流相似，电子流在直流电场和磁场的作用下，“漂过”谐振腔口。如选取工作磁场高于临界磁场（此时无振荡），则由阴极发射的全部电子以 $\frac{E}{B}$ 的平均漂移速度沿阴极移动（例如自左向右）。当增大 $\frac{E}{B}$ 的数值时，电子的漂移速度也随之增大，当达到某一数值时，就像空气流一样，开始激发谐振腔，于是，谐振腔就开始振荡，而经过谐振腔附近的电子流就形成了疏密不均的空间电子云。

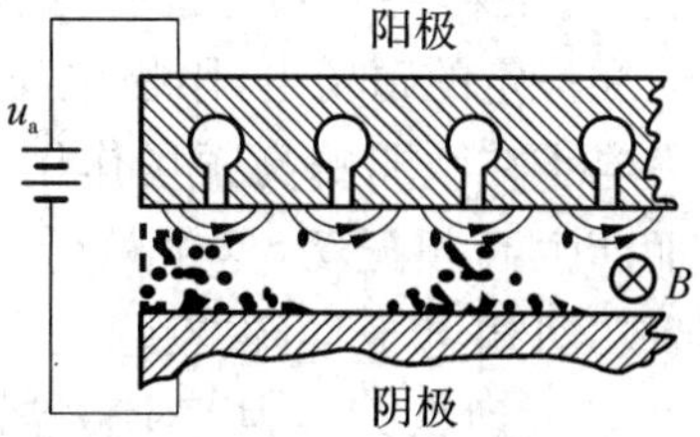

图 6.5.10　平板形磁控管

下面我们从电子受力运动来说明电子云中密集处的电子是对振荡有利的。在分析静态磁控管中电子运动时，我们没有考虑到相互作用空间内有高频场存在，然而，在被激发而开始振荡的磁控管中，除了所加的直流电场和磁场外，还存在高频电磁场。由洛仑兹力 $\boldsymbol{F}=e\boldsymbol{E}+e\boldsymbol{v}\times\boldsymbol{B}$，又因为 $|\boldsymbol{B}|=|\boldsymbol{E}|/c$，且电子运动速度 $v\ll c$，所以可忽略高频磁场而只考虑高频电场对电子的作用。为简单起见，我们考虑平板形磁控管。图 6.5.11 所画的是在以静态磁控管中的电子平均速度运动的坐标系统中看到的，这个坐标移动速度为 $v_e=\omega_c R_c=E/B$。

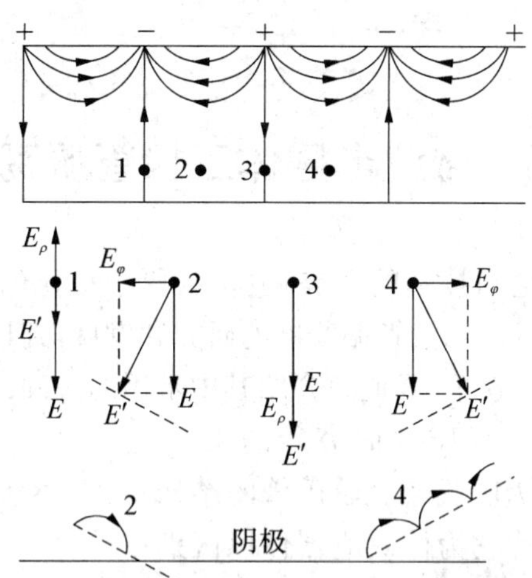

图 6.5.11　静态磁控管中的电子平均速度运动的坐标系统

对 1 号电子，由于高频电场与直流电场反向，所以有 $v<v_e$，在运动的坐标系中具有负的相对速度（向左偏移）；对 3 号电子，由于高频电场与直流电场同向，所以有 $v>v_e$，在运动的坐标系中具有正的相对速度（向右偏移）；对 4 号电子，合成电场使电子运动轨迹的滚动圆的基线向阳极倾斜，成为有利电子；而对 2 号电子，合成电场使电子运动轨迹的滚动圆的基线向阴极倾斜，成为不利电子而返回阴极。所以，高频电场的切向分量“完成了有利电子的挑选”；而高频电场的径向分量使电子向有利电子聚焦。这样，磁控管中，从微弱的扰动产生的特定的高频信号，通过上述的自发展过程，建立起了高频振荡。当然，这种自发展过程会受到自身损耗及能量供给等因素的限制和调节，直到一个稳定的状态为止，并在某一振荡模式的谐振频率上工作。

在一定的磁场下，阳极电压 U_a 至少应该多大，才能使电子在微弱的高频场作用之下，开始能够摆上阳极而产生高频振荡，这个最低的阳极电压称为"阀电压"或"门槛电压"。磁控管正常工作的电压总比阀电压高15%到20%。为了使磁控管在 π 模上稳定工作而不到邻近的非 π 模上，可采用异腔式阳极块，如图6.5.2中的(d)和(e)，也可采用"隔模带"结构。图6.5.12画出了磁控管内的轮辐状电子云($N=8,m=4$)。另外，有些磁控管在正常工作之后，需将灯丝电压降低甚至完全切断(英国EEV公司M5028磁控管)。这是由于电子回轰阴极使它温度升高所致。再有，长期存放的磁控管，不论其新旧，在开始启用时都应该先进行"老练"：即逐渐增加阳极电压到正常值。在此过程中密切注视磁控管是否打火(即阳极电流表的指针猛烈偏转)。每升高一次电压，如出现打火，就不再增加电压，等打火慢慢减少而后稳定下来，就可继续升高阳极电压；如打火不见减少，则应降低阳极电压，等打火减少后稳定下来，再升高阳极电压，一次次逐渐增加阳极电压直到正常值。

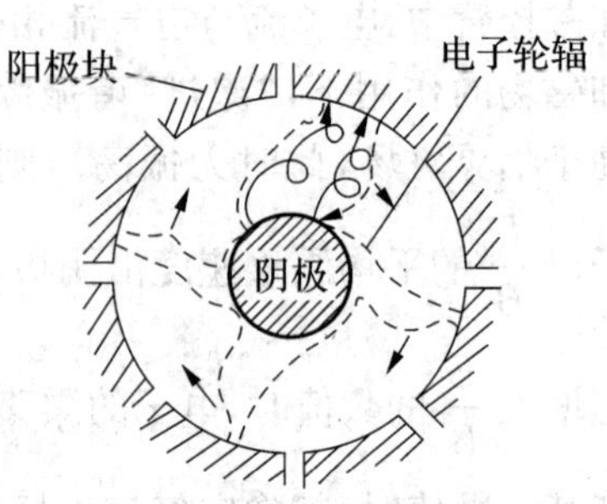

图6.5.12 磁控管内的轮辐状电子云

还有一些有用的微波电真空器件，如作放大用的多腔速调管、行波管；作扫频用的返波管等等，限于时间，不再一一介绍。

6.6 微波半导体二极管振荡器

随着电子技术特别是空间技术的发展，迫切需要小型化的、高稳定和高可靠的微波源。这大大促进了微波半导体二极管振荡器的研究和发展，到目前为止，已成功地开发出多种微波半导体振荡器件。这里，我们只介绍其中常用的一种：体效应二极管振荡器。

体效应二极管是1963年IBM研究所的J. B. Gunn发明的，所以也称它为耿氏管。耿氏管的结构很简单，它不存在结，所以称它为体效应器件以区别于结型器件。在一块 N 型砷化镓材料的两端加上 N^+ 层，以减小其接触电阻。再在两面装上欧姆接触电极，如图6.6.1所示，再装入管壳内，并焊上内引线就行。把这样一个体效应二极管装在一个谐振腔内，并在管子两端加上直流电压(一般在12到14伏)时，就会产生微波振荡。

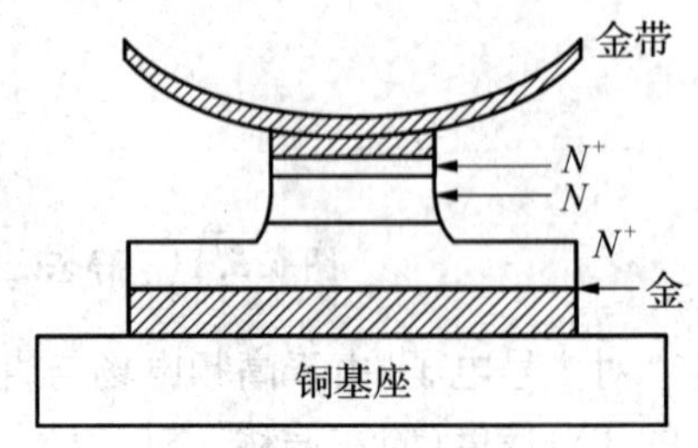

图6.6.1 耿氏管的结构

这种器件的工作原理可用转移电子理论来解释。N 型砷化镓具有双能谷结构：具有最低能量的主谷及附近的一个子谷，如图6.6.2。

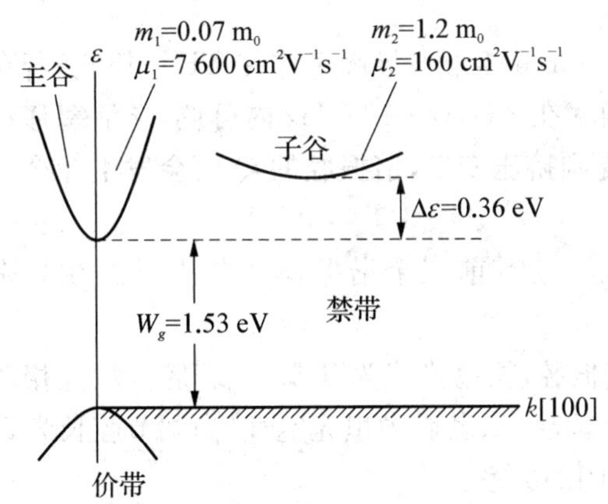

图 6.6.2　n 型砷化镓双能谷结构

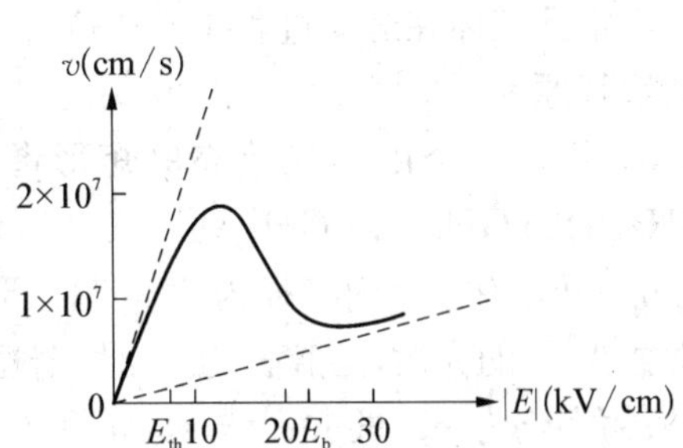

图 6.6.3　砷化镓晶体中的电子漂移速度与电场之间的关系曲线

图中横坐标是波数 k，旁边所注明的[100]表示晶格的方向；纵坐标是能量。由于主谷尖锐，电子有效质量小 $m_1^*=0.07m_0$（m_0 为自由电子质量），电子迁移率比较大 $\mu_1=7\ 600\ \text{cm}^2\text{V}^{-1}\text{s}^{-1}$。而子谷平坦电子有效质量大 $m_2^*=1.2m_0$，电子迁移率比较小 $\mu_2=160\ \text{cm}^2\text{V}^{-1}\text{s}^{-1}$。低能量的电子不能从主谷跃迁到子谷中去，但是如果外加电场供给电子能量，当电场大到某个数值时，就有电子从主谷跃迁到子谷中去。由此可以得出砷化镓晶体中的电子漂移速度与电场之间的关系曲线，如图 6.6.3。图中纵坐标是电子漂移速度，横坐标是砷化镓晶体中的电场。随着电场的增加，电子从电场获得更多的能量，当它超过 0.36eV 时，电子就会从主谷跃迁到子谷中去。相应的电场 E_{th} 叫作阈值电场。当电场再增加时，越来越多的电子从主谷跃迁到子谷中去。由于子谷的电子迁移率比主谷的小得多，所以，这部分的电子漂移速度很低，结果是随着子谷中电子数的增加（即随着电场的增加）总的电子平均漂移速度反而减小了。意味着 σ 下降，或微分电导率为负值，这就是砷化镓材料的负阻效应。只要供给它大小合适的能量，就会维持振荡。

习　题

6.1　有一矩形谐振腔，它沿 x，y，z 方向的尺寸分别为 a，b，l，试求在(1) $a>b>l$；(2) $a>I>b$；(3) $a=b=l$ 三种情形下腔的主模和它们的谐振频率。

6.2　有一矩形谐振腔($b=a/2$)，已知当 $f=3$ GHz 时它谐振于 TE_{101} 模；当 $f=6$ GHz 时它谐振于 TE_{103} 模，求这个谐振腔的尺寸。

6.3　一个空气填充的矩形谐振腔的尺寸为 3 cm×1.5 cm×4 cm，求：

(1) 当它工作于 TE_{101} 模时的谐振频率和 Q 值（假设腔体金属的表面电阻为 $R_s=1.84\times10^{-2}\ \Omega$）；

(2) 如腔中最大电场强度幅值 $E_m=10^3$(V/m)，求腔中储存的总能量；

(3) 若在腔中全填充某种介质后，在同一工作频率上它谐振于 TE_{102} 模，则该介质的相对介电常数为多少？

6.4 有一尺寸为 $a=22.86$ mm，$b=10.16$ mm 矩形波导腔工作在 TE_{102} 模式，若在 $z=l$ 端面用理想导体短路活塞调谐，使谐振频率在 8 GHz—10 GHz 内可调，求活塞移动范围。假定此腔体在运输过程中其中心部分受到挤压变形，谐振腔的 Q 值会发生什么变化？请解释原因。

6.5 设计一个由空气填充的矩形谐振腔，使其前三个谐振模式分别谐振在频率 5.3 GHz、6.25 GHz、7.3 GHz 处。

6.6 已知有一个内半径为 R 的圆柱形谐振腔，振荡模式为 TE_{011}。若腔内填充相对介电常数为 ε_r 的介质，当腔长为 l_1 时，谐振频率为 f_r；若腔内填充空气，当调节腔长为 l_2 时，谐振频率仍为 f_r，试求 ε_r 与 R、l_1 和 l_2 之间的关系。

6.7 有一圆柱形谐振腔，其 TE_{011} 模式的谐振频率为 5 GHz。已知谐振腔的长度等于它的直径。

(1) 若腔体内填充聚四氟乙烯($\varepsilon_r=2.08$，$\tan\delta=0.0004$)，求谐振腔的尺寸；

(2) 写出谐振腔 TE_{011} 模式的电磁场分布。

6.8 有同轴线谐振器，其长度为 4 cm，同轴线内导体半径为 1 cm，外导体半径为 2.5 cm，同轴线内填充相对介电常数为 9 的介质，求：

(1) 当谐振器两端开路时，求其基波谐振频率(忽略开路端效应)；

(2) 当谐振器一端短路，另一端开路时，求其基波谐振频率。

第七章　电磁波的辐射和天线

7.1　电磁场的矢量势和标量势

电磁波是由随时间变化的电荷、电流产生的，电磁波在空间传播是以有限的速度进行的。这里仅研究时变的电荷、电流分布所激发的电磁场，而不考虑电磁场对电荷、电流的反作用(实验证明允许这种近似)。

和稳恒情形一样，为了数学上的方便，引入势的概念来描述电磁场。在时变场中，$\boldsymbol{B}$ 的散度为零仍然成立，因而仍然有

$$\boldsymbol{B}=\nabla\times\boldsymbol{A} \tag{7.1.1}$$

在时变场中，电场 $\boldsymbol{E}$ 的性质与稳恒情形不一样，一方面电场由电荷激发，另一方面电场也可由变化的磁场激发，而后者激发的电场是有旋的。于是在时变情形，电场乃有源、有旋的场。由麦克斯韦方程

$$\nabla\times\boldsymbol{E}=-\frac{\partial\boldsymbol{B}}{\partial t}$$

代入式(7.1.1)得到：

$$\nabla\times\left(\boldsymbol{E}+\frac{\partial\boldsymbol{A}}{\partial t}\right)=0$$

这表明 $\boldsymbol{E}+\dfrac{\partial\boldsymbol{A}}{\partial t}$ 是无旋场，因此可用标量势来描述：

$$\boldsymbol{E}+\frac{\partial\boldsymbol{A}}{\partial t}=-\nabla\Phi$$

于是得到在时变场中的电场表示式：

$$\boldsymbol{E}=-\nabla\Phi-\frac{\partial\boldsymbol{A}}{\partial t} \tag{7.1.2}$$

式(7.1.1)和(7.1.2)表明电磁场可用矢量势和标量势来表示，可以看到时变电场不再是保守力场。为了与静电场的电势相区分，这里将 Φ 称为标量势。在时变场中，磁场和电场是相互作用着的整体，因此，必须把矢量势和标量势作为一个整体来描述电磁场。

现在从麦克斯韦方程组推导势 $\boldsymbol{A}$ 和 Φ 所满足的基本方程。代式(7.1.1)和(7.1.2)入麦克斯韦方程组得到：

$$\mu_0\nabla\times\boldsymbol{H}=\nabla\times(\nabla\times\boldsymbol{A})=\mu_0\mathrm{j}+\mu_0\varepsilon_0\frac{\partial\boldsymbol{E}}{\partial t}$$

$$=\mu_0\mathrm{j}-\mu_0\varepsilon_0\frac{\partial}{\partial t}(\nabla\Phi)-\mu_0\varepsilon_0\frac{\partial^2\boldsymbol{A}}{\partial t^2}-\nabla^2\Phi-\frac{\partial}{\partial t}$$

和

$$(\nabla\cdot\boldsymbol{A})=\frac{\rho}{\varepsilon_0}$$

注意到 $\mu_0\varepsilon_0=1/c^2$，并整理两式，可得：

$$\nabla^2\boldsymbol{A}-\frac{1}{c^2}\frac{\partial^2\boldsymbol{A}}{\partial t^2}-\nabla\left(\nabla\cdot\boldsymbol{A}+\frac{1}{c^2}\frac{\partial\Phi}{\partial t}\right)=-\mu_0\boldsymbol{j}\tag{7.1.3a}$$

$$\nabla^2\Phi+\frac{\partial}{\partial t}(\nabla\cdot\boldsymbol{A})=-\frac{\rho}{\varepsilon_0}\tag{7.1.3b}$$

这是两个相当复杂的二阶偏微分方程组，假如在矢量势 $\boldsymbol{A}$ 和标量势 Φ 之间加上所谓洛仑兹(Lorenz)条件

$$\nabla\cdot\boldsymbol{A}+\frac{1}{c^2}\frac{\partial\Phi}{\partial t}=0\tag{7.1.4}$$

式(7.1.3)就可以化为

$$\nabla^2\boldsymbol{A}-\frac{1}{c^2}\frac{\partial^2\boldsymbol{A}}{\partial t^2}=-\mu_0\boldsymbol{j}\tag{7.1.5a}$$

$$\nabla^2\Phi-\frac{1}{c^2}\frac{\partial^2\Phi}{\partial t^2}=-\frac{\rho}{\varepsilon_0}\tag{7.1.5b}$$

上式称为达朗伯方程，它是非齐次波动方程，其自由项是电流密度和电荷密度。由式(7.1.5)可以看出，电荷产生标势波动，电流则产生矢势波动。离开电荷、电流分布区域后，矢量势和标量势都以波动形式在空间传播，由它们得出的电磁场也以波动形式在空间传播。问题是这样引入的洛仑兹条件是否会影响到问题的物理实质？事实上这是不会的，因为矢量势 $\boldsymbol{A}$ 和标量势 Φ 都具有任意性，即 $\boldsymbol{E}$ 和 $\boldsymbol{B}$ 并不对应唯一的 $\boldsymbol{A}$ 和 Φ。设 Ψ 为任意时空函数，做变换：

$$\boldsymbol{A}\rightarrow\boldsymbol{A}'=\boldsymbol{A}+\nabla\Psi\tag{7.1.6a}$$

$$\Phi\rightarrow\Phi'=\Phi-\frac{\partial\Psi}{\partial t}\tag{7.1.6b}$$

则有

$$\nabla\times\boldsymbol{A}'=\nabla\times\boldsymbol{A}=\boldsymbol{B}$$

$$-\nabla\Phi'-\frac{\partial \boldsymbol{A}'}{\partial t}=-\nabla\Phi-\frac{\partial \boldsymbol{A}}{\partial t}=\boldsymbol{E}$$

即 $\boldsymbol{A}',\Phi'$ 与 $\boldsymbol{A},\Phi$ 描述同一电磁场，洛仑兹条件式(7.1.4)只不过意味着对于任意函数 Ψ 加了一个限制，要求它满足

$$\nabla^2\Psi-\frac{1}{c^2}\frac{\partial^2\Psi}{\partial t^2}=0$$

这显然不会给问题带来任何影响。事实上，洛仑兹条件与电流连续性方程相一致，因为对式(7.1.4)两边取 ∇^2 运算，再由条件 $\nabla^2(\nabla\cdot\boldsymbol{A})=\nabla\cdot(\nabla^2\boldsymbol{A})$，可得

$$\nabla\cdot(\nabla^2\boldsymbol{A})+\frac{1}{c^2}\frac{\partial}{\partial t}(\nabla^2\Phi)=0 \tag{7.1.7}$$

代式(7.1.5)入式(7.1.7)，就有

$$\nabla\cdot\left(\frac{1}{c^2}\frac{\partial^2\boldsymbol{A}}{\partial t^2}-\mu_0\boldsymbol{j}\right)+\frac{1}{c^2}\frac{\partial}{\partial t}\left(\frac{1}{c^2}\frac{\partial^2\Phi}{\partial t^2}-\frac{\rho}{\varepsilon_0}\right)=0$$

也即

$$\frac{1}{c^2}\frac{\partial^2}{\partial t}\left(\nabla\cdot\boldsymbol{A}+\frac{1}{c^2}\frac{\partial\Phi}{\partial t}\right)=\mu_0\left(\nabla\cdot\boldsymbol{j}+\frac{\partial\rho}{\partial t}\right)$$

显然洛仑兹条件使等式左边为零，从而也保证了 $\nabla\cdot\boldsymbol{j}+\frac{\partial\rho}{\partial t}=0$，也就是说保证了电流连续性方程成立。

变换式(7.1.6)称为势的规范变换。由于真正描述电磁场的量是 $\boldsymbol{E}$ 和 $\boldsymbol{B}$，如果物理定律可以用矢量势 $\boldsymbol{A}$ 和标量势 Φ 表示，那么对变换式(7.1.6)而言，这些物理定律将是不变的，这种不变性称为规范不变性。从数学上看，规范变换式(7.1.6)有任意性，该性质是由于势的定义式(7.1.1) 和(7.1.2)只给出了 $\boldsymbol{A}$ 的旋度，而没有给出 $\boldsymbol{A}$ 的散度的缘故。我们知道，仅由矢量的旋度是不足以确定该矢量场的，为了确定 $\boldsymbol{A}$，还必须给出它的散度，洛仑兹条件正是给出 $\boldsymbol{A}$ 的散度的辅助条件。对应于洛仑兹条件的规范变换称为洛仑兹规范，它的最大优点是使矢量势和标量势的方程具有对称性并在相对论中显示出协变性，因而对于理论探讨和实际计算都提供了很大方便。

7.2　推迟势

在研究推迟势之前，先介绍数学工具：δ—函数。

点电荷是一种特殊的电荷分布：它的体积趋近于零，而带有限量的电荷，所以它的电荷密度趋近于无限大，我们用 δ—函数来描述点电荷的电荷密度，δ—函数的定义如下：

$$\delta(x-a)=0 \qquad 当\ x\neq a$$

$$\int \delta(x-a)\mathrm{d}x = \begin{cases} 0 & \text{当积分区间不包含 } x=a \\ 1 & \text{当积分区间包含 } x=a \end{cases}$$

由这个定义可见，在 $x=a$ 点上，$\delta(x-a)$必须趋于无限大。因此，$\delta(x-a)$并不是通常意义下的函数。虽然如此，我们不妨可把它看作某些连续函数的极限，图 7.2.1 表示 $\delta(x-a)$与 x 的关系。当曲线在 $x=a$ 处无限升高，同时使曲线的宽度无限变窄，以保持曲线下的面积为 1，曲线就是 δ—函数的示意简图。也可用解析函数的极限定量地表示它，最常见的表示形式有：

$$\delta(x) = \lim_{g\to\infty} \frac{\sin gx}{\pi x}$$

$$\delta(x) = \lim_{\alpha\to 0} \frac{\alpha}{\pi(\alpha^2 + x^2)}$$

$$\delta(x-x_0) = \frac{1}{2\pi}\int_{-\infty}^{\infty} \mathrm{e}^{\mathrm{j}k(x-x_0)}\,\mathrm{d}k$$

关于上述表示式的证明，可参阅附录Ⅲ。δ—函数在近代物理学中应用很广，数学上，δ—函数是一种广义函数，可以用严格的数学方法处理。

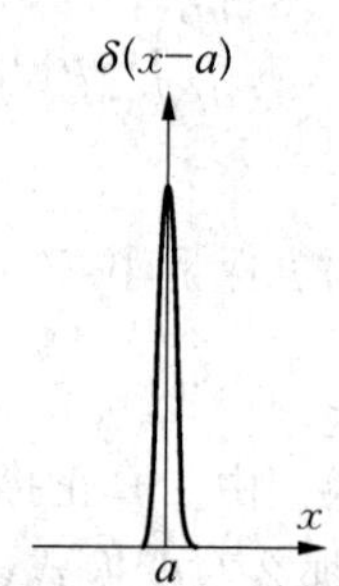

图 7.2.1 δ(x−a)与 x 的关系曲线

位于 $\boldsymbol{r}_0$ 点的电荷，其电量为 e，则其电荷密度为：

$$\rho(\boldsymbol{r}) = e\delta(x-x_0)\delta(y-y_0)\delta(z-z_0) = e\delta(\boldsymbol{r}-\boldsymbol{r}_0) \tag{7.2.1}$$

为了利用 δ—函数来解决电磁场中的问题，下面我们来证明，δ—函数具有下列性质。

(1)
$$\int_a^b f(x)\delta(x-x_0)\mathrm{d}x = \begin{cases} f(x_0) & (a < x_0 < b) \\ 0 & (x_0 < a \text{ 或 } x_0 > b) \end{cases} \tag{7.2.2}$$

证明：当 x_0 不在积分限内时，由于 $\delta(x-x_0)$ 在整个积分区间内处处为零，故积分为零。当 x_0 在积分限内时，上式左端被积函数仅在 $x_0-\varepsilon$ 到 $x_0+\varepsilon$ 范围内对积分有贡献。其中 ε 为任意小的数。于是，

$$\int_a^b f(x)\delta(x-x_0)\mathrm{d}x = \int_{x_0-\varepsilon}^{x_0+\varepsilon} f(x)\delta(x-x_0)\mathrm{d}x = f(x_0)\int_{x_0-\varepsilon}^{x_0+\varepsilon}\delta(x-x_0)\mathrm{d}x = f(x_0)$$

(2) $$\int_a^b f(x)\frac{\mathrm{d}}{\mathrm{d}x}\delta(x-x_0)\mathrm{d}x=\begin{cases}-\left(\dfrac{\mathrm{d}f}{\mathrm{d}x}\right)_{x=x_0} & (a<x_0<b)\\ 0 & (x_0<a\text{ 或 }x_0>b)\end{cases} \tag{7.2.3}$$

证明:由部分积分法

$$\int_a^b f(x)\frac{\mathrm{d}}{\mathrm{d}x}\delta(x-x_0)\mathrm{d}x=f(x)\delta(x-x_0)\Big|_a^b-\int_a^b\delta(x-x_0)\frac{\mathrm{d}f}{\mathrm{d}x}\mathrm{d}x=-\frac{\mathrm{d}f}{\mathrm{d}x}\Big|_{x=x_0}$$

当 $x_0<a$ 或 $x_0>b$，上述结果显然为零，故得证。类似地，我们可以证明

(3) $$\int_a^b f(x)\frac{\mathrm{d}^n}{\mathrm{d}x^n}\delta(x-x_0)\mathrm{d}x=\begin{cases}(-1)^n\left(\dfrac{\mathrm{d}^n f}{\mathrm{d}x^n}\right)_{x=x_0} & (a<x_0<b)\\ 0 & (x_0<a\text{ 或 }x_0>b)\end{cases} \tag{7.2.4}$$

(4) $$\int g(x)\delta[f(x)-\alpha]\mathrm{d}x=\left[\frac{g(x)}{\mathrm{d}f/\mathrm{d}x}\right]_{f(x)=\alpha} \tag{7.2.5}$$

证明：$\displaystyle\int g(x)\delta[f(x)-\alpha]\mathrm{d}x=\int g(x)\delta[f(x)-\alpha]\frac{\mathrm{d}x}{\mathrm{d}f}\mathrm{d}f=\int\frac{g(x)}{\dfrac{\mathrm{d}f}{\mathrm{d}x}}\delta[f-\alpha]\mathrm{d}f=$

$\displaystyle\left[\frac{g(x)}{\mathrm{d}f/\mathrm{d}x}\right]_{f(x)=\alpha}$

(5) $$\nabla^2\frac{1}{r}=-4\pi\delta(r) \tag{7.2.6}$$

证明：$\nabla^2\dfrac{1}{r}=\dfrac{1}{r^2}\dfrac{\partial}{\partial r}\left[r^2\dfrac{\partial}{\partial r}\left(\dfrac{1}{r}\right)\right]=0$(当 $r\neq 0$ 时)。在 $r=0$ 点，$\dfrac{1}{r}$ 奇异，上式不成立，因此 $\nabla^2\dfrac{1}{r}$ 是这样一个函数，它在 $r\neq 0$ 处的值为零，只有在 $r=0$ 点处可能不等于零。为了进一步证明它是 δ—函数，我们取一个小球面 S 包围原点，取 $\nabla^2\dfrac{1}{r}$ 对小球体积分

$$\int_\tau\nabla^2\frac{1}{r}\mathrm{d}\tau=\int_\tau\nabla\cdot\nabla\frac{1}{r}\mathrm{d}\tau=\oint_s\nabla\frac{1}{r}\cdot\mathrm{d}\boldsymbol{S}=-\oint_S\frac{\boldsymbol{r}}{r^3}\cdot\mathrm{d}\boldsymbol{S}=-\oint_S\frac{1}{r^2}r^2\mathrm{d}\Omega=-4\pi$$

所以 $\nabla^2\dfrac{1}{r}=-4\pi\delta(r)$。

为了研究推迟势，先要对达朗伯方程(7.1.5)式求解。标量势 Φ 的达朗伯方程为

$$\nabla^2\Phi-\frac{1}{c^2}\frac{\partial^2\Phi}{\partial t^2}=-\frac{\rho}{\varepsilon_0} \tag{7.2.7}$$

式中 $\rho=\rho(\boldsymbol{r},t)$ 是空间的体电荷密度。上式是线性方程，从场的叠加原理出发，把空间的任意电荷、电流分布划分成许多小体积元，先求某一体积元的电荷、电流所激发的电磁场，

然后再将各小体积元的贡献叠加起来。为此，先考虑图 7.2.2 中的体积元 $d\tau'$ 内的电荷 $\rho d\tau'$ 对标量势的贡献 $\Phi'(x,y,z,t)$。

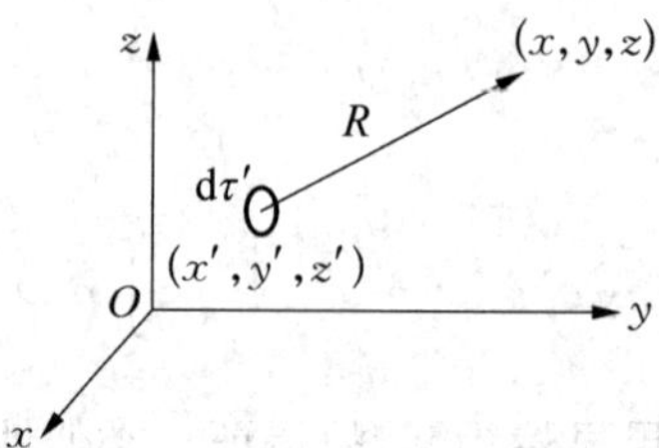

图 7.2.2　体积元 $d\tau'$ 示意图

显然在 $d\tau'$ 以外的空间内，Φ' 应当满足齐次波动方程

$$\nabla^2\Phi' - \frac{1}{c^2}\frac{\partial^2\Phi'}{\partial t^2} = 0 \quad (d\tau' \text{ 以外}) \tag{7.2.8}$$

如果将 $d\tau'$ 取得足够小，并将 $\rho d\tau'$ 看作位于 (x',y',z') 处的点电荷，这样 Φ' 一定是球对称的：

$$\Phi' = \Phi'(R,t) \tag{7.2.9}$$

式中 $R=\sqrt{(x-x')^2+(y-y')^2+(z-z')^2}$。现在选用以 (x',y',z') 为球心的球坐标，则式(7.2.8)可改写为：

$$\frac{\partial^2\Phi'}{\partial R^2} + \frac{2}{R}\frac{\partial\Phi'}{\partial R} - \frac{1}{c^2}\frac{\partial^2\Phi'}{\partial t^2} = 0 \quad (d\tau' \text{ 以外}) \tag{7.2.10}$$

上式的解是球面波。考虑到当 R 较大时标量势将减弱，因而可做如下代换：

$$\Phi'(R,t) = \frac{u(R,t)}{R} \tag{7.2.11}$$

代式(7.2.11)入式(7.2.10)，得到 u 满足的方程：

$$\frac{\partial^2 u}{\partial R^2} - \frac{1}{c^2}\frac{\partial^2 u}{\partial t^2} = 0 \tag{7.2.12}$$

上式在形式上是一维空间的波动方程，其通解是

$$u(R,t) = f\left(t-\frac{R}{c}\right) + g\left(t+\frac{R}{c}\right) \tag{7.2.13}$$

其中 f 和 g 是两个任意函数。于是由式(7.2.11)得到标量势

$$\Phi'(R,t) = \frac{f\left(t-\frac{R}{c}\right)}{R} + \frac{g\left(t+\frac{R}{c}\right)}{R} \quad (d\tau' \text{ 以外}) \tag{7.2.14}$$

该解的第一项代表向外辐射的球面波，第二项代表向内收敛的球面波。当研究辐射问题

时，电磁场是由源点的电荷发出的，它必然是向外辐射的波，因而在辐射问题中应取 $g=0$，而函数 f 的形式应由源点处的电荷变化形式来决定。在静电情形，点电荷 $\rho\mathrm{d}\tau'$ 激发的电势为

$$\Phi'=\frac{\rho\mathrm{d}\tau'}{4\pi\varepsilon_0 R}$$

而在时变场的情形，在 (x',y',z') 处的点电荷的电荷密度为 $\rho\mathrm{d}\tau'\delta(R)$，代之入式(7.2.7)得到标量势 Φ' 所满足的达朗伯方程：

$$\nabla^2\Phi'-\frac{1}{c^2}\frac{\partial^2\Phi'}{\partial t^2}=-\frac{1}{\varepsilon_0}\rho\mathrm{d}\tau'\delta(R) \tag{7.2.15}$$

由齐次波动方程的解式(7.2.14)以及静电场点电荷的势，可以推想式(7.2.15)的解是：

$$\Phi'(R,t)=\frac{\rho\left(t-\dfrac{R}{c}\right)\mathrm{d}\tau'}{4\pi\varepsilon_0 R} \tag{7.2.16}$$

现证明如下：当 $R\neq 0$ 时，式(7.2.16)有式(7.2.14)的形式而满足波动方程式(7.2.10)；$R=0$ 的点是式(7.2.16)的奇点，因此

$$\left(\nabla^2-\frac{1}{c^2}\frac{\partial^2}{\partial t^2}\right)\frac{\rho\left(t-\dfrac{R}{c}\right)\mathrm{d}\tau'}{4\pi\varepsilon_0 R} \tag{7.2.17}$$

只可能在 $R=0$ 的点上不等于零，上式在该点可能有 δ—函数形式的奇异性。为了研究在 $R=0$ 点式(7.2.17)的奇异性质，可以作一半径为 η 的小球包围 $R=0$ 的源点。将上式在小球内积分：

$$\int_0^\eta \frac{R^2}{\varepsilon_0}\nabla^2\left[\frac{\rho(t-R/c)\mathrm{d}\tau'}{R}\right]\mathrm{d}R-\int_0^\eta\frac{R}{\varepsilon_0 c^2}\frac{\partial^2}{\partial t^2}\left[\rho\left(t-\frac{R}{c}\right)\mathrm{d}\tau'\right]\mathrm{d}R$$

当 $\eta\to 0$ 时，积分的第二项正比于 η^2 而趋于零，在第一项中只有对分母因子求二阶导数时积分才不为零，因此可令 $\rho(t-R/c)\to\rho(t)$，于是该项变为：

$$\frac{\rho(t)\mathrm{d}\tau'}{4\pi\varepsilon_0}\int\nabla^2\frac{\mathrm{d}\tau}{R}=\frac{\rho(t)\mathrm{d}\tau'}{4\pi\varepsilon_0}(-4\pi)=-\frac{\rho(t)\mathrm{d}\tau'}{\varepsilon_0}$$

上式用到了 $\nabla^2(1/R)=-4\pi\delta(R)$，因此，由 δ—函数的定义可得：

$$\left(\nabla^2-\frac{1}{c^2}\frac{\partial^2}{\partial t^2}\right)\frac{\rho(t-R/c)\mathrm{d}\tau'}{4\pi\varepsilon_0 R}=-\frac{\rho(t)\delta(R)}{\varepsilon_0}\mathrm{d}\tau' \tag{7.2.18}$$

所以式(7.2.16)是式(7.2.15)的解。

考虑到场的叠加性，ρ 在空间所激发的标量势等于

$$\Phi(x,y,z,t)=\frac{1}{4\pi\varepsilon_0}\int\frac{\rho(x',y',z',t-R/c)}{R}\mathrm{d}\tau' \tag{7.2.19}$$

由于矢量势 $\boldsymbol{A}$ 所满足的方程在形式上与标量势的达朗伯方程一致，于是得到 $\boldsymbol{j}$ 在空间所激发的矢量势是

$$\boldsymbol{A}(x,y,z,t)=\frac{\mu_0}{4\pi}\int\frac{\boldsymbol{j}(x',y',z',t-R/c)}{R}\mathrm{d}\tau' \tag{7.2.20}$$

可以验证，$\boldsymbol{A}$ 和 Φ 都满足洛仑兹条件。式(7.2.19)和(7.2.20)给出了空间点(x,y,z)在时刻 t 的势 $\boldsymbol{A}$ 和 Φ。要注意：对时刻 t 的势有贡献的不是该时刻的电荷和电流，而是较早时刻 $t-R_i/c$ 的电荷、电流的分布值(见图 7.2.3)。设点 M_1 到点 (x,y,z) 的距离是 R_1，则 M_1 点上的电荷、电流在 $t-R_1/c$ 时刻的值对 t 时刻的势有所贡献，而在点 M_2 上的电荷、电流则在另一时刻 $t-R_2/c$ 对 t 时刻的势有贡献。因而，在 t 时刻测得点 (x,y,z) 上的电磁场是由电荷、电流分布在较早的不同时刻所激发的，所以把 $\boldsymbol{A}$ 和 Φ 称为推迟势，R/c 称为推迟时间。该结果说明电磁作用具有一定的传播速度，在真空中电磁波的传播速度是 c。推迟势可由式(7.2.19)和(7.2.20)在已知 ρ 和 $\boldsymbol{j}$ 后算出，再由 $\boldsymbol{B}=\nabla\times\boldsymbol{A}$ 和$\boldsymbol{E}=-\nabla\Phi-\frac{\partial\boldsymbol{A}}{\partial t}$，求电磁场的强度。对于空间有介质存在的情形，有相应的推迟势：

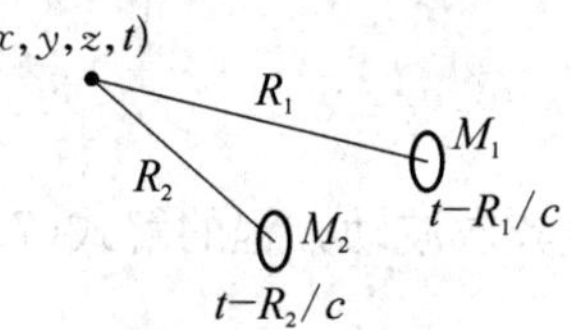

图 7.2.3　推迟势示意图

$$\Phi(x,y,z,t)=\frac{1}{4\pi\varepsilon}\int\frac{\rho(x',y',z',t-R/v)}{R}\mathrm{d}\tau'$$

$$\boldsymbol{A}(x,y,z,t)=\frac{\mu}{4\pi}\int\frac{\boldsymbol{j}(x',y',z',t-R/v)}{R}\mathrm{d}\tau'$$

式中 $v=1/\sqrt{\mu\varepsilon}=c/\sqrt{\mu_r\varepsilon_r}$ 乃电荷、电流所激发的场在介质中传播的速度，因而电磁波与其他作用一样，都是以有限的速度传播的，不存在瞬时的超距作用。

7.3　电偶极子的电磁辐射

在研究电偶极子的辐射场之前，先要计算一个以速度 v 运动的带电粒子 q 的推迟势。可以将带电粒子看作点电荷，其电荷密度等于

$$\rho(x',y',z',t')=q\delta(x'-x_0)\delta(y'-y_0)\delta(z'-z_0)$$

式中 (x_0,y_0,z_0) 表示 t' 时刻 q 所在的位置，它是时间 t' 的函数，而运动点电荷的电流密度是

$$\boldsymbol{j}=q\boldsymbol{v}(t')\delta(x'-x_0)\delta(y'-y_0)\delta(z'-z_0)$$

从式(7.2.20)可以计算矢量势 $\boldsymbol{A}$：

$$\boldsymbol{A}=\frac{\mu_0}{4\pi}\int\frac{\boldsymbol{j}(x',y',z',t-R'/c)}{R'}\mathrm{d}\tau'$$

式中 $\boldsymbol{R}'=(x-x')\boldsymbol{e}_x+(y-y')\boldsymbol{e}_y+(z-z')\boldsymbol{e}_z$ 表示场点与源点之间的距离。由于存在推迟效应，矢量势乃 x',y',z' 的复合函数，积分相当麻烦，但如果利用 δ—函数来表示推迟效应，就会方便得多。用 δ—函数的性质，可以把推迟势改写为

$$\boldsymbol{A}=\frac{\mu_0}{4\pi}\iint\frac{\boldsymbol{j}(x',y',z',t')}{R'}\delta\left[t'-\left(t-\frac{R'}{c}\right)\right]\mathrm{d}\tau'\mathrm{d}t'$$

这样只要先不对 t' 积分，t' 就与 x',y',z' 无关，从而使对 x',y',z' 的积分变得非常简单。将电流密度的表示代入上式，有

$$\boldsymbol{A}=\frac{\mu_0 q}{4\pi}\int\mathrm{d}t'\iiint\frac{\boldsymbol{v}(t')}{R'}\delta(x'-x_0)\delta(y'-y_0)\delta(z'-z_0)\delta\left(t'+\frac{R'}{c}-t\right)\mathrm{d}x'\mathrm{d}y'\mathrm{d}z'$$

将上式对 x',y',z' 积分，得到：

$$\boldsymbol{A}=\frac{\mu_0 q}{4\pi}\int\frac{\boldsymbol{v}(t')}{R}\delta\left(t'+\frac{R}{c}-t\right)\mathrm{d}t'$$

式中 $\boldsymbol{R}=(x-x_0)\boldsymbol{e}_x+(y-y_0)\boldsymbol{e}_y+(z-z_0)\boldsymbol{e}_z$ 为时间 t' 的函数。用 δ—函数的性质，可对上式进一步计算：

$$\int g(x)\delta[f(x)-\alpha]\mathrm{d}x=\left.\frac{g(x)}{\mathrm{d}f/\mathrm{d}x}\right|_{f(x)=\alpha}$$

与之对照，令

$$g(t')=v(t')/R$$
$$f(t')=t'+R(t')/c$$
$$\alpha=t$$

于是就得到

$$\frac{\mathrm{d}f}{\mathrm{d}t'}=1+\frac{1}{c}\frac{\partial R}{\partial t'}$$

由于

$$\frac{\partial R}{\partial t'}=\frac{\partial}{\partial t'}\left(\sqrt{(x-x_0)^2+(y-y_0)^2+(z-z_0)^2}\right)=-\frac{\boldsymbol{R}\cdot\boldsymbol{v}}{R}=-\boldsymbol{e}_R\cdot\boldsymbol{v}$$

代之入 $\mathrm{d}f/\mathrm{d}t'$：

$$\frac{\mathrm{d}f}{\mathrm{d}t'}=1-\frac{\boldsymbol{e}_R\cdot\boldsymbol{v}}{c}$$

根据上述结果,矢量势

$$\boldsymbol{A}=\frac{\mu_0 q}{4\pi}\left[\frac{\boldsymbol{v}}{R(1-\boldsymbol{e}_R\cdot\boldsymbol{v}/c)}\right]^{\mathrm{ret}}\tag{7.3.1}$$

式中 ret 表示推迟,即 $t'=t-R/c$。用同样的办法,得到标量势:

$$\Phi=\frac{q}{4\pi\varepsilon_0}\left[\frac{1}{R(1-\boldsymbol{e}_R\cdot\boldsymbol{v}/c)}\right]^{\mathrm{ret}}\tag{7.3.2}$$

式(7.3.1)和(7.3.2)是运动点电荷推迟势的一般表示式,称为里纳-韦恰势。

现在来研究电偶极子的辐射场。一对等量异号的电荷 $\pm q$ 之间相距一段很小距离称为一个电偶极子。假定负电荷静止不动,而正电荷则以 $-q$ 所在位置为平衡点用不大的速度 $\boldsymbol{v}$ 来回振动,取负电荷所在位置为坐标原点,如果仅仅研究远离源区的场,则 (x, y, z) 就比 (x_0, y_0, z_0) 大得多,所以 $\boldsymbol{R}\cong x\boldsymbol{e}_x+y\boldsymbol{e}_y+z\boldsymbol{e}_z=\boldsymbol{r}$,又因为正电荷运动速度远小于光速,即 $v\ll c$,于是式(7.3.1)将简化为

$$\boldsymbol{A}=\frac{\mu_0\dot{\boldsymbol{p}}^{\mathrm{ret}}}{4\pi r}\tag{7.3.3}$$

式中“·”代表对时间的导数,$\dot{\boldsymbol{p}}=q\boldsymbol{v}$,$\boldsymbol{p}$ 是偶极子的电偶极矩。求 Φ 时,则要将式(7.3.2)展开并保留到电偶极项:

$$\Phi=\frac{q}{4\pi\varepsilon_0 r}+\frac{\boldsymbol{r}\cdot\dot{\boldsymbol{p}}^{\mathrm{ret}}}{4\pi\varepsilon_0 c r^2}\tag{7.3.4}$$

上式右边第一项是位于原点的正电荷 q 所激发的静电场,它与 $-q$ 所激发的静电场正好抵消。这正是 Φ 必须至少取两项的原因。如果把球坐标的极轴取在 q 振动的方向上,就可写出 $\boldsymbol{A}$ 和 Φ 的表达式:

$$A_r=\frac{\mu_0\dot{p}^{\mathrm{ret}}}{4\pi r}\cos\theta$$

$$A_\theta=-\frac{\mu_0\dot{p}^{\mathrm{ret}}}{4\pi r}\sin\theta$$

$$A_\varphi=0$$

$$\Phi=\frac{\dot{p}^{\mathrm{ret}}}{4\pi\varepsilon_0 c r}\cos\theta$$

将上述结果代入式(7.1.1)和(7.1.2),得到电磁场:

$$\begin{cases} \boldsymbol{B} = \dfrac{\mu_0}{4\pi r^2}\dot{p}^{\text{ret}}\sin\theta\boldsymbol{e}_\varphi + \dfrac{\mu_0}{4\pi cr}\ddot{p}^{\text{ret}}\sin\theta\boldsymbol{e}_\varphi \\ \boldsymbol{E} = \dfrac{\dot{p}^{\text{ret}}}{4\pi\varepsilon_0 cr^2}\cos\theta\boldsymbol{e}_r + \dfrac{\dot{p}^{\text{ret}}}{4\pi\varepsilon_0 cr^2}\sin\theta\boldsymbol{e}_\theta + \dfrac{\mu_0\ddot{p}^{\text{ret}}}{4\pi r}\sin\theta\boldsymbol{e}_\theta \end{cases} \tag{7.3.5}$$

上述关系是在场区远离源区的条件下得到的，这种远区场正是我们感兴趣的辐射场。在式(7.3.5)中略去 $1/r$ 的高次项，上式就简化为：

$$\begin{cases} \boldsymbol{B} = \dfrac{\ddot{p}^{\text{ret}}}{4\pi\varepsilon_0 c^3 r}\sin\theta\boldsymbol{e}_\varphi \\ \boldsymbol{E} = \dfrac{\ddot{p}^{\text{ret}}}{4\pi\varepsilon_0 c^2 r}\sin\theta\boldsymbol{e}_\theta \end{cases} \tag{7.3.6}$$

磁力线是围绕极轴的圆圈，$\boldsymbol{B}$ 总是横向的，而电力线是径向面上的闭合曲线。由于在空间中 $\nabla \cdot \boldsymbol{E} = 0$，$\boldsymbol{E}$ 线必须闭合，因而 $\boldsymbol{E}$ 不可能完全横向，只有在略去 $1/r$ 的高次项后，$\boldsymbol{E}$ 才可近似为横向，因此电偶极辐射是空间的横磁波(TM 波)。

在实际应用辐射问题时，最主要是计算辐射功率和辐射方向性，这些都可以由相应的能流密度 $\boldsymbol{g}$ 求出。电偶极辐射的坡印亭矢量为：

$$\boldsymbol{g} = \boldsymbol{E} \times \boldsymbol{H} = \frac{1}{\mu_0}\boldsymbol{E} \times \boldsymbol{B} = \frac{(\ddot{p}^{\text{ret}})^2}{16\pi^2\varepsilon_0 c^3 r^2}\sin^2\theta\boldsymbol{e}_r \tag{7.3.7}$$

能流沿 $\boldsymbol{e}_r$ 方向向外传播，$\boldsymbol{E}$、$\boldsymbol{B}$ 和 $\boldsymbol{e}_r$ 三者互相垂直，且满足右手螺旋关系。由于推迟效应，它在真空中的传播速度是 c，坡印亭矢量与 $\sin^2\theta$ 成正比，这说明辐射场的能流分布是有方向性的。现在用功率角分布来描述这一性质，它定义为单位时间通过单位立体角的能量。如果以原点为中心作一半径为 r 的球面，则由式(7.3.7)，单位时间内通过面积元 $\mathrm{d}\boldsymbol{s}$ 的能量等于

$$\mathrm{d}P = \boldsymbol{g} \cdot \mathrm{d}\boldsymbol{s} = \frac{(\ddot{p}^{\text{ret}})^2}{16\pi^2\varepsilon_0 c^3}\sin^2\theta\mathrm{d}\Omega \tag{7.3.8}$$

式中 $\mathrm{d}\Omega = \mathrm{d}s/r^2$ 代表立体角元。由此得出功率角分布：

$$\frac{\mathrm{d}P}{\mathrm{d}\Omega} = \frac{(\ddot{p}^{\text{ret}})^2}{16\pi^2\varepsilon_0 c^3}\sin^2\theta \tag{7.3.9}$$

由于 $\mathrm{d}P/\mathrm{d}\Omega$ 与 $\sin^2\theta$ 成比例，在偶极子所在极轴上，它等于零，而在赤道平面则为最大(见图 7.3.1)。图中外曲面表示 $\sin\theta$，内曲面表示 $\sin^2\theta$；外曲面画出了电磁场分布，内曲面则表示功率分布。

将式(7.3.8)对立体角积分得总功率：

$$P = \frac{2}{3c^3}\frac{(\ddot{p}^{\text{ret}})^2}{4\pi\varepsilon_0} = \frac{(\ddot{p}^{\text{ret}})^2}{6\pi\varepsilon_0 c^3} \tag{7.3.10}$$

如果偶极子是以频率 ω 随时间变化的简谐振动且振幅不变，则总功率 P 就与 ω 的四次方成正比。当频率变高时，辐射功率随之迅速增大。另外，从上面的讨论还可看出：由于场强正比于 $1/r$，功率就正比于 $1/r^2$，因而通过不同半径为 r 的球面的功率都相同，这表明一旦场被激发起来，就脱离源而自由地传播。正因为这样，就把这种强度正比于 $1/r$ 的场叫作辐射场。

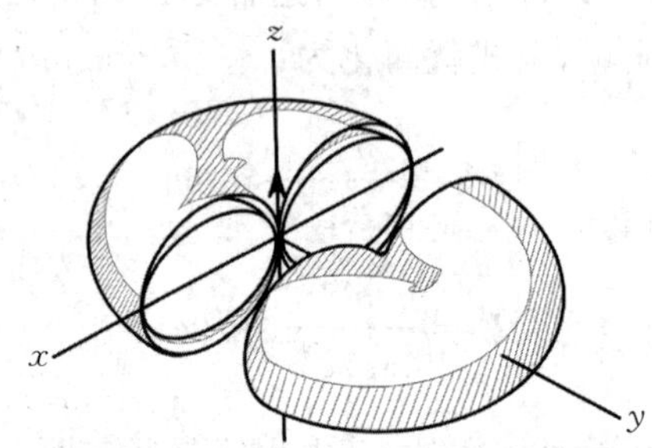

图 7.3.1　电偶极子辐射场示意图

一般情况下，在辐射源区域的线度比起源点到场点之间的距离要小得多时，总可将随时间变化的电荷、电流所产生的辐射场进行多极展开。略去其推导过程，列出各辐射场表示式：

(1) 电偶极辐射场：
$$\begin{cases} \boldsymbol{B} = \dfrac{\mu_0 \ddot{\boldsymbol{p}}^{ret} \times \boldsymbol{r}}{4\pi r^2 c} \\ \boldsymbol{E} = c\boldsymbol{B} \times \boldsymbol{e}_r \end{cases} \tag{7.3.11}$$

(2) 磁偶极辐射场：
$$\begin{cases} \boldsymbol{E} = \dfrac{\mu_0 \boldsymbol{r} \times \ddot{\boldsymbol{M}}^{ret}}{4\pi r^2 c} \\ \boldsymbol{B} = \dfrac{1}{c}\boldsymbol{e}_r \times \boldsymbol{E} \end{cases} \tag{7.3.12}$$

7.4　电流源的电磁辐射与振子天线

对称振子天线是最简单的实用天线，它由两段长度相等的直导线或金属杆构成的，在两段线之间加上高频电动势，就会产生电磁辐射。在研究对称振子天线之前，先把注意力集中到真实天线上长度为 l 的极短的一段上。这里所说的极短是指其长度比波长小得多，也就是说在 l 线上的高频电流的振幅和相位都可近似看作相同，这样的一段短线就称为基本振子。

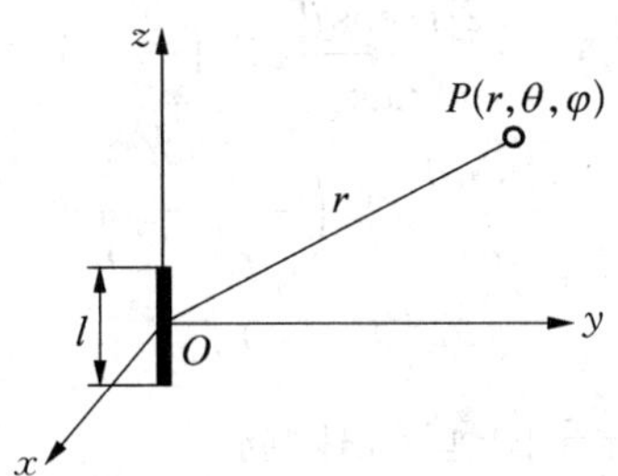

图 7.4.1　基本振子示意图

取球坐标原点与基本振子中点重合，z 轴沿短线方向(如图 7.4.1)，高频电流方向沿 z 轴且大小仅为时间函数。电流强度等于

$$I = I_m \mathrm{e}^{\mathrm{j}\omega t}$$

由电磁场的矢量势

$$\boldsymbol{A} = \frac{\mu}{4\pi}\int_{\tau'} \frac{\boldsymbol{j}(x', y', z', t - R/v)}{R} \mathrm{d}\tau'$$

式中 $v = 1/\sqrt{\mu\varepsilon}$，代入电流密度，并先对横截面积分得到：

$$A_z = \frac{\mu}{4\pi}\int_{-l/2}^{l/2} \frac{I_m \mathrm{e}^{\mathrm{j}\omega(t-R/v)}}{R}\mathrm{d}l' = \frac{\mu I_m \mathrm{e}^{\mathrm{j}\omega t}}{4\pi}\int_{-l/2}^{l/2}\frac{\mathrm{e}^{-\mathrm{j}kR}}{R}\mathrm{d}l'$$

式中 $k = \omega/v = \omega\sqrt{\mu\varepsilon}$ 是波矢量的大小，在这里它是实数，表示单位距离内的相位变化，所以它也称相位常数。因为基本振子长度很短 ($l \ll \lambda$)，所以沿 l 积分时可以认为 R 不变，$R \approx r$，得到：

$$A_z = \frac{I\mu l}{4\pi r}\mathrm{e}^{-\mathrm{j}kr}$$

其球坐标分量是

$$A_r = A_z \cos\theta = \frac{I\mu l}{4\pi r}\mathrm{e}^{-\mathrm{j}kr}\cos\theta$$

$$A_\theta = -A_z \sin\theta = -\frac{I\mu l}{4\pi r}\mathrm{e}^{-\mathrm{j}kr}\sin\theta$$

$$A_\varphi = 0$$

由 $\boldsymbol{H} = \dfrac{\nabla \times \boldsymbol{A}}{\mu}$ 得到

$$H_r = H_\theta = 0$$

$$H_\varphi = \frac{Il\sin\theta}{4\pi}\left(\frac{1}{r^2} + \mathrm{j}\frac{k}{r}\right)\mathrm{e}^{-\mathrm{j}kr}$$

对无源场点 P，利用麦克斯韦方程 $\mathrm{j}\omega\varepsilon\boldsymbol{E} = \nabla \times \boldsymbol{H}$，由磁场求出电场

$$E_r = -\frac{2\mathrm{j}Il\cos\theta}{4\pi\omega\varepsilon}\mathrm{e}^{-\mathrm{j}kr}\left(\frac{1}{r^3}+\mathrm{j}\frac{k}{r^2}\right)$$

$$E_\theta = \frac{\mathrm{j}Il\sin\theta}{4\pi\omega\varepsilon}\mathrm{e}^{-\mathrm{j}kr}\left(-\frac{1}{r^3}-\mathrm{j}\frac{k}{r^2}+\frac{k^2}{r}\right)$$

$$E_\varphi = 0$$

略去 $1/r$ 的高次项,得到基本振子的远区辐射场:

$$E_\theta = \frac{\mathrm{j}Ilk^2\sin\theta}{4\pi\omega\varepsilon r}\mathrm{e}^{-\mathrm{j}kr} \tag{7.4.1}$$

$$H_\varphi = \frac{\mathrm{j}Ilk\sin\theta}{4\pi r}\mathrm{e}^{-\mathrm{j}kr} \tag{7.4.2}$$

引入电磁波的波阻抗 Z_0,它定义为电磁波的电场与磁场的比值。由上面两式求出波阻抗:

$$Z_0 = \frac{E_\theta}{H_\varphi} = \frac{k}{\omega\varepsilon} = \frac{\omega\sqrt{\mu\varepsilon}}{\omega\varepsilon} = \sqrt{\frac{\mu}{\varepsilon}} \tag{7.4.3}$$

对于自由空间,$\mu=\mu_0$ 和 $\varepsilon=\varepsilon_0$,

$$Z_0 = \sqrt{\frac{\mu_0}{\varepsilon_0}} = 120\pi \approx 377\ \Omega \tag{7.4.4}$$

而自由空间的电场和磁场分别是

$$E_\theta = \frac{\mathrm{j}60\pi Il\sin\theta}{\lambda r}\mathrm{e}^{-\mathrm{j}kr} = Z_0 H_\varphi \tag{7.4.5}$$

$$H_\varphi = \frac{\mathrm{j}Il\sin\theta}{2\lambda r}\mathrm{e}^{-\mathrm{j}kr} \tag{7.4.6}$$

式中 λ 乃电磁波的波长。按照式(7.4.5)或(7.4.6)绘出的基本振子方向图与图 7.3.1 相同,由图可见,在铅垂平面内,方向图呈"∞"字形,而水平面内则是一个圆。

基本振子的平均辐射功率计算如下:通过空间某处单位面积的功率流等于在该处的坡印亭矢量 $\boldsymbol{g}$ 在一个周期内的平均值:

$$\bar{\boldsymbol{g}}^t = \frac{1}{2}\mathrm{Re}(\boldsymbol{E}\times\boldsymbol{H}^*) = \frac{1}{2}|E_\theta||H_\varphi|\boldsymbol{e}_r$$

因此

$$P_{\text{辐射}} = \frac{1}{2}\int_0^{2\pi}\int_0^{\pi}|E_\theta||H_\varphi|r^2\sin\theta\,\mathrm{d}\theta\,\mathrm{d}\varphi$$

将式(7.4.5)、(7.4.6)代入上式,得到:

$$P_{辐射}=\frac{1}{2}\int_0^{2\pi}\int_0^{\pi}\frac{60\pi\ I^2l^2}{2\lambda^2}\sin^3\theta\,d\theta\,d\varphi=\frac{40\pi^2I^2l^2}{\lambda^2}=\frac{80\pi^2I_e^2l^2}{\lambda^2}\tag{7.4.7}$$

式中 $I_e=I/\sqrt{2}$ 是振子中电流的有效值。设想基本振子辐射功率相当于有电流 I_e 流过振子时“消耗”在辐射电阻 $R_{辐射}$ 上的功率，因此在自由空间中

$$R_{辐射}=\frac{P_{辐射}}{I_e^2}=\frac{80\pi^2l^2}{\lambda^2}\tag{7.4.8}$$

由此可见，对短天线，l 愈大，$R_{辐射}$ 也愈大，也即天线辐射功率就愈大。

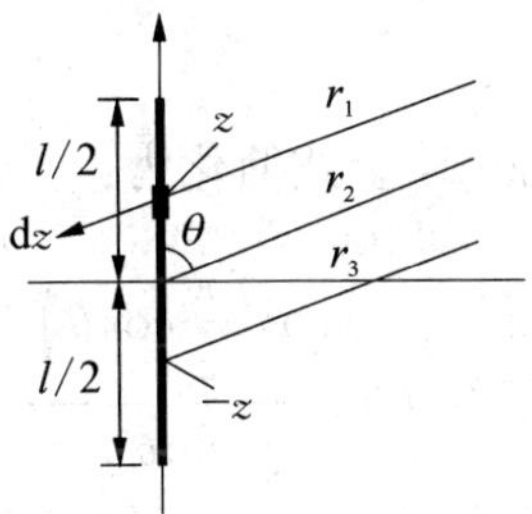

图 7.4.2　对称振子天线示意图

下面来研究对称振子天线(如图 7.4.2)。对称振子上的每一个小电流元都可看作基本振子，求出每个电流元在空间某点的场，然后求矢量和。在计算过程中，各电流元距该点的路程差所引起的相位差不能忽略，因为路程差与波长可相比拟。取对称振子的轴线为球坐标的 z 轴，原点位于振子中点。设空间某点距原点为 r，且与 z 轴成 θ 角，所以在坐标 $+z$ 及 $-z$ 处的电流元离该点的距离为

$$r_1=r-z\cos\theta$$
$$r_2=r+z\cos\theta$$

对称振子上的电流分布是

$$I_z=I_0\sin[k(l/2-|z|)]\tag{7.4.9}$$

式中 I_0 是电流波幅。由式(7.4.5)可以看出，在 $\pm z$ 处的基本振子所激发的场等于

$$\begin{cases}dE_\theta^+=\dfrac{60\pi I_z}{\lambda r_1}e^{j(\omega t-kr+kz\cos\theta)}\sin\theta\,dz\\[2ex]dE_\theta^-=\dfrac{60\pi I_z}{\lambda r_2}e^{j(\omega t-kr-kz\cos\theta)}\sin\theta\,dz\end{cases}$$

注意：上式的振幅中，j 已消失，此乃改变时间计算的起点所致。在电场振幅中，若 $r_1\approx r_2\approx r$，这两个对称电流元在该点产生合成电场：

$$dE_\theta=dE_\theta^++dE_\theta^-=\frac{120\pi I_z\sin\theta}{\lambda r}\cos(kz\cos\theta)e^{j(\omega t-kr)}dz\tag{7.4.10}$$

代式(7.4.9)入式(7.4.10)，并对 z 从 0 到 $l/2$ 积分，得到了整个振子在该点所产生的电场：

$$E_\theta = \frac{60I_0}{r}F(\theta)e^{j(\omega t-kr)} \tag{7.4.11}$$

式中

$$F(\theta) = \frac{\cos\left(\frac{\pi l}{\lambda}\cos\theta\right) - \cos\frac{\pi l}{\lambda}}{\sin\theta} \tag{7.4.12}$$

因子 $F(\theta)$ 描绘出天线的方向图。

对于对称半波振子天线，$l=\lambda/2$，上式简化为：

$$F(\theta) = \frac{\cos\left(\frac{\pi}{2}\cos\theta\right)}{\sin\theta} \tag{7.4.13}$$

图 7.4.3 画出了对称半波振子在铅垂面内的方向图(实线)，它与基振子的方向图(虚线)差别很小。半波振子天线在水平面内的辐射功率比起基本振子来相对功率更大些。图 7.4.4 给出了对称振子的电力线分布图，在天线的近区，电场的径向分量是不能忽略的。

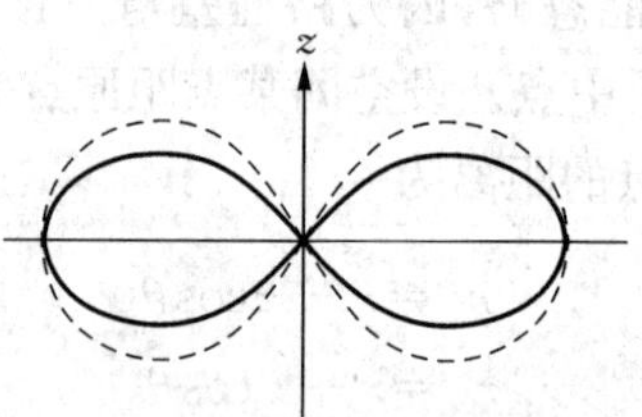

图 7.4.3 对称半波振子的方向图

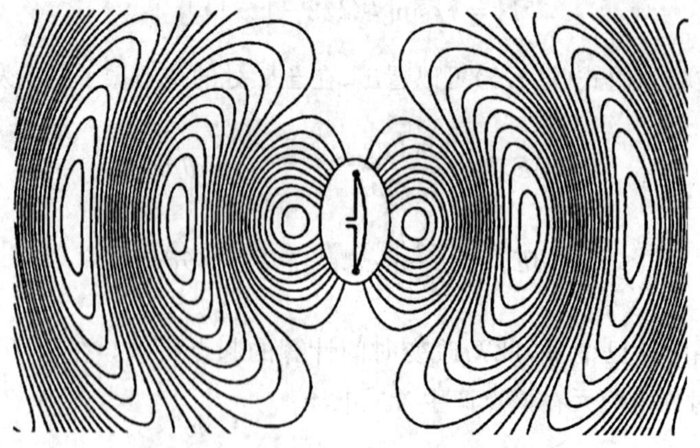

图 7.4.4 对称振子的电力线分布图[34]

7.5　天线参数及互易定理

一、天线的方向图

对于绝大部分天线，不需要知道天线的空间方向图，而只需要知道在两个相互垂直的平面(E 面和 H 面)上的方向图就行了。因为天线的方向图表示天线的远场性质，所以测量时一定要距离天线足够远，假如允许天线口径上的最大相位差不超过 $\pi/4$，可推导出其最小距离的表示式：

$$r_{\min} \approx \frac{2D^2}{\lambda} \tag{7.5.1}$$

式中 D 为天线口径的直径，λ 为波长。

在测量特大口径(即具有尖锐方向性)的天线的方向图时，很难满足最小距离的要求，因此，最好用测量天线模型的方向图来实现。如模型的尺寸为相应的实际天线尺寸的 n 分之一，那么测量天线模型时使用的频率必须提高 n 倍。这样，模型的方向图就与实际天线的方向图相同。

二、天线的增益

天线的增益 G 定义为：在相同的输入功率条件下，某天线在最大辐射方向的电场强度的平方与点源天线在同一处的电场强度的平方的比值称为该天线的增益。(理想的点源天线是没有方向性的，它在各个方向的辐射都相同，即空间方向图为球形)

“互易定理”告诉我们：同一天线用作发射天线或接收天线时，其所有参数不变。天线的电性能主要决定于它的外表形式及电尺寸，而与其应用方式无关。

7.6　天线阵

从对振子天线方向性分析知道，它的方向性很弱，为了满足特定的要求，可以把多个天线单元按一定规律排列组成天线阵。这里仅研究“相似天线元”构成的天线阵，所谓“相似天线元”，就是各天线元不仅形式相同，而且它们在空间放置的方向也相同。

1. 均匀直线式天线阵

图 7.6.1 是一 n 元均匀直线式天线阵，各个元天线分别用“0”“1”“2”…标出，它们以相等的距离在空间排成一条直线，各元电流的大小相等而相位则以均匀差 Δ 递增或递减。相邻天线元的距离是 d。因此在与天线阵所在直线成 φ 角的方向上，天线“1”辐射的电波较天线“0”辐射的电波超前相角 $\psi = \beta d\cos\varphi + \Delta$(式中 $\beta = 2\pi/\lambda$ 是相位常数)；天线“2”辐射的电波较天线“0”的超前相角 $2\psi = 2\beta d\cos\varphi + 2\Delta$；依此类推，天线“$n-1$”辐射的电波较天线“0”的超前相角 $(n-1)\psi$…。这样在远处某点的合成场强可以写成

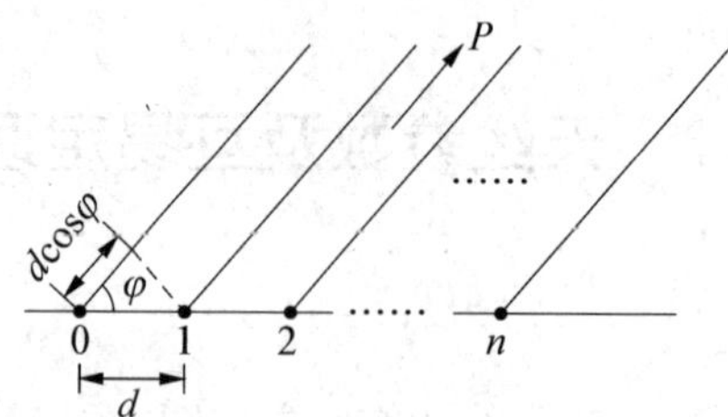

图 7.6.1　均匀直线式天线阵

$$E = E_0 (1 + e^{j\psi} + e^{2j\psi} + \cdots + e^{j(n-1)\psi}) = E_0 \frac{1 - e^{jn\psi}}{1 - e^{j\psi}}$$

该点的合成场强振幅等于

$$|E| = |E_0| \left| \frac{1 - e^{jn\psi}}{1 - e^{j\psi}} \right| = |E_0| \sqrt{\frac{(1 - \cos n\psi)^2 + \sin^2 n\psi}{(1 - \cos\psi)^2 + \sin^2\psi}} = |E_0| \left| \frac{\sin \dfrac{n\psi}{2}}{\sin \dfrac{\psi}{2}} \right| \tag{7.6.1}$$

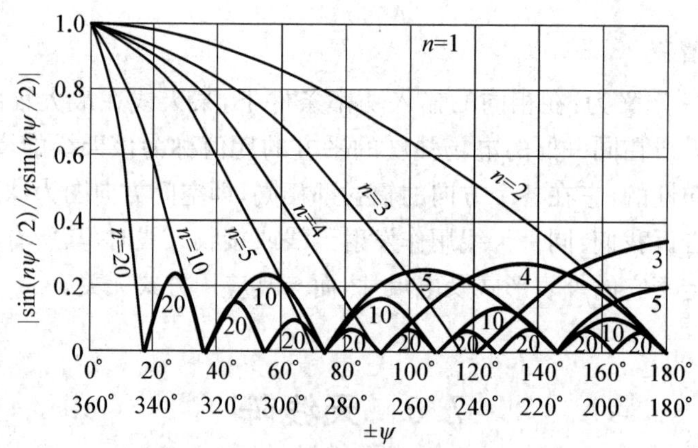

图 7.6.2　均匀直线式天线阵的归一化因子

上式表明天线阵的场强由两部分相乘得到：第一部分 E_0 是天线元在该点产生的场强，它由天线类型决定；第二部分只涉及相邻两天线元之间的相位差和空间距离，而与天线类型无关，称之为阵因子。于是，天线阵的方向图是单个元天线方向图与阵因子的乘积。

n 元均匀直线式天线阵的阵因子是 $\sin(n\psi/2)/\sin(\psi/2)$，其极大值可由条件

$$\frac{d}{d\psi}\left[\frac{\sin(n\psi/2)}{\sin(\psi/2)}\right] = 0$$

得到，不难看出，$\psi = 0$ 时阵因子最大，该值为：

$$\lim_{\psi \to 0} \frac{\sin(n\psi/2)}{\sin(\psi/2)} = n \tag{7.6.2}$$

将阵因子除以最大值 n，称为归一化阵因子 $\dfrac{\sin(n\psi/2)}{n\sin(\psi/2)}$。图 7.6.2 给出了不同 n 值时归一化阵因子与 ψ 的关系曲线，由图可见，直线式天线阵的作用是使得在包含线阵的平面内的方向图变尖锐，且 n 愈大，方向图愈尖锐，然而在与线阵垂直的平面内，方向图并不改变。

2. 边射式天线阵

当均匀直线式天线阵的各元天线电流同相时（相差 $\Delta=0$），$\psi=\beta d\cos\varphi$，由 $\psi=0$ 得到最大值阵因子在 $\cos\varphi=0$ 的方向，即 $\varphi=(2m+1)\dfrac{\pi}{2}(m=0,1,2,\cdots)$ 处，换言之，在与天线阵轴线垂直的方向上，天线有最大的辐射，因而称之为边射式天线阵。它的阵因子是

$$\frac{\sin\left(\dfrac{n}{2}\beta d\cos\varphi\right)}{\sin\left(\dfrac{1}{2}\beta d\cos\varphi\right)} \tag{7.6.3}$$

由上式便可逐点描出天线阵的方向图，图 7.6.3 表示一间距为 $\lambda/2$ 的四元边射式天线阵的阵方向性图。

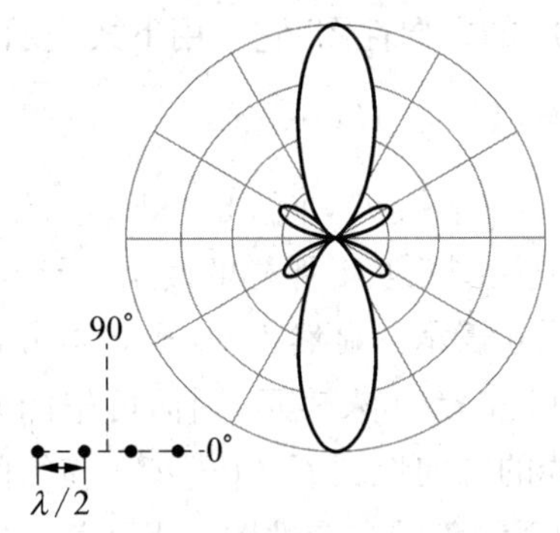

图 7.6.3　四元边射式天线阵的方向图

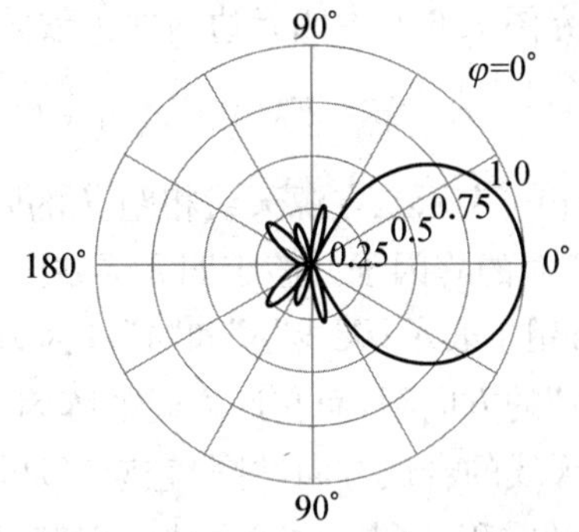

图 7.6.4　八元顶射式天线阵的方向图

3. 顶射式天线阵

如果天线阵的最大辐射方向发生在 $\varphi=0$ 处，则 $\psi=\beta d\cos 0^{\circ}+\Delta=0$，也就是说相邻两天线元之间的相位差 $\Delta=-\beta d$ 时就得到沿着天线阵轴线为最大辐射的顶射式天线阵，图 7.6.4 表示一间距为 $\lambda/4$ 的八元顶射式天线阵的方向图。

4. 方向性图的乘法

式(7.6.1)指出：天线阵的合成电场可视为组成天线阵的天线的方向性图与天线阵的阵方向性图的乘积，此法称为方向性图乘法。

但要注意该法仅限于下列情况：即组成天线阵的各天线元具有相同的形式和相同的电流分布规律，而且必须统一选择"乘数"与"被乘数"的坐标，也就是说，每次相乘时必须用空间同一方向的值来进行。用此原理，在估计天线阵的方向性图时就非常方便。

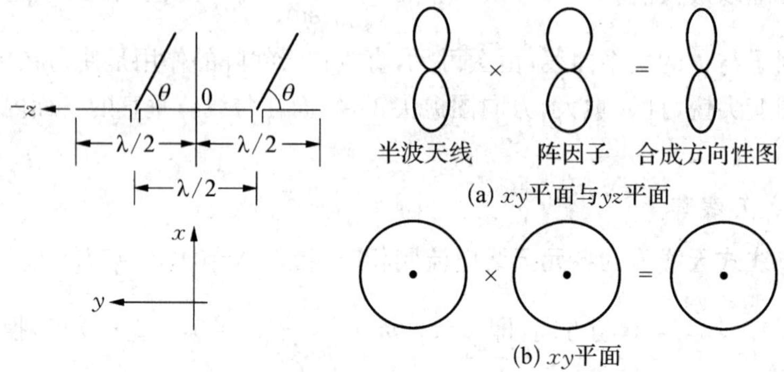

图 7.6.5　半波天线轴线与阵轴线重合时的二元阵的方向图

例 7.1　两个相距 $\lambda/2$ 的同相半波天线阵，半波天线的轴线与天线阵轴线重合（如图 7.6.5），利用方向性图乘法求出合成电场的方向性图。

由式(7.4.13)和(7.6.1)可写出归一化合成电场为下列乘积：

$$|E|=\frac{\cos\left(\frac{\pi}{2}\cos\theta\right)}{\sin\theta}\times\cos\left(\frac{\pi}{2}\cos\theta\right)=\frac{\cos^2\left(\frac{\pi}{2}\cos\theta\right)}{\sin\theta} \tag{7.6.4}$$

现在来研究图 7.6.6 中四元边射式天线阵 ($\Delta=0$) 的方向性图，它可用下式表示：

$$E=E_0(1+e^{j\psi}+e^{2j\psi}+e^{3j\psi})=(1+e^{j\psi})(1+e^{2j\psi}) \tag{7.6.5}$$

式中 $(1+e^{j\psi})$ 表示二点源天线相距 d 的阵因子 ($\psi=\beta d\cos\theta$)，而 $(1+e^{2j\psi})$ 表示二点源天线相距 $2d$ 时的阵因子。假定四元天线阵可以分成如图 7.6.6 那样的两组，天线"1"和"2"成为一组，用Ⅰ表示；天线"3"和"4"成为另一组，用Ⅱ表示。显然 $E_0(1+e^{j\psi})$ 可看成天线"Ⅰ"或"Ⅱ"的方向图，而它们之间的阵因子可用 $(1+e^{2j\psi})$ 来表示，因而可把四元天线阵看成两组天线的合成方向性图，它应当是单独天线的方向性图 $E_0(1+e^{j\psi})$ 与组间阵因子 $(1+e^{2j\psi})$ 的乘积。利用这种办法可以解决复杂的天线阵的方向性图。下面举个简单的例子说明：在图 7.6.6 中，当 $d=\lambda/2$ 时，图 7.6.7 中的组方向性图(a)乘组间阵因子(b)得到合成方向性图(c)，它与图 7.6.3 完全相同。

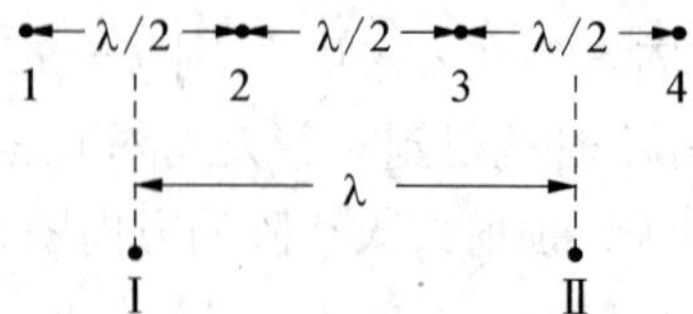

图 7.6.6　将四元天线阵分成两组

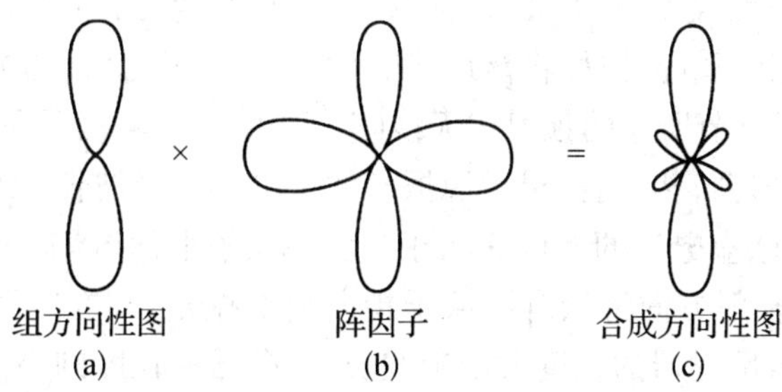

图 7.6.7　用方向性图乘法求四元边射阵的方向性图

7.7　八木天线与电视发射天线

八木天线是一种结构简单、增益高、适用于超高频范围的定向天线，它是由一个有源振子和一些无源振子所组成的天线阵。图 7.7.1 是一个五元八木天线的结构，有源振子用馈线和发射机（或接收机）连接；无源振子本身不馈电，它们依靠有源振子的场在其中引起的感应电流而产生辐射（不馈电的天线，称为寄生天线）。无源振子中一个比 $\lambda/2$ 长的振子可使整个天线具有单向辐射的特性而称为反射器，其余比 $\lambda/2$ 短的振子则可提高天线方向图的尖锐性，所以称之为引向器。所有振子都排列在同一平面上，且垂直于连接它们中心的金属杆，金属杆通过无源振子上的电压波节点，并由于它和振子垂直，因而对天线的场不会产生显著的影响。有源半波振子是中心馈电的，它必须和金属杆绝缘，八木天线的所有振子及金属杆均用硬铝管制成，以减轻天线的重量。

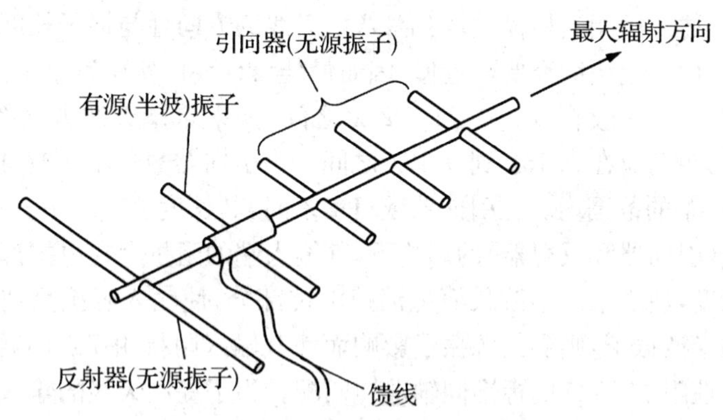

图 7.7.1　五元八木天线的结构

八木天线在通信、电视接收、雷达和导航等方面至今仍用得很多，有时为了提高它的方向性，也可采用多层天线组成的八木天线阵。对八木天线的理论计算，也可用“矩量法”以给出较满意的定量结果，这里仅作定性分析。研究图 7.7.2 中的二元八木天线，无源振子从有源振子近区的感应场中取得能量，如果它们的间距等于 $\lambda/4$，则在无源振子上的感应电压相位将落后有源振子上的电流相位约 180°。无源振子上的电流与电压的相角与振子的长度有关，若振子长度大于半波长，则阻抗呈电感性，因而其上电流又将落后相位90°。这样，无源振子上的电流相位将落后于有源振子的电流相位270°，或者说相位超前90°。这种情况相当于上节所述的顶射式天线阵，在“1”方向两振子所产生的场相互加强，所以该无源振子是反射器；相反，如果无源振子的长度小于半波长，则其阻抗呈电容性，因而其上的电流将超前感应电压的相位90°，于是无源振子上的电流将落后有源振子的电流90°相位，两振子的主辐射方向将从有源振子指向无源振子，即在“2”方向，这时无源振子是引向器。综上所述，反射器的长度大于半波长，引向器的长度则小于半波长。

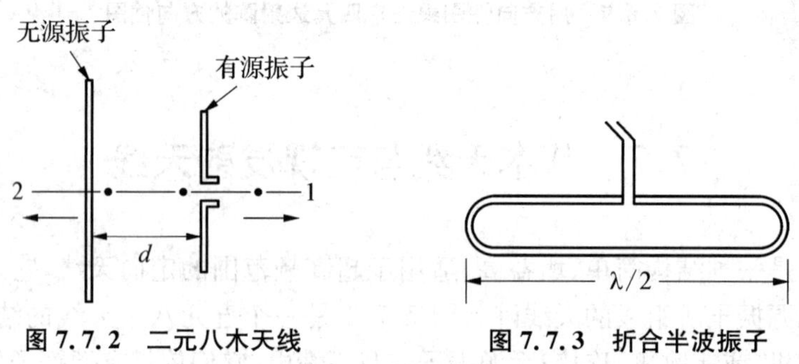

图 7.7.2　二元八木天线　　**图 7.7.3　折合半波振子**

为了获得较强的方向性，可以增加无源振子的数目，由于在反射器后面（“2”方向）能量的辐射已大为减小，因而没有必要在此方向上再放置无源反射振子；在引向器前方（“1”方向），因为激励较强，所以多放置无源振子会对方向图有很大影响，但当引向器超过6—8个时，因离有源振子较远的振子受到激励较弱，再增加数目不但没有明显改善，反而会增加天线总重量，于是实际上采用的引向器数是4—6个。不难看出，为了满足顶射式天线阵的条件，离有源振子愈远的引向器，其相位落后愈厉害，所以它们的长度也应逐渐变短。必须指出，上述分析相当粗糙，事实上，八木天线的方向性与振子长度、其间距离和振子直径都有关系，而矩量法终究要取近似，因而最佳设计要由实验测量定出。反射振子和有源振子之间的距离，一般在0.15λ到0.23λ之间，如果希望天线方向图的后瓣达到最小，则它们之间的距离应在0.15λ到0.17λ之间。当引向器数目不多时，振子的最佳长度约在0.4λ到0.44λ的范围内。在引向器数目增多时，其长度还应减小。八木天线的有源振子在无源振子（引向器和反射器）的影响下，其输入端的阻抗存在电抗部分，通常可用缩短有源振子的长度，使之小于半波长而抵消掉电抗部分，使输入阻抗呈纯电阻；如果有源振子采用一般的半波振子，则受无源振子影响而使其输入阻抗由73.1 Ω降至15～25 Ω，这样就不能与特性阻抗75 Ω的标准同轴电缆匹配。为了提高天线的输入阻抗，一般用折合振子（见图7.7.3）作为有源振子，折合振子的输入阻抗约等于简单半波振子输入阻抗的四倍，即292 Ω。这样，用300 Ω特性阻抗的扁带线就能进行匹配传输。

下面讨论电视发射天线（即旋转场天线），它由两个互相垂直的振子组成，但两振子的电流之间有90°相位差。在图7.7.4中，假定两个振子都是元天线，它们各自具有8字形方向图。

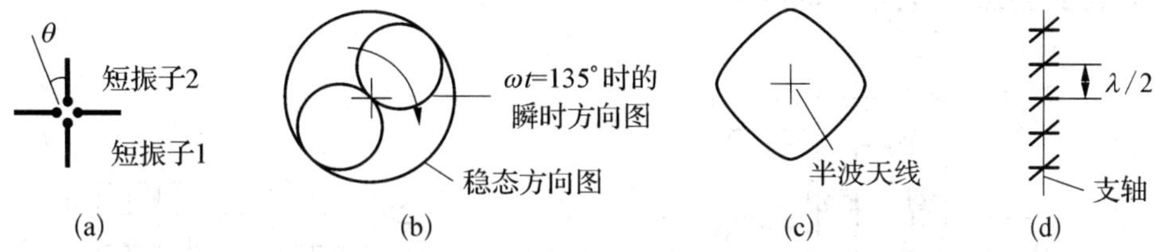

图 7.7.4　旋转场天线

显然，在纸面上电场随 θ 和时间变化的因子是

$$f(\theta, t) = \sin\theta\cos\omega t + \cos\theta\sin\omega t = \sin(\theta + \omega t) \tag{7.7.1}$$

对一定时间 t，方向图为 8 字形，由 $\theta + \omega t = \pm\pi/2$，可以解出最大辐射方向：

$$\theta_{\max} = \pm\frac{\pi}{2} - \omega t \tag{7.7.2}$$

因此，随着时间 t 的变动，$\theta_{\max}$ 就跟着转动，也即这种十字形天线的 8 字形方向图是绕着垂直于天线平面的轴旋转的[图 7.7.4(b)]，因此称之为旋转场天线。在振子平面上，方向图为一圆，当振子平面与地平面平行时，就产生水平的线极化波，而且在水平方向有圆方向图。实际上用的旋转场天线是由半波振子组成的，此时水平面的方向图近似于圆，如图 7.7.4(c)。电场的方向图因子为

$$f(\theta, t) = \frac{\cos\left(\dfrac{\pi}{2}\cos\theta\right)}{\sin\theta}\cos\omega t + \frac{\cos\left(\dfrac{\pi}{2}\sin\theta\right)}{\cos\theta}\sin\omega t \tag{7.7.3}$$

为了增强垂直面的方向性，可以将几个这样的十字形天线像图 7.7.4(d)那样在垂直方向间隔约 $\lambda/2$ 距离排成阵列。

在电视广播中采用的蝙蝠翼天线也是一种旋转天线场。图 7.7.5 表示十字形蝙蝠翼天线的一个振子，在垂直于纸面方向，还有另一个形状完全相同但电流相位差 90°的振子。馈电点在 $A-A$ 端，$D-D$ 两端短路，因此在 DA 上形成驻波。各对称振子分别接在 B、C、D 各点，各振子上电流大小决定于接点处的输入阻抗，显然该驻波在 $A-A$ 点有最高电压，但接在 $A-A$ 点的对称振子最短，阻抗最大，因而振子上的电流并不大，而沿着 B、C、D 各点处由于振子长度的逐渐加长、阻抗逐渐减小，虽然电压逐渐减小，但电流却是逐渐增大，电流最大点在 A 到 D 的中间，因此在垂直于振子的平面上蝙蝠翼振子的方向图近似为距离相隔半波长的两根半波振子所产生的方向图。蝙蝠翼振子可在很宽的频带范围内保持输入阻抗几乎不变，约为 150 Ω，在 30%的频带范围内驻波比小于 1.1。这种天线的轴向辐射很小。为了加强垂直面的方向性，也可以将蝙蝠翼天线层叠起来，其间距约为 1λ 左右。图 7.7.5 表示此种天线在不同层数时的主瓣宽度。蝙蝠翼旋转场天线的增益可用下式估计：

$$G = 1.22N\frac{D}{\lambda} \tag{7.7.4}$$

式中 N 表示层数，D 表示层间距离。

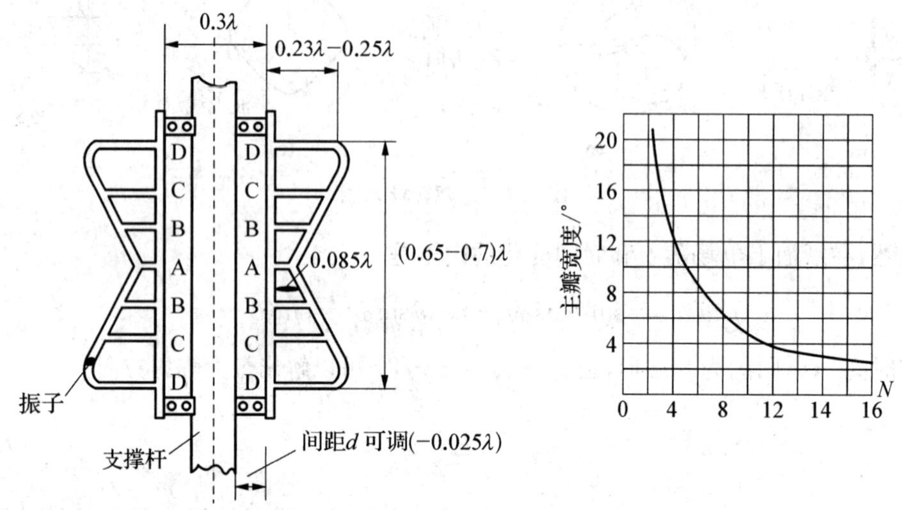

图 7.7.5　蝙蝠翼天线及其主瓣宽度

7.8　喇叭天线、抛物面天线和卡塞格伦天线

开口的波导管能够辐射电磁波，但这种结构的反射较大。为了使波导与自由空间的特性阻抗相匹配，将波导尺寸逐渐均匀扩张，形成所谓喇叭天线。喇叭天线的主要形式有：扇形喇叭（包括 E 面扇形和 H 面扇形）、角锥形喇叭和圆锥形喇叭，它们分别画在图 7.8.1。

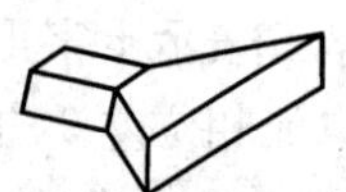

(a) H 面扇形喇叭天线

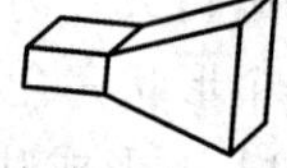

(b) E 面扇形喇叭天线

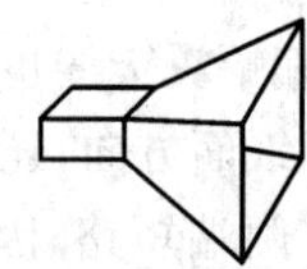

(c) 角锥形喇叭天线

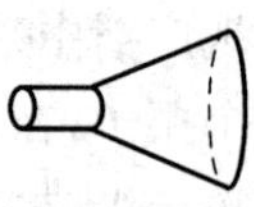

(d) 圆锥形喇叭天线

图 7.8.1　各种喇叭天线

这种喇叭天线结构简单，调整容易，有较宽的频带特性，与同样大小口径的抛物面天线相比，波束尖锐程度差，而且尺寸较大，口径上场的振幅和相位均无法调节，所以常将它用作馈源。作为馈源，很重要的一个参数是喇叭天线的相位中心（如图 7.8.2），相位中心的定义是：远区辐射场的等相位面与通过天线轴线的平面相交的曲线的曲率中心。因为喇叭天线的远场区不是球面波，所以没有确定的相位中心，但是在工程上可以找到有用的近似“相位中心”。

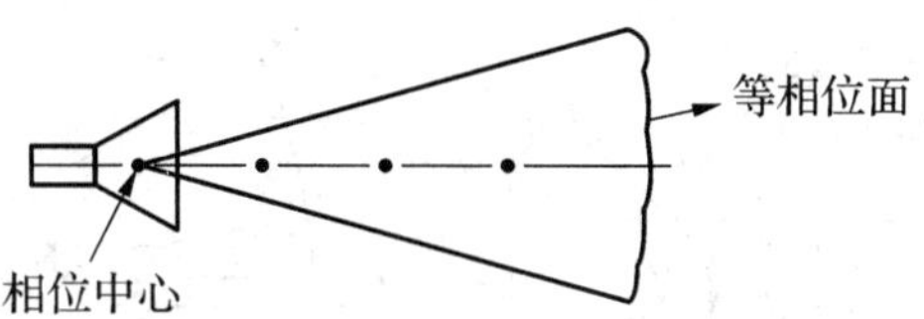

图 7.8.2　喇叭天线的相位中心

抛物面天线是由馈源与抛物面反射器两部分组成，图 7.8.3 是几种实际采用的抛物面天线。抛物柱面是以抛物线为基线的柱面，馈天线呈线状，放置在沿抛物柱面的焦线上，整个天线在焦线平面（xOz 平面）上的方向性，如同天线阵一样，取决于辐射振子元的数目，天线在铅垂面（yOz 平面）内的方向性，主要取决于抛物柱面相对于波长的大小。旋转抛物面是将抛物线绕其轴线旋转所构成的曲面，当需要“铅笔”形或“针”形的辐射波束时，就采用这种结构。割截旋转抛物面是为了在割截的方向需要将波束展宽而采取的措施。馈源常采用喇叭天线，将其相位中心与旋转抛物面的焦点重合，向反射面辐射电磁波，经抛物面反射器的作用将电磁波变为方向性较强的波束辐射出去。但是这种天线有其缺点，那就是馈源位于抛物面的正前方，它不仅影响天线的辐射，而且馈电也不方便。为了克服这一缺点，人们仿照天文观察用的卡塞格伦望远镜的形式，做成了双反射器的卡塞格伦天线。

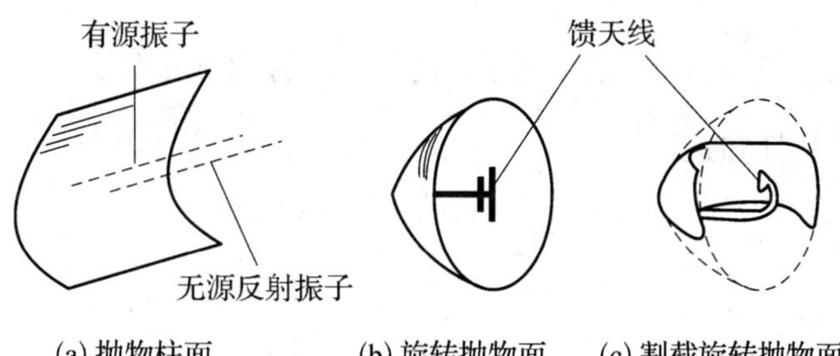

图 7.8.3　各种形式的抛物面天线

卡塞格伦天线主要由三部分组成：(1) 主反射面由旋转抛物面构成；(2) 次反射面由旋转双曲面构成；(3) 馈源一般用喇叭天线构成。为了说明这种天线的原理，可以采用几何光学的方法来分析它。图 7.8.4(a) 是两条双曲线，F 和 F' 是它们的焦点，其间距离 $2c$ 用 F_c 表示，双曲线顶点间的距离是 $2a$，于是得到双曲线方程：

$$\frac{x^2}{a^2}-\frac{y^2}{c^2-a^2}=1 \tag{7.8.1}$$

式中 c/a 叫作离心率 e：

$$e=\frac{c}{a}=\frac{F_c}{2a} \tag{7.8.2}$$

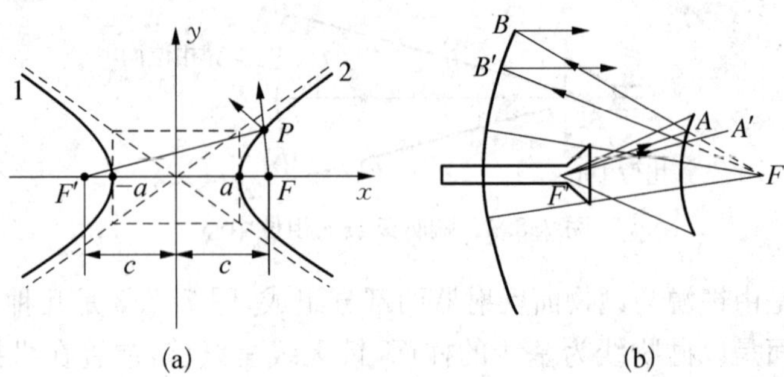

图 7.8.4 双曲线(a)与卡塞格伦天线(b)

双曲线有两个特性：

(1) 线上任意一点 P 到两焦点距离之差为常数：$PF' - PF = 2a$

(2) 点源由实焦点 F' 向另一半双曲线投射(符合入射角等于反射角)时，则不同点的反射线向反方向延长时，都相交于虚焦点上。因此，反射线好像由 F 点的点源发出的辐射一样。

根据这两个几何特性，可以证明：在 F' 的点源发出的球面波经过双曲面和抛物面两次反射后，在抛物面的口径上可获得平面波。由图 7.8.4(b)，利用双曲线的第二个特性，得到关系：

$$FA + AB + BC = FA' + A'B' + B'C'$$

由双曲线的第一个特性知道：

$$F'A - FA = F'A' - FA' = 2a$$

把上面两式相加：

$$F'A + AB + BC = F'A' + A'B' + B'C'$$

由此可见，在平行于口径面的 CC' 平面上，得到了同相场，也就是说，馈电喇叭天线的相位中心置于双曲面的实焦点上。喇叭天线辐射的球面波，通过双曲面反射后，变成了以虚焦点为中心发出的另一个球面波，通过抛物面反射后，在抛物面的口径上形成了平面波。这就是卡塞格伦天线的原理。

7.9 微带天线

由于微波集成技术的发展和空间技术对低剖面天线的迫切需要。国际上展开了对微带天线的广泛研究和应用。1979 年在美国新墨西哥州大学举行了微带天线的专题国际会议，1981 年 IEEE 天线与传播会刊在 1 月号上刊载了微带天线专辑。至此，微带天线已成为天线领域中的一个专门分支。在 80 年代，微带天线无论在理论上还是在应用的深度和广度上都获得了进一步的发展，时至今日，这一新型天线已趋成熟，其应用正在与日俱增。

微带天线是在带有导体接地板的介质基片上贴加导体薄片而形成的天线，它利用微带线或同轴线等馈线馈电，在导体贴片与接地板之间激励起射频电磁场，并通过贴片四周与接地板间的缝隙向外辐射以及贴片表面电流直接向空间辐射。通常，导体贴片是形状规则的面积单元，如矩形、圆形、圆环形、椭圆环形；也可以是狭长条形的薄片振子或利用微带线的某种形变（如弯曲、直角弯头等）来形成辐射，称之为微带线型天线，这种天线因为沿线传输行波，故又称为微带行波天线。

与普通天线相比，微带天线有如下优点：(1) 剖面薄、体积小、重量轻；(2) 具有平面结构，可制成与导弹、卫星等载体表面相共形的结构；(3) 馈电网络可与天线结构一起制成，适合用于印刷电路技术大批量生产；(4) 能与有源器件和电路集成为单一的模件；(5) 便于获得圆极化，容易实现双频段、双极化等多功能工作。微带天线也有不足之处：(1) 频带窄；(2) 存在导体和介质损耗，并会激励表面波而导致辐射效率降低；(3) 功率容量较小，一般用于中、小功率场合；(4) 性能受基片材料影响大。然而现在已有不少技术可用来克服或减小上述缺点，例如已有多种途径来展宽微带天线的频带，常规设计的相对带宽约为中心频率的 1%～6%，而新一代的设计典型值是 15%～20%，若利用带固态功率放大器的有源微带子阵来组阵，便可获得相当大的总辐射功率。

最初，微带天线用作火箭和导弹上的共形全向天线，现在则已用于约在 100 MHz～100 GHz 的宽广频域上的大量无线电设备中，特别在飞行器和地面上的便携式设备中。当前在卫星通信、雷达、遥感、导弹遥测遥控、电子对抗、武器引信、飞机高度表、环境检测仪表和医用微波辐射器等系统中均采用微带天线。

7.10　无线通信系统中的天线

无线通信已经渗透到人们日常生活的方方面面。随着移动通信技术的迅猛发展，许多电子设备都具有了通信的功能，比如手机、笔记本电脑等，成为移动通信的终端设备。保障无线通信的网络覆盖、信息可靠传输的关键技术之一就是其中的天线系统。无线通信系统通过移动终端设备与固定的基站之间进行无线信息传输，其天线系统也包括基站天线和移动终端天线两大类。下面分别进行简要介绍。

7.10.1　无线通信基站天线

移动终端设备，比如手机等，接入无线网络的接口设备统称为基站（Base Station，简称 BS），是一种可以与移动终端进行信息传输的无线电收发设备，其中作为电磁波信号收发的关键器件就是基站的天线系统。常用的基站天线一般由辐射单元、反射板、馈电网络、天线罩等部分构成，如图 7.10.1 所示。其中，进行空间电磁波能量收发，并使电磁波与电信号进行转换的天线辐射单元的重要性是不言而喻的。有多个辐射单元按一定的间距和几何方式排布后，形成了基站常用的阵列天线。如今，基站天线的辐射单元，外形各式各样，但从工作原理上可分为振子天线辐射单元和微带天线辐射单元两种，而振子天线（或称对称振子）是最常见的辐射单元形式。

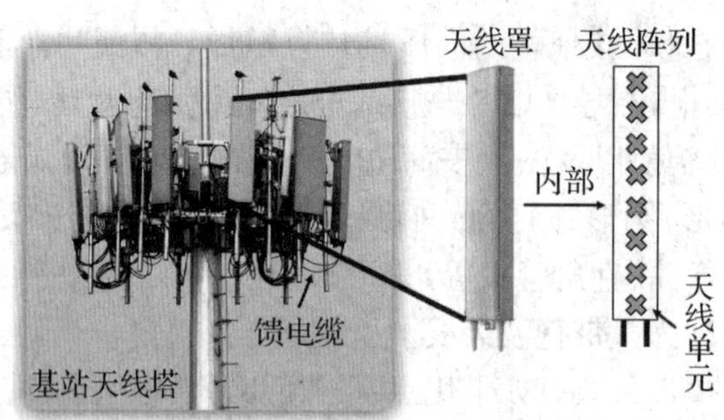

图 7.10.1　常用的基站天线系统

振子天线是最基本的天线形式，它具有结构简单、性能稳定、成本低廉等优势。而用于基站设备的振子天线，根据其辐射机理的不同，又可分为电偶极子天线（Dipole antenna）和磁电偶极子天线（Magnetoelectric dipole，ME Dipole）。电偶极子就是前面介绍过的对称振子天线，其结构紧凑、易于加工和调整、性能稳定，广泛用于基站天线，如图 7.10.2 所示的用于基站的半波振子和折叠振子天线单元。对于半波振子天线，其总长度约为工作波长的一半，调整振子的臂长可方便地改变工作频率，而通过加粗或加宽振子臂，有利于展宽天线的工作带宽。常规的振子天线在水平面内具有全向辐射的方向性，为了提高天线增益，并朝一侧辐射，可在其另一面增加金属反射板。为了实现双极化的电磁波辐射，可采用正交放置的两个偶极子天线以满足双极化工作，如图 7.10.3 所示的两种用于基站的双极化振子天线单元。

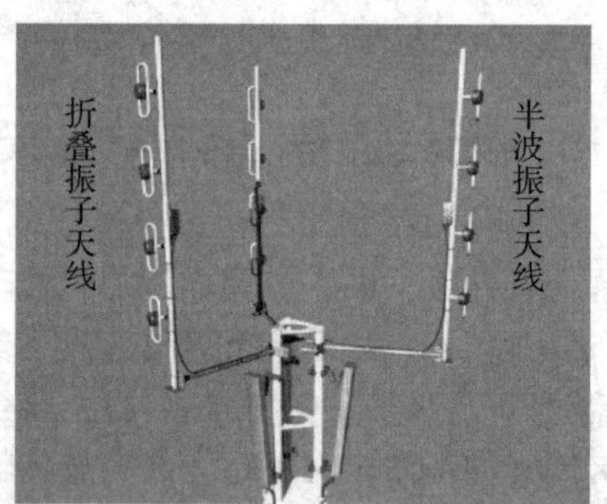

图 7.10.2　常用的基站半波振子和折叠振子天线

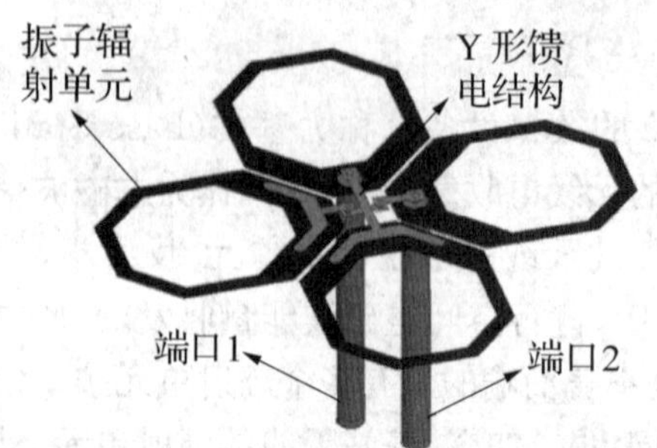

图 7.10.3　双极化振子天线

左：宽带（2G/3G/LTE）双极化振子天线结构[35]；右：带接地板的双极化短路领结型（Shorted bowtie）电偶极子天线[36]。

磁电偶极子天线是另一种基站常用的振子天线,又称为互补型天线(Complementary Antenna)。2006 年香港城市大学的陆贵文教授等人首先根据互补天线理论提出了磁电偶极子天线,并将其应用于基站天线[37]。

一般而言,线极化互补型天线可由一个电偶极子和一个磁偶极子组成[38]。两个偶极子近距离放置在一起。众所周知,电偶极子的辐射方向图在 E 面是 8 字形,在 H 面是 O 字形,而磁偶极子的辐射方向图在 E 面是 O 型在 H 面是 8 型。如果电偶极子和磁偶极子并排放置在一起,并以等功率、等相位激发,在 E 面和 H 面的辐射方向图互相补充,得到的辐射图将是一个类似心脏的形状,E 面和 H 面辐射图相同,如图 7.10.4 所示。这种天线的特点是其一侧的辐射被显著抑制,有利于在移动通信基站天线上的应用。

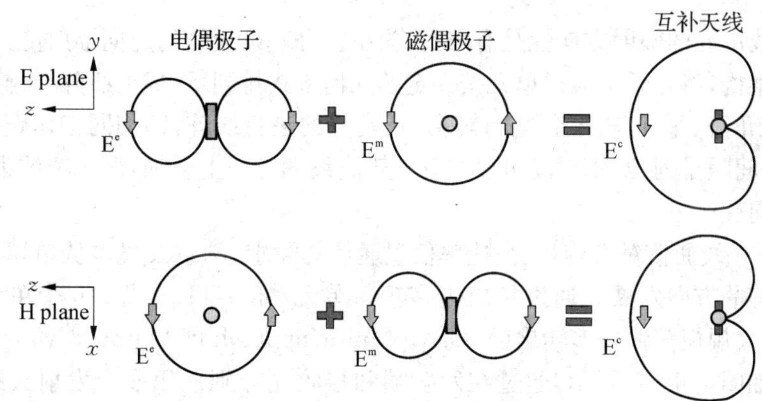

E^e,E^m,E^c:电偶极子、磁偶极子、磁电偶极子产生的电场

图 7.10.4　电、磁偶极子叠置形成磁电偶极子的辐射特性示意图

在具体实现磁偶极子天线时,电偶极子可利用水平放置的半波振子,而磁偶极子可利用垂直放置的短路贴片,可保证电偶极子的 E 面和磁偶极子的 E 面重合,如图 7.10.5(a)所示。双极化天线设计中一个具有挑战性的问题是实现非常高的输入端口隔离。现有移动通信系统要求隔离度大于 30 dB。如图 7.10.5(b)所示,双极化磁电偶极子由四个平面贴片组成,而双极化四分之一波长短路贴片天线由四个角壁实现。该天线单元的阻抗带宽为 66%,在 1.72—3.4 GHz 之间天线输入端的驻波比均小于 2。2.0—3.2 GHz 之间增益高于 9 dBi。辐射性能在工作频率范围内非常稳定,波束宽度只有几度的变化。更重要的是工作频率范围内端口隔离超过 36 dB,如图 7.10.6 所示[39]。

(a)

(b)

图 7.10.5　(a) 单极化和(b) 双极化磁电偶极子天线单元

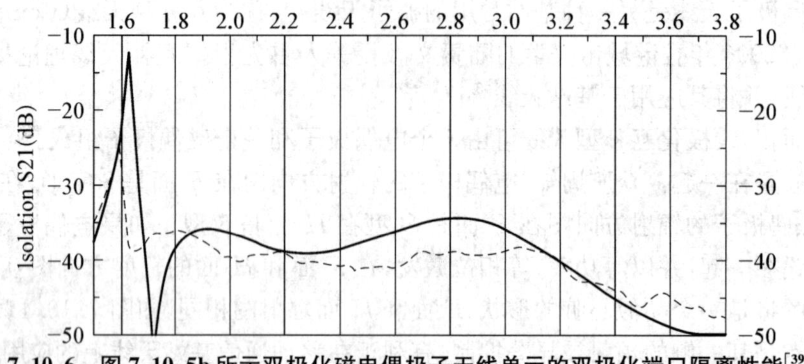

图 7.10.6　图 7.10.5b 所示双极化磁电偶极子天线单元的双极化端口隔离性能[39]

基站天线单元的辐射方向性是有限的，为了提升基站天线的定向辐射能力，往往会采用天线阵的架构，将若干个天线单元按一定的几何方式排列，形成天线阵。排列方式可以是直线阵、三角阵、平面阵或者是立体阵。最常见的是直线阵，即相同工作频率的辐射单元，沿直线等间距排列，其辐射场可以在垂直于直线的方向上叠加，形成窄波束，获得更高的增益和定向性。

随着 5G 无线通信对大容量、高速率信息通信的需求，基站天线也从单端口直线阵向多端口平面阵的方向发展。通过集成更多辐射单元，如 64、128 或 256 个单元的天线阵列，形成所谓大规模多输入多输出(Massive Multi-Input Multi-Output, Massive MIMO)天线技术。如图 7.10.7 所示，通过在发射端和接收端分别使用多个发射天线和接收天线，信号可以通过发射与接收端的多个天线发送和接收，在不增加频谱资源和天线发射功率的情况下，提升系统通信容量和信号的覆盖范围[40]。目前 Massive MIMO 天线已成为 5G 无线通信基站天线发展的一个关键技术。

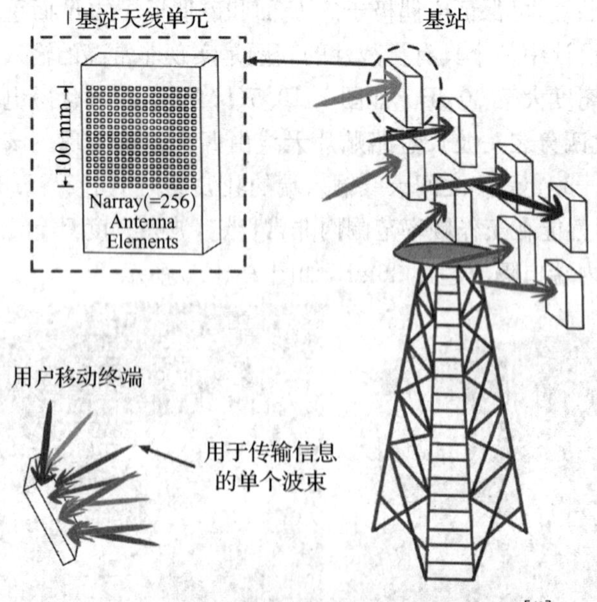

图 7.10.7　MIMO 基站天线技术提升通信性能[40]

7.10.2　移动终端天线

移动终端设备通过其中的天线发射和接收射频、微波信号进行通信，天线的性能也决定了终端设备的通信能力。移动终端的通信频率，随着每一代移动通信技术的升级而不断地向更高的频段拓展，从最初的几百兆赫兹频率，发展到今天第五代移动通信（5G）的微波和毫米波频段。一般天线的尺寸都在四分之一到二分之一波长左右，随着通信频率的提高，天线尺寸也越来越短小。除一般信息通信功能以外，许多移动终端还具备 WIFI、蓝牙、GPS 定位、北斗定位、近场通信（Near Field Communication，NFC）等其他通信功能，都需要不同形式的天线。表 7.10.1 给出了不同通信场景和功能的移动终端天线的比较。

表 7.10.1　手机中的不同应用所使用的天线

应用	通信波段	波长（估计值）	天线尺寸（四分之一波长）
1G	800 MHz	37.5 cm	9.4 cm
2G	GMS：900 MHz，1 800 MHz；CDMA：800 MHz	17—37.5 cm	4.3—9.4 cm
3G	2 100 MHz	14 cm	3.5 cm
4G	1 800 MHz—2 100 MHz	14—17 cm	3.5—4.3 cm
5G	Sub-6G：3—5 GHz MmWave：24.25—52.6 GHz	6—10 cm 5.7—12.4 mm	1.5—2.5 cm 3.1—1.4 mm
蓝牙	2.4 GHz	12.5 cm	3 cm
GPS	L1：1 575.42 MHz L2：1 227.60 MHz	19—24 cm	4.8—6 cm
NFC 无线充电线圈	13.56 MHz 80—300 KHz	22 m 22 m	近场耦合

早期的手机天线都是外置的鞭状、棒状和螺旋线形状的单极子天线，工作频率为 800 MHz 左右。外置天线辐射和接收信号稳定，具有易于加工、价格低廉、辐射全向性好等优点。20 世纪 90 年代末期，手机天线由外置转为内置设计，内置天线使手机更为紧凑和美观，然而机壳和手握会对内置天线带来一定的影响，在天线设计时需要着重考虑。手机机壳也由最初的塑料机壳，再到金属机壳，进而演变到目前比较流行的玻璃和陶瓷机壳。玻璃和陶瓷机壳不仅硬度高，抗震性好，耐磨性强，更有利于电磁波信号的发射和接收，以及实现无线充电和 NFC 等功能。目前常用的手机内置天线主要包括以下几类。

1. 倒 L 形天线（Inverted-L Antenna）

最简单的单极子天线通过像地板的弯曲折叠后，就演变成倒 L 型天线，具有尺寸小，效率高，可实现多频谐振辐射等优点，如图 7.10.8 所示。但其缺点是频带较窄，性能会受地板形状的影响。由于辐射振子臂向地板弯曲引入了额外的等效电容，天线工作时一般还需要增加额外匹配电路来进行调谐。

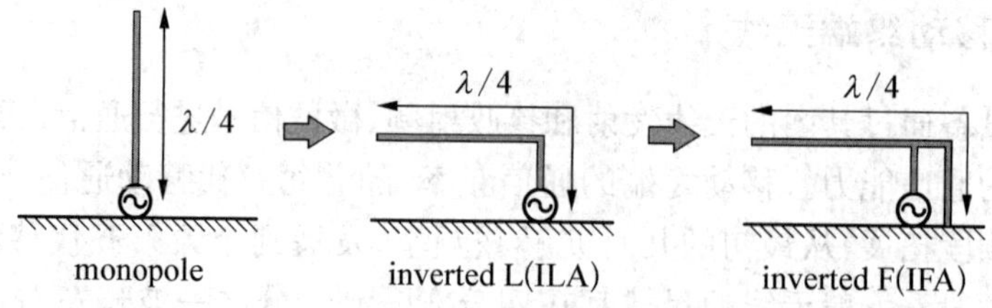

图 7.10.8　单极子天线向倒 L 形天线及倒 F 形天线的演化

2. 倒 F 形天线(Inverted-F Antenna, IFA)

在倒 L 形天线的基础之上,通过在另一端增加短路支节,就形成了倒 F 形天线,如图 7.10.8 所示。增加的短路支节引入等效电感,可平衡天线臂弯折带来的电容加载效应,在不需要额外匹配电路的情况下,很容易实现天线的匹配。不过由于引入支节,天线占用空间比倒 L 形天线大。倒 F 形天线及其衍生而成的平面倒 F 形天线(Planar Inverted-F Antenna, PIFA)是目前常用的终端设备内置天线方案,如图 7.10.9 所示,具有低剖面、带宽较宽等优点。

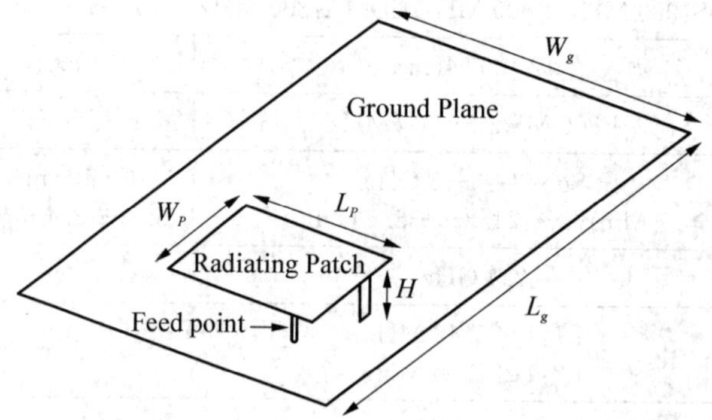

图 7.10.9　终端内 PIFA 天线的常用架构

3. 环形天线(Loop Antenna)

金属环形天线相当于磁偶极子天线,环周长约为一个波长的整数倍时可形成谐振,电流呈现驻波分布。环天线的优点是不需要接地,受环境(人体、金属等)的影响较小。手机上的环天线一般为矩形环,馈电点一般位于环一边的中点,辐射最大方向沿垂直于环平面的方向,极化方向平行于馈电点所在矩形边方向。一般环的长度基本上决定了天线的工作频率,在保持环长度不变的情况下,环天线的形状可以有多种变形形式,可以方便地与手机壳体共形,或直接印制在机壳内侧上,提高集成度,如图 7.10.10 所示。

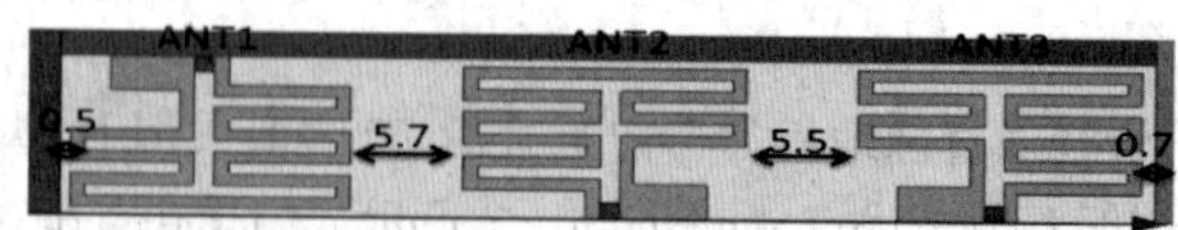

图 7.10.10　针对手机设计的多个环形天线

4. 边框天线(Frame Antenna)

边框天线即使用手机的金属边框的一部分作为天线的辐射体，最早出现在当年美国苹果公司的 iPhone 4 手机中，如图 7.10.11 所示。通过在整个手机的金属边框中设置两个断点阻断电流，可形成两个天线，分别用于无线通信(UMTS/GSM)及蓝牙/Wi-Fi/GPS 功能。手机边框天线的设计一般也需要综合前述的单极子天线、倒 L/F 型天线以及环天线的谐振机理。

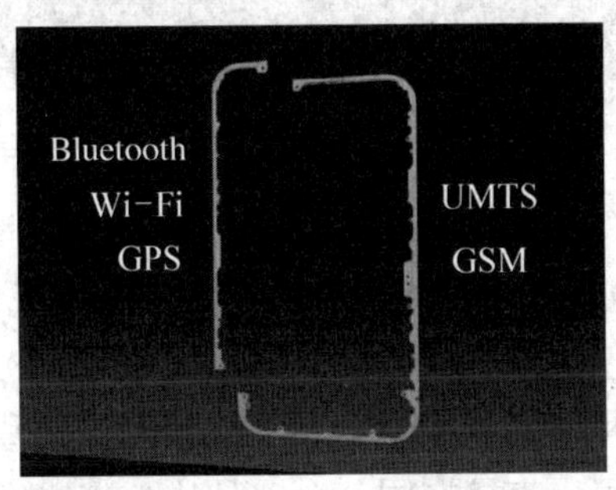

图 7.10.11　iPhone 4 的边框天线架构

5. 移动终端天线的发展

移动通信系统从最初第一代(1G)只支持话音功能，到后来 2G、3G、4G 逐步能够支持短消息传输、互联网连接、图片和视频等的高速传输，手机终端需要处理的业务量不断增加。而第五代无线通信(5G)作为一种新型移动通信网络，不仅解决人与人之间的通信，为用户提供增强现实、虚拟现实、超高清视频等更加身临其境的极致业务体验，更可以解决人与物、物与物之间的通信问题，满足移动医疗、车联网、智能家居、工业控制、环境监测等物联网应用需求。在 5G 无线通信新技术中，MIMO 天线技术能够支持高速率和海量数据的无线通信，以及满足波束智能赋形、波束能量聚集在指定方向等要求，成为 5G 无线通信系统的关键技术之一。MIMO 天线系统相比传统的单输入单输出天线系统，拥有多条数据传输的路径，如图 7.10.7 所示。如果这些路径独立不相关，终端之间就能获得更高速的信息交流，同时获得更可靠的通信。

与前一代无线通信系统相比，5G 系统的主要特点是工作频率进一步向高频频段拓展，不仅包含了兼容 2/3/4G 使用的频段，也新增了一部分频段。频率范围区间为 450—6 000 MHz(FR1)，这些频段统称为 Sub - 6G 频段。其次还增加了毫米波频段，频率范围包括 24.25 GHz—52.6 GHz(FR2)。毫米波频段的天线更容易获得更宽的带宽。针对 5G 毫米波技术，移动终端设备天线设计的改变是不可避免的。不仅要将毫米波天线集成到移动终端中，还需设计针对不同频段的 MIMO 天线系统，在有限的空间内，还需兼顾短距离和长距离通信要求，毫米波天线与 Sub - 6G 天线共存，也进一步提高了设计难度。如图 7.10.12 所示的华为公司的 5G 手机，就包含了多达 21 个天线，其中 5G 天线有 14 个。

图 7.10.12　Mate30 Pro 手机的 21 个天线

面向集成化的封装天线(Antenna in Package, AiP)也是下一代无线通信终端的发展方向。例如,高通公司研制的 QTM052 封装天线由控制波束形成和波束扫描的模组及相控阵天线、无线收发器、电源管理模块等 3 个模块组成[41]。图 7.10.13 显示了高通 QTM052 系列全集成 5G 毫米波模块,可用于智能手机和其他移动设备。另一个发展方向是所谓的片上系统(System on Chip,SoC),可以直接在同一个硅晶片上集成完整的射频前端与天线元件,为天线尺寸的小型化、低功耗、低成本和灵活性提供了诱人的解决方案。

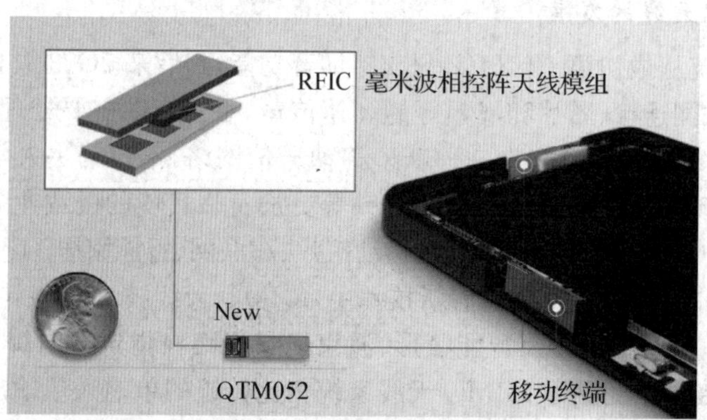

图 7.10.13　高通公司的 QTM052 毫米波封装天线

参考文献

[1] Manz B. RF Energy Is Finally COOKING. Microwaves & Rf, 2018, 57(1): L15 - L17, L20.

[2] Magdy F. Iskander. Electromagnetic Field & Wave. Prentice-Hall, 1992.

[3] Qing-Xin Chu, Ding-Liang Wen, and Yu Luo. A Broadband ±45° Dual-Polarized Antenna with Y-Shaped Feeding Lines. IEEE Trans. Antennas Propag., 2015, vol. 63: pp. 483 - 490.

[4] K. M. Luk and H. Wong. A new wideband unidirectional antenna element. Int. J. Microw. Opt. Technol., 2006, vol. 1: pp. 35 - 44.

[5] K. M. Luk and B. Wu. The magnetoelectric dipole, a wideband antenna for

base stations in mobile communications. Proceedings of the IEEE，2012，vol. 100：pp. 2297 - 2307.

[6] A. Clavin. A new antenna feed having equal E-and H-plane patterns. IRE Trans. Antennas Propag.，1954，vol. 2：pp. 113 - 119.

[7] B. Q. Wu and K. M. Luk. A broadband dual-polarized magneto-electric dipole antenna with simple feeds. IEEE Antennas Wireless Propag. Lett.，2009，vol. 8：pp. 60 - 63.

[8] Yiming Huo，Xiaodai Dong，Wei Xu. 5G Cellular User Equipment：From Theory to Practical Hardware Design. IEEE Access，2017，vol. 5：pp13992 - 14010.

[9] R. Hussain and M. S. Sharawi. 5G MIMO Antenna Designs for Base Station and User Equipment，IEEE Antennas & Propagation Magazine，2021，vol. 64：pp. 95 - 107.

习　题

7.1　试证明一个均匀带电的球壳在做径向振动时将不会辐射。

7.2　某电偶极子以频率 ω 振荡，振幅为 P_0。它被平行地放置于离一个无限大理想导体平面距离为 $a/2$ 处，试求其辐射场强及平均辐射功率角分布。

7.3　两个相距 $\lambda/2$ 的同相半波天线阵，半波天线的振子与天线阵轴线重合，利用方向性图乘法，求出合成电场的方向性图表示式及其示意图。

7.4　一电偶极子的电偶极矩为 P，以频率 ω 振荡。它被垂直地放置于离一个无限大理想导体平面距离为 $\lambda/2$ 处，这里 λ 是和频率 ω 相应的波长。设此电偶极子的尺度远较 λ 为小，并指向正 z 方向。试求其辐射场、辐射功率分布及辐射总功率。

7.5　在一长度为 $2\pi a$ 的圆形导线中，通一电流 $i=I_0\cos\omega t$，假定 $\lambda\gg a$。计算辐射场、辐射功率角分布和辐射总功率。

7.6　一长为 $N\lambda/2$ 的细的线天线（λ 为波长）。计算辐射场单位立体角辐射功率和辐射总功率。

7.7　如图所示，一单极天线长度为 $d/2=0.08$ m，在自由空间 375 MHz 频率条件下，假设天线的辐射电阻为 $R_{\text{rad}}=10\pi^2(d/\lambda)^2$，馈电电流 I_0 为 16.0 A。在点 $P(r=400\text{ m},\theta=60°,\phi=45°)$处求出：

(1) $H_{\phi S}$；(2) $E_{\theta S}$；(3) 坡印廷矢量 P_r 的幅值。

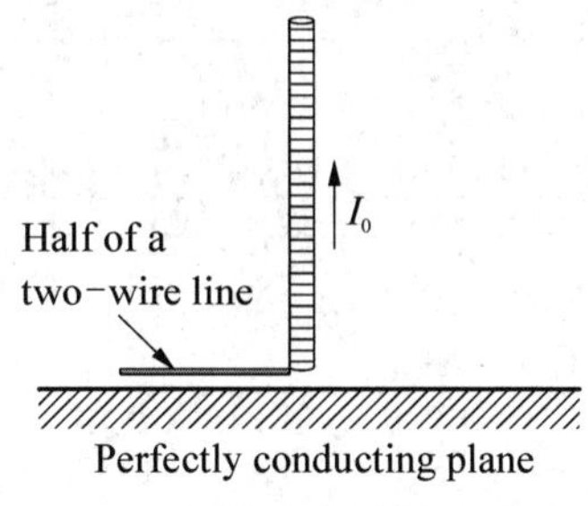

题 7.7 图

7.8　假设一个各向同性的天线在自由空间中辐射。在距离天线 100 m 处，总电场为 5 V/m。试求出：(1) 功率密度(W_{rad})；(2) 辐射功率(P_{rad})。

7.9　如图，一个天线的电场图变化与方位角 φ 无关，如下式所示(其中 θ 为俯仰角)。

$$E=\begin{cases}1 & 0^\circ\leqslant\theta\leqslant 45^\circ\\ 0 & 45^\circ\leqslant\theta\leqslant 90^\circ\\ 1/2 & 90^\circ\leqslant\theta\leqslant 180^\circ\end{cases}$$

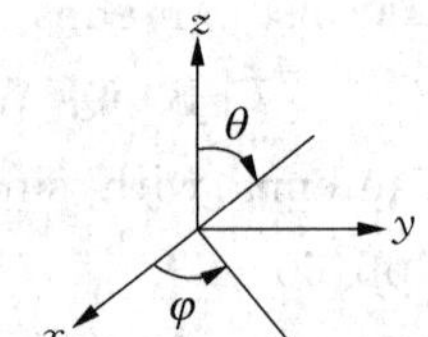

题 7.9 图

(1) 试求该天线的方向性系数。

(2) 在距离天线 200 m 处($\theta=0^\circ$)的电场有效值为 10 V/m，终端电流有效值为 5 A，求此处的辐射电阻。

7.10　沿着 z 轴放置三个各向同性源，它们之间的距离为 d。两边源的激励系数为 1，中心源的激励系数为 2，当 $d=\lambda/4$ 时，试求：(1) 阵因子。(2) 方向图零点的角度(俯仰角在 0°到 180°之间)。

7.11　一个半波长偶极子在自由空间辐射，坐标系原点定义在偶极子中心，偶极子沿着坐标系 z 轴分布。偶极子的输入功率为 100 W。假设整体效率为 50%，求出距离偶极子中心 500 m，俯仰角为 60°，方位角为 0°处的功率密度(W/m^2)。

7.12　如图所示，沿 z 轴放置四个各向同性源。假设四个源的幅度均相同，源 1、2 与源 3、4 相位相反(即相差 180°)，求出：(1) 简化形式的阵列因子。(2) $d=\lambda/2$ 时，方向图零点的俯仰角度。

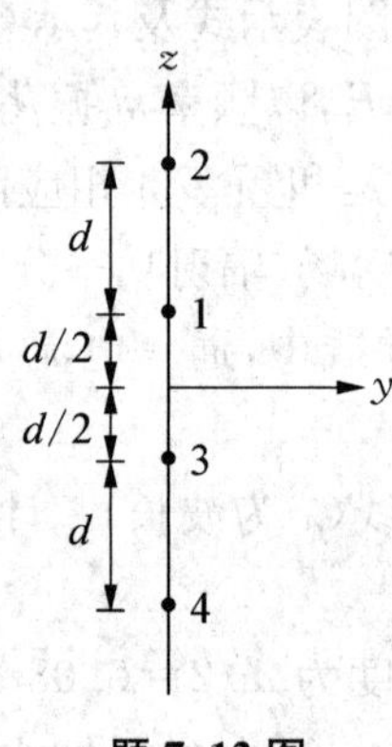

题 7.12 图

第八章　狭义相对论

8.1　电磁场理论的困惑

人们从长期的实践中总结出电磁场的基本规律——麦克斯韦方程组，由它可得到波动方程，从波动方程可以知道电磁波在真空中传播的速度是 c。按照伽利略的时空观，如果电磁波相对于某一参考系的速度为 c，那么，在相对于这个参考系运动的另一个参考系中观察，电磁波的速度不可能沿各个方向都是 c，这时候麦克斯韦方程组的形式将如何改变?

人们曾经设想存在这样一个特定参考系，电磁波在其中的传播速度为 c，麦克斯韦方程组成立。该参考系的整个空间充满了某种“弹性介质”——“以太”，它能传播电磁波，就像声音在空气中传播一样，寻找这样的特定参考系并确定人类所居住的地球相对该参考系的运动便成为那时物理学的一个重要课题。为此，1887 年迈克尔逊和莫莱设计了测量光速沿不同方向差别的实验。因为如果能够精确测量光沿各个方向传播的速度差别，那么，地球相对于“以太”的运动就可以确定。

图 8.1.1 是迈克尔逊-莫莱(Michelson-Morley)实验装置，由光源 S 发出的光线在半反射镜 M 上分成两束，一束透过 M，被 M_1 反射回 M，再被 M 反射而到达目镜 T；另一束被 M 反射到 M_2，再反射回 M 而到达目镜 T。为简单起见，可以调整两臂长度，使有效光程 $MM_1=l$，$MM_2=l'$，并设地球相对“以太”的运动速度 v 沿 MM_1 方向，则由于 MM_1M 与 MM_2M 的传播时间不同而有光程差，在目镜 T 中将观察到干涉效应。

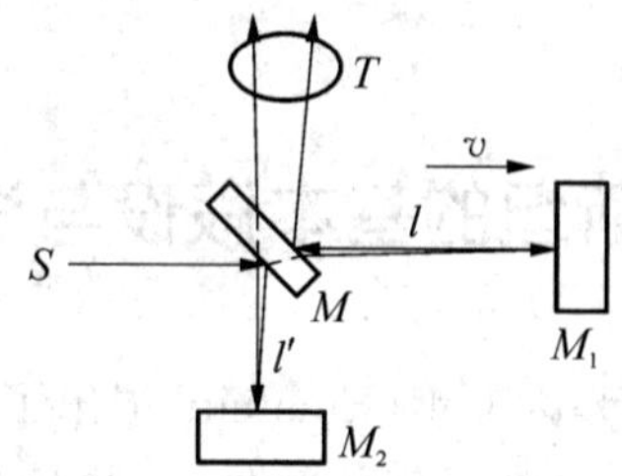

图 8.1.1　迈克尔逊-莫莱实验装置

由经典速度合成法则，在地球上观察沿 v 方向传播的光速为 $c-v$，逆着 v 方向传播的光速为 $c+v$。垂直于 v 方向传播的光速为 $\sqrt{c^2-v^2}$，因此，光线 MM_1M 的传播时间是

$$t_1=\frac{l}{c-v}+\frac{l}{c+v}=\frac{2cl}{c^2-v^2}\approx\frac{2l}{c}\left(1+\frac{v^2}{c^2}\right)$$

光线 MM_2M 的传播时间是

$$t_2=\frac{2l'}{\sqrt{c^2-v^2}}\approx\frac{2l'}{c}\left(1+\frac{v^2}{2c^2}\right)$$

两束光的光程差等于

$$s=c(t_1-t_2)=2\left[l-l'+\frac{v^2}{c^2}\left(l-\frac{l'}{2}\right)\right]$$

将干涉仪旋转 $\pi/2$，重复上述实验，两光线的光程差为

$$s'=2\left[l-l'+\frac{v^2}{c^2}\left(\frac{l}{2}-l'\right)\right]$$

这样，旋转导致光程差的改变量等于

$$\Delta s=s'-s=(l+l')\frac{v^2}{c^2}$$

这种光程差的改变应当引起仪器转动前后干涉条纹的移动。干涉条纹移动的个数应为

$$\Delta n=\frac{1}{\lambda}(l+l')\frac{v^2}{c^2}$$

可是，结果并没有发现干涉条纹的移动，这说明地球并没有相对“以太”运动。

自从第一次实验之后，不同的实验工作者，除了用光学方法外，还用微波激射和用穆斯堡尔(Mössbauer)效应做实验，都以不断提高的精确度否定了地球相对“以太”的运动，也就是说，绝对参考系就固定在地球上。但是，地球是以约 30 千米/秒的速度绕太阳运动的(虽然向心加速度很小)，一年中各个时刻速度都在变化，这可以看成是一系列的惯性参考系，所以该实验使人们不得不接受光速在真空中相对于任何惯性坐标系都等于 c 的结论。

8.2 爱因斯坦的基本假设与洛仑兹变换

在总结新的实验事实之后，爱因斯坦(Einstein)提出了两条相对论的基本假设：

(1) 相对性假设　所有惯性参考系都是等价的，物理规律对于所有惯性参考系都可以表示为相同的形式。也就是说，不论是力学现象还是电磁现象，都无法觉察出所处参考系的任何“绝对运动”。相对性假设是被大量实验精确检验过的物理学基本原理。

(2) 光速不变假设　真空中的光速相对于任何惯性系沿任一方向恒为 c。

从这两个基本假设出发，可以建立狭义相对论的基本理论，导出洛仑兹变换

(Lorentz)。为使数学推导简单起见，取 Σ 系的三个坐标轴 (x, y, z) 和 Σ' 系的三个坐标轴 (x', y', z') 一一对应地相互平行，并将 Σ' 系相对于 Σ 系的运动方向取作 x 的正方向；另外，把两个参考系互相重合的时刻选作 t 和 t' 的计算起点。对于一个给定的事件，由于 Σ 系与 Σ' 系在 y 和 z 两个方向上没有相对运动，因此

$$\begin{cases} y' = y \\ z' = z \end{cases} \tag{8.2.1}$$

假定在 $t = t' = 0$ 时，在重合的坐标原点处发出一个光脉冲。由光速不变假设，要求在 Σ 系与 Σ' 系光在所有方向的传播速度均为 c。换句话说，相对于每个坐标系，波阵面是一个球面，球心位于坐标原点，半径为 c 和时间的乘积。于是，得到波阵面方程：

$$\begin{cases} x^2 + y^2 + z^2 - c^2t^2 = 0 \\ x'^2 + y'^2 + z'^2 - c^2t'^2 = 0 \end{cases}$$

即必须满足恒等式：

$$x^2 + y^2 + z^2 - c^2t^2 = x'^2 + y'^2 + z'^2 - c^2t'^2 \tag{8.2.2}$$

也就是说由一个坐标系变换到另一个坐标系，式(8.2.2)两边的量必须是不变量。

根据式(8.2.1)，得到

$$x'^2 - c^2t'^2 = x^2 - c^2t^2 \tag{8.2.3}$$

假设 Σ' 系相对于 Σ 系的运动速度是 v，用 Σ 系描述原点 O' 的 x 坐标必定是 vt（见图 8.2.1a）。同样，用 Σ' 系描述原点 O 的坐标必定是 $-vt$（见图 8.2.1b）。因此，要寻找的变换方程必须满足条件：

$$\begin{cases} x = vt & \text{对 } x' = 0 \text{ 点} \\ x' = -vt' & \text{对 } x = 0 \text{ 点} \end{cases} \tag{8.2.4}$$

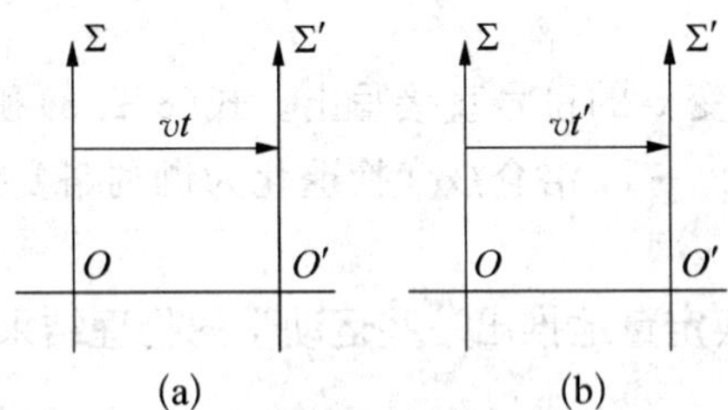

图 8.2.1　两个相对运动的观察者看到另一坐标系原点的坐标

为此可以试着写出一个满足上式的最简单的关系式，即线性方程：

$$\begin{cases} x' = A(x - vt) \\ x = B(x' + vt') \end{cases} \tag{8.2.5}$$

式中 A, B 是待定常数。将式(8.2.5)的第一式代入第二式，解出 t'：

$$t' = A\left[t - \frac{x}{v}\left(1 - \frac{1}{AB}\right)\right] \tag{8.2.6}$$

再将 x' 和 t' 代入式(8.2.3)，可得

$$x^2\left[1 - A^2 + \frac{A^2c^2}{v^2}\left(1 - \frac{1}{AB}\right)^2\right] + 2xt\left[A^2v - \frac{A^2c^2}{v}\left(1 - \frac{1}{AB}\right)\right] + t^2[A^2(c^2 - v^2) - c^2] = 0 \tag{8.2.7}$$

为了在 x, t 取任意值时使式(8.2.7)均能成立，则 x^2, xt 和 t^2 的各系数必须都是零。于是

$$A = B = \frac{1}{\sqrt{1 - v^2/c^2}} = \gamma$$

用 γ 来表示这一待定常数，这样变换关系可以写成方程组：

$$\begin{cases} x' = \gamma(x - vt) \\ y' = y \\ z' = z \\ t' = \gamma\left(t - \dfrac{vx}{c^2}\right) \end{cases} \tag{8.2.8}$$

它的逆变换显然是

$$\begin{cases} x = \gamma(x' + vt') \\ y = y' \\ z = z' \\ t = \gamma\left(t' + \dfrac{vx'}{c^2}\right) \end{cases} \tag{8.2.9}$$

上式可由式(8.2.8)改变 v 的符号直接写出。式(8.2.8)和(8.2.9)称为洛仑兹变换。当 $v \ll c$（即 $v/c \to 0$）时，$\gamma \to 1$，洛仑兹变换退化为伽利略变换，所以伽利略变换就是洛仑兹变换的低速近似。

下面直接由洛仑兹变换定量地推出一些运动学的物理结果。

1. 时间膨胀效应

假定有一事件发生在 x', y', z', t'_1，经过 $\Delta t'$ 时间间隔后，到 t'_2 时该事件终止，$\Delta t' = t'_2 - t'_1$，在 Σ' 系这一事件发生在同一地点（x', y', z'），那么在相对于 Σ' 系以 $-v$ 速度运动的 Σ 系观察者来看，$\Delta t = t_2 - t_1$ 可由式(8.2.9)的第四式得到

$$\Delta t = \gamma \Delta t' \tag{8.2.10}$$

因为 $\gamma > 1$，所以运动的观察者所看到的时间间隔就长些，而固有时间间隔（事件相对于该坐标系静止）则最短。

2. 棒长度的缩短

设一棒固定在 Σ' 系的 x' 轴上，其长度为 $l'=x'_2-x'_1$，现在在 Σ 系中来测量该棒的长度。注意：此棒是相对 Σ 系以速度 v 运动的，因而必须同时测量它的两头，即 $t_2=t_1$，才能不出差错。由式(8.2.8)知道

$$\begin{cases} x'_2=\gamma(x_2-vt_2) \\ x'_1=\gamma(x_1-vt_1) \end{cases}$$

于是

$$l=\Delta x=x_2-x_1=\frac{x'_2-x'_1}{\gamma}=\frac{l'}{\gamma}=\sqrt{1-\frac{v^2}{c^2}}\,l'<l' \qquad (8.2.11)$$

这样由运动观察者来求这一长度时，在运动方向上长度将缩短。

以上两种效应可用粒子物理中 μ^- 介子的实验来证实。在离地面 6 000 米以上的高空中，由于宇宙射线的作用产生了 μ^- 介子，它是一种不稳定的基本粒子，将在极短的时间 $\Delta t'=2$ 微秒内衰变为其他粒子

$$\mu^- \rightarrow e^- + \upsilon_\mu + \tilde{\upsilon}_e$$

式中 e^- 是电子，υ_μ 是 μ 型中微子，$\tilde{\upsilon}_e$ 是电子型反中微子。μ^- 的寿命是如此之短，即使它的速度接近光速(例如 $v^2/c^2=0.99$)，那么它“一生”所能走的路程也不过是 600 米，但是粒子物理学工作者在地面上的确用乳胶照片观察到了来自高空的 μ^- 介子。这一现象可用时间膨胀效应来解释，因为 $\Delta t'$ 是 μ^- 介子的固有寿命，在地面上的观察者看 μ^- 介子是高速运动的，由式(8.2.10)知道其寿命应乘以 10，所以到达地面是完全可能的。从另一个角度看，可以设想我们跟随 μ^- 介子一起运动，那么，μ^- 介子的寿命并没有发生变化，但将看到大气层的高度不再是 6 000 米而是由洛仑兹收缩得到仅为 600 米，因而也可到达地面。这里要着重指出，观察者在哪一个坐标系是考虑问题的关键，也是处理问题的出发点。如果观察者在 Σ' 系，则看到 Σ 系同一地点发生的事件所经历的时间间隔 Δt 与 $\Delta t'$ 间的关系为

$$\Delta t'=\gamma\Delta t$$

对棒长度的收缩也有类似的结果，如果观察者没有明确在哪一个坐标系，那么整个问题将混淆不清。明确了这一点，就可以来推导第三个物理结果。

3. 同时性的相对性

假定两个事件在 Σ 系的 x_1 和 x_2 点同时发生，于是 $t_1=t_2$。由式(8.2.9)可得

$$\begin{cases} t_1=\gamma(t'_1+vx'_1/c^2) \\ t_2=\gamma(t'_2+vx'_2/c^2) \end{cases}$$

由于 $t_1=t_2$，因而 $t'_1+\dfrac{vx'_1}{c^2}=t'_2+\dfrac{vx'_2}{c^2}$，于是

$$\Delta t' = t'_2 - t'_1 = -\frac{v}{c^2}(x'_2 - x'_1) \tag{8.2.12}$$

上述结果说明，对位于 Σ 系的观察者来说，在两个地点同时发生的两个事件，在 Σ′ 系看来是在 x'_2 和 x'_1 两个地点，而且不再是同时发生。若 $x'_2 > x'_1$，则 $t'_2 < t'_1$。但是，对同一地点、同时发生的两件事，即 $t_1 = t_2, x_1 = x_2$，在任何惯性系中都可得 $t'_1 = t'_2, x'_1 = x'_2$。也就是说，在这种条件下，同时性对一切惯性系都是相同的。于是得到结论：一个惯性系中空间位置上的差异，反映到另一个惯性系就成为时间的差异，时间和空间组成一个不可分割的整体——四维空时。这是狭义相对论的时空观与牛顿时空观根本区别之处。

现在，直接利用洛仑兹变换来求 Σ 系中测得的某粒子速度 $\boldsymbol{u}$ 与 Σ′ 系测得的该粒子速度 $\boldsymbol{u}'$ 之间的变换关系。由于 $u'_x = \frac{\mathrm{d}x'}{\mathrm{d}t'}, u'_y = \frac{\mathrm{d}y'}{\mathrm{d}t'}, u'_z = \frac{\mathrm{d}z'}{\mathrm{d}t'}, u_x = \frac{\mathrm{d}x}{\mathrm{d}t}, u_y = \frac{\mathrm{d}y}{\mathrm{d}t}, u_z = \frac{\mathrm{d}z}{\mathrm{d}t}$，从式(8.2.8)可得到

$$\begin{cases} \mathrm{d}x' = \gamma(\mathrm{d}x - v\mathrm{d}t) \\ \mathrm{d}y' = \mathrm{d}y \\ \mathrm{d}z' = \mathrm{d}z \\ \mathrm{d}t' = \gamma\left(\mathrm{d}t - \frac{v}{c^2}\mathrm{d}x\right) \end{cases}$$

于是运动粒子速度的各个分量之间的变换关系就可求出：

$$\begin{cases} u'_x = \dfrac{u_x - v}{1 - u_x v/c^2} \\ u'_y = \dfrac{u_y}{\gamma(1 - u_x v/c^2)} \\ u'_z = \dfrac{u_z}{\gamma(1 - u_x v/c^2)} \end{cases} \tag{8.2.13}$$

上式的逆变换是：

$$\begin{cases} u_x = \dfrac{u'_x + v}{1 + u'_x v/c^2} \\ u_y = \dfrac{u'_y}{\gamma(1 + u'_x v/c^2)} \\ u_z = \dfrac{u'_z}{\gamma(1 + u'_x v/c^2)} \end{cases} \tag{8.2.14}$$

式(8.2.13)与(8.2.14)称为速度加法定律。

8.3 因果律与相互作用的最大传播速度

在日常生活中，人们都知道，要听广播节目必须先开收音机；电视发射台先开始工作，然后才能看到美丽的图像，这两个相关的事件之间存在着因果关系，作为原因的事件总发生在作为结果的事件之前。因果关系是绝对的，决不会因为在不同的惯性坐标系里观察而颠倒过来。

假设在参考系 Σ 中，作为原因的第一事件发生在 (x_1, t_1)，作为结果的第二事件发生在 (x_2, t_2) 处，显然有 $t_2 > t_1$，它们之间是用一种信号建立起因果关系（例如，开收音机与听到广播这两件事之间就是用声音的传播建立起因果关系），这信号的速度大小 $|\boldsymbol{u}|$ 是

$$|\boldsymbol{u}| = \frac{|x_2 - x_1|}{t_2 - t_1}$$

变换到另一参考系 Σ' 上，这两件事用 (x'_1, t'_1) 和 (x'_2, t'_2) 来描述。由洛仑兹变换

$$t'_2 - t'_1 = \frac{t_2 - t_1 - \dfrac{v}{c^2}(x_2 - x_1)}{\sqrt{1 - \dfrac{v^2}{c^2}}}$$

如果上述变换正确，它就必须保持因果关系的绝对性，应当有 $t'_2 > t'_1$。代之入上式得到

$$(t_2 - t_1) > \frac{v}{c^2}(x_2 - x_1)$$

或

$$\frac{x_2 - x_1}{t_2 - t_1} < \frac{c^2}{v}$$

如条件 $\dfrac{|x_2 - x_1|}{t_2 - t_1} = |\boldsymbol{u}| < \dfrac{c^2}{v}$ 满足，则一定能保持因果关系的绝对性，这只要在 $|\boldsymbol{u}| < c$ 和 $v < c$ 时就能实现。到目前为止，大量实验说明，真空中的光速是物质运动的最大速度，这正好说明相对论的时空观是符合因果律要求的。

8.4 相对论理论的四维形式

洛仑兹变换已从数学形式上将三维空间与一维时间紧密地联系在一起构成一个统一体——四维空时，为了在数学上将相对性原理明显地表示出来，就必须把物理量表示成四维形式。

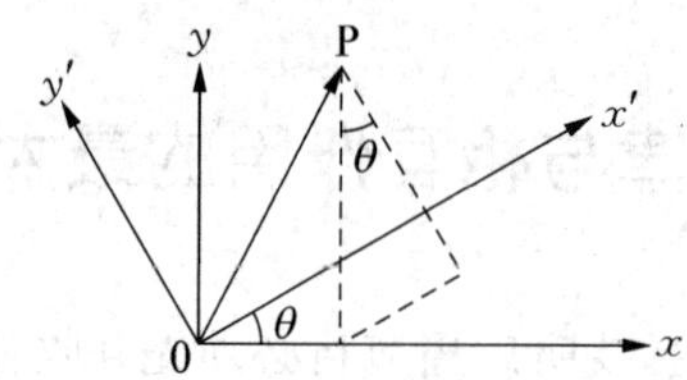

图 8.4.1　二维平面上坐标系的转动

在论述四维空时变换之前，先回顾二维平面上坐标系的转动。设坐标系 Σ' 相对于坐标系 Σ 转了角度 θ（图 8.4.1），再设平面上一点 P 的坐标在 Σ 系为 (x,y) 而在 Σ' 系是 (x',y')。新旧坐标之间有变换关系：

$$\begin{cases} x'=x\cos\theta+y\sin\theta \\ y'=-x\sin\theta+y\cos\theta \end{cases} \tag{8.4.1}$$

$\overline{OP}$ 长度的平方为

$$\overline{OP}^2=x^2+y^2=x'^2+y'^2=\text{不变量} \tag{8.4.2}$$

满足上式的二维平面上的线性变换称为正交变换。坐标系转动属于正交变换。设 $\boldsymbol{v}$ 为平面上任意矢量，它在 Σ 系中的分量为 v_x,v_y，在 Σ' 系中是 v'_x,v'_y。这些分量有变换关系：

$$\begin{cases} v'_x=v_x\cos\theta+v_y\sin\theta \\ v_y'=-v_x\sin\theta+v_y\cos\theta \end{cases} \tag{8.4.3}$$

矢量长度的平方等于

$$|\boldsymbol{v}|^2=v_x^2+v_y^2=v'^2_x+v'^2_y=\text{不变量} \tag{8.4.4}$$

式(8.4.1)到(8.4.4)说明，任意矢量的变换与坐标变换具有相同的形式。

现在讨论四维坐标“转动”。设 Σ 系的直角坐标是 (x_1,x_2,x_3,x_4)，Σ' 系的直角坐标为 (x'_1,x'_2,x'_3,x'_4)，它们之间的四维坐标线性变换具有一般形式：

$$\begin{cases} x'_1=\alpha_{11}x_1+\alpha_{12}x_2+\alpha_{13}x_3+\alpha_{14}x_4 \\ x'_2=\alpha_{21}x_1+\alpha_{22}x_2+\alpha_{23}x_3+\alpha_{24}x_4 \\ x'_3=\alpha_{31}x_1+\alpha_{32}x_2+\alpha_{33}x_3+\alpha_{34}x_4 \\ x'_4=\alpha_{41}x_1+\alpha_{42}x_2+\alpha_{43}x_3+\alpha_{44}x_4 \end{cases} \tag{8.4.5}$$

坐标系转动时距离保持不变：

$$x'^2_1+x'^2_2+x'^2_3+x'^2_4=x_1^2+x_2^2+x_3^2+x_4^2 \tag{8.4.6}$$

和二维情形一样，满足上式的线性变换称为正交变换。空间转动属于正交变换，式(8.4.5)中的系数 $\alpha_{\mu\upsilon}$ 依赖于“转动”轴和“转动”角，于是式(8.4.5)可改写为：

$$x'_\mu=\sum_{\upsilon=1}^{4}\alpha_{\mu\upsilon}x_\upsilon \quad (\mu=1,2,3,4) \tag{8.4.7}$$

为此引入所谓“爱因斯坦求和规则”：凡是重复的下标就意味着对该指标求和，且求和范围遍及指标的一切可能取值。这里，我们约定用拉丁字母表示求和范围为1～3，而希腊字母则表示求和范围为1～4。这是现代物理中通用的惯例。因此，变换式(8.4.7)可简写为：

$$x'_\mu = \alpha_{\mu\upsilon} x_\upsilon \tag{8.4.8}$$

这样正交条件变为

$$x'_\mu x'_\mu = \alpha_{\mu\upsilon} x_\upsilon \alpha_{\mu\tau} x_\tau = x_\mu x_\mu \tag{8.4.9}$$

引入符号 $\delta_{\upsilon\tau}$，其定义是：

$$\delta_{\upsilon\tau} = \begin{cases} 1 & \upsilon = \tau \\ 0 & \upsilon \neq \tau \end{cases} \tag{8.4.10}$$

于是式(8.4.9)右边可写为 $\delta_{\upsilon\tau} x_\upsilon x_\tau$。比较式(8.4.9)两边系数，得到

$$\alpha_{\mu\upsilon} \alpha_{\mu\tau} = \delta_{\upsilon\tau} \tag{8.4.11}$$

这就是正交变换条件。

把式(8.4.8)两边乘上 $\alpha_{\mu\sigma}$，对下标 μ 求和，并利用正交条件(8.4.11)，不难得到

$$\alpha_{\mu\sigma} x'_\mu = \alpha_{\mu\sigma} \alpha_{\mu\upsilon} x_\upsilon = \delta_{\sigma\upsilon} x_\upsilon = x_\sigma$$

上式就是式(8.4.8)的逆变换式：

$$x_\sigma = \alpha_{\mu\sigma} x'_\mu \tag{8.4.12}$$

变换系数也可以写成矩阵形式：

$$\alpha_{\mu\upsilon} = \begin{bmatrix} \alpha_{11} & \alpha_{12} & \alpha_{13} & \alpha_{14} \\ \alpha_{21} & \alpha_{22} & \alpha_{23} & \alpha_{24} \\ \alpha_{31} & \alpha_{32} & \alpha_{33} & \alpha_{34} \\ \alpha_{41} & \alpha_{42} & \alpha_{43} & \alpha_{44} \end{bmatrix} \tag{8.4.13}$$

它的转置矩阵 $\tilde{\boldsymbol{\alpha}}$ 定义为

$$\tilde{\boldsymbol{\alpha}}_{\mu\upsilon} = \boldsymbol{\alpha}_{\upsilon\mu} \tag{8.4.14}$$

正交条件式(8.4.11)可用矩阵乘法写成

$$\tilde{\boldsymbol{\alpha}} \boldsymbol{\alpha} = \boldsymbol{I} \tag{8.4.15}$$

式中 $\boldsymbol{I}$ 是单位矩阵。

在四维坐标中，同样可将物理量分为标量、矢量和张量，这种分类是根据物理量在空间转动下的变换性质来规定的。

1. 标量

当四维坐标转动时保持不变的物理量称为标量。设在 Σ 坐标系中某标量用 S 表示，

在 Σ' 系中用 S' 表示，由标量不变性有

$$S'=S \tag{8.4.16}$$

2. 四维矢量

有些物理量在四维坐标中有一定的方向，它在 Σ 系坐标中的分量为 v_μ，在 Σ' 系中的分量为 v'_μ，矢量的变换关系如下：

$$v'_\mu=\alpha_{\mu\upsilon}v_\upsilon \tag{8.4.17}$$

3. 二阶张量

有些物理量在四维坐标中有 16 个分量，当坐标转动时，其分量 $T_{\mu\upsilon}$ 按下列方式变换：

$$T'_{\mu\upsilon}=\alpha_{\mu\tau}\alpha_{\upsilon\sigma}T_{\tau\sigma} \tag{8.4.18}$$

具有这样变换关系的物理量称为四维二阶张量。

两个矢量的标积 $v_\mu u_\mu$ 是一个标量，因为它在坐标系变换中数值不变：

$$v'_\mu u'_\mu=\alpha_{\mu\upsilon}v_\upsilon\alpha_{\mu\sigma}u_\sigma=\delta_{\upsilon\sigma}v_\upsilon u_\sigma=v_\upsilon u_\upsilon$$

上式的特殊情形 $v'_\mu v'_\mu=v_\upsilon v_\upsilon$ 是四维矢量的长度，当然也是不变量(标量)。

下面将着手把洛仑兹变换表示为四维形式。由式(8.2.2)

$$x'^2+y'^2+z'^2-c^2t'^2=x^2+y^2+z^2-c^2t^2$$

出发，如果将三维空间坐标 x, y, z 写成 x_1, x_2, x_3，并在形式上引入第四维虚数坐标：

$$x_4=\mathrm{j}ct \tag{8.4.19}$$

则式(8.2.2)可以写为：

$$x'^2_1+x'^2_2+x'^2_3+x'^2_4=x_1^2+x_2^2+x_3^2+x_4^2 \tag{8.4.20}$$

这正好说明洛仑兹变换是满足间隔不变的四维线性变换，在形式上可以看作四维坐标的“转动”。所以，洛仑兹变换式(8.2.8)就写成

$$\begin{bmatrix} x'_1 \\ x'_2 \\ x'_3 \\ \mathrm{j}ct' \end{bmatrix}=\begin{bmatrix} \gamma & 0 & 0 & \mathrm{j}\beta\gamma \\ 0 & 1 & 0 & 0 \\ 0 & 0 & 1 & 0 \\ -\mathrm{j}\beta\gamma & 0 & 0 & \gamma \end{bmatrix}\begin{bmatrix} x_1 \\ x_2 \\ x_3 \\ \mathrm{j}ct \end{bmatrix} \tag{8.4.21}$$

式中 $\beta=\dfrac{v}{c}, \gamma=\dfrac{1}{\sqrt{1-v^2/c^2}}$。上述变换也可写成

$$x'_\mu=\alpha_{\mu\upsilon}x_\upsilon \tag{8.4.22}$$

相应地，它的逆变换是

$$x_\mu=\beta_{\mu\upsilon}x'_\upsilon \tag{8.4.23}$$

而逆变换矩阵是

$$[\beta_{\mu\nu}]=[\alpha_{\nu\mu}]=\begin{bmatrix}\gamma & 0 & 0 & -\mathrm{j}\beta\gamma\\ 0 & 1 & 0 & 0\\ 0 & 0 & 1 & 0\\ \mathrm{j}\beta\gamma & 0 & 0 & \gamma\end{bmatrix} \tag{8.4.24}$$

很容易验证,变换式(8.4.21)也满足正交条件

$$\tilde{\boldsymbol{\alpha}}\boldsymbol{\alpha}=\boldsymbol{I}$$

式(8.4.20)表明两事件空时坐标间隔 $\mathrm{d}s^2=\mathrm{d}x_\mu\mathrm{d}x_\mu$ 是标量,相应的四维矢量的长度也是标量。

例 8.1 一固有长度为 l_0 的列车,以相对论速度 v 通过一相同固有长度的站台。设站台上有两个彼此校正的钟 A 和 B,位于站台两端;在列车上也有两个彼此校正的钟 A' 和 B',位于车头和车尾[如图 8.4.2(a)(b)]。当 A' 与 A 重合时,两个重合的钟指示出零点,试求当 B' 与 A 重合时:(1) 对于站台上的观察者;(2) 对于列车上的观察者,分别读的这四个时钟的指示时间。

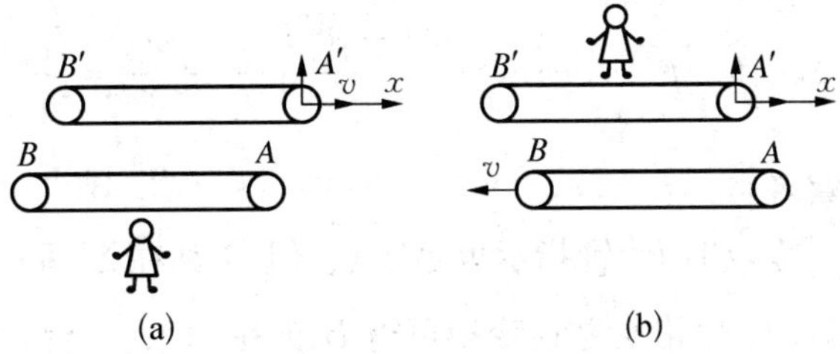

图 8.4.2 列车站台示意图

解 取 A' 和 A 所在处分别为 Σ' 系(列车)和 Σ 系(站台)的坐标原点,x 轴为列车运行方向。

(1) 对于站台观察者

在 A 与 A' 钟指示零点时,B 钟指示也是零点,但 B' 钟在 Σ 系(站台)的空时坐标为 $(-l_0\sqrt{1-\beta^2},0,0,0)$,用洛仑兹变换可得 B' 钟在 Σ' 系(列车)中的空时坐标:

$$\begin{bmatrix}\gamma & 0 & 0 & \mathrm{j}\beta\gamma\\ 0 & 1 & 0 & 0\\ 0 & 0 & 1 & 0\\ -\mathrm{j}\beta\gamma & 0 & 0 & \gamma\end{bmatrix}\begin{bmatrix}-l_0\sqrt{1-\beta^2}\\ 0\\ 0\\ 0\end{bmatrix}=\begin{bmatrix}-l_0\\ 0\\ 0\\ \mathrm{j}cl_0v/c^2\end{bmatrix}$$

即位于列车上 $-l_0$ 处的 B' 钟并不指示零点,而是 vl_0/c^2 点,比零点要早拨 vl_0/c^2。

而当 B' 钟与 A 钟重合时,在 Σ 系观察,需要经过 $\tau_0=l_0\sqrt{1-\beta^2}/v$,所以 A 钟与 B 钟的指示均为 $l_0\sqrt{1-\beta^2}/v$。A' 钟在 Σ 系中的空时坐标是 $(l_0\sqrt{1-\beta^2},0,0,\mathrm{j}c\tau_0)$,$B'$ 钟在 Σ 系中的空时坐标是 $(0,0,0,\mathrm{j}c\tau_0)$。由洛仑兹变换可得到 A' 在 Σ' 系(列车)中的空时

坐标为：

$$\begin{bmatrix} \gamma & 0 & 0 & \mathrm{j}\beta\gamma \\ 0 & 1 & 0 & 0 \\ 0 & 0 & 1 & 0 \\ -\mathrm{j}\beta\gamma & 0 & 0 & \gamma \end{bmatrix} \begin{bmatrix} l_0\sqrt{1-\beta^2} \\ 0 \\ 0 \\ \mathrm{j}c\tau_0 \end{bmatrix} = \begin{bmatrix} 0 \\ 0 \\ 0 \\ \mathrm{j}c\tau_0\sqrt{1-\beta^2} \end{bmatrix}$$

B' 钟在 Σ' 系中的空时坐标是：

$$\begin{bmatrix} \gamma & 0 & 0 & \mathrm{j}\beta\gamma \\ 0 & 1 & 0 & 0 \\ 0 & 0 & 1 & 0 \\ -\mathrm{j}\beta\gamma & 0 & 0 & \gamma \end{bmatrix} \begin{bmatrix} 0 \\ 0 \\ 0 \\ \mathrm{j}c\tau_0 \end{bmatrix} = \begin{bmatrix} -l_0 \\ 0 \\ 0 \\ \mathrm{j}c\gamma\tau_0 \end{bmatrix}$$

所以在 B' 钟与 A 钟重合时，A' 钟指示 $\tau_0\sqrt{1-\beta^2}$ 而 B' 钟指示 $\gamma\tau_0=l_0/v$。由以上计算可以看出，A' 钟相对于站台观察者以速度 v 运动，所以它将走慢 $\tau_0\sqrt{1-\beta^2}$；B' 钟同样是运动时钟，所以它也将走慢，但由于它早拨 vl_0/c^2，因而它的指示应为

$$\tau_0\sqrt{1-\beta^2}+\frac{l_0 v}{c^2}=\frac{(\sqrt{1-\beta^2})^2 l_0}{v}+\frac{vl_0}{c^2}=\frac{l_0}{v}$$

(2) 对于列车观察者

在 A 与 A' 钟指示零点时 B' 钟指示也是零点，但 B 钟在 Σ' 系(列车)中的空时坐标为 $(-l_0\sqrt{1-\beta^2},0,0,0)$，用洛仑兹逆变换可得 B 钟在 Σ 系(站台)中的空时坐标：

$$\begin{bmatrix} \gamma & 0 & 0 & -\mathrm{j}\beta\gamma \\ 0 & 1 & 0 & 0 \\ 0 & 0 & 1 & 0 \\ \mathrm{j}\beta\gamma & 0 & 0 & \gamma \end{bmatrix} \begin{bmatrix} -l_0\sqrt{1-\beta^2} \\ 0 \\ 0 \\ 0 \end{bmatrix} = \begin{bmatrix} -l_0 \\ 0 \\ 0 \\ -\mathrm{j}cl_0 v/c^2 \end{bmatrix}$$

即位于站台上 $-l_0$ 处的 B 钟并不是指示零点，而是 $-l_0v/c^2$ 点，比零点要迟拨 l_0v/c^2。而当 B' 钟与 A 钟重合时，Σ' 系观察需要经过 $\tau'_0=l_0/v$，所以 A' 钟与 B' 钟均指示为 l_0/v。而 A 钟在 Σ' 系中的空时坐标为 $(-l_0,0,0,\mathrm{j}c\tau'_0)$。$B$ 钟在 Σ' 系中的空时坐标为 $(-l_0[1+\sqrt{1-\beta^2}],0,0,\mathrm{j}c\tau'_0)$，由洛仑兹逆变换得到 A 钟在 Σ 系(站台)中的空时坐标：$(0,0,0,\mathrm{j}c\tau'_0\sqrt{1-\beta^2})$；$B$ 钟在 Σ 系中的空时坐标：$(-l_0,0,0,\mathrm{j}c[\tau'_0\sqrt{1-\beta^2}-l_0v/c^2])$。所以在 B' 钟与 A 钟重合时，A 钟指示 $\tau'_0\sqrt{1-\beta^2}$，而 B 钟指示 $\tau'_0\sqrt{1-\beta^2}-l_0v/c^2$。这结果说明 A、B 两钟都相对于列车观察者运动，所以走慢，且 B 钟又迟拨了 l_0v/c^2。

下面讨论几个概念：

1. 固有时间间隔

假定某物体内部相继发生两件事(例如分子振动一个周期的始点和终点)，设 Σ 为该

物体的静止坐标系,在此参考系中观察到两件事发生的时刻为 t_1 和 t_2,其时间间隔等于 $\Delta t_0 = t_2 - t_1$。由于两件事发生在同一地点,因此两件事的间隔

$$\Delta S^2 = -c^2 (\Delta t_0)^2$$

式中 Δt_0 称为固有时间间隔。因为 ΔS 是四维标量,所以固有时间间隔 $\Delta t_0 = -\mathrm{j}\Delta S/c$ 也是四维标量。

2. 四维速度

这是一个常用的四维矢量。因物体的位移 $\mathrm{d}x_\mu$ 是四维矢量,而 $\mathrm{d}t_0$ 则是四维标量,所以

$$U_\mu = \frac{\mathrm{d}x_\mu}{\mathrm{d}t_0} \tag{8.4.25}$$

是一个四维矢量,称之为四维速度矢量。而通常意义下的速度 $u_i = \mathrm{d}x_i/\mathrm{d}t$ 并不是四维矢量的分量,这可由上节中速度加法定律看出,它不同于洛仑兹变换。因为

$$\frac{\mathrm{d}t}{\mathrm{d}t_0} = \frac{1}{\sqrt{1-u^2/c^2}} = \gamma_u \tag{8.4.26}$$

所以四维速度矢量的分量是

$$U_\mu = \gamma_u (u_1, u_2, u_3, \mathrm{j}c) \tag{8.4.27}$$

U_μ 的前三个分量和普通速度相联系,当 $u \ll c$ 时即为 u,因此 U_μ 称为四维速度。参考系变换时,四维速度的变换关系是

$$U'_\mu = \alpha_{\mu\upsilon} U_\upsilon \tag{8.4.28}$$

3. 四维波矢量

设有一角频率为 ω_0 波矢量为 $\boldsymbol{k}$ 的平面电磁波在真空中传播,在另一参考系 Σ' 中观察,该电磁波的频率和传播方向都会发生变化(多普勒效应和光行差效应)。现在以 ω' 和 $\boldsymbol{k}'$ 表示 Σ' 中观察到的角频率和波矢量,研究 $\boldsymbol{k}$ 和 ω 如何变换。

参考系 Σ 和 Σ' 的原点在时刻 $t = t' = 0$ 重合,在 Σ 系中观察,假设在该时刻原点处的电磁波处于波峰,相位为 0,隔一个周期 t_0 之后,原点 $x_i = 0$ 处于第二个波峰,相位是 2π。在 Σ' 系中观察到第二个波峰出现的空时坐标为 (x'_i, t'),它可由 $(x_i = 0, t = t_0)$ 做洛仑兹变换求得,即在 Σ' 系中有

$$\omega' t' - \boldsymbol{k}' \cdot \boldsymbol{r}' = 2\pi \tag{8.4.29}$$

由于波的相位正比于通过观察者的波峰的数目,这完全是可计数的,这必然与坐标系无关。由此可见,电磁波的相位是一个不变量。

为了与式(8.2.8)的变换协调一致,可将相位不变性写成:

$$\boldsymbol{k}' \cdot \boldsymbol{r}' - \omega' t' = \boldsymbol{k} \cdot \boldsymbol{r} - \omega t = \text{不变量} \tag{8.4.30}$$

但要注意，x_i 与 jct 合为四维矢量 x_μ，因此，若 $\boldsymbol{k}$ 与 jω/c 合为另一个四维矢量 k_μ，它们按四维矢量方式变换，有

$$k'_\mu x'_\mu = k_\mu x_\mu = \text{不变量} \tag{8.4.31}$$

上式与式(8.4.30)相符，由此可以得到一个四维波矢量：

$$k_\mu = (\boldsymbol{k}, \mathrm{j}\omega/c) \tag{8.4.32}$$

在洛仑兹变换下，k_μ 的变换式是

$$k'_\mu = \alpha_{\mu\upsilon} k_\upsilon \tag{8.4.33}$$

对沿 x 轴方向的相对运动洛仑兹变换，有

$$\begin{cases} k'_1 = \gamma(k_1 - v\omega/c^2) \\ k'_2 = k_2 \\ k'_3 = k_3 \\ \omega' = \gamma(\omega - vk_1) \end{cases} \tag{8.4.34}$$

如果波矢量 $\boldsymbol{k}$ 与 x 轴方向的夹角为 θ，$\boldsymbol{k}'$ 与 x 轴方向的夹角为 θ'，则有 $k_1 = \omega\cos\theta/c$ 和 $k'_1 = \omega'\cos\theta'/c$。将 k_1 代入式(8.4.34)的最后一式，可解出角频率

$$\omega' = \omega\gamma(1 - v\cos\theta/c) \tag{8.4.35}$$

这就是相对论的多普勒效应。

例 8.2 如图 8.4.3 所示，一位物理学家因为闯红灯而被交通警拘留，在法庭上他辩护说，他的车速很高，红光变成绿光了，法官也是一位物理系毕业生，即把罪名改为超速行车，对他处以罚款。超过最大允许车速 50 公里/小时后，每小时快一公里罚款一元。问该罚多少元？

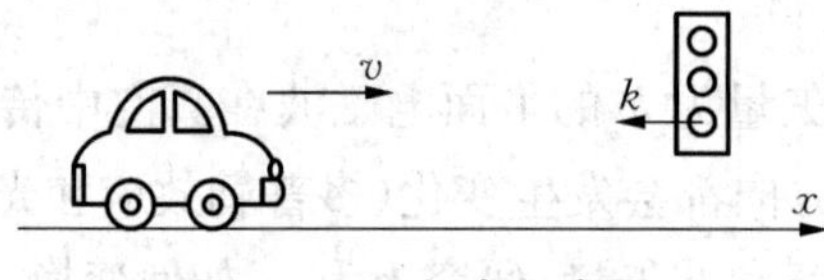

图 8.4.3 行车示意图

解 由(8.4.35)式(式中 $\theta = \pi$)得到

$$\omega' = \omega \frac{1 + \dfrac{v}{c}}{\sqrt{1 - \dfrac{v^2}{c^2}}} = \omega\sqrt{\frac{1+\beta}{1-\beta}}$$

$$2\pi\frac{c}{\lambda'} = 2\pi\frac{c}{\lambda}\sqrt{\frac{1+\beta}{1-\beta}}$$

$\lambda'=\lambda\sqrt{\dfrac{1-\beta}{1+\beta}}$，因红光波长 $\lambda=6.5\times10^{-7}$ 米，绿光波长 $\lambda'=5.3\times10^{-7}$ 米，代入上式得到

$$\beta=\frac{1-(\lambda'/\lambda)^2}{1+(\lambda'/\lambda)^2}=\frac{1-(5.3/6.5)^2}{1+(5.3/6.5)^2}\approx0.2$$

$$v=0.2c=60\,000\text{ 公里 / 秒}=216\times10^6\text{ 公里 / 小时}$$

所以需罚款 215 999 950 元，约 2 亿多元。

利用式(8.4.35)的前面三式，可用来计算光行差，取 k 与 x 轴组成的平面为 $x-y$ 平面，则在 Σ' 系中，$k'_\mu=\left(\dfrac{\omega'}{c}\cos\theta',\dfrac{\omega'}{c}\sin\theta',0,\mathrm{j}\dfrac{\omega'}{c}\right)$，而在 Σ 系中，$k_\mu=\left(\dfrac{\omega}{c}\cos\theta,\dfrac{\omega}{c}\sin\theta,0,\mathrm{j}\dfrac{\omega}{c}\right)$。于是，可以得到

$$\tan\theta'=\frac{k'_2}{k'_1}=\frac{k_2}{\gamma\left(k_1-\dfrac{v\omega}{c^2}\right)}=\frac{\dfrac{\omega}{c}\sin\theta}{\gamma\left(\dfrac{\omega}{c}\cos\theta-\dfrac{v\omega}{c^2}\right)}=\frac{\sin\theta}{\gamma\left(\cos\theta-\dfrac{v}{c}\right)}$$

这就是相对论的光行差公式(如图 8.4.4)。因为 $\theta'\neq\theta$，所以光的传播方向发生了改变。这种现象在十八世纪就为天文学家所发现(Bradey 于 1728 年)，假定地球相对于太阳参考系 Σ 的运动速度是 v，在 Σ 上看到某恒星发出的光线的倾角为 $\alpha=\pi-\theta$，在地球上用望远镜观察该恒星时，倾角变为 $\alpha'=\pi-\theta'$，由于 $v\ll c$，从式(8.4.37)可得

$$\tan\alpha'\approx\frac{\sin\alpha}{\cos\alpha+v/c}$$

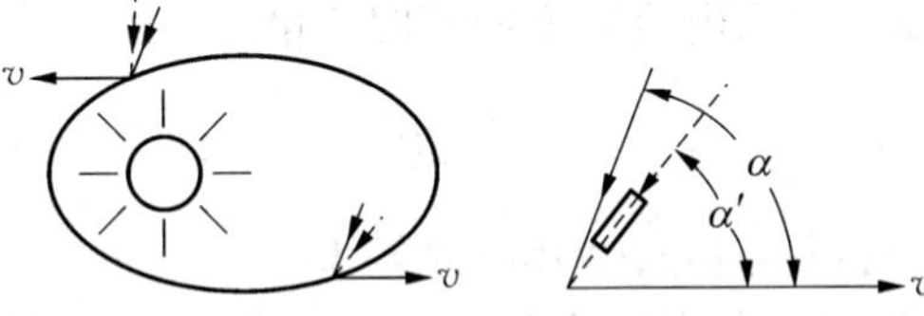

图 8.4.4　光行差示意图

由于地球绕太阳公转，一年之内地球运动速度的方向变化一个周期，因此，同一颗恒星发出的光线的表观方向也变化一个周期，天文观测证实了这种周期变化，并且由光线表观方向的改变来比较准确地测出光的传播速度。

8.5 电磁场理论的相对论协变性

如果一个方程式的所有项都属于同一类物理量，例如方程 $F_\mu + G_\mu = 0$ 中，F_μ 和 G_μ 都是四维矢量，那么，在变换参考系时，$F'_\mu + G'_\mu = \alpha_{\mu\upsilon} F_\upsilon + \alpha_{\mu\upsilon} G_\upsilon = \alpha_{\mu\upsilon}(F_\upsilon + G_\upsilon) = 0$，因而方程在新参考系中与原参考系中形式上一样。

根据相对性原理，麦克斯韦方程组对任意惯性参考系可以表示为相同的形式。当然，绝不是第二章中所描述的那样，而要将它变成四维协变的形式。

1. 四维电流密度矢量$(j_1, j_2, j_3, j_4 = \mathrm{j}c\rho)$

电荷守恒定律要求带电体的总电荷不随带电体的运动速度而改变，即总电荷 Q 是四维标量 $Q' = Q$。总电荷是电荷密度的体积分 $Q = \int \rho \,\mathrm{d}\tau$，粒子以速度 u 运动时，体积收缩了，电荷密度因而增大。由于与运动方向垂直的方向的线度不变，运动方向的线度有收缩因子 $\sqrt{1 - u^2/c^2}$。因此，体积的收缩因子就是 $\sqrt{1 - u^2/c^2}$，结果电荷密度相应增大了 $1/\sqrt{1 - u^2/c^2}$ 倍。设 ρ_0 为静止粒子的电荷密度，ρ 为粒子以速度 $\boldsymbol{u}$ 运动时的电荷密度，于是有

$$\rho = \rho_0 \Big/ \sqrt{1 - \frac{u^2}{c^2}} = \gamma_u \rho_0 \tag{8.5.1}$$

当粒子以速度 u 运动时，其电流密度为

$$\boldsymbol{j} = \rho \boldsymbol{u} = \gamma_u \rho_0 \boldsymbol{u} \tag{8.5.2}$$

将式(8.4.27)乘以 ρ_0，如果引入电流密度的第四分量

$$j_4 = \mathrm{j}c\rho \tag{8.5.3}$$

则可合为一个四维矢量 $(j_1, j_2, j_3, j_4 = \mathrm{j}c\rho)$。

电流密度 $\boldsymbol{j}$ 和电荷密度 ρ 合为四维矢量显示出这两物理量的统一性，当粒子静止时，只有电荷密度 ρ_0；当粒子运动时，表现出有电流密度 $\boldsymbol{j}$，同时电荷密度也相应地改变。因此，ρ 和 $\boldsymbol{j}$ 是一个统一的物理量的不同方面。当参考系变换时，它们有确定的变换关系。

由于相对论中时空的统一，使得非相对论中的不同物理量显示出它们的统一性。电流密度和电荷密度统一为四维矢量就是其中的一个例子。

电荷守恒定律 $\nabla \cdot \boldsymbol{j} + \frac{\partial \rho}{\partial t} = 0$ 用四维形式可以表示为

$$\frac{\partial j_\mu}{\partial x_\mu} = 0 \tag{8.5.4}$$

引入四维空间的纳布拉算子：

$$\Box = \left(\nabla, \frac{\partial}{\partial \mathrm{j}ct}\right) \tag{8.5.5}$$

则式(8.5.4)可写成

$$\Box \cdot \boldsymbol{j} = 0 \tag{8.5.6}$$

这方程显然有协变性，因为左边是一个洛仑兹标量，在惯性系变换下其值不变，因而上式对任意惯性参考系成立。

2. 四维势矢量$(A_1, A_2, A_3, \mathrm{j}\Phi/c)$

现在研究麦克斯韦方程组的协变性。可以把麦克斯韦方程组通过势 $\boldsymbol{A}$ 和 Φ 表示出来。先讨论势方程的协变性较为方便。用势表示的电磁场理论基本方程组在洛仑兹规范下具有形式：

$$\nabla^2 \boldsymbol{A} - \frac{1}{c^2}\frac{\partial^2 \boldsymbol{A}}{\partial t^2} = -\mu_0 \boldsymbol{j} \tag{8.5.7}$$

$$\nabla^2 \Phi - \frac{1}{c^2}\frac{\partial^2 \Phi}{\partial t^2} = -\frac{\rho}{\varepsilon_0} = -\rho\mu_0 c^2 \tag{8.5.8}$$

而洛仑兹条件是

$$\nabla \cdot \boldsymbol{A} + \frac{1}{c^2}\frac{\partial \Phi}{\partial t} = 0 \tag{8.5.9}$$

由上式看出，在四维空间中 $A_4 = \mathrm{j}\Phi/c$，于是式(8.5.9)可以写成

$$\Box \cdot \boldsymbol{A} = 0 \tag{8.5.10}$$

再用四维空间的拉普拉斯算符

$$\Box^2 = \frac{\partial^2}{\partial x_1^2} + \frac{\partial^2}{\partial x_2^2} + \frac{\partial^2}{\partial x_3^2} + \frac{\partial^2}{\partial x_4^2} = \nabla^2 - \frac{1}{c^2}\frac{\partial^2}{\partial t^2} \tag{8.5.11}$$

可将式(8.5.7)和(8.5.8)合写成

$$\Box^2 \boldsymbol{A} = -\mu_0 \boldsymbol{j} \tag{8.5.12}$$

该方程两边都是四维矢量，因而有明显的协变性。

3. 电磁场张量

电磁场 $\boldsymbol{E}$ 和 $\boldsymbol{B}$ 可以用势表示

$$\begin{cases} \boldsymbol{B} = \nabla \times \boldsymbol{A} \\ \boldsymbol{E} = -\nabla \Phi - \dfrac{\partial \boldsymbol{A}}{\partial t} \end{cases} \tag{8.5.13}$$

其分量为

$$\begin{cases} B_1 = \dfrac{\partial A_3}{\partial x_2} - \dfrac{\partial A_2}{\partial x_3} \\ B_2 = \dfrac{\partial A_1}{\partial x_3} - \dfrac{\partial A_3}{\partial x_1} \\ B_3 = \dfrac{\partial A_2}{\partial x_1} - \dfrac{\partial A_1}{\partial x_2} \\ E_1 = \mathrm{j}c\left(\dfrac{\partial A_4}{\partial x_1} - \dfrac{\partial A_1}{\partial x_4}\right) \\ E_2 = \mathrm{j}c\left(\dfrac{\partial A_4}{\partial x_2} - \dfrac{\partial A_2}{\partial x_4}\right) \\ E_3 = \mathrm{j}c\left(\dfrac{\partial A_4}{\partial x_3} - \dfrac{\partial A_3}{\partial x_4}\right) \end{cases} \tag{8.5.14}$$

引入一个反对称四维二阶张量

$$F_{\mu\upsilon} = \frac{\partial A_\upsilon}{\partial x_\mu} - \frac{\partial A_\mu}{\partial x_\upsilon} \tag{8.5.15}$$

由式(8.5.14)看到,电磁场实际上是一个反对称四维二阶张量

$$\overleftrightarrow{\boldsymbol{F}} = [F_{\mu\upsilon}] = \begin{bmatrix} 0 & B_3 & -B_2 & -\mathrm{j}\dfrac{E_1}{c} \\ -B_3 & 0 & B_1 & -\mathrm{j}\dfrac{E_2}{c} \\ B_2 & -B_1 & 0 & -\mathrm{j}\dfrac{E_3}{c} \\ \mathrm{j}\dfrac{E_1}{c} & \mathrm{j}\dfrac{E_2}{c} & \mathrm{j}\dfrac{E_3}{c} & 0 \end{bmatrix} \tag{8.5.16}$$

用电磁场张量可以把麦克斯韦方程组写成明显的协变形式。这方程组中的一对方程

$$\nabla \cdot \boldsymbol{E} = \frac{\rho}{\varepsilon_0}$$

$$\nabla \times \boldsymbol{B} = \mu_0 \varepsilon_0 \frac{\partial \boldsymbol{E}}{\partial t} + \mu_0 \boldsymbol{j}$$

可以合写成

$$\frac{\partial F_{\mu\upsilon}}{\partial x_\upsilon} = \mu_0 j_\mu \tag{8.5.17}$$

另一对方程

$$\nabla \cdot \boldsymbol{B} = 0$$

$$\nabla \times \boldsymbol{E} = -\frac{\partial \boldsymbol{B}}{\partial t}$$

则可以合写为

$$\frac{\partial F_{\mu\upsilon}}{\partial x_{\lambda}} + \frac{\partial F_{\upsilon\lambda}}{\partial x_{\mu}} + \frac{\partial F_{\lambda\mu}}{\partial x_{\upsilon}} = 0 \tag{8.5.18}$$

由张量变换关系

$$F'_{\mu\upsilon} = \alpha_{\mu\lambda}\alpha_{\upsilon\tau}F_{\lambda\tau}$$

可以得出电磁场的变换关系：

$$\begin{cases} E'_1 = E_1 \\ B'_1 = B_1 \\ E'_2 = \gamma(E_2 - vB_3) \\ B'_2 = \gamma\left(B_2 + \dfrac{v}{c^2}E_3\right) \\ E'_3 = \gamma(E_3 + vB_2) \\ B'_3 = \gamma\left(B_3 - \dfrac{v}{c^2}E_2\right) \end{cases} \tag{8.5.19}$$

上式还可以写成更为紧致的形式：

$$\begin{cases} E'_{/\!/} = E_{/\!/} \\ B'_{/\!/} = B_{/\!/} \\ E'_{\perp} = \gamma(\boldsymbol{E} + \boldsymbol{v} \times \boldsymbol{B})_{\perp} \\ B'_{\perp} = \gamma\left(\boldsymbol{B} - \dfrac{\boldsymbol{v}}{c^2} \times \boldsymbol{E}\right)_{\perp} \end{cases} \tag{8.5.20}$$

8.6　电场与磁场的深刻的内在联系

狭义相对论除了完全回答了电磁场理论的参考系问题之外，还从新的理论高度来重新认识电磁现象。静电场是有源无旋的场，它由静止的电荷产生；静磁场是有旋无源的场，它由运动的电荷产生。在一定的参考系中，电场与磁场表现出完全不同的性质。但是当参考系变换时，仅仅激发静电场的静止电荷变成运动电荷，除了激发电场外还激发磁场。实际上，电流与电荷本来就是一种物质的两种表现形式，在狭义相对论中被统一成一个四维矢量的四个分量。当然，相应的矢量势与标量势统一成另一个四维势矢量；电场与磁场统一成一个四维二阶反对称张量。这种统一，正好从数学上完美地说明了它们之间的深刻的内在联系。

例 8.3 半径为 a 的无限长理想导体直导线，通有恒定电流 I，而电荷密度为零。电流是由均匀密度的电子流以相对论速度 $\boldsymbol{u}$ 移动产生的。设有一观察者以相对论速度 $\boldsymbol{v}$ 平行于导线运动，问此观察者所见：(1) 电磁场多大？(2) 和该场相应的电荷密度是多少？(3) 电子和正离子的移动速度各为多少？(4) 如何解释观察者所看到的电荷密度的存在？

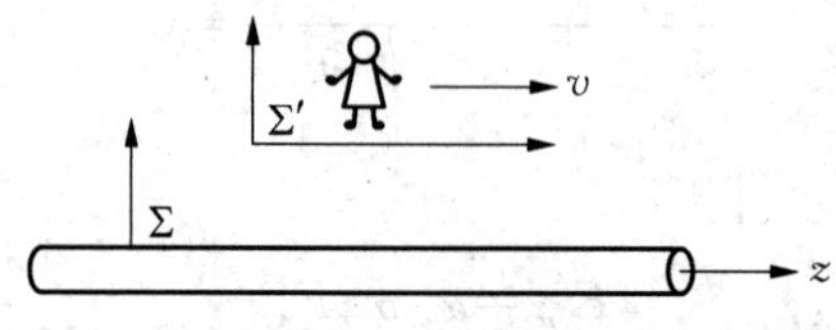

图 8.6.1 无限长理想导体直导线示意图

解 取柱坐标，使 z 轴与导线轴线重合(如图 8.6.1)。取 Σ 系固定在导线上，Σ' 系与观察者联结，运动方向取 z 轴正向，在 Σ 系中 $\boldsymbol{E}=0$ 而

$$\boldsymbol{B}=\frac{\mu_0 I}{2\pi\rho}\boldsymbol{e}_\varphi=-\frac{\mu_0 I}{2\pi\rho}\sin\varphi\boldsymbol{e}_x+\frac{\mu_0 I}{2\pi\rho}\cos\varphi\boldsymbol{e}_y$$

由电磁场变换关系式(8.5.19)，只要变换脚码 3→2→1→3，便可得到 Σ' 系相对于 Σ 系在 z 方向运动时的电磁场变换关系：

$$\begin{cases}E'_3=E_3\\B'_3=B_3\\E'_1=\gamma(E_1-vB_2)\\B'_1=\gamma\left(B_1+\dfrac{v}{c^2}E_2\right)\\E'_2=\gamma(E_2+vB_1)\\B'_2=\gamma\left(B_2-\dfrac{v}{c^2}E_1\right)\end{cases}$$

所以按观察者所见：

(1) $E'_3=B'_3=0, E'_1=-\gamma v\dfrac{\mu_0 I}{2\pi\rho'}\cos\varphi', B'_1=\gamma B_1, E'_2=-\gamma v\dfrac{\mu_0 I}{2\pi\rho'}\sin\varphi', B'_2=\gamma B_2$，

即

$$\begin{cases}\boldsymbol{E}'=-\gamma v\dfrac{\mu_0 I}{2\pi\rho'}\boldsymbol{e}_\rho\\\boldsymbol{B}'=\gamma\dfrac{\mu_0 I}{2\pi\rho'}\boldsymbol{e}_\varphi\end{cases}\tag{8.6.1}$$

式中已用了坐标变换 $\rho'=\rho,\varphi'=\varphi$。

(2) 在 Σ' 系中由电荷线密度 λ' 产生的电场为：

$$\boldsymbol{E}'=\frac{\lambda'}{2\pi\rho'\varepsilon_0}\boldsymbol{e}_\rho$$

与式(8.6.1)电场比较，得到

$$\lambda' = -\frac{v\mu_0\varepsilon_0 I}{\sqrt{1-\beta^2}} = -\frac{vI}{c^2\sqrt{1-\beta^2}} \tag{8.6.2}$$

(3) 利用速度加法定律，电子相对 Σ' 系的速度为

$$u'_{电子} = \frac{u-v}{1-\frac{uv}{c^2}} \tag{8.6.3}$$

而离子相对于 Σ 系的速度为零，所以离子相对于 Σ' 系的速度等于

$$u'_{离子} = -v$$

(4) 在 Σ 系中没有电场，这是因为静止的离子密度与运动的电子密度相等，总电荷密度为零之故，在 Σ' 系中观察

$$\rho' = \frac{\rho - \frac{\beta}{c} j_3}{\sqrt{1-\beta^2}}$$

因为 $\rho = 0, j_3 = I/\pi a^2$，所以

$$\lambda' = \rho' \pi a^2 = -\frac{\beta I}{c\sqrt{1-\beta^2}} \tag{8.6.4}$$

上式与式(8.6.2)的结果完全一样。

习　题

8.1　一个脉冲接收机位于某参考系的原点，一个脉冲发射机沿该参考系的 x 轴正方向以速度 v 运动，并每间隔时间 τ_0 发射一个脉冲，接收机每隔时间 τ 接收一个脉冲。证明：

$$\tau = \frac{\tau_0 \cdot (c+v)}{\sqrt{c^2 - v^2}}$$

8.2　具有相同固定长度 l_0 的两根棒，在实验室坐标系中沿 x 轴的相反方向以相同的速度做匀速运动。相对于第一根棒静止的观察者，看到两根棒的左端先重合，在时间间隔 Δt 之后，两根棒的右端重合。

(1) 求两根棒的相对速度；

(2) 相对第二根棒静止的观察者将如何描述两根棒端点重合的情形？

(3) 在实验室中的观察者又将如何描述两根棒端点重合的情形？

8.3　当 S' 参考系相对于 S 参考系以任意速度 v 运动时，证明两参考系之间的洛仑

兹变换为：

$$\boldsymbol{r}'=\boldsymbol{r}+\left(\frac{1}{\sqrt{1-v^2/c^2}}-1\right)\frac{\boldsymbol{r}\cdot\boldsymbol{v}}{v^2}\boldsymbol{v}-\frac{\boldsymbol{v}t}{\sqrt{1-v^2/c^2}}$$

$$t'=\frac{1}{\sqrt{1-v^2/c^2}}\left(t-\frac{\boldsymbol{r}\cdot\boldsymbol{v}}{c^2}\right)$$

8.4　一根无限长圆柱导体均匀带电，单位长度电荷为 λ；当接入稳恒电流 I 时，求只存在电场或只存在磁场的相应参考系以及在其中相应的场。

8.5　在某参考系中，有一平行于 x_2 轴的均匀静电场 $\boldsymbol{E}_0$ 和平行于 x_3 轴的均匀静磁场 $\boldsymbol{B}_0$。试决定另外参考系的相对速度：

(1) 在此参考系中只存在电场；

(2) 在此参考系中只存在磁场；

(3) 求存在这样的参考系的条件。

8.6　具有固有线电荷密度 λ 的无限长直导线，其截面积可忽略不计，以速度 v 沿线的轴向运动。

(1) 写出在相对于导线静止的坐标系中的电场与磁场(用柱坐标系)；

(2) 用洛仑兹变换计算在实验室坐标系中的电场与磁场；

(3) 求出在相对于导线静止的坐标系中的电荷密度与电流密度；

(4) 计算在实验室坐标系中的电荷密度与电流密度，再利用它直接算出其中的电场与磁场，并与(2)的结果比较。

8.7　在某一参考系中，$\boldsymbol{E}\perp\boldsymbol{B}$，证明在任意参考系中 $\boldsymbol{E}'\perp\boldsymbol{B}'$，式中 $\boldsymbol{E}$ 和 $\boldsymbol{B}$ 分别为电场和磁场。

8.8　证明 $E^2-c^2B^2$ 是一个洛仑兹不变量。

第九章　电磁场数值计算方法基础

在电磁场问题中，能够由解析方法求得精确解的情况不多，绝大多数问题需要借助计算数学中的数值计算方法来得到近似解。由于计算机技术的迅速发展以及科研和工程设计等的实际需要，电磁场数值计算方法已发展成为一门新兴的学科——计算电磁学。

计算电磁学是利用各种数值计算方法将电磁场的定解问题，即在确定的边界条件下的微分方程或积分方程转化为差分方程或有限和的形式，从而建立起收敛的代数方程组，然后利用计算机进行求解。

在计算电磁学中，针对不同的电磁场问题有各种不同的数值处理方法，每种方法都有其优点和缺点。评价一种方法的好坏有许多标准，如预处理工作量、计算精度、计算效率、存储量要求、适应性等等。目前在电磁场数值计算中广泛应用的数值计算方法有：有限差分法、有限元法和边界元法。下面我们对上述数值计算方法做简单的介绍。

9.1　有限差分法

在电磁场数值计算方法中，有限差分法是应用最早的一种方法，这种方法以其概念清晰、方法简单直观等特点，在电磁场数值分析领域内得到了广泛的应用。

应用有限差分方法进行数值计算的通常步骤是：

第一步　采用一定的网格将求解区域离散化。

第二步　基于差分原理，对求解区域内的微分方程以及定解条件进行差分离散化处理，构成差分格式。

第三步　对所建立的差分格式，选用适当的代数方程组解法，利用计算机算出待求的离散解。

1. *差分与差商*

设函数 $f(x)$，其自变量 x 有一增量 $\Delta x = h$，则函数的增量为

$$\Delta f(x) = f(x+h) - f(x)$$

$\Delta f(x)$ 被称为函数 $f(x)$ 的一阶差分。显然，只要 h 很小，则差分 $\Delta f(x)$ 和微分 $\mathrm{d}f$ 之间的差异就很小，即

$$\mathrm{d}f \approx \Delta f(x) = f(x+h) - f(x)$$

类似的，我们可以将函数的导数表示为

$$\frac{\mathrm{d}f}{\mathrm{d}x} \approx \frac{\Delta f(x)}{\Delta x}$$

在上式中，等号的右侧被称为一阶差商。显然，等式右侧可以有多种表示形式，即

$$\frac{\mathrm{d}f}{\mathrm{d}x} \approx \frac{\Delta f(x)}{\Delta x} = \frac{f(x) - f(x-h)}{h}$$

或

$$\frac{\mathrm{d}f}{\mathrm{d}x} \approx \frac{\Delta f(x)}{\Delta x} = \frac{f(x+h) - f(x)}{h}$$

或

$$\frac{\mathrm{d}f}{\mathrm{d}x} \approx \frac{\Delta f(x)}{\Delta x} = \frac{f(x+h) - f(x-h)}{2h}$$

上面三式分别被称为向后差商，向前差商和中心差商。其中中心差商的截断误差最小，其误差大致和 h^2 成正比。仿照一阶差商的做法，我们可以得到二阶中心差商的表示式

$$\begin{aligned}\frac{\mathrm{d}^2 f}{\mathrm{d}x^2} &\approx \frac{1}{h}\left[\frac{f(x+h) - f(x)}{h} - \frac{f(x) - f(x-h)}{h}\right] \\ &= \frac{f(x+h) - 2f(x) + f(x-h)}{h^2}\end{aligned}$$

2. 差分格式

我们以二维的亥姆霍兹方程为例来说明差分格式的建立。如图 9.1.1 所示，在由边界 L 确定的域 D 内，位函数 φ 由亥姆霍兹方程和第一类边界条件构成定解问题

$$\begin{cases}\dfrac{\partial^2 \varphi}{\partial x^2} + \dfrac{\partial^2 \varphi}{\partial y^2} = -k^2 \varphi \\ \varphi\,|_L = f(S)\end{cases}$$

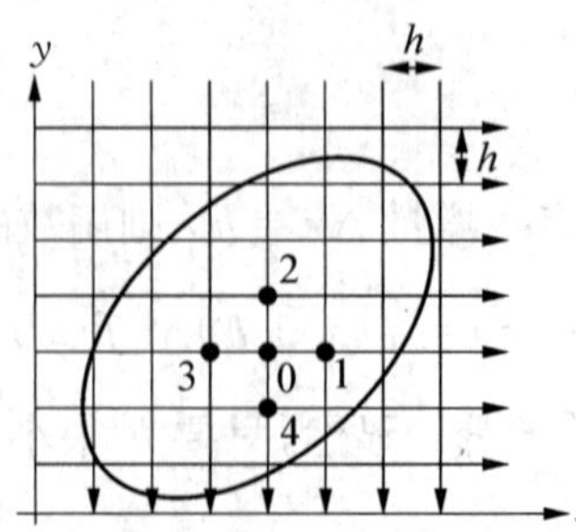

图 9.1.1　有限差分法中的正方形网格划分

在应用差分法时，首先需要对域 D 用网格进行划分。为简单起见，在图 9.1.1 中，我

们用平行于 x 轴和 y 轴的直线分割区域 D。这里沿 x 和 y 轴方向相邻的平行网格线的间距都相等，称为步距 h。网格线交叠处称之为节点。区域上的网格选好后，需要对微分方程和边界条件进行离散化处理，对图中的任何一点如 0 点，将偏导数用相应的差商表示，则有

$$\left.\frac{\partial^2\varphi}{\partial x^2}\right|_{x=x_0}=\frac{\varphi_1-2\varphi_0+\varphi_3}{h^2}$$

$$\left.\frac{\partial^2\varphi}{\partial y^2}\right|_{y=y_0}=\frac{\varphi_2-2\varphi_0+\varphi_4}{h^2}$$

将上式代入亥姆霍兹方程，则有

$$\varphi_1+\varphi_2+\varphi_3+\varphi_4-4\varphi_0=-h^2k^2\varphi_0 \tag{9.1.1}$$

上式即为在正方形网格中，域 D 内某一点的位函数所满足的亥姆霍兹方程的差分格式。上式说明在域 D 内任意一点的位函数，可以用其周围各点的位函数的平均值来表示。然而当节点紧邻边界点时，式(9.1.1)需要做适当的调整，这是因为边界不一定会恰好落在网格的节点上，如图(9.1.2)所示，其中 p，q 为小于 1 的正数。在这种情况下，我们可以推出紧邻边界点的亥姆霍兹方程的差分格式为

$$\frac{\varphi_1}{p(1+p)}+\frac{\varphi_2}{q(1+q)}+\frac{\varphi_3}{1+p}+\frac{\varphi_4}{1+q}-\left(\frac{1}{p}+\frac{1}{q}\right)\varphi_0=-h^2k^2\varphi_0 \tag{9.1.2}$$

其中 φ_1 和 φ_2 分别是边界条件函数 $f(S)$ 在对应位置上的函数值，它们是已知的。由式(9.1.1)和(9.1.2)可见，域 D 内的每一个节点都用其相邻节点的值来表示，而这些相邻节点的值最终归结到边界点上的函数值。因此，只要解出由差分格式所构造的线性方程组，便可以求得各节点上的函数值，并将其作为原始亥姆霍兹方程定解问题的一个近似解。网格除上面所说的正方形网络外，常用的其他网格有正三角形网格、正六边形网格、矩形网格等。网格的选择应使各紧邻边界的节点尽量与边界靠近或相符合，以达到提高精度的目的。

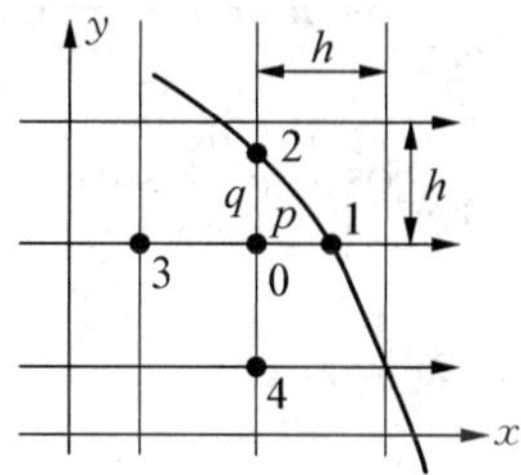

图 9.1.2　第一类边界条件中紧邻边界的节点

3. *差分方程组的解法*

线性方程组的数值解法可以划分成两大类，直接法和迭代法。对于阶数不太高的线性方程组，用直接法(如高斯法等)是比较有效的。从理论上讲只需要经过有限次的运算

就能得到精确解，然而对高阶方程组，直接法则存在存储和计算效率等方面的诸多问题，因而通常改用迭代算法以解决采用直接法面临的困难。由于迭代法的解是构造出的一个序列的极限，因此，迭代法一般不能得到精确解。目前最常用的迭代法是：高斯-塞得尔迭代法和逐次超松张法，具体算法可参见有关计算方法教材，此处不再重述。

4. 边界条件

在实际问题中，除了上面所说的第一类边界条件外，还有第二类和第三类边界条件。下面我们来考虑在正方形网格划分下，常用的边界条件差分离散的计算格式。

(1) 第一类边界条件

如果网格节点区好落在边界 L 上，则对边界条件的离散处理时，直接将函数 $f(x)$ 在节点处的值赋予边界节点。如果节点不是恰好落在边界上，那么紧邻边界节点的差分格式应采用式(9.1.2)的表示形式。

(2) 第二类和第三类边界条件

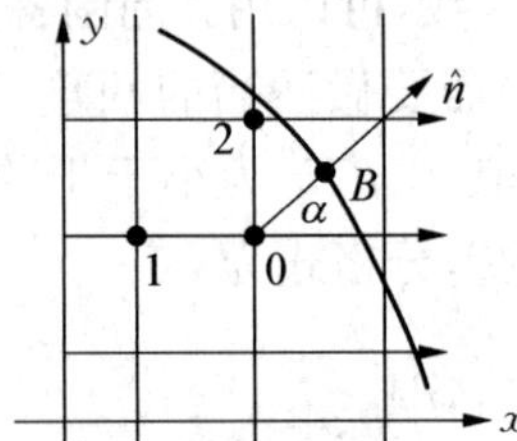

图 9.1.3　第二类边界条件中紧邻边界的节点

第二类和第三类边界条件可以写成如下的统一形式：

$$\frac{\partial \varphi}{\partial n}+\sigma \varphi=q$$

显然，当 $\sigma=0$ 时，为第二类边界条件，当 $\sigma \neq 0$ 时为第三类边界条件，对于紧邻边界 L 的节点 0(见图 9.1.3)，沿 $\hat{n}$ 方向的方向导数为

$$\begin{aligned}\frac{\partial \varphi}{\partial n}&=\frac{\partial \varphi}{\partial x}\cos(\hat{\boldsymbol{n}},x)+\frac{\partial \varphi}{\partial y}\cos(\hat{\boldsymbol{n}},y)\\&=\frac{\partial \varphi}{\partial x}\cos\alpha+\frac{\partial \varphi}{\partial y}\sin\alpha\end{aligned}$$

而 $\frac{\partial \varphi}{\partial x}$ 和 $\frac{\partial \varphi}{\partial y}$ 分别可以用差商的形式表示为

$$\left.\frac{\partial \varphi}{\partial x}\right|_0 \approx \frac{\varphi_0-\varphi_1}{h}$$

$$\left.\frac{\partial \varphi}{\partial y}\right|_0 \approx \frac{\varphi_2-\varphi_0}{h}$$

由于节点 0 紧邻边界上的点 B，因而有 $\left[\frac{\partial\varphi}{\partial n}\right]_B \approx \left[\frac{\partial\varphi}{\partial n}\right]_0$，从而有第二类和第三类边界条件的差分格式，

$$\frac{\varphi_0-\varphi_1}{h}\cos\alpha+\frac{\varphi_2-\varphi_1}{h}\sin\alpha+\sigma_B\varphi_0=q_B$$

其中 σ_B 和 q_B 分别为 σ 和 q 在边界上的值。

例 9.1　应用有限差分法，求静电场变值问题

$$\frac{\partial^2 u}{\partial x^2}+\frac{\partial^2 u}{\partial y^2}=0$$
$$u(x,0)=y(x,10)=10$$
$$u(0,y)=0,u(20,y)=100$$

的近似值。

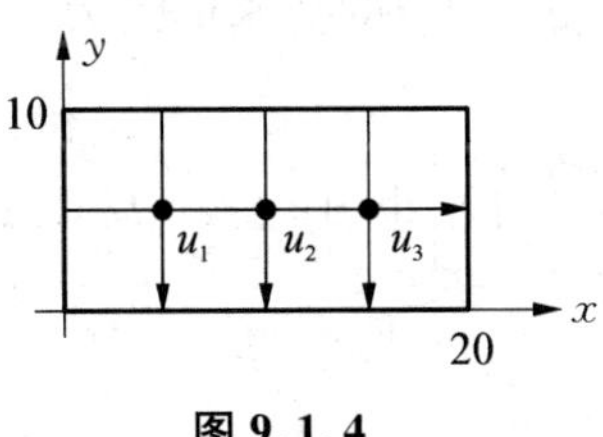

图 9.1.4

解　取 $h=5$ 作正方网格如图 9.1.4，得到关于场域内点的差分方程

$$4u_1-u_2=0$$
$$4u_2-u_1-u_3=0$$
$$4u_3-u_2=100$$

利用高斯法解线性方程组得

$$u_1=1.786,\quad u_2=7.143,\quad u_3=26.786$$

场域边界上的节点值由边界条件给出。

9.2　有限元方法

有限元方法是在变分原理和差分方法基础上发展起来的一种数值计算方法。它首先将求解微分方程的边值问题化为等价的泛函极值问题，然后将场域划分为有限个小的单元，最后将微分方程的边值问题转化为有限子空间中的多元函数极值问题。有限元法已成为求解微分方程近似解的重要方法，在电磁场工程、流体力学、物理学以及其他工程科学中有着广泛的应用。应用有限元方法解决实际问题的步骤是：

第一步　给出与待求边值问题等价的泛函变分问题。

第二步　用有限单元划分场域，并选取相应的插值函数。

第三步　变分问题离散化为一个多元函数极值问题，并由此导出有限元方程。

第四步　应用线性方程组解法，求解有限元方程，得到边值问题的近似解。

下面我们以二维空间中的泊松方程为例来说明有限元法的应用。

1. 泊松方程的等价泛函表示

微分方程的边值问题，泛函的形式随不同的边界条件而不同。对于泊松方程

$$\nabla^2\varphi=-f$$

可以证明在第一类边界条件下的泛函表示式为

$$\begin{cases} I(\phi)=\iint\limits_D\left[\left(\dfrac{\partial\phi}{\partial x}\right)^2+\left(\dfrac{\partial\phi}{\partial y}\right)^2\right]\mathrm{d}x\,\mathrm{d}y-2\iint\limits_D f\phi\,\mathrm{d}x\,\mathrm{d}y \\ \varphi|_L=f \end{cases} \tag{9.2.1}$$

对于第三类边界条件 $\dfrac{\partial\varphi}{\partial n}+\sigma\varphi=q$，相应的泛函形式为

$$\begin{cases} I(\varphi)=\iint\limits_D\left[\left(\dfrac{\partial\varphi}{\partial x}\right)^2+\left(\dfrac{\partial\varphi}{\partial y}\right)^2\right]\mathrm{d}x\,\mathrm{d}y-2\iint\limits_D f\varphi\,\mathrm{d}x\,\mathrm{d}y+\oint_\Gamma(\sigma\varphi^2-2q\varphi)\,\mathrm{d}\Gamma \\ \varphi|_L=f \end{cases} \tag{9.2.2}$$

2. 单元划分

对于场域的划分有多种形式，其中最常用的三角形划分，即将整个场域分成有限个三角形区域(单元)的组合，图 9.2.1 每个三角形单元的顶点被称为节点。

在场域的剖分中要求任意一个三角形单元的顶点必须同时也是其相邻三角形单元的顶点，而不能是相邻三角形单元边上的内点。当遇到不同媒质的分界线时，不容许有跨越分界线的三角形单元，三角形单元的大小可以变化，应根据具体要求决定。对剖分后的各单元和节点需要编号。出于压缩存贮量、简化程序以及减少计算量的考虑，同一三角形单元内的三个顶点的编号相差不要太大，并依次连续编号。对于存在多种媒质的场域，则应按物理性质的不同，按区域逐个按序编号。

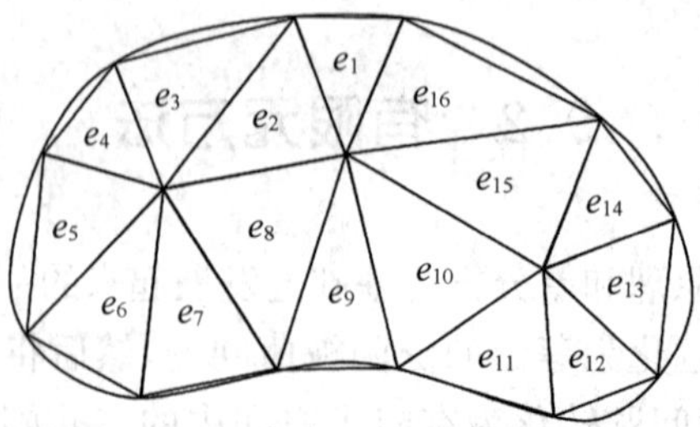

图 9.2.1　有限元中场域的三角形划分

3. 分片线性插值函数与基函数

基于上述对场域的划分，在每个三角形单元 e 内，任意一点的待求变分问题的解 $\varphi(x,y)$ 近似地用插值函数 $\widetilde{\varphi}$ 来表示。$\widetilde{\varphi}$ 的形式可以有多种，其中线性插值函数是最常用的插值函数之一，即

$$\widetilde{\varphi}(x,y)=\alpha_1+\alpha_2 x+\alpha_3 y \tag{9.2.3}$$

式中 α_1，α_2 和 α_3 为待定函数。它可以用三角形单元的三个顶点上的函数值及其相应的坐标来决定。假设三角形单元的三个节点 i，j，k 的坐标分别为 (x_i,y_i)，(x_j,y_j)，(x_k,y_k)，相应的函数值分别是 φ_i，φ_j，φ_k，则由式(9.2.3)可以得到待定系数的表示式

$$\begin{aligned}\alpha_i&=(a_i\phi_i+a_j\phi_j+a_k\phi_k)/2\Delta\\ \alpha_j&=(b_i\phi_i+b_j\phi_j+b_k\phi_k)/2\Delta\\ \alpha_k&=(c_i\phi_i+c_j\phi_j+c_k\phi_k)/2\Delta\end{aligned} \tag{9.2.4}$$

其中 $a_i=x_jy_k-x_ky_j$，$b_i=y_j-y_k$，$c_i=x_k-x_j$，其余的系数可按 i，j，k 指标顺序置换而得。$\Delta=(b_ic_j-b_jc_i)/2$ 为三角形单元的面积。由此可见三角形单元内任意一点的函数值可以用三角形单元顶点上的函数值来表示。将(9.2.4)式代入(9.2.3)式，得到插值函数的节点值表示形式

$$\begin{aligned}\widetilde{\varphi}(x,y)&=\frac{1}{2\Delta}[(a_i+b_ix+c_iy)\varphi_i+(a_j+b_jx+c_jy)\varphi_j+(a_k+b_kx+c_ky)\varphi_k]\\ &=\sum_{s=i}^{k}N_S(x,y)\varphi_S\end{aligned}$$

其中

$$N_S=\frac{1}{2\Delta}(a_S+b_Sx+c_Sy)$$

称之为三角形单元 e 上线性插值的基函数(也被称为形函数)。N_S 还可以取其他形式，它取决于单元的形状及相应节点的配置。

4. 有限元方程

对于每个三角形单元 e，当 φ 用 $\widetilde{\varphi}$ 替代后，原泛函表示式(9.2.1)(此处先考虑第一类边界条件)就近似为

$$I_e=I_e(\widetilde{\varphi})=\iint_{De}\left[\left(\frac{\partial\widetilde{\varphi}}{\partial x}\right)^2+\left(\frac{\partial\widetilde{\varphi}}{\partial y}\right)^2\right]\mathrm{d}x\,\mathrm{d}y-2\iint_{De}f\widetilde{\varphi}\,\mathrm{d}x\,\mathrm{d}y$$

而

$$\nabla\widetilde{\varphi}=\begin{pmatrix}\partial\varphi/\partial x\\ \partial\varphi/\partial y\end{pmatrix}=\frac{1}{2\Delta}\begin{pmatrix}b_i & b_j & b_k\\ c_i & c_j & c_k\end{pmatrix}\begin{pmatrix}\varphi_i\\ \varphi_j\\ \varphi_k\end{pmatrix}=B_e\varphi_e$$

从而 I_e 的第一项可以离散为

$$\iint_{De}\left[\left(\frac{\partial\tilde{\varphi}}{\partial x}\right)^2+\left(\frac{\partial\tilde{\varphi}}{\partial y}\right)^2\right]\mathrm{d}x\,\mathrm{d}y=\varphi_e^{\mathrm{T}}\boldsymbol{K}_e\varphi_e$$

其中

$$\boldsymbol{K}_e=\frac{1}{4\Delta}\begin{pmatrix} b_ib_i+c_ic_i & b_ib_j+c_ic_j & b_ib_k+c_ic_k \\ b_jb_i+c_jc_i & b_jb_j+c_jc_j & b_jb_k+c_jc_k \\ b_kb_i+c_kc_i & b_kb_j+c_kc_j & b_kb_k+c_kc_k \end{pmatrix}$$

通常称之为“单元刚度矩阵”。

对于 i_e 的第二项，我们取单元内重心处的值替代 $\tilde{\varphi}$，同样 $f(x,y)$ 亦取重心处的值，这样第二项就离散为

$$-2\iint_{De}f\tilde{\varphi}\,\mathrm{d}x\,\mathrm{d}y=\frac{2}{3}(\varphi_i+\varphi_j+\varphi_k)f\Delta=2\varphi_e^{\mathrm{T}}\boldsymbol{p}_e$$

于是对三角形单元 e 有

$$\boldsymbol{I}_e=\varphi_e^{\mathrm{T}}\boldsymbol{K}_e\varphi_e-2\varphi_e^{\mathrm{T}}\boldsymbol{p}_e$$

在上式中 φ_e 矢量是由三角形单元内的节点上的函数值构成的。为了得到在整个场域内泛函 $I(\varphi)$ 关于节点函数的离散表达式，需要将 φ_e 扩展成场域内所有节点的矢量，这样 I_e 就变为

$$\boldsymbol{I}_e=\varphi^{\mathrm{T}}\boldsymbol{K}_e\varphi-2\varphi^{\mathrm{T}}\boldsymbol{p}_e$$

于是整个场域内泛函 $I(\varphi)$ 也就离散成为

$$\begin{aligned}\boldsymbol{I}&=\sum_{e=1}^{NE}\boldsymbol{I}_e=\varphi^{\mathrm{T}}\left(\sum_{e=1}^{NE}\boldsymbol{K}_e\right)\varphi-2\varphi^{\mathrm{T}}\sum_{e=1}^{NE}\boldsymbol{p}_e\\&=\varphi^{\mathrm{T}}\boldsymbol{K}\varphi-2\varphi^{\mathrm{T}}\boldsymbol{p}\end{aligned}$$

$\boldsymbol{K}$ 为总的刚度矩阵，由此泛函 $I(\varphi)$ 的极值问题就转化为多元二次函数

$$I(\varphi)=I(\varphi_1,\varphi_2,\cdots,\varphi_N)=\varphi^{\mathrm{T}}\boldsymbol{K}\varphi-2\varphi^{\mathrm{T}}\boldsymbol{p}$$

的极值问题，根据多元函数的极值理论，当 $\partial I/\partial\varphi_i=0$ 时上式有极值，从而有

$$\sum_{j=1}^{N}K_{ij}\varphi_j=p_i,\quad i=1,2,\cdots,N$$

或以矩阵形式表示

$$\boldsymbol{K}\varphi=\boldsymbol{p}\tag{9.2.5}$$

上式就是所谓的有限元方程。

5. 强加边界条件的处理

在微分方程的边值问题转化为泛函极值问题时，对于第二类和第三类边界条件问题，边界条件被包含在泛函的极值问题中而不必单独列出。通常这些边界条件称为自然边界条件，相应的变分问题称为无条件变分问题。但是对于第一类边界条件，变分问题和边值问题一样需要列出边界条件，即变分极值问题的解必须在满足这种边界条件的一类函数中去寻找，这类边界条件被称为强加边界条件，相应的变分问题被称为有条件变分。

强加边界条件的处理方法和采用的代数方程组的解法有关。如果采用迭代解法，则在遇到边界节点所对应的方程时，不进行迭代，使该节点的函数值始终保持给定的初值即可。如果采用直接法，则必须对有限元方程进行必要的处理。

例 9.2 接地金属槽的横截面如图 9.2.2 所示，其侧壁和底面的电位为零，顶盖电位为 10，求此金属槽中的电位分布。

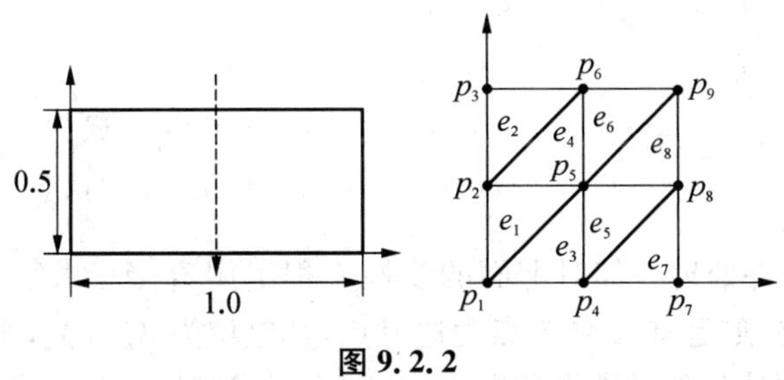

图 9.2.2

解 注意到槽内电位分布左右的对称性，可以将计算的区域归结为左半空间。在场域内的电位满足拉普拉斯方程，因此问题为求解边值问题

$$\begin{cases}\dfrac{\partial^2\varphi}{\partial x^2}+\dfrac{\partial^2\varphi}{\partial y^2}=0\\ \varphi(0,y)=\varphi(x,0)=0\\ \varphi(x,0.5)=10\\ \left.\dfrac{\partial\varphi}{\partial n}\right|_{x=0.5}=0\end{cases}$$

根据变分原理，参照式(9.2.2)，可得到与上述边值问题等价的有条件变分问题

$$J[\varphi]=\iint_{D/2}\left[\left(\frac{\partial\varphi}{\partial x}\right)^2+\left(\frac{\partial\varphi}{\partial y}\right)^2\right]\mathrm{d}x\,\mathrm{d}y$$
$$\varphi(0,y)=\varphi(x,0)=0$$
$$\varphi(x,0.5)=10$$

(1) 剖分场域，并对所有的节点和三角元逐个按一定的顺序编号。将计算场域粗略地剖分成如图 9.2.2 所示的形态，场域划分的结果为：

节点总数：9

强加边界条件对应的节点数：7

三角元总数:8

节点坐标:$p_1(0,0)$,$p_2(0,0.25)$,$p_3(0,0.5)$,$p_4(0.25,0)$,$p_5(0.25,0.25)$,$p_6(0.25,0.5)$,$p_7(0.5,0)$,$p_8(0.5,0.25)$,$p_9(0.5,0.5)$.

三角单元顶点编号:$e_1(1,5,2)$,$e_2(2,6,3)$,$e_3(1,4,5)$,$e_4(2,5,6)$,$e_5(4,8,5)$,$e_6(5,9,6)$,$e_7(4,7,8)$,$e_8(5,8,9)$

(2) 计算出每个三角元的刚度矩阵后,按总体下标相同的原则依次累加得到系数矩阵,并由此构成有限元方程。按式(9.2.5)应为

$$\begin{bmatrix} 1.0 & & & & & & & & \\ -0.5 & 2.0 & & & & & & & \\ 0 & -0.5 & 1.0 & & & & & & \\ -0.5 & 0 & 0 & 2.0 & & & & & \\ 0 & -1.0 & 0 & -1.0 & 4.0 & & & & \\ 0 & 0 & -0.5 & 0 & -1.0 & 2.0 & & & \\ 0 & 0 & 0 & -0.5 & 0 & 0 & 1.0 & & \\ 0 & 0 & 0 & 0 & -1.0 & 0 & -0.5 & 2.0 & \\ 0 & 0 & 0 & 0 & 0 & -0.5 & 0 & -0.5 & 1.0 \end{bmatrix} \begin{bmatrix} \varphi_1 \\ \varphi_2 \\ \varphi_3 \\ \varphi_4 \\ \varphi_5 \\ \varphi_6 \\ \varphi_7 \\ \varphi_8 \\ \varphi_9 \end{bmatrix} = \begin{bmatrix} 0 \\ 0 \\ 0 \\ 0 \\ 0 \\ 0 \\ 0 \\ 0 \\ 0 \end{bmatrix}$$

(3) 强加边界条件处理。如对上面的线性方程组用直接法求解,则要对强加边界条件处理。处理方法是:如已知 n 号节点为边界点,其电位为 $\phi_n=\phi_0$,则要将主对角线元素 K_{nn} 置 1,n 行和 n 列的其他元素全部置零,对应行等式右端改为给定电位值,其余各方程右端同时减去该节点电位与未处理前对应的 n 列中的系数的乘积。处理后的有限元方程为

$$\begin{bmatrix} 1.0 & & & & & & & & \\ -0.5 & 2.0 & & & & & & & \\ 0 & -0.5 & 1.0 & & & & & & \\ -0.5 & 0 & 0 & 2.0 & & & & & \\ 0 & -1.0 & 0 & -1.0 & 4.0 & & & & \\ 0 & 0 & -0.5 & 0 & -1.0 & 2.0 & & & \\ 0 & 0 & 0 & -0.5 & 0 & 0 & 1.0 & & \\ 0 & 0 & 0 & 0 & -1.0 & 0 & -0.5 & 2.0 & \\ 0 & 0 & 0 & 0 & 0 & -0.5 & 0 & -0.5 & 1.0 \end{bmatrix} \begin{bmatrix} \varphi_1 \\ \varphi_2 \\ \varphi_3 \\ \varphi_4 \\ \varphi_5 \\ \varphi_6 \\ \varphi_7 \\ \varphi_8 \\ \varphi_9 \end{bmatrix} = \begin{bmatrix} 0 \\ 0 \\ 0 \\ 0 \\ 10 \\ 10 \\ 0 \\ 5 \\ 10 \end{bmatrix}$$

(4) 由上式可导出关于待求电位的内节点 p_5,p_8 的代数组为

$$4\varphi_5-\varphi_8=10$$
$$-\varphi_5+2\varphi_8=5$$

故得在内节点上待求的数值解是

$$\varphi_5=3.5714,\quad \varphi_8=4.2857$$

9.3　边界元法

边界元法是继有限元法之后发展起来的一种数值方法。该方法将边值问题转化为边界积分方程问题，然后利用有限元离散技术将问题最终变为一组代数方程。它可以看成是边界积分法和有限元法的混合技术。目前边界元法被广泛应用于电磁工程、流体力学等诸多领域。

1. 线性微分方程的基本解和格林函数

对于线性微分方程

$$\hat{L}u=-f \tag{9.3.1}$$

其中 $\hat{L}$ 是线性微分算子，f 是给定的激励源。若能求得满足方程

$$\hat{L}u=-\delta(r-r') \tag{9.3.2}$$

的解 $u=G(r,r')$，则式(9.3.1)的解可以表示为

$$u=\int_v fG(r,r')\mathrm{d}v \tag{9.3.3}$$

(9.3.2)式的解 $G(r,r')$ 被称为(9.3.1)式的基本解，也称为格林函数。

2. 格林公式和边界积分方程

设 V 为空间某一闭区间，其表面为 S。若有两个标量函数 φ 和 Ψ，它们在域 V 内及面 S 上分别有连续的一阶和二阶偏导数，则向量 $\Psi\nabla\varphi$ 满足高斯散度定理，即

$$\int_V \nabla\cdot(\Psi\nabla\varphi)\mathrm{d}V=\oint_S(\Psi\nabla\varphi)\cdot\hat{n}\mathrm{d}S=\oint_S\Psi\frac{\partial\varphi}{\partial n}\mathrm{d}S$$

将上式左侧展开后，有

$$\int_V\nabla\Psi\cdot\nabla\varphi\mathrm{d}V+\int_V\Psi\nabla^2\varphi\mathrm{d}V=\oint_S\Psi\frac{\partial\varphi}{\partial n}\mathrm{d}S \tag{9.3.4}$$

将(9.3.4)式中的 φ 和 Ψ 的位置对调后，有

$$\int_V\nabla\Psi\cdot\nabla\varphi\mathrm{d}V+\int_V\varphi\nabla^2\Psi\mathrm{d}V=\oint_S\varphi\frac{\partial\Psi}{\partial n}\mathrm{d}S \tag{9.3.5}$$

再将(9.3.4)和(9.3.5)两式相减，得到

$$\int_V(\Psi\nabla^2\varphi-\varphi\nabla^2\Psi)\mathrm{d}V=\oint_S\left(\Psi\frac{\partial\varphi}{\partial n}-\varphi\frac{\partial\Psi}{\partial n}\right)\mathrm{d}S \tag{9.3.6}$$

上式就是格林公式。

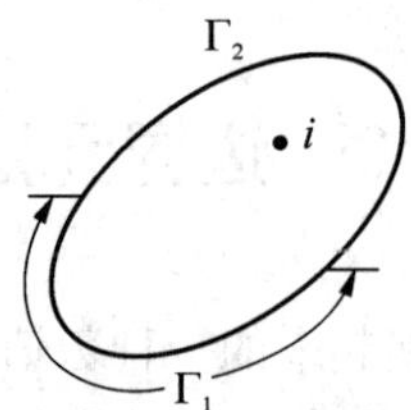

图 9.3.1 拉普拉斯定解问题中的边界

下面以拉普拉斯方程为例,应用格林公式导出其边值问题对应的边界积分方程。假设二维拉普拉斯 $\nabla^2\varphi(x,y)=0$ 边值问题为

$$
\begin{aligned}
\varphi\big|_{\Gamma_1} &= \varphi_0 \\
q\big|_{\Gamma 2} &= \frac{\partial\varphi}{\partial n}\bigg|_{\Gamma 2} = q_0
\end{aligned}
\tag{9.3.7}
$$

参见图 9.3.1,由格林公式(9.3.6),令 $\boldsymbol{\Psi}$ 取为拉普拉斯方程的格林函数形式 $G(\boldsymbol{r},\boldsymbol{r}')$,那么有(9.3.6)式得到满足(9.3.7)式的表示式

$$
\varphi_i = -\oint_{\Gamma}\left(G\,\frac{\partial\varphi}{\partial n} - \varphi\,\frac{\partial G}{\partial n}\right)\mathrm{d}\Gamma \tag{9.3.8}
$$

φ_i 为场域内的任意一点。对于二维拉普拉斯方程其格林函数的形式为

$$
G(\boldsymbol{r},\boldsymbol{r}') = \frac{1}{2\pi}\ln\left(\frac{1}{|\,\boldsymbol{r}-\boldsymbol{r}'\,|}\right)
$$

式(9.3.8)表明在场域内任意一点的函数值,可以用边界上的 φ 和 $\dfrac{\partial\varphi}{\partial n}$ 来表示。因此拉普拉斯边值问题转变为要确定在场域边界上各点的 φ 和 $\dfrac{\partial\varphi}{\partial n}$,这是因为边界条件并没有给出边界上所有点的 φ 和 $\dfrac{\partial\varphi}{\partial n}$ 值。

要求在边界上的 φ,我们仍然利用式(9.3.8)。可以证明只要场域边界是光滑的,那么边界上的函数值为

$$
\frac{1}{2}\varphi_i = -\oint_{\Gamma}\left(G\,\frac{\partial\varphi}{\partial n} - \varphi\,\frac{\partial G}{\partial n}\right)\mathrm{d}\Gamma \tag{9.3.9}
$$

上式就是与边值问题(9.3.7)相对应的边界积分方程。

3. *积分方程的离散*

同有限元方法相似,利用边界积分方程(9.3.9)求解边界上各点的 φ 值时,需要将边界划分成许多个单元,在每个单元上用插值函数去近似表示边界上的函数值。在单元上的插值函数可以是常数的、线性的以及高次的多项式或其他形式的连续函数。不同的插值方法,其计算时间和计算精度是不同的。作为方法的介绍,这里介绍最简单的常数

插值。

如图 9.3.2 所示，我们将二维场域的边界分割成 N 的单元，对于常数插值，规定每个单元上的 φ 和 $\dfrac{\partial \varphi}{\partial n}$ 都为常数，其数值为单元中点上的数值，单元中点称为节点。

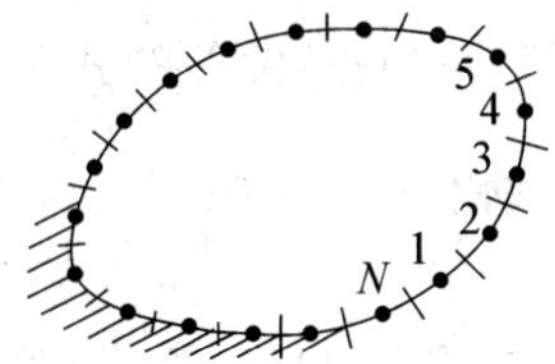

图 9.3.2　边界元中边界的划分

由于边界条件规定了每个单元上 φ 和 $\dfrac{\partial \varphi}{\partial n}$ 中的一个，所示变量数和节点相同。将边界积分方程(9.3.9)对边界上的点离散成

$$\frac{1}{2}\varphi_i + \sum_{j=1}^{N} \int_{\Gamma_j} \varphi \left(\frac{\partial G}{\partial n}\right) \mathrm{d}\Gamma = \sum_{j=1}^{N} \int_{\Gamma_j} G \left(\frac{\partial \varphi}{\partial n}\right) \mathrm{d}\Gamma$$

其中 Γ_j 表示单元 j 的边界。由于每个单元中的 φ 和 $\dfrac{\partial \varphi}{\partial n}$ 是常数，故有

$$\frac{1}{2}\varphi_i + \sum_{j=1}^{N} \varphi_j \int_{\Gamma_j} \left(\frac{\partial G}{\partial n}\right) \mathrm{d}\Gamma = \sum_{j=1}^{N} \left(\frac{\partial \varphi}{\partial n}\right)_j \int_{\Gamma_j} G \mathrm{d}\Gamma \tag{9.3.10}$$

令 $H_{ij} = \int_{\Gamma_j} \left(\frac{\partial G}{\partial n}\right) \mathrm{d}\Gamma, G_{ij} = \int_{\Gamma_j} G \mathrm{d}\Gamma$，则(9.3.10)式变为

$$\frac{1}{2}\varphi_i + \sum_{j=1}^{N} H_{ij}\varphi_j = \sum_{j=1}^{N} G_{ij}\left(\frac{\partial \varphi_j}{\partial n}\right) = \sum_{j=1}^{N} G_{ij} q_j$$

或

$$\sum_{j=1}^{N} H_{ij}\varphi_j = \sum_{j=1}^{N} G_{ij} q_j \tag{9.3.11}$$

其中

$$H_{ij} = \begin{cases} H_{ij} & (i = j) \\ H_{ij} + 1/2 & (i \neq j) \end{cases}$$

对边界上每个单元 $(i = 1, 2, \cdots, N)$ 都建立式(9.3.12)，则得到 N 个线性方程组

$$H \begin{pmatrix} \varphi_1 \\ \varphi_2 \\ \vdots \\ \varphi_N \end{pmatrix} = G \begin{pmatrix} q_1 \\ q_1 \\ \vdots \\ q_N \end{pmatrix} \tag{9.3.12}$$

在上式中有 N_1 个 φ_i 和 N_2 个 q_i 是已知的，$N_1+N_2=N$。因此(9.3.12)式是确定线性方程组，从而可以求出边界单元上所有的 φ 和 $\frac{\partial\varphi}{\partial n}$。

4. 场域内点的 φ

求出场域边界上的 φ 和 $\frac{\partial\varphi}{\partial n}$ 值后，根据(9.3.8)式可以求出场域内任意一点上的 φ，在求 φ 时也要将积分方程进行离散化，写成

$$\varphi_i=\sum_{j=1}^{N}G_{ij}q_j-\sum_{j=1}^{N}H_{ij}\varphi_j$$

9.4 电磁场数值计算中的其他方法

在电磁场数值计算中，除了上面介绍的有限差分法、有限元法和边界元法外，还有许多其他方法，如模拟电荷法、矩量法、直线法、谱域法、时域有限差分法以及传输线矩阵法等等诸多方法，它们适用于不同的电磁问题。

从总体上看各种方法可以归结为两大类，即微分的方法，如有限差分、有限元法等，以及积分的方法，如边界元法等。对于微分方法，通过选择函数完整地或局部地满足问题的边界条件后，在所研究的区域中，设法用这些函数去逼近微分方程。而在积分方法中，则是首先选择函数满足场域内的微分方程，而后再用这些函数去逼近边界条件，各种处理方法虽然在形式上有所不同，但这些方法存在着一些共性，彼此之间有着内在的联系。进一步的阐述就不在此进行，有兴趣的读者可参见有关电磁场数值计算方法的教材。

9.5 电磁场计算常用工具介绍

9.5.1 CST

德国 CST 股份公司是一家专注于三维电磁场仿真，并提供电路、热及结构应力协同仿真的国际化软件公司。CST 是全球最大的纯电磁场仿真软件公司，提供完备的时域频域全波算法和高频算法，覆盖通信、国防、电子、电气、汽车、医疗和基础科学等领域，典型客户有：IBM、Intel、Cisco、Apple、 Microsoft、Boeing、Samsung、Siemens、HUAWEI、Ericsson、Airbus、NASA、Thales、Mercedes－Benz、BMW、Lenovo 等。

CST 是目前全球电磁兼容(EMC)仿真软件市场全面的解决方案，提供完备的时域、频域全波算法和高频算法，是用于设计、仿真、优化电磁系统的完备工具。CST 微波工作室(CT MWS)采用电磁场全波时域仿真算法——有限积分法(FIT)，对麦克斯韦积分方程进行离散化并迭代求解，可对通信、电源、电气和电子设备等系统复杂的电磁场耦合、辐

射特性、EMC/EMI进行精确仿真。

CST STUDIO SUITE 包括五大应用领域：微波射频与光学（如天线设计与布局、雷达等）；电子设计/电子技术（如 PCB 板，线缆、封装、连接器等）；EMC/EMI（如整车电磁兼容/电磁干扰等）；近场和低频问题（如电机、传感器等）；带电粒子动力学（如加速器、真空电子设备等）。

1. 微波射频与光学

无源微波 & 射频器件设计是 CST 的主要核心应用之一。设计工程师可通过 CST 开展天线、滤波器和耦合器等各类器件的电磁兼容设计。

在微波 & 射频/光学应用中，CST 提供包含各类求解器，如常用的时域积分求解器和频域有限元求解器，支持面网格和笛卡尔六面体网格和四面体网格。还包括积分求解器、高频求解器、本征模求解器和传输线矩阵法求解器，可适用于各类场合应用。根据应用方向，CST STUDIO SUITE 会为用户推荐合理求解器，帮助初级用户通过鼠标点击完成项目仿真。

在该应用领域中 CST 支持电磁场一电路联合仿真，也可由 CST 导入第三方软件的电路仿真结果。该应用领域也可支持基于电磁损耗引起的热和结构分析。

2. 电子设计/电子技术

CST 的 3D 全波求解器可以精确评估 PCB 的电子元件和器件的特性。支持主流 EDA 格式导入并进行 3D 仿真。支持在同一界面下采用时域和频域求解器对同一模型进行交叉验证。高性能计算性能保证了 3D 电磁仿真的可行性。

CST 同样是电子系统电源完整性(PI)分析的理想工具。支持分析电压降(IR-drop)，给出整块 PCB 板上电压降分布。预测电源分配网络(power delivery network)的阻抗，对复杂电路板和封装上加载去耦电容的位置和大小提供建议。

3. EMC/EMI

电磁干扰(EMI)，电磁兼容(EMC)和电磁环境效应(E3)在任何电磁产品研发和系统集成过程中都是重点需要考虑的。权衡产品的电磁兼容和设计要求，对工程师来说是一项巨大的挑战。仿真可以帮助工程师找到产品中问题的来源并在设计早期就进行修正。CST STUDIO SUITE 具有独特且强大的仿真技术，能完美地适用于电磁兼容分析。

4. 近场和低频问题

当结构尺寸远比波长小的时候，可采用低频甚至近场求解器对其进行仿真。经典的低频应用包括电机、发电机、开关、阀门、传感器和执行机构。对于这些系统，不仅仅关心电磁场，通常也被要求仿真力、转矩和温度分布。

CST 可以计算电磁环境对人体的影响——如工人在高场强设备如电焊机前工作时暴露在电磁场环境中比吸收率 SAR。该应用领域的仿真求解主要基于 CST EMS(CST 低频电磁应用求解器)，可覆盖所有低频电磁仿真领域，各种近场/低频求解器可以应对不同的应用类型。在近场和低频应用中也可进行温度分布分析。

CST 的特点与优势：

(1) 精度高：在计算仿真技术的精度和效率方面，CST 有着多年的积累和研究。CST STUDIO SUITE 的每一个模块都经过验证。

(2) 速度快：CST STUDIO SUITE 中各类求解器保证了从简单问题到复杂问题，电大或者电小结构、宽带或者窄带都能高效地完成仿真。

(3) 友好易用：CST 公司花了大量的时间去提升用户体验与软件易用性。用户可以通过 CST STUDIO SUITE 构建仿真环境、建模、仿真和后处理流程。CST STUIDO SUITE 同时提供给用户一个图像化界面，该界面将设计流程中最需要用到的功能通过控件展示出来，方便用户使用。

9.5.2 HFSS

ANSYS 成立于 1970 年，致力于工程仿真软件和技术的研发，在全球众多行业中，被工程师和设计师广泛采用。ANSYS 公司重点开发开放、灵活的，对设计直接进行仿真的解决方案，提供从概念设计到最终测试产品研发全过程的统一平台，同时追求快速、高效和成本意识的产品开发。ANSYS 公司于 2006 年收购了在流体仿真领域处于领导地位的美国 Fluent 公司，于 2008 年收购了在电路和电磁仿真领域处于领导地位的美国 Ansoft 公司。通过整合，ANSYS 公司成为全球最大的仿真软件公司。ANSYS 整个产品线包括结构分析（ANSYS Mechanical）系列、流体动力学（ANSYS CFD FLUENT/CFX）系列、电子设计（ANSYS ANSOFT）系列以及 ANSYS Workbench 和 EKM 等。

包含仿真模块：

➢ HFSS 有限元法 FEM：任意三维结构——整个模拟空间被网格化；应用于微波、天线和 PCB 信号完整性分析等。

➢ HFSS 积分方程求解器 IE Solver：三维 3D 面网格剖分——只剖分模型表面；应用于天线。

➢ HFSS 物理光学 PO 及弹跳射线 SBR+求解器：以射线的形式近似于波的传播方法；应用于天线。

➢ HFSS 瞬态时域求解器：时域公式，可以采用脉冲激励；一般应用于 EMI（电磁干扰）。

➢ HFSS 本征模求解器：用于在空腔和周期结构中获得场及其相关的离散曲线；不需要激励——非驱动解决方案。

HFSS 仿真功能：

1. 射频和微波无源器件设计

HFSS 能够快速精确地计算各种射频/微波无源器件的电磁特性，得到 S 参数、传播常数、电磁特性，优化器件的性能指标，并进行容差分析，帮助工程师们快速完成设计并得到各类器件的准确电磁特性，包括波导器件、滤波器、耦合器、功率分配/合成器、隔离器、腔体和铁氧体器件等。

2. 天线、天线阵列设计

HFSS 可为天线和天线阵列提供全面的仿真分析和优化设计，精确仿真计算天线的各种性能，包括二维、三维远场和近场辐射方向图、天线的方向性、增益、轴比、半功率波瓣宽度、内部电磁场分布、天线阻抗、电压驻波比、S 参数等。

3. 高速数字信号完整性分析

随着信号工作频率和信息传输速度的不断提高，互联结构的寄生效应对整个系统的性能影响已经成为制约设计成功的关键因素。MMIC、RFIC 或高速数字系统需要精确的互联结构特性分析参数抽取，HFSS 能够自动和精确地提取高速互联结构和版图寄生效应，导出 SPICE 参数模型和 Touchstone 文件(即. snp 格式文件)，结合 Ansoft Designer 或其他电路仿真分析工具去仿真瞬态现象。

4. EMC/EMI 问题分析

电磁兼容和电磁干扰(EMC/EMI)问题具有随机性和多变性的特点。Ansoft 提供的"自顶向下"的 EMC 解决方案可以轻松地解决这个问题。整个空间的场分布情况可以以色标图的方式直观地显示出来，让设计人员对系统的场分布全貌有所认识；进一步通过场计算器(Field Calculator)，可以给出电场/磁场强度的最强点，并能输出详细的场强值和坐标值。

5. 电真空器件设计

在电真空器件如行波管、速调管、回旋管设计中，HFSS 本征模求解器结合周期性边界条件，能够准确地仿真分析器件的色散特性，得到归一化相速与频率的关系以及结构中的电磁场分布，为这类器件的分析和设计提供了强有力的手段。

6. 目标特性研究和 RCS 仿真

雷达散射截面(RCS)的分析预估一直是电磁理论研究的重要课题，当前人们对电大尺寸复杂目标的 RCS 分析尤为关注。HFSS 中定义了平面波入射激励，结合辐射边界条件或 PML 边界条件，可以准确地分析器件的 RCS。

7. 计算 SAR

比吸收率(SAR)是单位质量的人体组织所吸收的电磁辐射能量，SAR 的大小表明了电磁辐射对人体健康的影响程度。HFSS 可以准确地计算出指定位置的局部 SAR 和平均 SAR。

8. 光电器件仿真设计

HFSS 的应用频率能够达到光波波段，精确仿真光电器件的特性。

9.5.3 COMSOL

1986 年 7 月，COMSOL 公司成立于瑞典斯德哥尔摩。分公司已遍布全球十多个国家，包括丹麦、芬兰、法国、德国、荷兰、挪威、印度、意大利、瑞士、巴西、英国和美国。COMSOL 公司于 1998 年发布了其旗舰产品 COMSOL Multiphysics ® 的首个版本。此后产品线逐渐扩展，增加了 30 余个针对不同应用领域的专业模块，涵盖力学、电磁场、流体、传热、化工、MEMS、声学等；以及一系列与第三方软件的接口软件，其中包含常用 CAD 软件、MATLAB ® 和 Excel ® 软件等的同步链接产品，使得 COMSOL

Multiphysics 软件能够与主流 CAD 软件工具无缝集成。

包含仿真模块：电磁学领域 AC/DC 模块(模拟低频电磁和机电元件)、RF 模块(优化微波和毫米波器件)、波动光学模块(分析微型和纳米光学器件)、射线光学模块(模拟大型光学系统中的光线轨迹)、等离子体模块(使用等离子体模块模拟低温非平衡放电)、半导体模块(使用半导体模块在原理级分析半导体器件)。

产品特点与优势：

➢ 求解多场问题=求解方程组，用户只需选择或者自定义不同专业的偏微分方程进行任意组合便可轻松实现多物理场的直接耦合分析。

➢ 完全开放的架构，用户可在图形界面中轻松自由定义所需的专业偏微分方程。

➢ 任意独立函数控制的求解参数，材料属性、边界条件、载荷均支持参数控制。

➢ 专业的计算模型库，内置各种常用的物理模型，用户可轻松选择并进行必要的修改。

➢ 内嵌丰富的 CAD 建模工具，用户可直接在软件中进行二维和三维建模。

➢ 全面的第三方 CAD 导入功能，支持当前主流 CAD 软件格式文件的导入。

➢ 强大的网格剖分能力，支持多种网格剖分，支持移动网格功能。

➢ 大规模计算能力，具备 Linux、Unix 和 Windows 系统下 64 位处理能力和并行计算功能。

➢ 丰富的后处理功能，可根据用户的需要进行各种数据、曲线、图片及动画的输出与分析。

➢ 专业的在线帮助文档，用户可通过软件自带的操作手册轻松掌握软件的操作与应用。

➢ 多国语言操作界面，易学易用，方便快捷的载荷条件、边界条件、求解参数设置界面。

1. AD/DC 模块

为了分析涉及静态和低频范围的电磁系统和过程，离不开功能强大而灵活的仿真工具。“AC/DC 模块”是 COMSOL Multiphysics ® 平台的附加模块，为用户提供各种各样的建模特征和数值方法，用户可以通过求解麦克斯韦方程来研究电磁场和 EMI/EMC。借助 COMSOL ® 软件的多物理场功能，用户可以研究其他物理效应(比如传热、结构力学和声学)对电磁模型的影响。

2. RF 模块

“RF 模块”通过研究高频应用中的电磁波传播和谐振效应等因素，可以帮助用户优化产品设计。用户可以使用“RF 模块”来了解和预测射频、微波和毫米波行业中使用的器件的性能。射频和微波器件的设计人员需要确保电磁产品的可靠性和稳定性。通过传统的电磁建模，用户可以单独检查电磁波效应，但现实生活中没有任何产品能够在理想的工作条件下运行。为了研究其他物理现象对产品设计的影响，用户需要进行多物理场建模，将传统的电磁模型扩展为包含温升和结构变形等多种效应的建模。

3. 波动光学模块

“波动光学模块”是 COMSOL Multiphysics ® 软件平台的一个附加产品，供工程师和科研人员用来理解、预测和研究电磁波在光学应用中的传播和谐振效应。这种仿真通过分析设计方案中的电磁场分布、透射和反射系数，以及功率损耗，可以提供更加强大、高效的产品和工程方法。在对光子器件、集成光路、光波导、耦合器、光纤等设计进行优化时，用户需要考虑实际的应用场景。COMSOL Multiphysics ® 软件的多物理场建模功能可以帮助用户研究其他物理场对光学结构的影响，例如，应力-光、电-光、声-光效应以及电磁热。

4. 射线光学模块

“射线光学模块”是 COMSOL Multiphysics ® 软件的一个附加模块，支持用户使用光线追迹法对电磁波的传播进行建模，其中波的传播作为射线进行处理，可以被反射、折射或吸收。这种电磁辐射的处理方式采用近似方法，当几何结构大于波长时，这种方法非常适用。通过将“射线光学模块”与 COMSOL 产品库中的其他模块结合使用，可以在具有温度梯度和变形的几何结构中进行光线追迹，从而在单个仿真环境中执行高保真结构-热-光学性能(STOP)分析。

5. 等离子体模块

等离子体模块专门用于仿真低温等离子体的源和系统。工程师和科学家可以使用它来深入理解放电的物理过程，并衡量现有或未来设计的性能。本模块可以进行任意空间维度(一维、二维和三维)的分析。由于特殊的性质，等离子体系统是具有高度非线性的复杂系统。电学输入参数或等离子体化学的微小变化可能会导致放电特性的显著变化。

6. 半导体模块

半导体和光电子器件的物理场仿真半导体模块提供了专用的工具，在最基础的物理层面分析半导体器件的运行状态。该模块基于漂移-扩散方程，包含等温或非等温传递模型，可用于仿真一系列实际器件，包括双极晶体管、金属半导体场效应晶体管(MESFET)、金属氧化物半导体场效应晶体管(MOSFET)、绝缘栅双极晶体管(IGBT)、肖特基二极管和 P－N 结等。

9.5.4　FEKO

FEKO 是由 Altair 公司出品的一款电磁仿真工具，其以矩量法(MOM)为核心算法，辅以多种时域和频域仿真算法，能够高效地进行天线设计、天线布局、电磁散射、雷达散射截面(RCS)和电磁兼容等相关的宽频谱电磁问题处理。

产品亮点：(1) 为电大尺寸和复杂问题提供了丰富的混合求解算法；(2) 为风窗天线、阵列天线、线缆束和特征模(CMA)等特定问题准备了专用工具；(3) 高效、可靠和精确的并行求解应用。领域：(1) 天线设计；(2) 天线布局；(3) 电磁兼容(EMC)；(4) 电磁散射，RCS；(5) 其他 (天线罩、微带电路等)。

FEKO 支持以矩量法(MOM)为核心的多种时域和频域算法以适应不同电磁问题的计算与仿真。FEKO 支持的算法包括：

(1) 全波算法:矩量法(MOM)、高阶矩量法(HOMOM)、时域有限差分(FDTD)、有限元(TEM)、多层快速多极子(MLFMM)。

(2) 渐进算法:物理光学(PO)、大面元物理光学(LE－PO)、几何一致性绕射理论(UTD)。

(3) 混合算法:MOM＋FEM、MLFMM＋FEM、MOM＋高频算法、MLFMM＋高频算法。

9.5.5 ADS

一、ADS 软件特点与优势

ADS(Advanced Design System)软件由美国安捷伦(Agilent)公司开发,该软件功能强大,可以支持从模块到通信系统的设计,能够完成射频和微波电路设计、通信系统设计、射频集成电路(RFIC)设计和数字信号处理(DSP)设计。

ADS 仿真手段丰富多样,可以实现包括时域和频域、数字和模拟、线性和非线性、电磁和数字信号处理等多种仿真手段,并且可以对设计结果进行成品率分析和优化,从而大大提高了复杂电路的设计效率,是业界最流行的射频和微波电路、系统仿真工具。

二、ADS 软件功能与应用介绍

1. ADS 的设计功能

ADS 可以提供原理图设计和布局图设计。在原理图设计中,ADS 不仅提供了从无源到有源、从器件到系统的设计面板,而且提供设计工具、设计向导和设计指南等,原理图设计可以在数据显示视窗看到仿真结果。

2. ADS 的仿真功能

ADS 的仿真功能十分强大,可以提供直流仿真、交流仿真、S 参数仿真、谐波平衡仿真、增益压缩仿真、电路包络仿真、瞬态仿真、预算仿真和电磁仿真等,这些仿真可以进行线性和非线性仿真,电路和系统仿真,频域、时域和电磁仿真。

3. ADS 与其他软件的连接

ADS 软件提供了丰富的接口,允许与其他软件连接。ADS 软件的 SPICE 电路转换器可以将 SPICE 格式的电路图转换成 ADS 格式的电路图进行仿真分析,ADS 格式的电路图也可以转换成 SPICE 格式的电路图进行仿真分析。ADS 软件的布局转换器可以将其他 EDA 或 CAD 软件产生的布局文件导入 ADS 软件中进行编辑。ADS 软件允许得到厂商的元件模型,并将其读入 ADS 软件,供使用者在电路的设计和仿真中使用。

三、ADS 仿真功能

1. 线性分析

线性分析为频域、小信号电路的仿真分析方法,可以对线性和非线性射频电路进行线性分析。在进行线性分析时,软件首先计算电路中每个元件的线性参数,如 S 参数、Z 参数、Y 参数、电路阻抗、反射系数、稳定系数、增益与噪声等,然后对整个电路进行分析和仿

真，得到线性电路的幅频、相频、群时延、线性噪声等特性。

2. 谐波平衡和增益压缩分析

谐波平衡和增益压缩分析为频域、大信号、非线性、稳态电路的仿真分析方法，可以用来分析具有多频输入信号的非线性电路，得到谐波失真、功率压缩点、三阶交调点、非线性噪声等参数。谐波平衡和增益压缩仿真是一个有效的频域分析工具，与时域瞬态 SPICE 仿真分析相比，谐波平衡和增益压缩仿真可以给非线性电路提供一个比较快速有效的分析方法，对现今频率越来越高的通信系统来说，显得尤为重要，填补了时域瞬态 SPICE 仿真和小信号 S 参数仿真的不足。

3. 高频 SPICE 瞬态分析

高频 SPICE 瞬态分析可以分析线性与非线性电路的瞬态响应，是一种时域的仿真分析方法。瞬态仿真是传统 SPICE 软件采用的最基本仿真方法，SPICE 软件可以说是所有电路仿真软件的鼻祖，能够对模拟和数字电路进行仿真。但与传统 SPICE 软件相比，高频 SPICE 瞬态分析有很多优点，例如可以直接使用频域分析模型，对微带线和分布参数滤波器等进行分析，这是因为 ADS 在仿真时可以将频域分析模型进行拉氏变换后再进行瞬态分析，因此，高频 SPICE 瞬态仿真分析能够对频域模型进行分析。

4. 电路包络分析

电路包络仿真是近年来通信系统的一项标志性技术，可以将高频调制信号分解为时域和频域两部分进行处理，非常适合对数字调制射频信号进行快速、全面的分析。在时域上，电路包络仿真对相对低频的调制信息用时域 SPICE 方法来仿真分析，而对相对高频的载波成分，电路包络仿真则采用类似谐波平衡法的仿真方法在频域进行处理，这样的处理使仿真器的速度和效率都得到了质的飞跃。

5. 电磁仿真分析

ADS 软件采用矩量法（Momentum）对电路进行电磁仿真分析。矩量法与有限元法和时域有限差分法等一样，是一种数值计算方法，可以对微分方程和积分方程进行数值求解，因此，在电磁场的数值计算中应用十分广泛。矩量法将激励和加载分割成若干个部分，并将一个泛函方程化为矩阵方程，从而得到射频电路电磁分布的数值解，若激励和加载分割成越多个部分，矩量法的电磁数值解就越精确。ADS 软件采用矩量法可以对布局图进行电磁仿真分析，得到电路板上的寄生和耦合效应，对原理图的设计结果加以验证。

习题参考答案

第一章

1.1 略

1.2 略

1.3 (1) 散度：$2x+2y+2z$ 旋度：0；(2) 散度：$3\cos(\theta)+\varphi\cot(\theta)$ 旋度：$\left(\frac{\cot(\theta)}{r}-\frac{1}{\sin(\theta)}\right)\boldsymbol{e}_r-\frac{1}{r}\boldsymbol{e}_\theta+(2\varphi+\sin\theta)\boldsymbol{e}_\varphi$

1.4 略

1.5 略

1.6 略

1.7 略

1.8 略

1.9 略

第二章

2.1 $\frac{\mathrm{i}\mu_0 abv}{2\pi\rho(\rho+a)}$

2.2 略

2.3 $9\boldsymbol{e}_x+\mathrm{j}6\boldsymbol{e}_y$

2.4 (1) 是 (2) 不是 (3) 不是

2.5 略

2.6 (1) $-\frac{A}{c}\cos\left(\frac{\pi z}{a}\right)\sin\left(\frac{\pi ct}{a}\right)\boldsymbol{e}_y$；(2) 0；(3) $z=0$ 平面：$\frac{A}{\mu_0 c}\sin\left(\frac{\pi ct}{a}\right)\boldsymbol{e}_x$；$z=a$ 平面：$\frac{A}{\mu_0 c}\sin\left(\frac{\pi ct}{a}\right)\boldsymbol{e}_x$

2.7 $H=\frac{J_0}{2\pi\rho}\boldsymbol{e}_\varphi, E_1=\frac{1}{\varepsilon_1}\int-\frac{J_0}{2\pi\rho^2}\boldsymbol{e}_x\,\mathrm{d}t; E_2=\frac{1}{\varepsilon_2}\int-\frac{J_0}{2\pi\rho^2}\boldsymbol{e}_x\,\mathrm{d}t$

2.8 略

2.9 $E_s=1.63\times10^5\ \mathrm{V/m}, H_s=431\ \mathrm{A/m}$

2.10 (a) $\frac{1}{2}\left(\varepsilon_0 E^2+\frac{B^2}{\mu_0}\right)\boldsymbol{e}_z$；(b) $\frac{B^2}{\mu_0}\boldsymbol{e}_z$

2.11 略

第三章

3.1 $\nabla^2\boldsymbol{E}-\mu_0\varepsilon\frac{\partial^2\boldsymbol{E}}{\partial t^2}=0; \nabla^2\boldsymbol{H}-\mu_0\varepsilon\frac{\partial^2\boldsymbol{H}}{\partial t^2}=0$

3.2 (1) 左旋椭圆极化;(2)(3) 略

3.3 略

3.4 (1) $\arctan\left(\frac{\mu_2}{\mu_1}\right)$;(2) $\pi/6$

3.5 略

3.6 铜:是,是,是;海水:是,否,否

3.7 (1) $k \approx \sqrt{-j\omega\mu\sigma}$;$\eta = \sqrt{\frac{j\mu\omega}{\sigma}}$;$\delta = \sqrt{\frac{2}{\omega\mu\sigma}}$;(2) $R = 1 - 2\sqrt{\frac{2\omega\varepsilon_0}{\sigma}}$;$T = 1 + R$

3.8 $\arcsin\left(\sqrt{\frac{2\omega}{c^2\mu_0\sigma}}\sin(\theta_i)\right)$

3.9 略

3.10 θ

3.11 略

3.12 略

第四章

4.1 (1) $\widetilde{Z}_l = \frac{100 + j50}{50} = 2 + j$

(2) 略

(3) 略

(4) 略

(5) $Z_{in} = 50 \times (0.42 - j0.25)\Omega = (21 - j12.5)\Omega$

4.2 (1) $Z_L = (1.5 - j0.5)\Omega$

(2) 略

(3) 略

(4) $y = 0.975 - j0.75, Y = 0.0195 - j0.0114$

4.3 $Z_L = 0.57 + j1.5$

4.4 $Z_L = 0.72 + j1.48$

4.5 (1) $\alpha = 0.24$ NP/m, $\lambda = 1.5$(m)

(2) $\widetilde{Z}_{in} = 0.6 - j0.54, \Gamma_{in} = 0.4e^{-j0.6\pi}$

4.6 变换器的特征阻抗为 $Z_1 = 22.36\ \Omega$,变换器的长度为 3 GHz 时变换器工作波长的 1/4

4.7 $d = 0.051\lambda, l = 0.372\lambda$

$d' = 0.374\lambda, l' = 0.128\lambda$

4.8 $d = 0.03\lambda, l = 0.318\lambda$

$d' = 0.149\lambda, l' = 0.182\lambda$

4.9 略

第五章

5.1 (1) 略;(2) $\lambda_c = \frac{2d}{m}, \lambda_g = \frac{\lambda}{\sqrt{1 - \left(\frac{\lambda}{\lambda_c}\right)^2}}, k_z = k \cdot \sqrt{1 - \left(\frac{\lambda}{\lambda_c}\right)^2}$;

(3) $v_g = c \cdot \sqrt{1-\left(\frac{m\pi c}{w_0 d}\right)^2}$, $v_\varphi = \frac{c}{\sqrt{1-\left(\frac{m\pi c}{w_0 d}\right)^2}}$

5.2 (1) 10 cm: TE_{10} 7 cm: TE_{10}; TE_{20} 6 cm: TE_{10}; TE_{20}; TE_{01}; TE_{11}; TM_{11}

(2) $2.08\ \text{GHz} < f < 4.16\ \text{GHz}$ (3) $1.39\ \text{GHz} < f' < 2.77\ \text{GHz}$

5.3 (1) 597.87×10^2 V/m; 1.269×10^2 A/m

(2) 窄壁:仅横向 $|J_y| = 126.9$ A/m; 宽壁: $|J_x| = 126.9$ A/m; $|J_z| = 92.5$ A/m

5.4 略

5.5 略

5.6 (1) $a = 7$ cm, $b = 4$ cm (2) $\lambda_g = 14.3$ cm; $\eta = 538.6\ \Omega$

5.7 $P = 948.9$ kW

5.8 (1) $\varepsilon'_R < 4$; (2) $\frac{c}{2a} < f < \frac{c}{\sqrt{\varepsilon'_R}a}$

5.9 (1) $\beta = 94.2$ rad/m; $v_p = 5 \times 10^8$ m/s; $v_g = 1.8 \times 10^8$ m/s; $\lambda_g = 6.67$ cm; $\eta_{TE_{10}} = 628.3\ \Omega$

(2) $\beta = 182.85$ rad/m; $v_p = 2.58 \times 10^8$ m/s; $v_g = 1.74 \times 10^8$ m/s; $\lambda_g = 3.43$ cm; $\eta_{TE_{10}} = 323.5\ \Omega$

5.10 (1) $z_0 = 51.1\ \Omega$; (2) $d' = 20.9$ mm; (3) $f_{max} = 1.21$ GHz

5.11 空气: $a \leqslant 0.46$ cm; $b \leqslant 1.61$ cm 介质: $a \leqslant 0.184$ cm, $b \leqslant 1.198$ cm

5.12 (1) $f_{max} = 1.74$ GHz; (2) $\rho = 4$, $P^+ = 1.56$ W, $P^- = 0.56$ W;

(3) $d' = 1.32$ cm, $P = 1.56$ W

5.13 (1) $\lambda_{TE_{11}} = 0.157$ m, $\lambda_{TM_{01}} = 0.06$ m;

(2) $v_{p_{TEM}} = 3 \times 10^8$ m/s, $v_{p_{TE_{11}}} = 3.9 \times 10^8$ m/s

5.14 $a = 9.64$ mm, $b = 22.16$ mm; $a = 7.07$ mm, $b = 24.73$ mm

5.15 0.2 nF, 500 nH

5.16 72.9 Ω, 5.734

5.17 (1) 1.225 mm; (2) 45.0 Ω, 6.56

5.18 0.84 mm, 0.127 mm

5.19 0.70, 7.01, 33.2 Ω

5.20 略

5.21 0.244, 14.1°

5.22 4.75 μm

5.23 (1) 略; (2) 67.7°

5.24 (1) 0.469 μm; (2) 1.592

5.25 略

第六章

6.1 (1) TM_{110} 模为主模,谐振频率 $f_0 = \frac{\sqrt{a^2+b^2}}{2ab\sqrt{\varepsilon_0\mu_0}}$

(2) TE_{101} 模为主模,谐振频率 $f_0 = \frac{\sqrt{a^2+l^2}}{2al\sqrt{\varepsilon_0\mu_0}}$

(3) TE_{101} TE_{011} TM_{110} 模为主模(简并),谐振频率 $f_0 = \frac{1}{\sqrt{2}a\sqrt{\varepsilon_0\mu_0}}$

6.2　$a=6.32\text{ cm},d=8.15\text{ cm},b=3.16\text{ cm}$

6.3　(1) 6.25 GHz，1 481；(2) 19.9×10^{-12} J；(3) 2.08

6.4　移动范围 39.5 mm～65.6 mm；Q 值变小，原因略

6.5　$a=4\text{ cm},b=3\text{ cm},d=4\text{ cm}$

6.6　$\dfrac{1}{\sqrt{\varepsilon_r}}\sqrt{\left(\dfrac{1}{1.64R}\right)^2+\left(\dfrac{1}{2l_1}\right)^2}=\sqrt{\left(\dfrac{1}{1.64R}\right)^2+\left(\dfrac{1}{2l_2}\right)^2}$

6.7　(1) $d=2a=5.48$ cm；(2) 略

6.8　(1) 1.25 GHz；(2) 0.625 GHz

第七章

7.1　略

7.2　辐射场强为：

$$\boldsymbol{B}=\frac{-\mathrm{i}\mu_0\omega^3P_0a}{4\pi c^2R}(\cos\theta\sin\phi\boldsymbol{e}_\theta+\cos^2\theta\cos\phi\boldsymbol{e}_\phi)\mathrm{e}^{\mathrm{i}(kR-\omega t)}$$

$$\boldsymbol{E}=\frac{-\mathrm{i}\mu_0\omega^3P_0a}{4\pi cR}(-\cos\theta\sin\phi\boldsymbol{e}_\phi+\cos^2\theta\cos\phi\boldsymbol{e}_\theta)\mathrm{e}^{\mathrm{i}(kR-\omega t)}$$

平均辐射角功率为：

$$\boldsymbol{S}=\frac{\mu_0\omega^6P_0^2a^2}{32\pi^2c^3R^2}(\cos^2\theta\sin^2\phi+\cos^4\theta\cos^2\phi)\boldsymbol{e}_R$$

7.3　略

7.4　辐射场为：

$$\boldsymbol{E}_{total}=-\boldsymbol{e}_\theta\frac{\mu_0P\omega^2\sin\theta_0}{2\pi r_0}\cos\left(\omega t-\frac{\omega}{c}r_0\right)\cos(\pi\cos\theta_0)$$

$$\boldsymbol{B}_{total}=-\boldsymbol{e}_\varphi\frac{\mu_0P\omega^2\sin\theta_0}{2\pi r_0c}\cos\left(\omega t-\frac{\omega}{c}r_0\right)\cos(\pi\cos\theta_0)$$

辐射功率分布为：

$$\boldsymbol{g}=\boldsymbol{E}\times\boldsymbol{H}=\boldsymbol{e}_r\frac{\mu_0P^2\omega^4\sin^2\theta_0}{4\pi^2r_0^2c}\cos^2(\pi\cos\theta_0)\cos^2\left(\omega t-\frac{\omega r_0}{c}\right)$$

辐射总功率为：

$$P=\left(\frac{1}{3}-\frac{1}{4\pi^2}\right)\frac{\mu_0P^2\omega^4}{2\pi c}\cos^2\left(\omega t-\frac{\omega r_0}{c}\right)$$

7.5　辐射场为：

$$\boldsymbol{E}_{total}=\boldsymbol{e}_\varphi\frac{\mu_0I_0a^2\omega^2\sin\theta\cos\omega\left(t-\dfrac{r}{c}\right)}{4cr}$$

$$\boldsymbol{B}_{total}=-\boldsymbol{e}_\theta\frac{\mu_0I_0a^2\omega^2\sin\theta\cos\omega\left(t-\dfrac{r}{c}\right)}{4c^2r}$$

辐射功率分布为：

$$\boldsymbol{g}=\frac{1}{\mu_0}\boldsymbol{E}\times\boldsymbol{B}=\boldsymbol{e}_r\frac{\mu_0 I_0^2 a^4\omega^4\sin^2\theta\cos^2\omega\left(t-\frac{r}{c}\right)}{16c^3r^2}$$

辐射总功率为：

$$P=\frac{\mu_0\pi I_0^2a^4\omega^4\cos^2\omega\left(t-\frac{r}{c}\right)}{6c^3}$$

7.6　辐射场为：

$$A_z=\frac{\mu I_m \mathrm{e}^{-\mathrm{j}kr}\sin\left(\frac{N\pi}{2}\cos\theta\right)}{2\pi kr\cos\theta}$$

$$E_\theta=\mathrm{j}\omega\mu\sin\theta\cdot A_z$$

$$H_\phi=\frac{1}{\eta}E_\theta$$

单位立体角辐射功率：

$$\boldsymbol{g}=\boldsymbol{E}_\theta\times\boldsymbol{H}_\phi$$

$$\frac{\mathrm{d}P}{\mathrm{d}\Omega}=\frac{\boldsymbol{g}\cdot\mathrm{d}\boldsymbol{s}}{\frac{\mathrm{d}s}{r_0^2}}$$

辐射总功率：

$$P=\int\boldsymbol{g}\cdot\mathrm{d}\boldsymbol{s}$$

7.7　(1) j1.73 mA/m；(2) j0.653 V/m；(3) 1.13 mW/m^2

7.8　(1) 0.033 15 W/m^2；(2) 4 165.75 W

7.9　(1) 3.684；(2) 1 447.72

7.10　(1) 阵因子：

$$AF(\theta)=2[1+\cos(kd\cos(\theta))]=4\cos^2\left(\frac{kd}{2}\cos\theta\right)$$

(2) $AF=0$ 时的 θ 为零点角度

7.11　1.743×10^{-5} W/m^2

7.12　(1) 阵因子：

$$AF=2\mathrm{j}\left[\sin\left(\frac{3kd}{2}\cos\theta\right)+\sin\left(\frac{kd}{2}\cos\theta\right)\right]$$

(2) 0°,90°,180°

第八章

8.1

假设脉冲接收机位于 Σ 参考系的原点，脉冲发射机位于 Σ′ 参考系的原点。在 Σ′ 参考系中，两次脉冲从发射到接收位置所需时间分别是 t'_1 和 t'_2，两次脉冲信号从发射到接收位移之差 $d=v\cdot\tau_0$，所以

得到 t'_1 和 t'_2 的关系

$$t'_2 = t'_1 + \tau_0 + \frac{d}{c} = t'_1 + \tau_0 + \frac{v \cdot \tau_0}{c}$$

$$\Delta t' = t'_2 - t'_1 = \tau_0 + \frac{v \cdot \tau_0}{c} = \tau_0 \cdot \left(1 + \frac{v}{c}\right)$$

在 Σ 参考系中，观察脉冲从发射到接收位置的时间

$$t = \gamma\left(t' + \frac{v}{c^2} \cdot x'\right)$$

其中，$\gamma = \dfrac{1}{\sqrt{1 - \dfrac{v^2}{c^2}}}$

所以在 Σ 参考系中，两次脉冲从发射到接收位置的时间间隔

$$\Delta t = t_2 - t_1 = \gamma\left[t'_2 - t'_1 + \frac{v}{c^2} \cdot (x'_2 - x'_1)\right] = \gamma\left(\Delta t' + \frac{v}{c^2} \cdot \Delta x'\right)$$

在 Σ' 参考系中，脉冲发射机的两次发射位置相同，故 $x'_1 = x'_2$，$\Delta x' = 0$，所以

$$\Delta t = \gamma \cdot \Delta t' = \frac{\tau_0 \cdot \left(1 + \dfrac{v}{c}\right)}{\sqrt{1 - \dfrac{v^2}{c^2}}} = \frac{\tau_0 \cdot (c + v)}{\sqrt{c^2 - v^2}}$$

8.2

(1) 假设棒 l_1(Σ' 参考系)以速率 v 沿 Σ 参考系的 x 轴正方向运动，则棒 l_2(Σ'' 参考系)相对 Σ 参考系的速度 $u_x = -v$。相对 l_1 静止的观察者，观察 l_2 的速度和长度分别为：

$$u'_x = \frac{u_x - v}{1 - \dfrac{v \cdot u_x}{c^2}} = \frac{-2vc^2}{c^2 + v^2}$$

$$l' = l_0 \sqrt{1 - \left(\frac{u'_x}{c}\right)^2} = l_0 \frac{c^2 - v^2}{c^2 + v^2}$$

所以，在两棒左端重合时，两棒右端距离为：

$$\Delta l = l_0 - l' = l_0 \frac{2v^2}{c^2 + v^2}$$

因为 $\Delta l = |u'_x| \cdot \Delta t$，所以 $v = \dfrac{c^2}{\Delta t \cdot l_0}$。

故在 Σ 参考系中，两根棒的相对速度 $\Delta v = 2v = \dfrac{2c^2}{\Delta t \cdot l_0}$。

(2) 由于尺度缩短效应，在 Σ' 参考系中观察两根棒左端先重合，右端后重合，则棒 l_2 相对于棒 l_1 从左向右运动。和(1)中的情况相似，相对于第二根棒静止的观察者，将先看到两根棒右端先重合，在时间间隔 Δt 之后，两根棒的左端重合。

(3) 由(1)中可知，在实验室参考系 Σ 中，两根棒的运动速度大小相等、方向相反，且两根棒的长度

相同,所以在实验室中的观察者,将看到两根棒的左、右两端同时重合。

8.3 略

8.4

单位长度电荷为 λ 的无限长均匀带电圆柱导体,在空间中产生的电场沿圆柱导体的径向;接入稳恒电流 I 时,在空间产生满足右手螺旋定则的磁场,且 $\boldsymbol{E}\perp\boldsymbol{B}$。所以相对于 Σ 参考系,只存在电场或只存在磁场的 Σ' 参考系应该沿着 $\boldsymbol{E}\times\boldsymbol{B}$ 方向运动。

在 Σ 参考系中

$$E_\theta = E_z = 0,\quad \boldsymbol{E} = E_\rho \boldsymbol{e}_\rho;\quad B_\rho = B_z = 0,\quad \boldsymbol{B} = B_\theta \boldsymbol{e}_\theta$$

$$E_\rho = \frac{\lambda}{2\pi\varepsilon_0\rho}$$

$$B_\theta = \frac{\mu_0 I}{2\pi\rho}$$

由电磁场变换关系

$$\boldsymbol{E}'_{/\!/} = \boldsymbol{E}_{/\!/},\quad \boldsymbol{B}'_{/\!/} = \boldsymbol{B}_{/\!/}$$

$$\boldsymbol{E}'_{\perp} = \gamma(\boldsymbol{E}+\boldsymbol{v}\times\boldsymbol{B})_{\perp},\quad \boldsymbol{B}'_{\perp} = \gamma\left(\boldsymbol{B}-\frac{\boldsymbol{v}}{\boldsymbol{c}^2}\times\boldsymbol{E}\right)_{\perp}$$

在 Σ' 参考系中

$$E'_z = B'_z = 0$$

$$E'_\rho = \gamma(E_\rho - vB_\theta) = \gamma(|\boldsymbol{E}| - v|\boldsymbol{B}|)$$

$$B'_\theta = \gamma\left(B_\theta - \frac{v}{c^2}E_\rho\right) = \gamma\left(|\boldsymbol{B}| - \frac{v}{c^2}|\boldsymbol{E}|\right)$$

若在 Σ' 参考系中只存在电场 $\boldsymbol{E}' = \dfrac{\lambda}{2\pi\varepsilon_0\rho}\boldsymbol{e}_\rho$,则磁场 $\boldsymbol{B}'=\boldsymbol{0}$,从上式中,要求 Σ' 参考系的速度为

$$v = \frac{c^2|\boldsymbol{B}|}{|\boldsymbol{E}|},\quad 即\ \boldsymbol{v} = \frac{c^2}{E^2}\boldsymbol{E}\times\boldsymbol{B} = \frac{\varepsilon_0\mu_0 I c^2}{\boldsymbol{\lambda}}\boldsymbol{e}_z$$

若在 Σ' 参考系中只存在磁场 $\boldsymbol{B}' = \dfrac{\mu_0 I}{2\pi\rho}\boldsymbol{e}_\theta$,则磁场 $\boldsymbol{E}'=\boldsymbol{0}$,从上式中,要求 Σ' 参考系的速度为

$$\boldsymbol{v} = \frac{1}{B^2}\boldsymbol{E}\times\boldsymbol{B} = \frac{\boldsymbol{\lambda}}{\varepsilon_0\mu_0 k I}\boldsymbol{e}_z$$

8.5

在 Σ 参考系中,均匀静电场 E_0 平行于 x_2 轴,均匀静磁场 B_0 平行于 x_3 轴,若在 Σ' 参考系中只存在电场或磁场,那么 Σ' 参考系应该沿着 $E_0\times B_0$ 的方向运动。按题意,在 Σ 参考系中

$$E_1 = E_3 = 0,\quad \boldsymbol{E} = E_2\boldsymbol{x}_2;\quad B_1 = B_2 = 0,\quad \boldsymbol{B} = B_3\boldsymbol{x}_3$$

由电磁场变换关系

$$\boldsymbol{E}'_{/\!/} = \boldsymbol{E}_{/\!/},\quad \boldsymbol{B}'_{/\!/} = \boldsymbol{B}_{/\!/}$$

$$\boldsymbol{E}'_{\perp} = \gamma(\boldsymbol{E}+\boldsymbol{v}\times\boldsymbol{B})_{\perp},\quad \boldsymbol{B}'_{\perp} = \gamma\left(\boldsymbol{B}-\frac{\boldsymbol{v}}{\boldsymbol{c}^2}\times\boldsymbol{E}\right)_{\perp}$$

在 Σ' 参考系中

$$E'_1 = B'_1 = 0$$
$$E'_2 = \gamma(E_2 - vB_3) = \gamma(|\boldsymbol{E}| - v|\boldsymbol{B}|)$$
$$B'_3 = \gamma\left(B_3 - \frac{v}{c^2}E_2\right) = \gamma\left(|\boldsymbol{B}| - \frac{v}{c^2}|\boldsymbol{E}|\right)$$

(1) 若在 Σ' 参考系中只存在电场 $\boldsymbol{E}'$，则磁场 $\boldsymbol{B}' = \boldsymbol{0}$，从上式中，要求 Σ' 参考系的速度为

$$v = \frac{c^2|\boldsymbol{B}|}{|\boldsymbol{E}|}, \quad \text{即 } \boldsymbol{v} = \frac{c^2}{E^2}\boldsymbol{E} \times \boldsymbol{B}$$

(2) 若在 Σ' 参考系中只存在磁场 $\boldsymbol{B}'$，则电场 $\boldsymbol{E}' = \boldsymbol{0}$，从上式中，要求 Σ' 参考系的速度为

$$\boldsymbol{v} = \frac{1}{B^2}\boldsymbol{E} \times \boldsymbol{B}$$

(3) 对于(1)只存在电场，因为 $v < c$，故 Σ 参考系中应满足 $|\boldsymbol{E}| > c|\boldsymbol{B}|$。对于(2)只存在磁场，$\Sigma$ 参考系中应满足 $|\boldsymbol{E}| < c|\boldsymbol{B}|$。

8.6

(1)相对于导线静止的 Σ' 坐标系中的电场和磁场为

$$\boldsymbol{E}'_{/\!/} = \boldsymbol{0}, \quad \boldsymbol{E}'_{\perp} = \frac{\lambda}{2\pi\varepsilon_0 r}\boldsymbol{e}_r, \quad \boldsymbol{B}' = \boldsymbol{0}$$

(2) 在实验室坐标系 Σ 中

$$\boldsymbol{E}_{/\!/} = \boldsymbol{E}'_{/\!/} = \boldsymbol{0}, \quad \boldsymbol{B}_{/\!/} = \boldsymbol{B}'_{/\!/} = \boldsymbol{0}$$
$$\boldsymbol{E}_{\perp} = \gamma\boldsymbol{E}'_{\perp}, \quad \boldsymbol{B}_{\perp} = \gamma\frac{v}{c^2}\boldsymbol{E}'_{\perp}$$

故 $\boldsymbol{E} = \boldsymbol{E}_{\perp} = \gamma\boldsymbol{E}'_{\perp}$，$\boldsymbol{B} = \boldsymbol{B}_{\perp} = \gamma\frac{v}{c^2}\boldsymbol{E}'_{\perp}$

(3) 相对于导线静止的 Σ' 坐标系中的电荷密度 $\rho' = \lambda$，电流密度 $\boldsymbol{j}' = \rho'\boldsymbol{u}' = \boldsymbol{0}$

(4) 在实验室坐标系 Σ 中

$$\rho = \gamma\rho' = \frac{\lambda}{\sqrt{1 - \frac{v^2}{c^2}}}$$

$$\boldsymbol{j} = \rho\boldsymbol{u} = \gamma\rho' v\boldsymbol{e}_v = \frac{\lambda v}{\sqrt{1 - \frac{v^2}{c^2}}}\boldsymbol{e}_v$$

$$E_r = \frac{\rho}{2\pi\varepsilon_0 r} = \frac{\gamma\rho'}{2\pi\varepsilon_0 r} = \gamma E'_r$$

$$B_\varphi = \frac{\mu_0 \mathrm{j}}{2\pi r} = \frac{\gamma\rho' v}{2\pi r \cdot \varepsilon_0 c^2} = \gamma\frac{v}{c^2}E'_r$$

考虑电场和磁场的具体方向并与(2)的结果比较，$\boldsymbol{E} = \boldsymbol{E}_r = \gamma\boldsymbol{E}'_r = \gamma\boldsymbol{E}'_{\perp}$，$\boldsymbol{B} = \boldsymbol{B}_\varphi = \gamma\frac{v}{c^2}\boldsymbol{E}'_{\perp}$

8.7 略

8.8 略

参考文献

[1] J. D. Jackson. Classical Electrodynamics. John Wiley & Sons, 1999.

[2] 俞允强. 电动力学简明教程. 北京:北京大学出版社,1999.

[3] Jin Au Kong. Electromagnetic Wave Theory. EMW Publication, 2005.

[4] 郭硕鸿. 电动力学. 北京:人民教育出版社,1982.

[5] 林为干. 微波理论与技术. 北京:科学出版社,1979.

[6] 孙景李. 经典电动力学. 北京:高等教育出版社,1987.

[7] Paul Lorrain and Dale Corson. Electromagnetic Field and Waves. 2nd Edition. W. H. Freeman & Co, 1991.

[8] Magdy F. Tskander. Electromagnetic Field & Wave. Prentice-Hall,1992.

[9] David K. Cheng. Fundainentals of Engineering Electromagnetics. Prentice Hall, 1992.

[10] R. A. Shelby, D. R. Smith and S. Schultz. Experimental Verification of a Negative Index of Refraction. Sciences, 2001, Vol. 292:pp. 77 - 79.

[11] N. Engheta, R. W. Ziolkowski. Metamaterials Physics and Engineering Explorations. John Wiley & Sons Inc, 2006.

[12] David M. Pozar. Microwave Engineering. Addison-Wesley Publishing Company Inc. , 1990.

[13] 清华大学《微带电路》编写组. 微带电路. 北京:人民邮电出版社,1976.

[14] 吴培亨. 微波电路. 北京:科学出版社,1980.

[15] 谢处方等. 天线原理与设计. 西安:西北电讯工程学院出版社,1985.

[16] E. A. Wolff. Antenna Analysis. John Wiley & Sons, 1988.

[17] E. F. Knott 等著. 雷达散射截面——预估、测量和减缩. 北京:电子工业出版社,1988.

[18] 唐汉. 微波原理. 南京:南京大学出版社,1990.

[19] 李宗谦,佘京兆. 微波技术. 西安:西安交通大学出版社,1991.

[20] L. J. Lavedan. Design of Waveguide-to-Microstrip Transition Specially Suited to Millimeter-Wave Applications. Electron. Letter, 1977(9), Vol. 13, No. 20: pp. 604 - 605.

[21] W. Menzel and A. Klaassen. On the Transition From Ridged Waveguide to Microstrip. Proc. 19th European Microwave Conf. , 1989: pp. 1265 - 1269.

[22] Gerd Keiser. Optical Fiber Communications. Mc Graw-Hill, Inc. 1991.

［23］廖承恩. 微波技术基础. 西安：西安电子科技大学出版社，1994.

［24］应嘉年等. 微波与光导波技术. 北京：国防工业出版社，1994.

［25］杨祥林，张兆锺，张祖舜. 微波器件原理. 北京：电子工业出版社，1994.

［26］T. Wei, et al. Scanning Tip Microwave Near-field Microscope. Appl. Phys. Lett, 1996(6), Vol. 68, No. 24.

［27］Yingjie Gao, Andreas Lauer, Qiming Ren, and lngo Wolff. Calibration of Electric Coaxial Near-Field Probes Applications. IEEE Trans. Microwave Theory Tech., 1998: Vol. 46, No. 11: pp. 1694 - 1703.

［28］Yongxi qian and Tatsuo Itoh. Progress in Active Integrated Antennas and Their Applications. IEEE Trans. Microwave Theory Tech., 1998, Vol. 46, No. 11: pp. 1891 - 1900.

［29］Hiroshi Uchimura, Takeshi Takenoshita, and Mikio Fujii. Development of a "Laminated Waveguide". IEEE Trans. Microwave Theory Tech., 1998(12): Vol. 46, No. 12: pp. 2438 - 2443.

［30］J. Villegas, D. Ian Stone, and H. Alfred Hung. A Novel Waveguideto-Microstrip Transition for Millimeter-wave Module Applications. IEEE Trans. Microwave Theory Tech., 1999(1), Vol. 47: pp. 48 - 55.

［31］Douglas H. Werner and Raj Mittra. Frontiers in Electromagnetics. 2000 IEEE Press Series on Microwave Technology and RF.

［32］刘增基等. 光纤通信. 西安：西安电子科技大学出版社，2001.

［33］Manz B. RF Energy Is Finally COOKING. Microwaves & Rf, 2018, 57(1): L15 - L17, L20.

［34］Magdy F. Iskander. Electromagnetic Field & Wave. Prentice-Hall, 1992.

［35］Qing-Xin Chu, Ding-Liang Wen, and Yu Luo. A Broadband ±45° Dual-Polarized Antenna with Y-Shaped Feeding Lines, IEEE Trans. Antennas Propag., 2015, vol. 63: pp. 483 - 490.

［36］K. M. Luk and H. Wong. A new wideband unidirectional antenna element. Int. J. Microw. Opt. Technol., 2006, vol. 1: pp. 35 - 44.

［37］K. M. Luk and B. Wu. The magnetoelectric dipole, a wideband antenna for base stations in mobile communications. Proceedings of the IEEE, 2012, vol. 100: pp. 2297 - 2307.

［38］A. Clavin. A new antenna feed having equal E-and H-plane patterns. IRE Trans. Antennas Propag., 1954, vol. 2: pp. 113 - 119.

［39］B. Q. Wu and K. M. Luk. A broadband dual-polarized magneto-electric dipole antenna with simple feeds. IEEE Antennas Wireless Propag. Lett., 2009, vol. 8, pp. 60 - 63.

［40］Yiming Huo, Xiaodai Dong, Wei Xu. 5G Cellular User Equipment: From Theory to Practical Hardware Design. IEEE Access, 2017, vol. 5: pp. 13992 - 14010.

[41] R. Hussain and M. S. Sharawi. 5G MIMO Antenna Designs for Base Station and User Equipment. IEEE Antennas & Propagation Magazine, 2021, vol. 64: pp. 95-107.

[42] 沈永欢等. 实用数学手册. 北京:科学出版社,2001.

[43] 曹世昌编著. 电磁场的数值计算和微波的计算机辅助设计. 北京:电子工业出版社,1989.

[44] 倪光正等编著. 电磁场数值计算. 北京:高等教育出版社,1996.

[45] Matthew N. O. Sadiku. Numerical Technique in Electromagnetics. 2nd Ed. CRC Press,2001.

附　录

Ⅰ. 矢量运算的常用公式

1. 设 $\boldsymbol{a},\boldsymbol{b},\boldsymbol{c},\boldsymbol{d}$ 为四个任意矢量，则

$$\boldsymbol{a}\cdot(\boldsymbol{b}\times\boldsymbol{c})=\boldsymbol{b}\cdot(\boldsymbol{c}\times\boldsymbol{a})=\boldsymbol{c}\cdot(\boldsymbol{a}\times\boldsymbol{b}) \tag{Ⅰ.1}$$

$$\boldsymbol{a}\times(\boldsymbol{b}\times\boldsymbol{c})=(\boldsymbol{a}\cdot\boldsymbol{c})\boldsymbol{b}-(\boldsymbol{a}\cdot\boldsymbol{b})\boldsymbol{c} \tag{Ⅰ.2}$$

$$(\boldsymbol{a}\times\boldsymbol{b})\cdot(\boldsymbol{c}\times\boldsymbol{d})=(\boldsymbol{d}\cdot\boldsymbol{b})(\boldsymbol{c}\cdot\boldsymbol{a})-(\boldsymbol{c}\cdot\boldsymbol{b})(\boldsymbol{d}\cdot\boldsymbol{a}) \tag{Ⅰ.3}$$

2. 各种坐标系中的单位矢量之间的换算

(1) 直角坐标到圆柱坐标

$$\begin{aligned}\boldsymbol{e}_\rho &= \cos\varphi\boldsymbol{e}_x+\sin\varphi\boldsymbol{e}_y\\ \boldsymbol{e}_\varphi &= -\sin\varphi\boldsymbol{e}_x+\cos\varphi\boldsymbol{e}_y\\ \boldsymbol{e}_z &= \boldsymbol{e}_z\end{aligned} \tag{Ⅰ.4}$$

(2) 圆柱坐标到直角坐标

$$\begin{aligned}\boldsymbol{e}_x &= \cos\varphi\boldsymbol{e}_\rho-\sin\varphi\boldsymbol{e}_\varphi\\ \boldsymbol{e}_y &= \sin\varphi\boldsymbol{e}_\rho+\cos\varphi\boldsymbol{e}_\varphi\\ \boldsymbol{e}_z &= \boldsymbol{e}_z\end{aligned} \tag{Ⅰ.5}$$

(3) 直角坐标到球坐标

$$\begin{aligned}\boldsymbol{e}_r &= \sin\theta\cos\varphi\boldsymbol{e}_x+\sin\theta\sin\varphi\boldsymbol{e}_\theta+\cos\theta\boldsymbol{e}_z\\ \boldsymbol{e}_\theta &= \cos\theta\cos\varphi\boldsymbol{e}_x+\cos\theta\sin\varphi\boldsymbol{e}_y-\sin\theta\boldsymbol{e}_z\\ \boldsymbol{e}_\varphi &= -\sin\varphi\boldsymbol{e}_x+\cos\varphi\boldsymbol{e}_y\end{aligned} \tag{Ⅰ.6}$$

(4) 球坐标到直角坐标

$$\begin{aligned}\boldsymbol{e}_x &= \sin\theta\cos\varphi\boldsymbol{e}_r+\cos\theta\cos\varphi\boldsymbol{e}_\theta-\sin\varphi\boldsymbol{e}_\varphi\\ \boldsymbol{e}_y &= \sin\theta\sin\varphi\boldsymbol{e}_r+\cos\theta\sin\varphi\boldsymbol{e}_\theta+\cos\varphi\boldsymbol{e}_\varphi\\ \boldsymbol{e}_z &= \cos\theta\boldsymbol{e}_r-\sin\varphi\boldsymbol{e}_\theta\end{aligned} \tag{Ⅰ.7}$$

(5) 圆柱坐标到球坐标

$$\begin{aligned}\boldsymbol{e}_r &= \sin\theta\boldsymbol{e}_\rho+\cos\theta\boldsymbol{e}_z\\ \boldsymbol{e}_\theta &= \cos\theta\boldsymbol{e}_\rho-\sin\theta\boldsymbol{e}_z\\ \boldsymbol{e}_\varphi &= \boldsymbol{e}_\varphi\end{aligned} \tag{Ⅰ.8}$$

(6) 球坐标到圆柱坐标

$$\boldsymbol{e}_\rho = \sin\theta\boldsymbol{e}_r+\cos\theta\boldsymbol{e}_\theta$$

$$\boldsymbol{e}_\varphi = \boldsymbol{e}_\varphi$$

$$\boldsymbol{e}_z = \cos\theta\boldsymbol{e}_\rho - \sin\theta\boldsymbol{e}_z \tag{Ⅰ.9}$$

3. 两个空间矢量之间的夹角

设有两个空间矢量 $\boldsymbol{r}_1$ 和 $\boldsymbol{r}_2$，其方位角分别为(θ_1,φ_1)和(θ_2,φ_2)，则两个矢量之间的夹角的余弦为

$$\cos\theta = \cos\theta_1\cos\theta_2 + \sin\theta_1\sin\theta_2\cos(\varphi_1 - \varphi_2) \tag{Ⅰ.10}$$

4. 梯度算符、旋度算符、散度算符和拉普拉斯算符

(1) 直角坐标系

$$\nabla u = \frac{\partial u}{\partial x}\boldsymbol{e}_x + \frac{\partial u}{\partial y}\boldsymbol{e}_y + \frac{\partial u}{\partial z}\boldsymbol{e}_z \tag{Ⅰ.11}$$

$$\nabla \times \boldsymbol{a} = \begin{vmatrix} \boldsymbol{e}_x & \boldsymbol{e}_y & \boldsymbol{e}_z \\ \dfrac{\partial}{\partial x} & \dfrac{\partial}{\partial y} & \dfrac{\partial}{\partial z} \\ a_x & a_y & a_z \end{vmatrix} \tag{Ⅰ.12}$$

$$\nabla \cdot \boldsymbol{a} = \frac{\partial a_x}{\partial x} + \frac{\partial a_y}{\partial y} + \frac{\partial a_z}{\partial z} \tag{Ⅰ.13}$$

$$\nabla^2 u = \frac{\partial^2 u}{\partial x^2} + \frac{\partial^2 u}{\partial y^2} + \frac{\partial^2 u}{\partial z^2} \tag{Ⅰ.14}$$

(2) 球坐标系

$$\nabla u = \frac{\partial u}{\partial r}\boldsymbol{e}_r + \frac{1}{r}\frac{\partial u}{\partial \theta}\boldsymbol{e}_\theta + \frac{1}{r\sin\theta}\frac{\partial u}{\partial \varphi}\boldsymbol{e}_\varphi \tag{Ⅰ.15}$$

$$\nabla \times \boldsymbol{a} = \frac{1}{r^2\sin\theta}\begin{vmatrix} \boldsymbol{e}_r & r\boldsymbol{e}_\theta & r\sin\theta\boldsymbol{e}_\varphi \\ \dfrac{\partial}{\partial r} & \dfrac{\partial}{\partial \theta} & \dfrac{\partial}{\partial \varphi} \\ a_r & ra_\theta & r\sin\theta a_\varphi \end{vmatrix} \tag{Ⅰ.16}$$

$$\nabla \cdot \boldsymbol{a} = \frac{1}{r^2}\frac{\partial(r^2 a_r)}{\partial r} + \frac{1}{r\sin\theta}\frac{\partial(\sin\theta\, a_\theta)}{\partial \theta} + \frac{1}{r\sin\theta}\frac{\partial a_\varphi}{\partial \varphi} \tag{Ⅰ.17}$$

$$\nabla^2 u = \frac{1}{r^2}\frac{\partial}{\partial r}\left(r^2\frac{\partial u}{\partial r}\right) + \frac{1}{r^2\sin\theta}\frac{\partial}{\partial \theta}\left(\sin\theta\frac{\partial u}{\partial \theta}\right) + \frac{1}{r^2\sin^2\theta}\frac{\partial^2 u}{\partial \varphi^2} \tag{Ⅰ.18}$$

(3) 圆柱坐标系

$$\nabla u = \frac{\partial u}{\partial \rho}\boldsymbol{e}_\rho + \frac{1}{\rho}\frac{\partial u}{\partial \varphi}\boldsymbol{e}_\varphi + \frac{\partial u}{\partial z}\boldsymbol{e}_z \tag{Ⅰ.19}$$

$$\nabla \times \boldsymbol{a} = \frac{1}{\rho}\begin{vmatrix} \boldsymbol{e}_r & \rho\boldsymbol{e}_\theta & \boldsymbol{e}_\varphi \\ \dfrac{\partial}{\partial \rho} & \dfrac{\partial}{\partial \theta} & \dfrac{\partial}{\partial z} \\ a_\rho & \rho a_\varphi & a_z \end{vmatrix} \tag{Ⅰ.20}$$

$$\nabla \cdot \boldsymbol{a} = \frac{1}{\rho}\frac{\partial(\rho a_\rho)}{\partial \rho} + \frac{1}{\rho}\frac{\partial a_\varphi}{\partial \varphi} + \frac{\partial a_z}{\partial z} \tag{Ⅰ.21}$$

$$\nabla^2 u = \frac{1}{\rho}\frac{\partial}{\partial \rho}\left(\rho\frac{\partial u}{\partial \rho}\right) + \frac{1}{\rho^2}\frac{\partial^2 u}{\partial \varphi^2} + \frac{\partial^2 u}{\partial z^2} \tag{Ⅰ.22}$$

5. 矢量微分公式

$$\nabla(\phi\psi) = \phi\nabla\psi + \psi\nabla\phi \tag{Ⅰ.23}$$

$$\nabla(\boldsymbol{a}\cdot\boldsymbol{b}) = (\boldsymbol{b}\cdot\nabla)\boldsymbol{a} + (\boldsymbol{a}\cdot\nabla)\boldsymbol{b} + \boldsymbol{b}\times(\nabla\times\boldsymbol{a}) + \boldsymbol{a}\times(\nabla\times\boldsymbol{b}) \tag{Ⅰ.24}$$

$$\nabla\cdot(\phi\boldsymbol{a}) = \boldsymbol{a}\cdot\nabla\phi + \phi\nabla\cdot\boldsymbol{a} \tag{Ⅰ.25}$$

$$\nabla\cdot(\boldsymbol{a}\times\boldsymbol{b}) = \boldsymbol{b}\cdot(\nabla\times\boldsymbol{a}) - \boldsymbol{a}\cdot(\nabla\times\boldsymbol{b}) \tag{Ⅰ.26}$$

$$\nabla\times(\phi\boldsymbol{a}) = \nabla\phi\times\boldsymbol{a} + \phi\nabla\times\boldsymbol{a} \tag{Ⅰ.27}$$

$$\nabla\times(\boldsymbol{a}\times\boldsymbol{b}) = \boldsymbol{a}(\nabla\cdot\boldsymbol{b}) - \boldsymbol{b}(\nabla\cdot\boldsymbol{a}) + (\boldsymbol{b}\cdot\nabla)\boldsymbol{a} - (\boldsymbol{a}\cdot\nabla)\boldsymbol{b} \tag{Ⅰ.28}$$

$$\nabla\times(\nabla\times\boldsymbol{a}) = \nabla(\nabla\cdot\boldsymbol{a}) - \nabla^2\boldsymbol{a} \tag{Ⅰ.29}$$

$$\nabla\times\boldsymbol{f}(\phi) = \nabla\phi\times\frac{\partial\boldsymbol{f}}{\partial\phi} \tag{Ⅰ.30}$$

6. 矢量积分公式

$$\int(\nabla\cdot\boldsymbol{a})\mathrm{d}\tau = \oint\boldsymbol{a}\cdot\mathrm{d}\boldsymbol{\sigma} \tag{Ⅰ.31}$$

$$\int(\nabla\times\boldsymbol{a})\mathrm{d}\tau = -\oint\boldsymbol{a}\times\mathrm{d}\boldsymbol{\sigma} \tag{Ⅰ.32}$$

$$\int(\nabla u)\mathrm{d}\tau = \oint u\,\mathrm{d}\boldsymbol{\sigma} \tag{Ⅰ.33}$$

$$-\int(\nabla\phi)\times\mathrm{d}\boldsymbol{\sigma} = \oint\phi\,\mathrm{d}\boldsymbol{l} \tag{Ⅰ.34}$$

$$\int(\nabla\times\boldsymbol{a})\cdot\mathrm{d}\boldsymbol{\sigma} = \oint\boldsymbol{a}\cdot\mathrm{d}\boldsymbol{l} \tag{Ⅰ.35}$$

$$\int(\mathrm{d}\boldsymbol{\sigma}\times\nabla)\times\boldsymbol{a} = \oint\mathrm{d}\boldsymbol{l}\times\boldsymbol{a} \tag{Ⅰ.36}$$

Ⅱ. 张量运算公式

两个矢量 $\boldsymbol{a}$，$\boldsymbol{b}$ 的直接相乘构成二阶张量 $\overleftrightarrow{T} = \boldsymbol{ab}$；三个矢量直接相乘构成三阶张量 $\boldsymbol{abc}$。张量的基本运算规则如下：

(1) 运算符仅对张量中相邻的矢量元素起作用。例如

$$(\boldsymbol{ab})\cdot(\boldsymbol{cd}) = \boldsymbol{a}(\boldsymbol{b}\cdot\boldsymbol{c})\boldsymbol{d} = (\boldsymbol{b}\cdot\boldsymbol{c})\boldsymbol{ad} \tag{Ⅱ.1}$$

$$(\boldsymbol{ab}):(\boldsymbol{cd}) = (\boldsymbol{b}\cdot\boldsymbol{c})(\boldsymbol{a}\cdot\boldsymbol{d}) \tag{Ⅱ.2}$$

(2) 张量元素的次序不能对调。

$$\boldsymbol{ab} \neq \boldsymbol{ba},\quad (\boldsymbol{ab})\cdot\boldsymbol{c} \neq \boldsymbol{c}\cdot(\boldsymbol{ab}) \tag{Ⅱ.3}$$

单位二阶张量 $\overleftrightarrow{I} = \boldsymbol{e}_x\boldsymbol{e}_x + \boldsymbol{e}_y\boldsymbol{e}_y + \boldsymbol{e}_z\boldsymbol{e}_z$ 具有如下性质：

$$\boldsymbol{a}\cdot\overleftrightarrow{I} = \overleftrightarrow{I}\cdot\boldsymbol{a} = \boldsymbol{a} \tag{Ⅱ.4}$$

$$\overleftrightarrow{T}\cdot\overleftrightarrow{I} = \overleftrightarrow{I}\cdot\overleftrightarrow{T} = \overleftrightarrow{T} \tag{Ⅱ.5}$$

$$\overleftrightarrow{\boldsymbol{T}}:\overleftrightarrow{\boldsymbol{I}} = T_{11} + T_{22} + T_{33} = Tr(\overleftrightarrow{\boldsymbol{T}}) \tag{Ⅱ.6}$$

张量的微分运算和积分运算

$$\nabla \cdot (\boldsymbol{fg}) = (\nabla \cdot \boldsymbol{f})\boldsymbol{g} + (\boldsymbol{f} \cdot \nabla)\boldsymbol{g} \tag{Ⅱ.7}$$

$$\nabla \cdot \overleftrightarrow{\boldsymbol{T}} = \frac{\partial}{\partial x}(\boldsymbol{e}_x \cdot \overleftrightarrow{\boldsymbol{T}}) + \frac{\partial}{\partial y}(\boldsymbol{e}_y \cdot \overleftrightarrow{\boldsymbol{T}}) + \frac{\partial}{\partial z}(\boldsymbol{e}_z \cdot \overleftrightarrow{\boldsymbol{T}}) \tag{Ⅱ.8}$$

$$\oint \mathrm{d}\boldsymbol{\sigma} \cdot \overleftrightarrow{\boldsymbol{T}} = \int \mathrm{d}\tau \nabla \cdot \overleftrightarrow{\boldsymbol{T}} \tag{Ⅱ.9}$$

Ⅲ. δ—函数的解析函数表示

$$\delta(x) = \lim_{g \to \infty} \frac{\sin(gx)}{\pi x} \tag{Ⅲ.1}$$

$$\delta(x) = \lim_{a \to 0} \frac{a}{\pi(a^2 + x^2)} \tag{Ⅲ.2}$$

$$\delta(x - x_0) = \frac{1}{2\pi}\int_{-\infty}^{\infty} \exp[\mathrm{j}k(x - x_0)]\mathrm{d}k \tag{Ⅲ.3}$$

Ⅳ. 常数表

量的名称	符号	SI 单位		备注
		名称	符号	
电子电量	e	库[伦]	C	$e = 1.602 \times 10^{-19}$ C
电子静止质量	m_{e0}	千克	kg	$m_{e0} = 9.1095 \times 10^{-31}$ kg
质子静止质量	m_{p0}	千克	kg	$m_{p0} = 1.6726 \times 10^{-27}$ kg
波尔兹曼常数	k	焦[耳]每开[尔文]	J/k	$k = 1.38 \times 10^{-23}$ J/k
普朗克常数	h	焦[耳]秒	J·s	$h = 6.626 \times 10^{-34}$ J·s
自由空间光速	c	米每秒	m/s	$c = 2.99792 \times 10^{8}$ m/s
自由空间介电常数	ε_0	法[拉]每米	F/m	$\varepsilon_0 = 8.854 \times 10^{-12}$ F/m
自由空间磁导率	μ_0	亨[利]每米	H/m	$\mu_0 = 4\pi \times 10^{-7}$ H/m

Ⅴ. 常用导体材料的特性

特性 / 材料	电导率 σ(s/m)	磁导率 μ(H/m)	趋肤深度 δ(m)	表面电阻 $R_s(\Omega/\mathrm{cm}^2)$
银	6.17×10^{7}	$4\pi\times10^{-7}$	$0.0641/\sqrt{f}$	$2.52\times10^{-7}\sqrt{f}$
紫铜	5.18×10^{7}	$4\pi\times10^{-7}$	$0.0661/\sqrt{f}$	$2.61\times10^{-7}\sqrt{f}$
金	4.10×10^{7}	$4\pi\times10^{-7}$	$0.0786/\sqrt{f}$	$3.10\times10^{-7}\sqrt{f}$
铝	3.82×10^{7}	$4\pi\times10^{-7}$	$0.0814/\sqrt{f}$	$3.22\times10^{-7}\sqrt{f}$
黄铜	1.57×10^{7}	$4\pi\times10^{-7}$	$0.127/\sqrt{f}$	$5.01\times10^{-7}\sqrt{f}$
焊锡	0.706×10^{7}	$4\pi\times10^{-7}$	$0.189/\sqrt{f}$	$7.49\times10^{-7}\sqrt{f}$

注：f 以 Hz 为单位

Ⅵ. 常用介质材料的特性

特性 / 材料	ε_r (10 GHz)	$\tan\delta$ (10 GHz) $\times 10^{-4}$	击穿强度 (kV/cm)	热传导率 (W/cm^{2}C)	热膨胀系数 $\times 10^6$/C	表面光洁度	机械加工度	耐化学性
空气	1	≈0	30	0.000 24				
聚四氟乙烯	2.1	4	≈300	0.001				
聚乙烯	2.26	5	≈300	0.001				
聚苯乙烯	2.55	7	≈300	0.001				
有机玻璃	2.72	15						
氧化铍	6.4	2		2.5	6.0	<2	差	良
石英(99.9%)	3.78	1	1×10^4	0.008	0.55	<0.1	良	良
氧化铝(99.5%)	9.5～10	1	4×10^3	0.3	6	<1	不能	良
氧化铝(96%)	8.9	6	4×10^3	0.28	6.4	<2	不能	良
氧化铝(85%)	8.0	15	4×10^3	0.2	6.5			
蓝宝石(100%)	9.3～11.7	1	4×10^3	0.4	5～6.6	<0.1	不能	良
硅	11.9	40	300	0.9	4.2			
砷化镓	13.0	60	350	0.3	5.7			
石榴石铁氧体	13～16	2	4×10^3	0.03				
二氧化钛	85	40			8.3			
金红石	100	4		0.02		<2	不能	良
玻璃	5	40		0.01		良	不能	差

Ⅶ. 常用同轴射频电缆特性参数表

电缆型号	内导体(mm)		绝缘外径 (mm)	电缆外径 (mm)	特性阻抗 (Ω)	衰减常数 (3 GHz) (≤dB/m)	电晕电压 (kV)
	根数/直径	外径					
SYV-50-2-1 SWY-50-2-1	7/0.15	0.45	1.5±0.10	2.9±0.10	50+3.5	2.69	1.0
SYV-50-2-2 SWY-50-2-2	1/0.68	0.68	2.2±0.10	4.0±0.20	50+2.5	1.855	1.5
SYV-50-3 SWY-50-3	1/0.9	0.90	3.0±0.15	5.0±0.25	50+2.5	1.482	2.0
SYV-50-5-1 SWY-50-5-1	1/1.37	1.37	4.6±0.20	7.5±0.30	50+2.5	1.062	3.0
SYV-50-7-1 SWY-50-7-1	7/0.76	2.28	7.3±0.25	10.2±0.30	50+2.5	0.851	4.0
SYV-50-9 SWY-50-9	7/0.95	2.85	9.0±0.30	12.4±0.40	50+2.5	0.724	5.0

续 表

电缆型号	内导体(mm)		绝缘外径(mm)	电缆外径(mm)	特性阻抗(Ω)	衰减常数(3 GHz)(≤dB/m)	电晕电压(kV)
	根数/直径	外径					
SYV-50-12 SWY-50-12	7/1.2	3.60	11.5±0.40	15.0±0.50	50+2.5	0.656	6.5
SYV-50-15 SWY-50-15	7/1.54	4.62	15.0±0.50	19.0±0.50	50+2.5	0.574	9.0
SYV-75-2 SWY-75-2	7/0.08	0.24	1.5±0.10	2.9±0.10	75+5	2.97	0.75
SYV-75-3 SWY-75-3	7/0.17	0.51	3.0±0.15	5.0±0.25	75+3	1.676	1.5
SYV-75-5-1 SWY-75-5-1	1/0.72	0.72	4.6±0.20	7.1±0.30	75+3	1.028	2.5
SYV-75-7 SWY-75-7	7/0.40	1.20	7.3±0.25	10.2±0.30	75+3	0.864	3.0
SSYV-75-9 SWY-75-9	1/1.37	1.37	9.0±0.30	12.4±0.40	75+3	0.693	4.5
SYV-75-12 SWY-75-12	7/0.64	1.92	11.5±0.40	15.0±0.50	75+3	0.659	5.5
SYV-75-15 SWY-75-15	7/0.82	2.46	15.0±0.50	19.0±0.50	75+3	0.574	7.0
SYV-100-7	1/0.60	0.60	7.3±0.25	10.2±0.30	100+5	0.729	2.5

注:同轴射频电缆型号组成:

第一部分字母:
- 第一个字母——分类代号:S表示同轴射频电缆
- 第二个字母——绝缘材料:Y表示聚乙烯绝缘,W表示稳定聚乙烯绝缘
- 第三个字母——护层材料:V表示聚氯乙烯,Y表示聚乙烯

第二部分数字:特性阻抗。

第三部分数字:芯线绝缘外径。

第四部分数字:结构序号。

Ⅷ. 标准矩形波导主要参数表

波导型号		主模频率范围(GHz)	截止频率(MHz)	结构尺寸(mm)			衰减(dB/m)		
国际	国家			宽度 a	高度 b	壁厚 t	频率(GHz)	理论值(10^{-2})	最大值(10^{-2})
R3		0.32~0.49	256.58	584.2	292.1		0.386	0.078	0.11
R4		0.35~0.53	281.02	533.4	266.7		0.422	0.090	0.12

续　表

波导型号		主模频率范围(GHz)	截止频率(MHz)	结构尺寸(mm)			衰减(dB/m)		
国际	国家			宽度 a	高度 b	壁厚 t	频率(GHz)	理论值(10^{-2})	最大值(10^{-2})
R5		0.41～0.62	327.86	457.2	228.6		0.49	0.113	0.15
R6		0.49～0.75	393.43	381.0	190.5		0.59	0.149	0.2
R8		0.64～0.98	513.17	292.1	146.05	3	0.77	0.222	0.3
R9		0.76～1.15	605.27	247.65	123.82	3	0.91	0.284	0.4
R12	BJ-12	0.96～1.46	766.42	195.58	97.79	3	1.15	0.405	0.5
R14	BJ-14	1.14～1.73	907.91	165.10	82.55	2	1.36	0.522	0.7
R18	BJ-18	1.45～2.20	1 137.1	129.54	64.77	2	1.74	0.749	1.0
R22	BJ-22	1.72～2.61	1 372.4	109.22	54.61	2	2.06	0.970	1.3
R26	BJ-26	2.17～3.30	1 735.7	86.36	43.18	2	2.61	1.38	1.8
R32	BJ-32	2.60～3.95	2 077.9	72.14	34.04	2	3.12	1.89	2.5
R40	BJ-40	3.22～4.90	2 576.9	58.17	29.083	1.5	3.87	2.49	3.2
R48	BJ-48	3.94～5.99	3 152.4	47.55	22.149	1.5	4.73	3.55	4.6
R58	BJ-58	4.64～7.05	3 711.2	40.39	20.193	1.5	5.57	4.31	5.6
R70	BJ-70	5.38～8.17	4 301.2	34.85	15.799	1.5	6.46	5.76	7.5
R84	BJ-84	6.57～9.99	5 259.7	28.499	12.624	1.5	7.89	7.94	10.3
R100	BJ-100	8.20～12.5	6 557.1	22.86	10.160	1	9.84	11.0	14.3
R120	BJ-120	9.84～15.01	7 868.6	19.050	9.525	1	11.8	13.3	
R140	BJ-140	11.9～18.0	9 487.7	15.799	7.898	1	14.2	17.6	
R180	BJ-180	14.5～22.01	115 711	12.954	6.477	1	17.4	23.8	

续 表

波导型号		主模频率范围(GHz)	截止频率(MHz)	结构尺寸(mm)			衰减(dB/m)		
国际	国家			宽度 a	高度 b	壁厚 t	频率(GHz)	理论值(10^{-2})	最大值(10^{-2})
R220	BJ - 220	17.6～26.7	4 051	10.668	4.318	1	21.1	37.0	
R260	BJ - 260	21.7～33.02	17 357	8.636	4.318	1	26.1	43.5	
R320	BJ - 320	26.4～40.032	210 772	7.112	3.556	1	31.6	58.3	
R400	BJ - 400	32.9～50.1	6 344	5.690	2.845	1	39.5	81.5	
R500	BJ - 500	39.2～59.6	31 392	4.775	2.388	1	47.1	106	
R620	BJ - 620	49.8～75.8	39 977	3.759	1.880	1	59.9	152	
R740	BJ - 740	60.5～91.9	48 369	3.099	1.549	1	72.6	203	
R900	BJ - 900	73.8～112	59 014	2.540	1.270	1	88.6	274	
R1200	BJ - 1 200	92.2～140	73 768	2.032	1.016	1	111.0	382	
R1400		114～173	90 791	1.651	0.826		136.3	521	
R1800		145～220	115 750	1.295	0.648		174.0	750	
R2200		172～261	137 268	1.092	0.546		206.0	970	
R2600		217～330	173 491	0.864	0.432		260.5	1 376	

Ⅸ. 柱函数

1. 贝塞尔方程和贝塞尔函数

贝塞尔方程为

$$\frac{\mathrm{d}^2 f}{\mathrm{d}\rho^2}+\frac{1}{\rho}\frac{\mathrm{d}f}{\mathrm{d}\rho}+\left(\mu^2-\frac{m^2}{\rho^2}\right)f=0 \tag{Ⅸ.1}$$

它的通解为

$$f(x) = AJ_m(x) + BN_m(x) \tag{Ⅸ.2}$$

式中 $x=\mu\rho$；$J_m(x)$为第一类贝塞尔函数，$N_m(x)$称为第二类贝塞尔函数或诺以曼函数；A，B 为常数，由边界条件所确定。

表Ⅸ.1 和Ⅸ.2 给出了当 $0<x<25$ 时的 $J_m(x)$及其一阶导数 $J'_m(x)$ 的零点。

2. 汉克函数

贝塞尔方程的解也可取为

$$f(x) = AH_m^{(1)}(x) + BH_m^{(2)}(x) \tag{Ⅸ.3}$$

$H_m^{(1)}(x)$ 和 $H_m^{(2)}(x)$ 分别为第一类和第二类汉克函数或第三类和第四类贝塞尔函数，它们是由 $J_m(x)$ 和 $N_m(x)$的线性组合构成的复函数，即

$$H_m^{(1)}(x) = J_m(x) + jN_m(x) \tag{Ⅸ.4}$$

表Ⅸ.1 第一类贝塞尔函数 $J_m(x)$的零点($0<x<25$)

m \ n	1	2	3	4	5	6	7	8
0	2.404 83	5.520 08	8.653 73	11.795 15	14.930 92	18.071 06	21.211 64	24.352 47
1	3.831 71	7.015 59	10.173 47	13.323 69	16.470 63	19.615 86	22.760 08	
2	5.135 62	8.417 24	11.619 84	14.795 95	17.959 82	21.117 00	24.271 12	
3	6.380 16	9.761 02	13.015 20	16.223 47	19.409 42	22.582 73		
4	7.588 34	11.064 71	14.372 54	17.616 0	20.826 9	24.199 0		
5	8.771 42	12.338 60	15.700 17	18.980 1	22.217 8			
6	9.936 11	13.589 29	17.003 8	20.320 8	23.586 1			
7	11.086 37	14.821 27	18.287 6	21.641 6	24.934 9			
8	12.225 09	16.037 8	19.554 5	22.945 2				
9	13.354 30	17.241 2	20.807 0	24.233 9				
10	14.475 50	18.433 5	22.047 0					
11	15.589 85	19.616 0	23.275 9					
12	16.698 3	20.789 9	24.494 0					
13	17.801 4	21.956 2						
14	18.900 0	23.115 8						
15	19.994 4	24.269 2						
16	21.085 1							
17	22.172 5							
18	23.256 8							
19	24.338 3							

表 Ⅸ.2 第一类贝塞尔函数的一阶导数 $J'_m(x)$ 的零点($0<x<25$)

m \ n	1	2	3	4	5	6	7	8
0	3.831 7	7.015 6	10.173 5	13.323 7	16.470 6	19.615 9	22.760 1	25.903 7
1	1.841 2	5.331 4	8.536 3	11.706 0	14.863 6	18.015 5	21.164 4	24.311 3
2	3.054 2	6.706 1	9.969 5	13.170 4	16.347 5	19.512 9	22.672 1	
3	4.201 2	8.015 2	11.345 9	14.585 9	17.788 8	20.972 4	24.146 9	
4	5.317 5	9.282 4	12.681 9	15.964 1	19.196 0	22.401 0		
5	6.415 6	10.519 9	13.987 2	17.312 8	20.575 5	23.803 3		
6	7.501 3	11.734 9	15.268 2	18.637 4	21.931 8			
7	8.577 8	12.932 4	16.529 4	19.941 9	23.268 1			
8	9.647 4	14.115 6	17.774 0	21.229 1	24.587 2			
9	10.711 4	15.286 8	19.004 5	22.501 4				
10	11.770 9	16.447 9	20.223 0	23.760 8				
11	12.826 5	17.600 3	21.430 9					
12	13.878 8	18.745 1	22.629 3					
13	14.928 4	19.883 2	23.819 4					
14	15.975 4	21.015 4						
15	17.020 3	22.142 3						
16	18.068 3	23.264 4						
17	19.105 4	24.381 9						
18	20.144 1							
19	21.182 3							
20	22.219 2							
21	23.254 8							
22	24.289 4							

$$H_m^{(2)}(x) = J_m(x) - \mathrm{j}N_m(x) \tag{Ⅸ.5}$$

3. 修正贝塞尔方程和修正贝塞尔函数

修正贝塞尔方程为

$$\frac{\mathrm{d}^2 f}{\mathrm{d}\rho^2} + \frac{1}{\rho}\frac{\mathrm{d}f}{\mathrm{d}\rho} - \left(\nu^2 + \frac{m^2}{\rho^2}\right) f = 0 \tag{Ⅸ.6}$$

事实上,当贝塞尔方程(Ⅸ.1)中的 $\mu = \mathrm{j}\nu$ 取虚数时即变为上式,其解为虚宗量的贝塞尔函数和诺以曼函数。为了使函数值都为实数,其解通常采用

$$f(x) = AI_m(x) + BK_m(x) \tag{Ⅸ.7}$$

式中 $x = \nu\rho$ 为实数,$I_m(x)$和 $K_m(x)$分别称为第一类和第二类修正贝塞尔函数,它们正比于虚宗量的贝塞尔函数,且有

$$I_m(x) = \mathrm{j}^{-m} J_m(\mathrm{j}x) \tag{Ⅸ.8}$$

$$K_m(x) = \mathrm{j}\,\frac{\pi}{2}\,\mathrm{e}^{\mathrm{j}m\pi/2} H_m^{(1)}(\mathrm{j}x) \tag{Ⅸ.9}$$

当 x 为实数时 $I_m(x)$和 $K_m(x)$均为实数。

4. 级数表达式

当 m 为整数时

$$J_m(x) = \sum_{k=0}^{\infty} \frac{(-1)^k}{K!\ (m+K)!}\left(\frac{x}{2}\right)^{m+2k} \tag{Ⅸ.10}$$

$$I_m(x) = \sum_{k=0}^{\infty} \frac{1}{K!\ (m+K)!}\left(\frac{x}{2}\right)^{m+2k} \tag{Ⅸ.11}$$

5. 渐近公式

大宗量近似($|x| \gg m$，$|x| \gg 1$)

$$J_m(x) \approx \sqrt{\frac{2}{\pi x}}\cos\left(x - \frac{2m+1}{4}\pi\right) \tag{Ⅸ.12}$$

$$N_m(x) \approx \sqrt{\frac{2}{\pi x}}\sin\left(x - \frac{2m+1}{4}\pi\right) \tag{Ⅸ.13}$$

$$H_m^{(1)}(x) \approx \sqrt{\frac{2}{\pi x}}\,\mathrm{e}^{\mathrm{j}\left(x - \frac{2m+1}{4}\pi\right)} \tag{Ⅸ.14}$$

$$H_m^{(2)}(x) \approx \sqrt{\frac{2}{\pi x}}\,\mathrm{e}^{-\mathrm{j}\left(x - \frac{2m+1}{4}\pi\right)} \tag{Ⅸ.15}$$

$$I_m(x) \approx \sqrt{\frac{1}{2\pi x}}\,\mathrm{e}^{x} \tag{Ⅸ.16}$$

$$K_m(x) \approx \sqrt{\frac{\pi}{2x}}\,\mathrm{e}^{-x} \tag{Ⅸ.17}$$

小宗量近似($|x| \to 0$)

$$J_0(x) \approx 1 - \left(\frac{x}{2}\right)^2 \tag{Ⅸ.18}$$

$$J_m(x) \approx \frac{1}{m!}\left(\frac{x}{2}\right)^m \quad (m\ \text{为正整数}) \tag{Ⅸ.19}$$

$$N_0(x) \approx \frac{2}{\pi}\ln\frac{\gamma x}{2}(\gamma = 1.781\,672) \tag{Ⅸ.20}$$

$$N_m(x) \approx -\frac{1}{\pi}(m-1)!\ \left(\frac{x}{2}\right)^{-m} \tag{Ⅸ.21}$$

$$I_0(x) \approx 1 + \left(\frac{x}{2}\right)^2 \tag{Ⅸ.22}$$

$$I_m(x) \approx \frac{1}{m!}\left(\frac{x}{2}\right)^m \tag{Ⅸ.23}$$

$$K_0(x) \approx \ln\frac{2}{x} \tag{Ⅸ.24}$$

$$K_m(x) \approx \frac{(m-1)!}{2}\left(\frac{x}{2}\right)^{-m} \tag{Ⅸ.25}$$

6. 递推公式

$$\frac{2m}{x}R_m(x) = R_{m+1}(x) + R_{m-1}(x) \tag{Ⅸ.26}$$

$$\frac{2m}{x}I_m(x) = I_{m-1}(x) - I_{m+1}(x) \tag{Ⅸ.27}$$

$$\frac{2m}{x}K_m(x) = K_{m+1}(x) - K_{m-1}(x) \tag{Ⅸ.28}$$

$$R'_0(x) = -R_1(x) \tag{Ⅸ.29}$$

$$R'_1(x) = R_0(x) - \frac{1}{x}R_1(x) \tag{Ⅸ.30}$$

$$\begin{aligned} R'_m(x) &= -\frac{m}{x}R_m(x) + R_{m-1}(x) = \frac{m}{x}R_m(x) - R_{m+1}(x) \\ &= \frac{1}{2}[R_{m-1}(x) - R_{m+1}(x)] \end{aligned} \tag{Ⅸ.31}$$

$$[x^m R_m(x)]' = x^m R_{m-1}(x) \tag{Ⅸ.32}$$

$$[x^{-m} R_m(x)]' = -x^{-m} R_{m+1}(x) \tag{Ⅸ.33}$$

$$\begin{aligned} I'_m(x) &= \frac{m}{x}I_m(x) + I_{m+1}(x) = -\frac{m}{x}I_m(x) + I_{m-1}(x) \\ &= \frac{1}{2}[I_{m-1}(x) + I_{m+1}(x)] \end{aligned} \tag{Ⅸ.34}$$

$$\begin{aligned} K'_m(x) &= \frac{m}{x}K_m(x) - K_{m+1}(x) = -\frac{m}{x}K_m(x) - K_{m-1}(x) \\ &= -\frac{1}{2}[K_{m+1}(x) + K_{m-1}(x)] \end{aligned} \tag{Ⅸ.35}$$

上述式中 $R_m(x)$ 可表示 $J_m(x)$，$N_m(x)$，$H_m^{(1)}(x)$ 和 $H_m^{(2)}(x)$ 之一或它们的任意线性组合，一撇代表对宗量 x 求导数。

7. 积分表达式

$$J_m(x) = \frac{1}{\pi}\int_0^{\pi}\cos(x\sin\varphi - m\varphi)\mathrm{d}\varphi \tag{Ⅸ.36}$$

$$I_m(x) = \frac{1}{\pi}\int_0^{\pi}\mathrm{e}^{x\cos\varphi}\cos m\varphi\,\mathrm{d}\varphi \tag{Ⅸ.37}$$

8. 包含贝塞尔函数的积分

$$\int R_1(x)\mathrm{d}x = -R_0(x) \tag{Ⅸ.38}$$

$$\int xR_0(x)\mathrm{d}x = xR_1(x) \tag{Ⅸ.39}$$

$$\int x^{m+1}R_m(x)\mathrm{d}x = x^{m+1}R_{m+1}(x) \tag{Ⅸ.40}$$

$$\int x^{-m+1}R_m(x)\mathrm{d}x = -x^{-m+1}R_{m-1}(x) \tag{Ⅸ.41}$$

$$\int xR_m^2(\alpha x)\mathrm{d}x = \frac{x^2}{2}[R_m^2(\alpha x) - R_{m-1}(\alpha x)R_{m+1}(\alpha x)] \tag{Ⅸ.42}$$

$$\int xR_m(\alpha x)R_m(\beta x)\mathrm{d}x =$$

$$\frac{x}{\alpha^2-\beta^2}[\beta R_m(\alpha x)R_{m-1}(\beta x) - \alpha R_{m-1}(\alpha x)R_m(\beta x)]$$

$$= \frac{x}{\alpha^2-\beta^2}[\alpha R_{m+1}(\alpha x)R_m(\beta x) - \beta R_m(\alpha x)R_{m+1}(\beta x)] \quad (\alpha \neq \beta) \tag{Ⅸ.43}$$

$$\int x^{m+1}I_m(x)\mathrm{d}x = x^{m+1}I_{m+1}(x) \tag{Ⅸ.44}$$

$$\int x^{-m+1}I_m(x)\mathrm{d}x = xI_{m-1}(x) \tag{Ⅸ.45}$$

9. 其他公式

$$R_{-m}(x) = (-1)^m R_m(x) = R_m(-x) \tag{Ⅸ.46}$$

$$I_{-m}(x) = I_m(x) \tag{Ⅸ.47}$$

$$I_m(-x) = (-1)^m I_m(x) \tag{Ⅸ.48}$$

$$K_{-m}(x) = K_m(x) \tag{Ⅸ.49}$$

Ⅹ. 能流密度的时间平均值的计算

一般情况下，在均匀的有耗介质中传播的平面波，取传播方向为 z，电场方向为 x，那么，用复矢量来表示的时谐电磁波的电场为

$$\boldsymbol{E}(z) = \boldsymbol{e}_x E_0 \mathrm{e}^{-(\alpha+\mathrm{j}\beta)z}$$

而它的瞬时值是复矢量与 $\mathrm{e}^{\mathrm{j}\omega t}$ 的积的实部，即

$$\boldsymbol{E}(z,t) = \boldsymbol{e}_x E_0 \mathrm{e}^{-\alpha z}\mathrm{Re}[\mathrm{e}^{\mathrm{j}(\omega t-\beta z)}] = \boldsymbol{e}_x E_0 \mathrm{e}^{-\alpha z}\cos(\omega t - \beta z)$$

其相应的磁场强度的复矢量为

$$\boldsymbol{H}(z) = \boldsymbol{e}_y \frac{E_0}{|\eta_c|}\mathrm{e}^{-\alpha z}\mathrm{e}^{-\mathrm{j}(\beta z+\theta_c)}$$

式中 θ_c 是有耗介质的波阻抗 $\eta_c = |\eta_c|\mathrm{e}^{\mathrm{j}\theta_c}$ 的相位角。相应的瞬时值的表示式是

$$\boldsymbol{H}(z,t) = \boldsymbol{e}_y \frac{E_0}{|\eta_c|}\mathrm{e}^{-\alpha z}\cos(\omega t - \beta z - \theta_c)$$

能流密度的瞬时值的表示式是

$$\begin{aligned} \boldsymbol{g} &= \boldsymbol{E}(z,t) \times \boldsymbol{H}(z,t) \\ &= \boldsymbol{e}_z \frac{E_0^2}{|\eta_c|} \mathrm{e}^{-2\alpha z} \cos(\omega t - \beta z) \cos(\omega t - \beta z - \theta_c) \\ &= \boldsymbol{e}_z \frac{E_0^2}{2|\eta_c|} \mathrm{e}^{-2\alpha z} [\cos\theta_c + \cos(2\omega t - 2\beta z - \theta_c)] \end{aligned} \quad (Ⅹ.1)$$

就电磁波传播的功率而论,它的平均值比它的瞬时值更有意义。由式(Ⅹ.1)可得到能流密度矢量的时间平均值是

$$\bar{\boldsymbol{g}} = \frac{1}{T}\int_0^T \boldsymbol{E}(z,t) \times \boldsymbol{H}(z,t)\mathrm{d}t = \boldsymbol{e}_z \frac{E_0^2}{2|\eta_c|} \mathrm{e}^{-2\alpha z} \cos\theta_c (\mathrm{W/m^2}) \quad (Ⅹ.2)$$

式中 $T = \frac{2\pi}{\omega}$ 是时谐电磁波的周期,式(Ⅹ.1)右边的第二项是二倍频率的余弦函数,它在基频的周期上的平均值为零。

对在无耗介质中传播的波,$\eta_c \to \eta, \sigma = 0, \theta_c = 0$,此时式(Ⅹ.2)简化为

$$\bar{\boldsymbol{g}} = \boldsymbol{e}_z \frac{E_0^2}{2|\eta|} (\mathrm{W/m^2})$$

所以我们可以将在 z 方向传播的电磁波能流密度矢量的时间平均值表示为

$$\bar{\boldsymbol{g}} = \frac{1}{2}\mathrm{Re}(\boldsymbol{E} \times \boldsymbol{H}^*) (\mathrm{W/m^2})$$

上式是计算电磁波能流密度时间平均值的一般公式。